金属表面处理技术

第2版

主　编　苗景国

副主编　章友谊　祝　闻　康人木

参　编　（排名不分先后）

张爱华　杜　娟　杜东方　王新颖　张　伟　侯　勇

李艳丽　唐　华　方　琴　张玉波　曾　舟　蔺虹宾

张晋涛　吴菊英　杨茗潇　张　波　董虹星　余　健

郑金杰　龚正朋　杨延格　张德忠　曹晓英　隆　彬

李定骏　王　伟

主　审　李志宏　巩秀芳

机械工业出版社

本书系统地介绍了各种金属表面处理技术的特点、技术路线与工艺方法，其主要内容包括绪论、金属表面工程技术基础理论、金属表面预处理工艺、金属表面改性技术、金属表面镀层技术、金属表面转化膜技术、涂装技术、热喷涂技术、堆焊技术、表面微细加工技术、金属表面再制造技术、先进特种表面处理技术。本书具有实用性、先进性、创新性和前瞻性，重点、难点突出，在强化基础理论知识的同时，更加注重理论知识在实际生产中的应用，使读者能够学以致用。

本书可供从事表面处理的工程技术人员及科研人员参考，也可供高职高专院校、应用型本科院校的相关专业在校师生使用。

图书在版编目（CIP）数据

金属表面处理技术/苗景国主编. —2版 .—北京：机械工业出版社，2023.10（2025.1重印）

ISBN 978-7-111-73749-0

Ⅰ.①金…　Ⅱ.①苗…　Ⅲ.①金属表面处理　Ⅳ.①TG17

中国国家版本馆CIP数据核字（2023）第161493号

机械工业出版社（北京市百万庄大街22号　邮政编码100037）

策划编辑：陈保华　　　责任编辑：陈保华　王春雨

责任校对：张　征　李　杉　　　封面设计：马精明

责任印制：邓　博

北京中科印刷有限公司印刷

2025年1月第2版第2次印刷

184mm×260mm · 18.75印张 · 465千字

标准书号：ISBN 978-7-111-73749-0

定价：59.00元

电话服务	网络服务
客服电话：010-88361066	机　工　官　网：www.cmpbook.com
010-88379833	机　工　官　博：weibo.com/cmp1952
010-68326294	金　　书　　网：www.golden-book.com
封底无防伪标均为盗版	机工教育服务网：www.cmpedu.com

前言

表面工程技术是一门由多学科交叉融合而形成的实用性较强的技术，它不仅涉及材料学科，同时还涉及物理、化学、机械、电子和生物等诸多学科。近年来，随着科学技术的快速发展，许多传统的表面技术已经不适应新形势下工业发展的需要，这势必会带来一系列技术改进、复合和革新，推动表面工程技术领域的许多新工艺、新技术和新方法不断地涌现，并得到了极大的创新和提高。

本书第 1 版自 2018 年出版以来，已重印 7 次，深受读者欢迎，有些高职高专院校、应用型本科院校将本书选作了教材。为了做好第 2 版的修订工作，编者组建了一支校、企、研究所联合的编写团队，编者们赶赴我国长三角、珠三角、西南、西北等地区的二十多家企业进行实地调研，了解企业对表面技术人才的素质、知识和能力多方面的综合要求，并联合企业制订了本书的修订大纲，把企业现有的新技术、新工艺引入本书中。

在本书编写过程中，编者从培养技术技能型人才的需要出发，拓宽了学科的技术基础；在内容选择上力求满足实用性、先进性、创新性和前瞻性要求，做到重点、难点突出；在强化基础理论知识的同时，更加注重理论知识在实际生产中的应用，使读者能够学以致用。

本书共分 12 章，主要包括绪论、金属表面工程技术基础理论、金属表面预处理工艺、金属表面改性技术、金属表面镀层技术、金属表面转化膜技术、涂装技术、热喷涂技术、堆焊技术、表面微细加工技术、金属表面再制造技术、先进特种表面处理技术等内容。为便于读者学习，各章开篇列举了学习目标，并导入特色鲜明的案例。

本书由上海电子信息职业技术学院苗景国教授任主编，四川工程职业技术学院章友谊教授、东莞理工学院祝闻博士、德阳市产品质量监督检验所康人木博士任副主编，参编人员有四川工程职业技术学院张爱华、杜娟、杜东方、王新颖、张伟、侯勇、李艳丽、唐华、方琴、张玉波、曾舟、蔺虹宾、张晋涛、吴菊英、杨茗潇，常州机电职业技术学院张波，杭州科技职业技术学院董虹星，嘉兴南洋职业技术学院余健，台州职业技术学院郑金杰，江苏科技大学苏州理工学院龚正朋，中国科学院金属研究所杨延格，武汉材料保护研究所有限公司张德忠，东方电气集团东方汽轮机有限公司曹晓英、隆彬、李定骏、王伟。四川工程职业技术学院李志宏教授和东方电气集团东方汽轮机有限公司巩秀芳教授级高工任主审，两位教授专家对全书内容进行了认真细致的审校，在内容选择和安排上给予了充分的指导，为本书的编写提出了很多宝贵的修改意见。对本书编写做出贡献的单位还有广汉市金达电镀厂、四川兴荣科科技有限公司、四川省表面工程行业协会。上述单位有着多年的理论研究和生产实践经验，对本书理论知识和实践内容的编写，尤其是大部分图表、数据、零部件的实物照片、典型案例等提供了诸多的帮助，使本书的内容更加丰富多彩，为本书的编写提出了宝贵的指导性意见，并对书中部分内容进行修订。在本书编写过程中，编者参阅并引用了大量的参考文献资料，引用的参考文献附在书后，在此向参考文献作者一并表示感谢。

因本书内容涉及较广，加之编者水平有限，书中难免出现不妥之处，恳请广大教师、科研人员及工程技术人员对本书的内容进行批评指正，殷切希望同行专家们提出更多的宝贵意见。

编　者

目 录

第1章

绪　　论

【学习目标】

- 掌握表面工程技术的含义、特征、体系及分类。
- 熟悉金属表面处理技术在材料科学与工程中和在腐蚀与防护中的应用。

【导入案例】

众所周知，所有物体都不可避免地与环境相接触，而真正与环境接触的是物体的表面。长期以来，人们认识到一旦使用的产品、零件等发生表面材料的损耗和流失，就会引起几何尺寸的改变和使用性能的破坏，进而降低其使用寿命，甚至不能完成正常的工作。例如各种机械设备的零部件，它们在使用过程中经常发生腐蚀、磨损、氧化等，其表面首先发生破坏，会引起整个零部件的失效，造成巨大的经济损失。据统计，世界钢产量的1/10由于腐蚀而损失，机电产品制造和使用中大约1/3的能源直接消耗于摩擦磨损。因此，提高产品的性能就需要从延缓和控制其表面失效着手。

表面工程是改善机械零件、电子电器元件等基体材料表面性能的一门学科。它是将材料表面与基体一起作为一个系统进行设计，利用各种物理、化学或机械等方法和技术，使材料表面获得具有与基体不同性能的系统工程。表面工程既可对材料表面改性，制备各种性能的涂层、镀层、渗层等覆盖层，成倍地延长零部件的寿命，又可对废旧零部件进行修复，还可用来制备新材料。目前表面工程已成为绿色再制造工程的关键技术之一。轴表面严重磨损和表面着色的装饰工艺品如图1-1所示。

图1-1　轴表面严重磨损和表面着色的装饰工艺品

1.1　表面工程技术简介

1. 表面工程技术的定义

表面工程是对表面进行预处理后，通过表面涂覆、表面改性、多种表面技术复合处理，改变固体金属表面或非金属表面的化学成分、组织结构和应力状况，以获得所需表面性能的系统工程。从科学系统的角度分析，表面工程主要研究的是材料表面和界面的结构特征，物理、化学、力学行为与性能，表面改性或重构的机制与相应的工艺手段；从工程上分析，基于零件的服役条件与性能要求，表面工程的功能是分析材料表面的失效形式与机制，设计出新的材料表面及应用相关的表面技术并加以实施，从而获得具有良好使用性能的新的表面。

表面工程是应用各种镀覆层技术、表面改性技术等来提高产品和零件的质量，延长其使用寿命的系统工程。表面工程技术是运用各种物理化学或机械的方法，改变基材表面的形态、化学成分、组织结构或应力状态而使其具有某种特殊的性能，从而满足零部件特定的使用要求。表面工程是近代技术与经典表面工艺相结合而繁衍发展起来的，既有坚实的科学基础，又具有明显的交叉、边缘学科的性质和极强的实用性。表面工程在实际应用中越来越彰显出巨大的作用。石油化工设备阀体热喷涂零部件如图1-2所示。

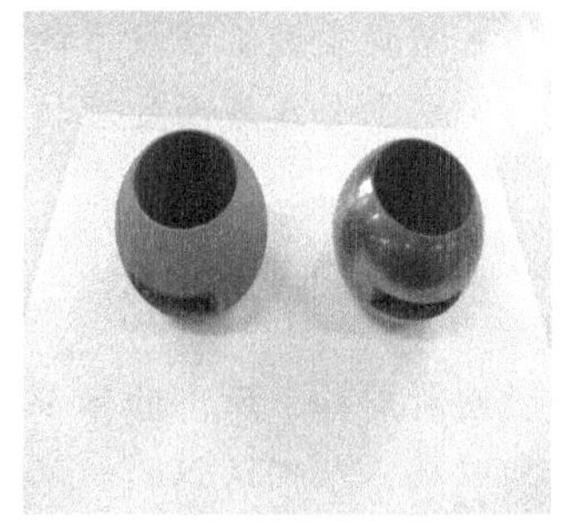

图1-2　石油化工设备阀体热喷涂零部件

长期的生产实践使人类越来越认识到材料表面的重要性。材料的失效与破坏往往都是从表面开始的。在许多工况条件下，对材料基体和材料表面性能的要求是有很大差异的。一般情况下要求材料基体具有高强度和一定的韧性，而对材料表面则要求高硬度、耐磨或具有耐蚀、抗高温氧化等性能。为了解决基体和表面在性能要求方面的矛盾，早在2000多年前，我国便发明了渗碳技术，通过该技术来提升兵器表面的硬度和锋利程度。

2. 表面工程技术的特征

1）在不改变零件整体材质的前提下，赋予了表面基体材料不具备的特殊性能。

2）可以实现多种基材与镀覆层的组合。基材可以是金属、有机材料、无机材料等，镀覆层可以是金属、合金、高分子、陶瓷、非晶态等构成的单一或复合材料。

3）可对磨损、腐蚀破坏的零件进行再制造，从而达到节约能源、降低损耗、保护环境的目的。

3. 表面工程技术的功能

表面工程技术可使零件上局部或整个表面具备如下功能：

1）提高耐磨、耐蚀、疲劳、耐氧化、防辐射性能。

2）提高表面的润滑性。

3）实现表面的自修复。

4）改善表面的传热性。

5）改善表面的导电性或绝缘性。

6）改善表面的黏着性。

4. 表面工程技术的意义

工业生产与应用证明，材料的疲劳断裂、磨损、腐蚀、氧化、烧损等造成的破坏十分惊人。据报道，西方主要发达国家每年因腐蚀造成的经济损失占其经济总值的 2% ~4%，全球因腐蚀导致的金属损耗超过 1 亿 t。在美国每年因摩擦磨损造成的材料损失高达 200 亿美元，而在英国每年超过 5 亿英镑的损失。全球由于腐蚀和磨损造成的失效破坏在各种机电产品失效破坏中约占 70%。而在社会资源和能源日益短缺的今天，为了让设备使用寿命延长，如果使用高级合金材料制造零件和整个设备来达到表面强化和防护的目的，这是不经济的，也是不科学的。

随着科技的发展，人们发现，仅仅通过提高材料表面的耐磨性和耐蚀性，也能大大提高材料的使用寿命，从而就有了表面工程技术的应用和发展。表面工程技术概念的提出与发展应用，对工业生产和科技进步具有重大的影响和推动意义：

1）表面工程技术是保证产品质量的基础工艺技术，满足不同工况服役与装饰外观的要求，显著提高产品的使用寿命、可靠性与市场竞争能力。

2）表面工程技术是节能、节材和挽回经济损失的有效手段。采用有效的表面防护手段，至少可减少 15% ~35% 的腐蚀损失，减少 33% 左右的磨损损失。

3）表面工程技术在制备新型材料方面具有特殊的优势。通过表面原位合成技术，在工件表面制备出成本低廉、性能优良的新型合金材料涂层，很好地满足了航空航天工业等对高性能零部件表面的高需求。

4）表面工程技术是微电子技术发展的基础技术。以物理气相沉积、化学气相沉积、光刻技术和离子注入为代表的表面薄膜沉积技术和表面微细加工技术是制作大规模集成电路、光导纤维和集成光路、太阳能薄膜电池等元器件的基础。

1.2 表面工程技术体系

表面工程是由多学科交叉、综合发展起来的新兴学科，它以“表面”为研究核心，在相关学科理论的基础上，根据零件表面的失效机制，以应用各种表面工程技术及其复合技术为特色，逐步形成了与其他学科密切相关的表面工程基础理论。表面工程包括表面科学、表面应用基础理论、表面工程技术、表面工程的应用、表面质量的检测与控制、表面工程的技术设计等。

自 1983 年“表面工程”的概念首次被提出以来，科学技术和工业生产的高速发展推动了材料及材料表面处理技术在国内外的快速发展。表面工程技术涉及的表面技术领域有机械、电子、汽车与船舶、航空航天、能源动力、生物医疗器械等诸多领域。目前，表面工程已经发展为横跨材料学、摩擦学、物理学、化学、力学、腐蚀与防护学、焊接学、光电子学等的综合性学科，在相关学科理论的基础上，根据零件表面的失效机制，以应用各种表面工程技术及其复合技术为特色，逐步形成了与其他学科密切相关的表面工程基础理论。新的材料表面工程技术像雨后春笋般涌现，从而使材料表面科学与工程逐步形成一个庞大而独立的技术体系。实际上，表面工程技术有着广泛的含义，综合来看，该体系主要由以下部分组成：

1）材料表面工程技术是材料表面科学与工程体系的主体。

2）材料表面科学基础主要由表面物理、表面化学及表面分析三部分组成。

3）材料表面工程应用主要指表面技术的应用、开发和产业化。

1.3 表面工程技术的分类

表面工程技术的种类很多，应用范围各异，从不同的角度观察和分析，可以把表面工程技术按照如下方法进行分类：

1. 按学科特点进行分类

（1）表面涂镀技术　表面涂镀技术是指将液态涂料涂覆在材料表面，或者将镀料原子沉积在材料表面，从而形成涂层或镀层的技术。典型的表面涂镀技术包括热喷涂、堆焊、电镀、化学镀、气相沉积和涂装等技术。

（2）表面改性技术　表面改性技术是利用热处理、机械处理、离子处理和化学处理等方法，改变材料表层的成分及性能的技术。常用的表面改性技术包括热扩渗、转化膜、表面合金化、离子注入和喷丸强化等技术。

（3）表面薄膜技术　表面薄膜技术是采用各种方法在工件（或衬底）表面上沉积厚度为100nm ~ 1μm或数微米厚薄膜的技术。按技术特点，可以将薄膜分为光学薄膜、微电子学薄膜、光电子学薄膜、集成光学薄膜、信息存储薄膜和保护功能薄膜六大类；按膜层组成，则可将薄膜分为金属膜、合金膜、有机化合物膜、陶瓷膜等。其制备方法主要是气相沉积。

2. 按表面化学成分是否改变进行分类

（1）表面化学成分改变　在改变表面化学成分的同时，也改变了表面的组织结构，从而使表面拥有了不同的性能。

1）表面有镀覆层。通过涂装、贴片、包箔、电镀、化学镀、气相沉积、熔覆、热喷涂、热浸镀、堆焊等表面覆层的方法，在基体表面形成一层或数层有一定厚度的且与基体不同的材料，获得化学成分、组织结构及性能有别于基体的表面镀覆层。

2）表面无附加覆层。利用阳极氧化、化学热处理、表面合金化、离子注入等表面改性的方法，使所需的原子（或离子）进入基体表面，达到改变基体表面化学成分、相结构以及性能的目的。

（2）表面化学成分不改变　保持原材料表面的化学成分不变，通过表面淬火、喷丸、滚压、重熔等方法改变表面的组织结构，进而改善或提高表面的使用性能。

3. 按表面覆层的种类分类

（1）表面无覆层　通过化学预处理、精整、机械强化等，不改变基体表面的化学成分，只改变其表面形态、应力状态和组织结构等。

（2）表面金属覆层　利用电镀、化学镀、热喷涂、热浸镀、熔镀、气相沉积、表面合金化等，在基体表面形成金属、合金和金属基复合层。

（3）表面有机覆层　使用涂装等方法，在基体表面涂覆涂料、橡胶、塑料和柏油涂层等。

（4）表面无机覆层　借助热喷涂、熔烧、烘烤等方法，在基体表面涂覆搪瓷、玻璃、陶瓷和水泥涂层等。

（5）表面化学转化层　通过电化学、化学处理，在钢铁或锌、铝、镁、钛金属或合金表面形成氧化物、磷酸盐、铬酸盐、草酸盐膜层等。

4. 按作用机制分类

（1）原子沉积　沉积物质以原子、离子、分子和粒子团等原子尺度粒子形态在材料表面构成外加镀覆层，包括电镀、化学镀、气相沉积等。

（2）颗粒沉积　沉积物质以宏观颗粒的形态在材料表面形成覆盖层，包括热喷涂、搪瓷涂覆等。

（3）整体覆盖　将覆盖材料均匀涂覆于材料的工作表面，包括热浸镀、贴片、涂装、堆焊等。

（4）表面改性　利用物理、化学、机械等方法改变材料表面的结构和性能，包括电化学转化、表面处理、化学热处理、离子注入、喷丸等。金属表面处理主要通过“改”和“盖”两种途径来改善金属材料表面的性能。

5. 按工艺方法特点分类

（1）电化学法　利用电极反应在材料基体表面形成镀覆层，如电镀、电刷镀、阳极氧化等。

（2）化学方法　利用化学物质的相互作用和转化，在基体表面形成镀覆层，如化学镀、化学转化等。

（3）热加工法　在高温下将材料熔融或热扩散，在基体表面形成涂渗层，如热喷涂、热浸镀、堆焊、熔覆、表面合金化等。

（4）高真空法　利用材料在高真空条件下汽化、受激离子化而形成表面镀覆层，如真空蒸镀、离子镀、溅射镀等。

6. 按表面层功能特性分类

（1）装饰　表面具有不同的色泽、花纹等，美化材料的外观，增加视觉欣赏性。

（2）耐磨减摩　表面耐磨粒磨损、黏着磨损、腐蚀磨损等，抗擦伤咬死，减摩自润滑，可磨耗密封等。

（3）耐腐蚀　耐大气、海水、土壤、化学介质浸渍腐蚀等。

（4）耐热及热功能　耐热、抗高温氧化、抗热疲劳、热绝缘、热辐射等。

（5）特种功能　光、电、磁、透光、反光、消光、导电、超导、绝缘、半导体、软磁、硬磁、磁光等。

（6）其他　吸波、红外反射、太阳能吸收、屏蔽、焊接性、热加工、修复、催化、生物功能等。

1.4　表面工程技术的内容

表面工程技术可以从不同的角度进行归纳、分类，综合来看，表面工程技术的内容大致可分为以下几个部分：

1）表面技术的基础和应用理论。

2）表面处理技术，包括表面覆盖技术、表面改性技术和复合表面处理技术三部分。

3）表面加工技术。

4）表面分析和测试技术。

5）表面技术设计。

下面对以上五部分所包含的内容进行介绍。

1. 表面技术的基础和应用理论

表面技术的基础理论是表面科学，它包括表面分析技术、表面物理、表面化学三个分支。表面分析的基本方面有表面的原子排列结构、原子类型和电子能态结构等，是揭示表面现象的微观实质和各种动力学过程的必要手段。表面物理和表面化学分别是研究任何两相之间的界面上发生的物理和化学过程的科学。从理论体系来看，它们包括微观理论与宏观理论：一方面在原子、分子水平上研究表面的组成，原子结构及输运现象、电子结构与运动及其对表面宏观性质的影响；另一方面在宏观尺度上，从能量的角度研究各种表面现象。实际上，这三个分支是不能截然分开的，而是相互依存和补充的。表面科学不仅有重要的基础研究意义，而且与许多技术科学密切相关，在应用上有非常重要的意义。表面技术的应用理论，包括表面失效分析理论、摩擦与磨损理论、表面腐蚀与防护理论、表面结合与复合理论等，它们对表面技术的发展和应用有着直接的、重要的影响。

2. 表面处理技术

表面处理技术包括表面覆盖技术、表面改性技术和复合表面处理技术三部分。

（1）表面覆盖技术

1）电镀。它是利用电解作用，即把具有导电性能的工件表面与电解质溶液接触，并作为阴极，通过外电流的作用，在工件表面沉积与基体牢固结合的镀覆层。该镀覆层主要是各种金属和合金。单金属镀层有锌、镉、铜、镍、铬、锡、银、金、钴、铁等数十种，合金镀层有锌-铜、镍-铁、锌-镍-铁等百余种。电镀方式也有多种，有槽镀（如挂镀、吊镀）、滚镀、刷镀等。电镀在工业上使用广泛。

2）电刷镀。它是电镀的一种特殊方法，又称接触镀、选择镀、涂镀、无槽电镀等。其设备主要由电源、刷镀工具（镀笔）和辅助设备（泵、旋转设备等）组成，是在阳极表面裹上棉花或涤纶棉絮等吸水材料，使其吸饱镀液，然后在作为阴极的工件上往复运动，使镀层牢固沉积在工件表面上。它不需要将整个工件浸入电镀溶液中，所以能完成许多槽镀不能完成或不容易完成的电镀工作。

3）化学镀，又称“不通电”镀。它是在无外电流通过的情况下，利用还原剂将电解质溶液中的金属离子化学还原在呈活性催化的工件表面，沉积出与基体牢固结合的镀覆层。工件可以是金属，也可以是非金属。镀覆层主要是金属和合金，最常用的是镍和铜。

4）涂装。它是用一定的方法将涂料涂覆于工件表面而形成涂膜的全过程。涂料（或称漆）为有机混合物，一般由成膜物质、颜料、溶剂和助剂组成，可以涂装在各种金属、陶瓷、塑料、木材、水泥、玻璃等制品上。涂膜具有保护、装饰或特殊性能（如绝缘、防腐标志等），应用十分广泛。

5）黏结。它是用黏结剂将各种材料或制件连接成为一个牢固整体的方法，也称黏合。黏结剂有天然胶黏剂和合成胶黏剂，目前高分子合成胶黏剂已获得广泛的应用。

6）堆焊。它是在金属零件表面或边缘，熔焊上耐磨、耐蚀或特殊性能的金属层，修复外形不合格的金属零件及产品，提高使用寿命，降低生产成本，或者用它制造双金属零部件。

7）熔结。它与堆焊相似，也是在材料或工件表面熔覆金属涂层，但使用的涂覆金属是一些以铁、镍、钴为基，含有强脱氧元素硼和硅而具有自熔性和熔点低于基体的自熔性合金，所用的工艺是真空熔覆、激光熔覆和喷熔涂覆等。

8）热喷涂。它是将金属、合金、金属陶瓷材料加热到熔融或部分熔融，以高的动能使其雾化成微粒并喷至工件表面，形成牢固的涂覆层。热喷涂的方法有多种，按热源不同可分为火焰喷涂、电弧喷涂、等离子喷涂（超声速喷涂）和爆炸喷涂等。经热喷涂的工件具有耐磨、耐热、耐蚀等功能。

9）塑料粉末涂覆。利用塑料具有耐蚀、绝缘、美观等特点，将各种添加了防老化剂、流平剂、增韧剂、固化剂、颜料、填料等的粉末塑料，通过一定的方法，牢固地涂覆在工件表面，主要起保护和装饰的作用。塑料粉末是依靠熔融或静电引力等方式附着在被涂覆工件表面，然后依靠热熔融、流平、湿润和反应固化成膜。涂覆方法有喷涂、熔射、流化床浸渍、静电粉末喷涂、静电粉末云雾室、静电流化床浸渍、静电振荡法等。

10）电火花涂覆。这是一种直接利用电能的高密度能量对金属表面进行涂覆处理的工艺，即通过电极材料与金属零部件表面的火花放电作用，把作为火花放电极的导电材料（如 WC、TiC）熔渗于表面层，从而形成含电极材料的合金化涂层，提高工件表层的性能，而工件内部组织和性能不改变。

11）热浸镀。它是将工件浸在熔融的液态金属中，使工件表面发生一系列物理和化学反应，取出后表面形成金属镀层。工件金属的熔点必须高于镀层金属的熔点。常用的镀层金属有锡、锌、铝、铅等。热浸镀工艺包括表面预处理、热浸镀和后处理三部分。按表面预处理方法的不同，它可分为助镀剂法和保护气体还原法。热浸镀的主要目的是提高工件的防护能力，延长使用寿命。

12）搪瓷涂覆。搪瓷涂层是一种主要施于钢板、铸铁或铝制品表面的玻璃涂层，可起到良好的防护和装饰作用。搪瓷涂料通常是精制玻璃料分散在水中的悬浮液，也可以是干粉状。涂覆方法有浸涂、淋涂、电沉积、喷涂、静电喷涂等。该涂层为无机物成分，并熔结于基体，故与一般有机涂层不同。

13）陶瓷涂覆。陶瓷涂覆是以氧化物、碳化物、硅化物、硼化物、氮化物、金属陶瓷和其他无机物为基体的高层涂层，用于金属表面，主要在室温和高温环境下起耐蚀、耐磨等作用。主要涂覆方法有刷涂、浸涂、喷涂、电泳涂和各种热喷涂等。有的陶瓷涂层有光、电、生物等功能。

14）溶胶-凝胶技术。它是一种先形成溶胶再转变成凝胶的过程。溶胶是固态胶体质点分散在液体介质中的体系，而凝胶则是由溶胶颗粒形成相互连接的、刚性的三维网状结构，分散介质填充在它的空隙中的体系。该过程主要有前驱体的水解、缩合、胶凝、老化、干燥和烧结等步骤。溶胶-凝胶法的优点是可制备高纯度、高均匀性的材料，降低反应温度，设备简单等，已成为高性能玻璃、陶瓷、涂层的重要制备方法之一。溶胶-凝胶技术用于涂层领域有着广阔的前景：可以制成具有各种功能的无机涂料，如耐热涂料、耐磨涂料、导电涂料、绝缘涂料、太阳能选择性吸收涂料、耐高温远红外反射涂料、耐热固体润滑涂料等；同时，还可获得有机-无机复合涂料，具有无机与有机两者优点的综合性能。

15）真空蒸镀。它是将工件放入真空室，并用一定方法加热镀膜材料，使其蒸发或升华，飞至工件表面凝聚成膜。工件材料可以是金属、半导体、绝缘体，以及塑料、纸张、织物等；而镀膜材料也很广泛，包括金属、合金、化合物、半导体和一些有机聚合物等。加热方式有电阻加热、高频感应加热、电子束加热、激光加热、电弧加热等。

16）溅射镀。它是将工件放入真空室，并用正离子轰击作为阴极的靶（镀膜材料），使靶材中的原子、分子逸出，飞至工件表面凝聚成膜。溅射粒子的动能约10eV，为热蒸发粒子的100倍。按入射离子来源不同，可分为直流溅射、射频溅射和离子束溅射。入射离子的能量还可用电磁场调节，常用值为10eV量级。溅射镀膜的致密性和结合强度较好，基片温度较低，但成本较高。

17）离子镀。它是将工件放入真空室，并利用气体放电原理将部分气体和蒸发源（镀膜材料）逸出的气相粒子电离，在离子轰击的同时，把蒸发物或其反应产物沉积在工件表面成膜。该技术是一种等离子体增强的物理气相沉积，镀膜致密，结合牢固，可在工件温度低于550℃时得到良好的镀层，绕镀性也较好。常用的方法有阴极电弧离子镀、热电子增强电子束离子镀、空心阴极放电离子镀。

18）化学气相沉积（CVD）。它是将工件放入密封室，加热到一定温度，同时通入反应气体，利用室内气相化学反应在工件表面沉积成膜。源物质除气态外，也可以是液态和固态。所采用的化学反应有多种类型，如热分解、氢还原、金属还原、化学输运反应、等离子体激发反应、光激发反应等。工件加热方式有电阻加热、高频感应加热、红外线加热等。主要设备有气体发生、净化、混合、输运装置，以及工件加热装置、反应室、排气装置。主要方法有热化学气相沉积、低压化学气相沉积、等离子体化学气相沉积、金属有机化合物化学气相沉积、激光诱导化学气相沉积等。

19）分子束外延（MBE）。它虽是真空蒸镀的一种方法，但在超高真空条件下，精确控制蒸发源给出的中性分子束流强度，按照原子层生长的方式在基片上外延成膜。主要设备有超高真空系统、蒸发源、监控系统和分析测试系统。

20）离子束合成薄膜技术。离子束合成薄膜有多种新技术，目前常用的主要有两种。第一种是离子束辅助沉积（IBAD），是将离子注入与镀膜结合在一起，即在镀膜的同时，通过一定功率的大流强宽束离子源，使具有一定能量的轰击（注入）离子不断地射到膜与基体的界面，借助于级联碰撞导致界面原子混合，在初始界面附近形成原子混合过渡区，提高膜与基体间的结合力，然后在原子混合区上，再在离子束参与下继续外延生长出所要求厚度和特性的薄膜；第二种是离子簇束（ICB），离子簇束的产生有多种方法，常用的是将固体加热形成过饱和蒸气，再经喷管喷出形成超声速气体喷流，在绝热膨胀过程中由冷却至凝聚，生成包含$5\times10^2\sim2\times10^3$个原子的团粒。

21）化学转化膜。化学转化膜的实质是金属处在特定条件下人为控制的腐蚀产物，即金属与特定的腐蚀液接触并在一定条件下发生化学反应，形成能保护金属不易受水和其他腐蚀介质影响的膜层。它是由金属基体直接参与成膜反应而生成的，因而膜与基体的结合力比电镀层要好得多。目前工业上常用的有铝和铝合金的阳极氧化、铝和铝合金的化学氧化、钢铁氧化处理、钢铁磷化处理、铜的化学氧化和电化学氧化、锌的铬酸盐钝化等。

22）热烫印。它是把各种金属箔在加热加压的条件下覆盖于工件表面。

23）暂时性覆盖处理。它是在工作需要防锈的情况下，把缓蚀剂配制的缓蚀材料暂时性覆盖于表面。

（2）表面改性技术

1）喷丸强化。它是在受喷材料的再结晶温度下进行的一种冷加工方法，加工过程由弹丸在很高速度下撞击受喷工件表面而完成。喷丸可应用于表面清理、光整加工、喷丸校形、喷丸强化等。其中喷丸强化不同于一般的喷丸工艺，它要求喷丸过程中严格控制工艺参数，使工件在受喷后具有预期的表面形貌、表层组织结构和残余应力，从而大幅度地提高疲劳强度和抗应力腐蚀能力。

2）表面热处理。它是指仅对工件表层进行热处理，以改变其组织和性能的工艺。主要方法有感应淬火、火焰淬火、接触电阻加热淬火、电解液淬火、脉冲淬火、激光淬火和电子束淬火等。

3）化学热处理。它是将金属或合金工件置于一定温度的活性介质中保温，使一种或几种元素渗入它的表层，以改变其化学成分、组织和性能的热处理工艺。按渗入的元素可分为渗碳、渗氮、碳氮共渗、渗硼、渗金属等。渗入元素介质可以是固体、液体和气体，但都要经过介质中化学反应、外扩散、相界面化学反应（或表面反应）和工件中扩散四个过程，具体方法有许多种。

4）等离子扩渗处理（PDT），又称离子轰击热处理。它是指在通常大气压力下的特定气氛中利用工件（阴极）和阳极之间产生的辉光放电进行热处理的工艺。常见的有离子渗氮、离子渗碳、离子碳氮共渗等，尤以离子渗氮最普遍。等离子扩渗处理的优点是渗剂简单，无公害，渗层较深，脆性较小，工件变形小，对钢铁材料适用面广，工作周期短。

5）激光表面处理。它主要利用激光的高亮度、高方向性和高单色性的三大特点，对材料表面进行各种处理，显著改善其组织结构和性能。设备一般由激光器、功率计、导光聚焦系统、工作台、数控系统、软件编程系统等构成。主要工艺方法有激光相变非晶化，激光熔覆、激光合金化、激光非晶化、激光冲击硬化。

6）电子束表面处理。通常由电子枪阴极灯丝加热后发射带负电的高能电子流，通过一个环状的阳极，经加速射向工件表面使其产生相变硬化、熔覆和合金化等作用，淬火后可获细晶组织等。

7）高密度太阳能表面处理。太阳能取之不尽，无公害，可用来进行表面处理。例如，对钢铁零部件的太阳能表面淬火，是利用聚焦的高密度太阳能对工件表面进行局部加热，约在 0.5s 至几秒内使之达到相变温度以上，进行奥氏体化，然后急冷，使表面硬化。主要设备是太阳炉，由抛物面聚焦镜、镜座、机-电跟踪系统、工作台、对光器、温控系统和辐射测量仪等构成。

8）离子注入表面改性。它是将所需的气体或固体蒸气在真空系统中电离，引出离子束后，用数千电子伏至数十万电子伏加速直接注入材料，达一定深度，从而改变材料表面的成分和结构，达到改善性能之目的。其优点是注入元素不受材料固溶度限制，适用于各种材料，工艺和质量易控制，注入层与基体之间没有不连续界面。它的缺点是注入层不深，对复杂形状的工件注入有困难。

（3）复合表面处理技术　表面技术种类繁杂，今后还会有一系列新技术涌现出来。表面技术的另一个重要趋向是综合运用两种或更多种表面技术的复合表面处理技术将获得迅速发展。随着材料使用要求的不断提高，单一的表面技术因有一定的局限性而往往不能满足需要。目前已开发出一些复合表面处理技术，如等离子喷涂与激光辐射复合、热喷涂与喷丸复合、化学热处理与电镀复合、激光淬火与化学热处理复合、化学热处理与气相沉积复合等。多年来，各种表面技术的优化组合已经取得了突出的效果，产生了许多成功的范例，并且发现了一些重要的规律。通过深入研究，复合表面处理将发挥越来越大的作用。复合表面处理技术还有另一层含义，就是指用于制备高性能复合涂层（膜层）的现代表面技术，其既能保留原组成材料的主要特性，又能通过复合效应获得原组分所不具备的优越性能。

3. 表面加工技术

表面加工技术也是表面技术的一个重要组成部分。例如，对金属材料而言，表面加工技术有电铸、包覆、抛光、刻蚀等，它们在工业上获得了广泛的应用。

目前高新技术不断涌现，层出不穷，大量先进的产品对加工技术的要求越来越高，在精细化上已从微米级、亚微米级发展到纳米级，对表面加工技术的要求越来越苛刻，其中半导体器件的发展是典型的实例。

集成电路的制作，从晶片、掩模制备开始，经历多次氧化、光刻、腐蚀、外延掺杂（离子注入或扩散）等复杂工序，以后还包括划片、引线焊接、封装、检测等一系列工序，最后得到成品。在这些繁杂的工序中，表面的微细加工起了核心作用。所谓的微细加工是一种加工尺度从亚微米到纳米量级的制造微小尺寸元器件或薄膜图形的先进制造技术，主要包括：

1）光子束、电子束和离子束的微细加工。

2）化学气相沉积、等离子体化学气相沉积、真空蒸发镀膜、溅射镀膜、离子镀、分子束外延、热氧化的薄膜制造。

3）湿法刻蚀、溅射刻蚀、等离子刻蚀等图形刻蚀。

4）离子注入扩散等掺杂技术。

还有其他一些微细加工技术。它们不仅是大规模和超大规模集成电路的发展基础，也是半导体微波技术、声表面波技术、光集成等许多先进技术的发展基础。

4. 表面分析和测试技术

各种表面分析仪器和测试技术的出现，不仅为揭示材料本性和发展新的表面技术提供了坚实的基础，而且为生产上合理使用或选择合适的表面技术、分析和防止表面故障、改进工艺设备提供了有力的手段。

5. 表面技术设计

当前，表面技术设计主要是根据经验和试验的归纳分析进行的。随着研究的逐步深入和经验的不断积累，人们对材料表面技术的研究已经不满足于一般的试验、选择、使用和开发，而是要力争按预定的技术和经济指标进行严密的设计，逐步形成一种充分利用计算机技术，借助数据库、知识库、推理机等工具，通过演绎和归纳等科学方法，从而获得最佳效益的设计系统。这类设计系统包括：

1）材料表面镀涂层或处理层的成分、结构、厚度、结合强度及各种要求的性能。

2）基体材料的成分、结构和状态等。

3）实施表面处理或加工的流程、设备、工艺、检验等。

4）综合的管理和经济等分析设计。

目前这套设计系统虽然在许多场合尚不完善，有的差距还很大，但是今后一定能逐步得到完善，使众多的表面技术发挥更大的作用。

表面技术设计首先要保证设计的设备和工艺能使工件和产品达到所要求的性能指标。除了性能这个要素外，表面技术设计还必须符合其他四个要素：经济、资源、能源和环境。表面技术设计，尤其是重大项目设计，必须做严格的环保评估，不仅要重视生产的排污评价工作，还要从开采、加工、使用到废弃等过程对项目中使用的材料做出全面的评估。

1.5 表面工程技术的应用

表面工程技术以其高度的实用性与优质、高效、低耗等特点，在制造业和维修中占领了日益广泛的市场，其应用已经遍布各行各业，几乎有表面的地方就离不开表面工程技术。表面工程技术可以用于耐蚀、耐磨、修复、强化和装饰等各个方面，也可以用于光、电、磁、声、热、化学和生物等方面，所使用的基体材料可以是金属材料，也可以是无机非金属材料、有机高分子材料及复合材料。

1.5.1 表面工程技术在材料科学与工程中的应用

1. 减缓和消除金属材料表面的变化和损伤

在自然界和工程实践中，金属机器设备和零部件需要承受各种外界负荷，并产生形式多样、程度不一的表面变化及损伤。机械加工后表面受到损伤的轴如图 1-3 所示。工程材料和零部件的表面往往存在微观缺陷或宏观缺陷，表面缺陷处成为降低材料力学性能、耐蚀性及耐磨性的发源地。使用表面技术减缓材料表面变化及损伤，掩盖表面缺陷，可以提高工程材料和零部件使用的可靠性，延长服役寿命。

2. 获得具有特殊功能的表面

使用表面技术在普通价廉的材料表面获得某些稀有贵金属（如金、铂、钽等）和战略元素（如镍、钴、铬等）具有的特殊性能，从而可以节约这些贵重金属材料。例如，在铜中加入铬可以提高铜的耐蚀性；用激光表面合金化工艺可以在铜表面获得摩尔分数为 8%、厚约 240nm 的表面合金层，使耐蚀性大大提高；使用离子注入技术在铜中注入 Cr^{+}、Ta^{+} 可以提高铜在 H_2S 气氛中的耐蚀性。着色后的铝合金零部件如图 1-4 所示。

图 1-3 机械加工后表面受到损伤的轴

图 1-4 着色后的铝合金零部件

3. 节约能源，降低成本，改善环境

使用表面工程技术在工件表面制备具有优良性能的涂层，可以达到提高热效率、降低能源消耗的目的。例如，热工设备和在高温环境中使用的部件，在表面涂镀隔热涂层，可以实现较小的热量损失，节省燃料。智能换热机组热工设备表面隔热涂层如图 1-5 所示。

4. 再制造工程不可缺少的手段

再制造工程是对因磨损、腐蚀、疲劳、断裂等原因造成的重要零部件的局部失效部位，采用先进的表面工程技术，优质、高效、低成本、少污染地恢复其尺寸并改善其性能的系统性的技术工作。显然，再制造工程可以大量地减少因购置新品、库存备件和管理以及停机等所造成的对能源、原材料和经费的浪费，并极大地降低环境污染及废物的处理量。因此，再制造工程已经迅速发展成为一门新兴的学科。表面受损的轴进行再制造刷镀如图1-6所示。

图1-5　智能换热机组热工设备表面隔热涂层

图1-6　表面受损的轴进行再制造刷镀

5. 在发展新兴技术和学术研究中起着不可忽视的作用

表面工程新技术的发展，不仅有重大的经济意义，而且具有重大的学术价值。发展新兴技术需要大量具有特殊功能的材料，包括薄膜材料和复合材料。在薄膜光电器件、导电涂层、光电探测器、液晶显示装置、超细粉末、高纯材料、高强高韧性的结构陶瓷等方面，表面技术可以发挥重大的作用。薄膜技术与分子组合技术日益发展，使计算机的容量和运算速度进一步提高。为了提高材料性能，必须重视材料的制备与合成技术，如表面技术、薄膜技术以及目前正在兴起的纳米技术等。表面技术的开发和完善，会提出许多新的学术课题，这些课题的研究将有力地促进材料科学、冶金学、机械学、机械制造工艺学以及物理学、化学等基础学科的发展。聚氯乙烯（PVC）制作的薄膜材料卡包如图1-7所示。

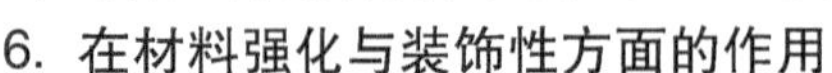

图1-7　PVC制作的薄膜材料卡包

6. 在材料强化与装饰性方面的作用

采用表面工程技术除了能够有效提高材料表面耐磨性、耐蚀性之外，通过各种表面强化处理，还能提高材料表面其他抵御环境作用的能力。表面工程技术在结构材料中的应用除了上述功能之外，在表面装饰功能方面也得到了较好的应用。合理地选择电镀、化学镀、氧化等表面技术，可以获得镜面镀层、全光亮镀层、亚光镀层、缎状镀层及不同色彩的镀层，各种平面、立体花纹镀层、仿贵金属、仿古和仿大理石镀层等。发射塔配套喷水桁架紧固件表面防腐涂装如图 1-8 所示。

图 1-8 发射塔配套喷水桁架紧固件表面防腐涂装

7. 表面工程技术在功能材料中的应用

功能材料主要指具有优良的物理、化学和生物等功能，以及一些声、电、光、磁等互相转换功能，而被用于非结构目的的高技术材料，常用来制造各种装备中具有独特性能的核心部件。材料的功能特性与其表面成分、组织结构等密切相关。采用表面工程技术能在低成本基础上制备出特殊功能性质的表面涂层材料。

（1）在电学特性方面的应用 利用电镀、化学镀、气相沉积、离子注入等技术可制备具有电学特性的功能薄膜及其元器件。

（2）在磁学特性方面的应用 通过气相沉积技术和涂装等表面技术能制备出磁记录介质、磁带、磁泡材料、电学屏蔽材料、薄膜磁阻元件等。

（3）在光学特性方面的应用 利用电镀、化学镀、转化膜、涂装、气相沉积等方法，能够获得具有反光、光选择吸收、增透性、光致发光、感光等特性的薄膜材料。

（4）在声学特性方面的应用 利用涂装、气相沉积等表面技术，可以制备掺杂 Mn-Zn 铁氧体复合聚苯胺宽频段的吸波涂层、红外隐身涂层、降低雷达波反射系数的纳米复合雷达隐身涂层、声反射和声吸收涂层，以及声表面波器件等。

（5）在生物学特性方面的应用 利用等离子喷涂、气相沉积、等离子注入等方法，将具有一定的生物相容性和物理化学性质的生物医学材料，制成专用涂层，可在保持基体材料特性的基础上，提高基体表面的生物学性质、耐磨性、耐蚀性和绝缘性等，阻隔基体材料离子向周围组织溶出扩散，起到改善人体机能的作用。在金属材料上制备生物陶瓷涂层，能提高材料的生物活性，用作人造关节、人造牙等医学植入体。将磁性涂层涂覆在人体的一定穴位上，有治疗疼痛、高血压等功能。

（6）在转换功能方面的应用 采用表面工程技术可获得能实现光-电、热-电、光-热、力-热、磁-光等转换功能的器件。

8. 表面工程技术在环境保护中的应用

用先进环保的表面技术代替污染严重的一些技术，可以改善作业环境质量，达到国家规定的环保要求。采用化学气相沉积和溶胶-凝胶等技术制成的催化剂载体，可有效地治理被污染的大气，起到净化大气环境的作用。采用化学气相沉积、阳极氧化和溶胶-凝胶等表面工程技术制备过滤膜，能起到净化水质的作用。采用表面工程技术制成的吸附剂，可吸附空气、水、溶液中的有害成分，起到吸附杂质作用，还可去湿、除臭。表面工程技术还是开发绿色能源的基础技术之一，许多绿色能源装置都应用了气相沉积镀膜和涂覆技术。采用表面工程技术在工件表面制备具有优良性能的涂层，可以达到提高热效率、降低能源消耗的目的。例如，热工设备和在高温环境中使用的部件，在表面实施隔热涂层，可以实现较小的热量损失，从而节省燃料。

1.5.2　表面工程技术在腐蚀与防护中的应用

腐蚀是金属材料与环境介质发生相互作用而导致的破坏，腐蚀总是从材料与环境相接触的界面开始。由于制造机器设备的材料总是在某种环境中服役，影响材料腐蚀的因素很多，任何一种材料不能保证在所有的环境下都耐蚀。在选择制造材料时需要考虑三个方面的因素：材料在预计服役的环境中的耐蚀性；材料的物理、力学和工艺性能；经济因素。这三个方面需要兼顾。因此，腐蚀控制的目标就不是“不腐蚀”，而是“将机器、设备或零部件的腐蚀控制在合理的、可以接受的水平”。海岸固定船只的金属固定座腐蚀图片如图1-9所示。

图1-9　海岸固定船只的金属固定座腐蚀图片

防护方法包括电化学防护、调节环境条件（主要是使用缓蚀剂）、覆盖层保护。这样，基体材料和覆盖层材料组成复合材料，可以充分发挥基体材料和覆盖层材料的优点，满足耐蚀性，物理、力学和加工性能，以及经济指标多方面发展的需要。作为基体的结构材料不与腐蚀环境直接接触，可以选择物理、力学和加工性能良好而价格较低的材料，如碳钢和低合金钢；覆盖层材料代替基体材料处于被腐蚀地位，首先应考虑其耐蚀性满足要求。覆盖层保护是使用最广泛的一类防护技术。覆盖层保护的种类很多，按覆盖层材料的性质可以分为以下三大类：

（1）金属覆盖层　金属覆盖层主要包括镀层、衬里和双金属复合板等。镀层的实施方法有电镀、化学镀、喷涂、渗镀、热浸镀、真空镀等。

（2）非金属覆盖层　非金属覆盖层包括的种类很多，如油漆涂装层、塑料涂覆层、搪瓷、钢衬玻璃、非金属衬里、暂时性防锈层等。

（3）化学转化膜　化学转化膜的形成是一个材料由液态转化为固态的化学反应过程。反应过程是使金属表面无机盐化，基体材料提供反应的阳离子，溶液提供反应的阴离子和部分沉积的阳离子，这些致密的基体金属上的无机盐沉积层赋予表面各种特殊的性能。

第2章

金属表面工程技术基础理论

【学习目标】

- 了解固体材料的表面特性，固体-气体表面结构，理想表面、清洁表面和实际表面。
- 理解金属的表面特征，如表面吸附、表面张力、表面能、表面振动和表面扩散。
- 掌握金属材料的表面性能，如表面力学性能、表面物理性能、表面化学性能。

【导入案例】

冶金设备的一些重要零部件服役于高温、磨损、腐蚀等苛刻环境中，因此对此类零部件的表面质量要求较高。目前，对其表面进行喷熔强化处理是一种经济且有效的技术手段。在新制造或因失效修复的工件表面喷涂自熔剂合金涂层，涂层厚度一般为1～1.5mm，经加热重熔，就可以制备出耐热、耐蚀、热疲劳性能优异的熔覆层。这种技术广泛应用于钢厂层流冷却辊以及助卷辊表面处理（见图2-1），使辊子的耐磨性和耐蚀性大大提高。这种辊子的寿命比采用其他方法制造的辊子寿命提高3～4倍。

a)

b)

c)

图2-1　层流冷却辊与助卷辊表面处理

a）层流冷却辊喷熔Ni基合金粉末施工现场　b）层流冷却辊喷熔后成品　c）喷熔后的助卷辊

2.1　固体材料的表面特性

2.1.1　固体材料

按照材料的特性，固体材料可分为金属材料、无机非金属材料和有机高分子材料三类；按照材料所起的作用，固体材料可分为结构材料和功能材料两大类；根据原子排列的特征，固态物质可分为晶体和非晶体两类。晶体和非晶体原子排列如图 2-2 所示。

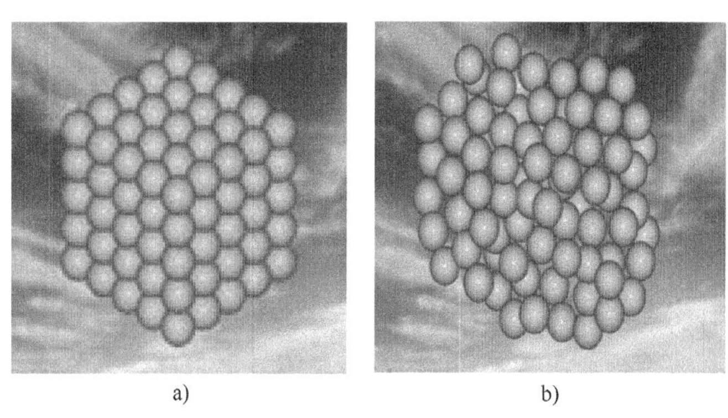

a)　　b)

图 2-2　晶体和非晶体原子排列

a）晶体　b）非晶体

晶体是指其组成微粒（原子、离子或分子）呈规则排列的物质。晶体有固定的熔点和凝固点、规则的几何外形和各向异性的特点，如金刚石、石墨及一般固态金属材料等均是晶体。非晶体是指其组成微粒无规则地堆积在一起的物质，如玻璃、沥青、石蜡、松香等都是非晶体。非晶体没有固定的熔点，而且性能具有各向同性。随着现代技术的发展，晶体与非晶体之间可以互相转化，如人们通过快速冷却，制成了具有特殊性能的非晶态的金属材料。

2.1.2　固体-气体的表面结构

物质的聚集态有固、液、气三种形态，将两凝聚相的边界区域称为界面（interface），两凝聚相与气相形成的界面称为表面（surface）。由于气体之间接触时通过气体分子间的相互作用而很快混合在一起，成为由混合气体组成的一个气相，即不存在气-气界面，因此，界面有固-液、液-液、固-固三种类型，表面有固-气、液-气两种类型。固体-气体表面示意图如图 2-3 所示。

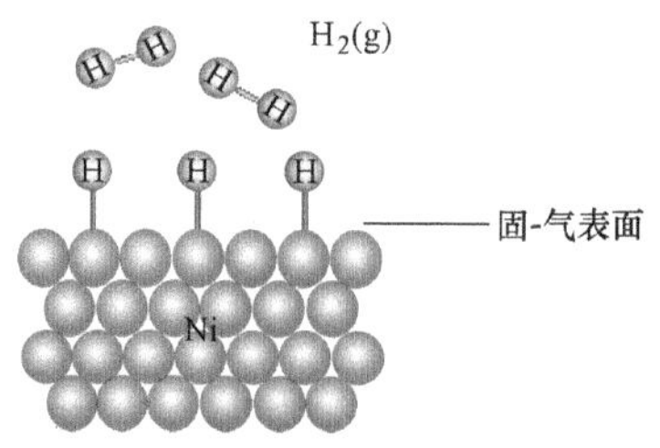

图 2-3　固体-气体表面示意图

通常所说的表面是指固-气表面，这是我们研究的主要对象。表面大致可以分为理想表面、清洁表面和实际表面三种类型。人们日常生活中和工程上涉及固-气表面的现象和过程随处可见，如气体吸附于固-气表面，形成吸附层。例如，许多固-固界面在形成过程中，不少反应物质先以液态或气态存在，即先出现固-气表面和固-液界面，然后在一定条件下（通常为冷凝）才转变为固-固界面。图 2-4 所示为固-固界面的结构，从截面上可以看出膜层与基体之间的界面结合处形貌。

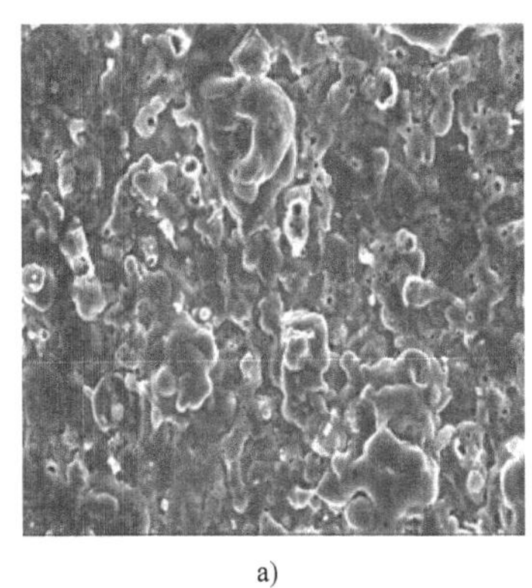

a)

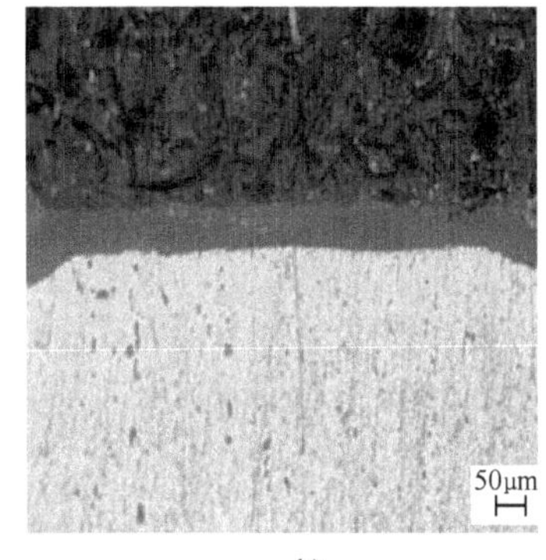

b)

图 2-4　固-固界面的结构

a）铝合金微弧氧化 Al_2O_3 陶瓷膜层表面扫描电子显微镜形貌　b）截面膜层形貌

1. 理想表面

理想表面是一种理论的、结构完整的二维点阵平面。在一些假设条件下把晶体的解离面认为是理想表面，实际不存在。理想表面如图 2-5 所示。

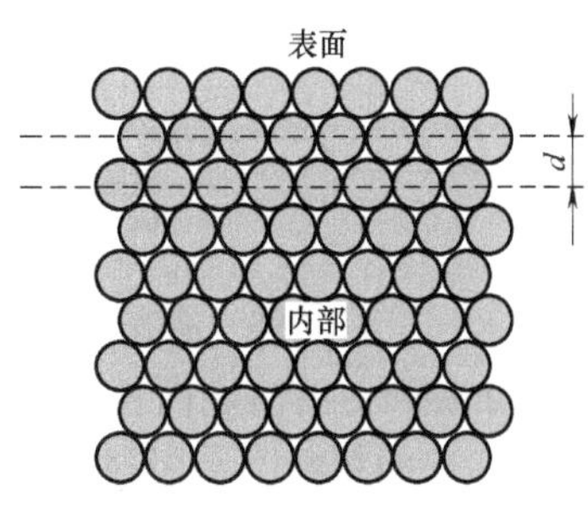

图 2-5　理想表面

2. 清洁表面

清洁表面是在特殊环境中经过特殊处理后获得的，不存在吸附、催化反应或杂质扩散等物理、化学效应的表面。例如，经过诸如离子轰击、高温脱附、超高真空中解理、蒸发薄膜、场效应蒸发、化学反应、分子束外延等特殊处理后，保持在 10^{-10} ~ 10^{-9}Pa 超高真空下，外来污染少到不能用一般表面分析方法探测的表面。

制备清洁表面是十分困难的，通常需要在 10^{-8}Pa 的超高真空条件下解理晶体，并且进行必要的操作，以保证表面在一定的时间范围内处于“清洁”状态。在几个原子层范围内的清洁表面，其偏离三维周期性结构的主要特征应该是表面弛豫、表面重构以及表面台阶机构。清洁表面弛豫和清洁表面重构示意图分别如图 2-6 和图 2-7 所示。

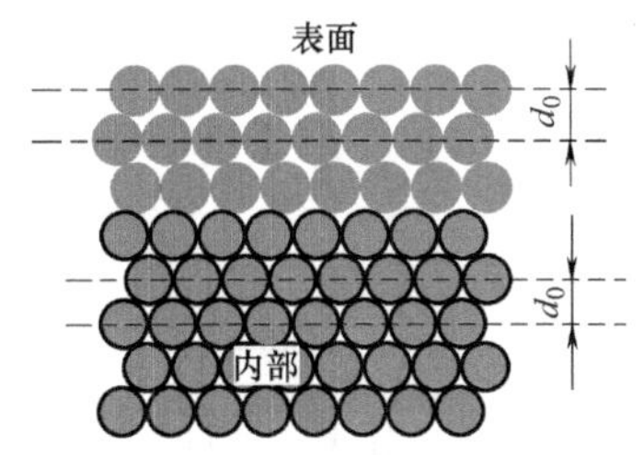

图 2-6　清洁表面弛豫示意图

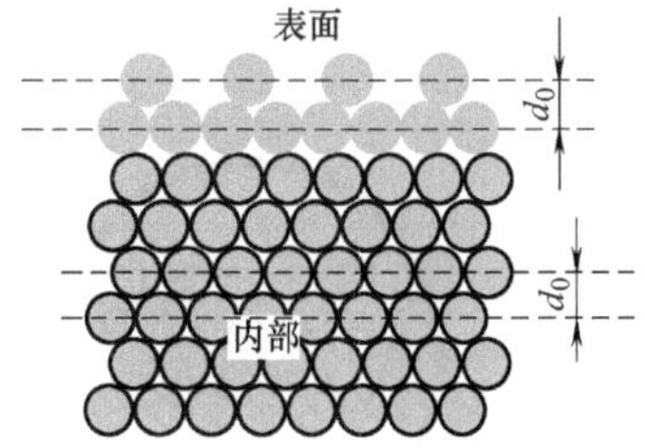

图 2-7　清洁表面重构示意图

研究清洁表面需要复杂的仪器设备，并且，清洁表面与实际应用的表面往往相差很大，得到的研究结果一般不能直接应用到实际中。清洁表面台阶化如图 2-8 所示。

3. 实际表面

实际表面是暴露在未加控制的大气环境中的固体表面，或者经过切割、研磨、抛光、清洗等加工处理而保持在常温常压下，也可能在高温和低真空下的表面。显然，这种表面的结构会受到各种外界因素的影响而变得复杂化。因此，实际表面结构及其性质是很复杂的。

研究实际表面，虽然受到氧化、吸附和污染的影响而得不到确定的特性描述，但是它可取得一定的具体结论，直接应用于实际。这在控制材料和器件、零部件的质量以及研制新材料等方面起着很大的作用。不同加工方法的材料表面轮廓曲线如图2-9所示。

图2-8　清洁表面台阶化

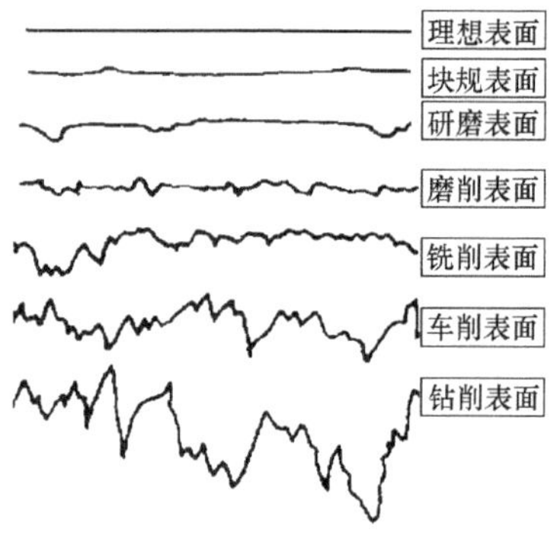

图2-9　不同加工方法的材料表面轮廓曲线

实际表面与清洁表面相比，不同之处在于：

（1）表面粗糙度　经过切削、研磨、抛光的固体表面看起来似乎很平整，然而用电子显微镜进行观察，可以看到表面有明显的起伏，同时还可能有裂纹、孔洞等。TC4钛合金板材经过扫描电子显微镜（SEM）放大以后观察，材料表面有明显的孔洞和沟痕，并且表面凹凸不平。TC4钛合金表面SEM形貌（放大5000倍）如图2-10所示。

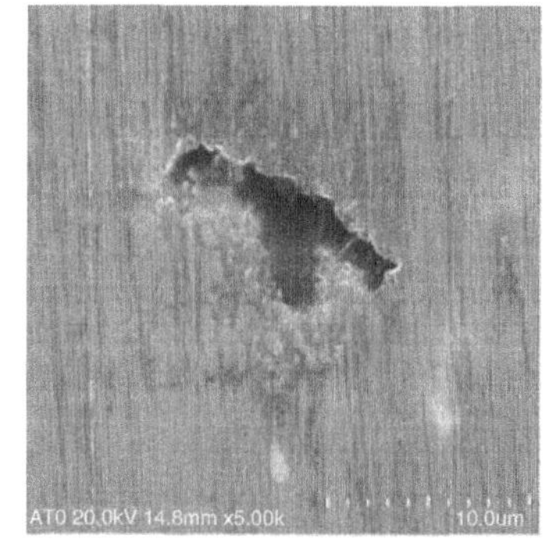

图2-10　TC4钛合金表面SEM形貌（放大5000倍）

表面粗糙度是指加工表面上具有较小间距的峰和谷所组成的微观几何形状的特性。表面粗糙度峰谷形貌及 Ra 定量描述如图2-11所示。

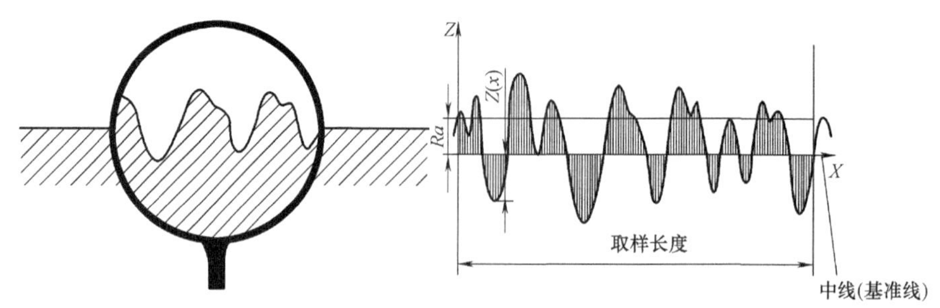

图2-11　表面粗糙度峰谷形貌及 Ra 定量描述

表面粗糙度对材料的许多性能有显著的影响。控制这种微观几何形状误差，对于实现零件配合的可靠和稳定，减小摩擦与磨损，提高接触刚度和疲劳强度，降低振动与噪声等有重要意义。表面粗糙度的测量有比较法、激光光斑法、光切法、针描法、激光全息干涉法、光点扫描法等，分别适用于不同评定参数和不同表面粗糙度范围的测量。金属表面的实际构成和金属材料在工业环境中被污染的实际表面分别如图 2-12 和图 2-13 所示。

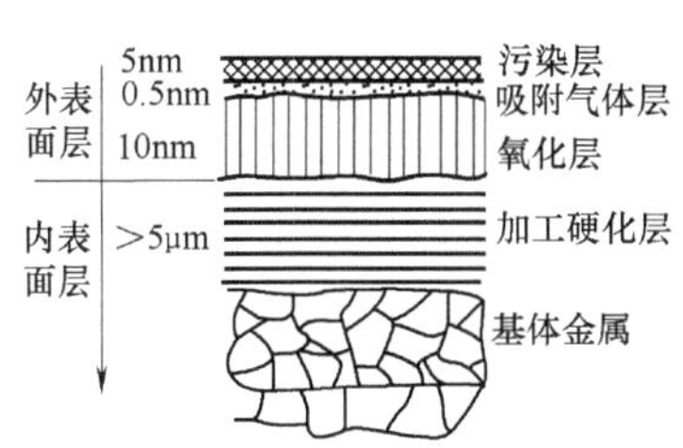

图 2-12 金属表面的实际构成

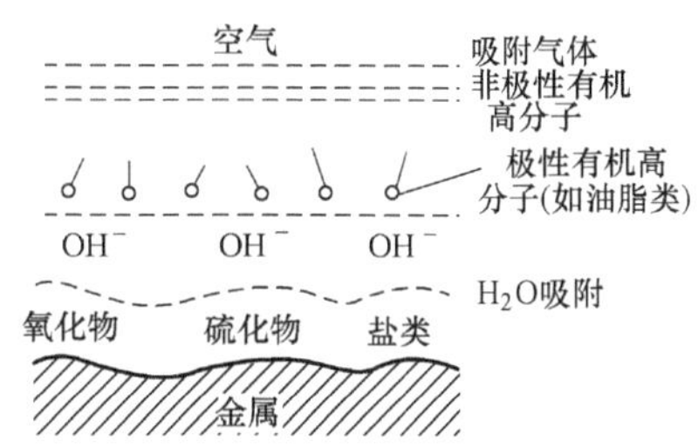

图 2-13 金属材料在工业环境中被污染的实际表面

（2）残余应力 金属在切割、研磨和抛光后，还存在着各种残余应力，同样对材料的许多性能产生影响。实际上残余应力是材料经各种加工、处理后普遍存在的。

残余应力（内应力）按其作用范围大小可分为宏观内应力和微观内应力两类。材料经过不均匀塑性变形后卸载，就会在内部残存作用范围较大的宏观内应力。例如，焊接和材料受热不均匀或各部分热胀系数不同，均会在材料内部产生内应力。微观内应力的作用范围较小。

残余应力对材料的许多性能和各种反应过程可能会产生很大的影响。例如材料在受载时，内应力与外应力一起发生作用。如果内应力方向和外应力方向相反，就会抵消一部分外应力，从而起到有利的作用；如果方向相同，则相互叠加，起破坏作用。图 2-14 所示为 ASM1.0 残余应力检测仪。

图 2-14 ASM1.0 残余应力检测仪

（3）表面的吸附 固体与气体的作用有三种形式：吸附、吸收和化学反应。固体表面出现原子或分子间结合键的中断，形成不饱和键，这种键具有吸引外来原子或分子的能力。外来原子或分子被不饱和键吸引住的现象称为吸附。吸收则是固体的表面和内部都容纳气体，使整个固体的能量发生变化。吸附与吸收往往同时发生，难以区分。

（4）表面反应与污染 当吸附原子与表面之间的电负性差异很大而有很强的亲和力时，则有可能形成表面化合物。在这类表面反应中，固体表面上的空位、扭折、台阶、杂质原子、位错露头、晶界露头和相界露头等各种缺陷，提供了能量条件，并且起着“源头”的作用。

金属表面的氧化是表面反应的典型实例。金属表面暴露在一般的空气中就会吸附氧或水蒸气，在一定的条件下，可发生化学反应而形成氧化物或氢氧化物。金属在高温下的氧化是一种典型的化学腐蚀。涂覆在羟基铁粉表面的金属氧化物如图 2-15 所示。

实际上，在工业环境中除了氧和水蒸气之外，还可能存在 CO_2、SO_2、NO_2 等各种污染气体，它们吸附于材料表面生成各种化合物。污染气体的化学吸附和物理吸附层中的其他物质，如有机物、盐等，与材料表面接触后，也会留下痕迹。

（5）特殊条件下的实际表面　实际表面还包括许多特殊的情况，如高温下的实际表面、薄膜表面、粉体表面、超微粒子表面等，深入研究这些特殊条件下的实际表面，具有重要的实际意义。举例说明如下：

1）薄膜表面。薄膜通常是按照一定的需要，利用特殊的制备技术，在基体表面形成厚度为亚微米至微米级的膜层。膜层的表面和界面所占的比例很大，表面弛豫、重构、吸附等会对薄膜结构和性能产生较大影响。采用溅射法制备的物理气相沉积薄膜如图2-16所示。

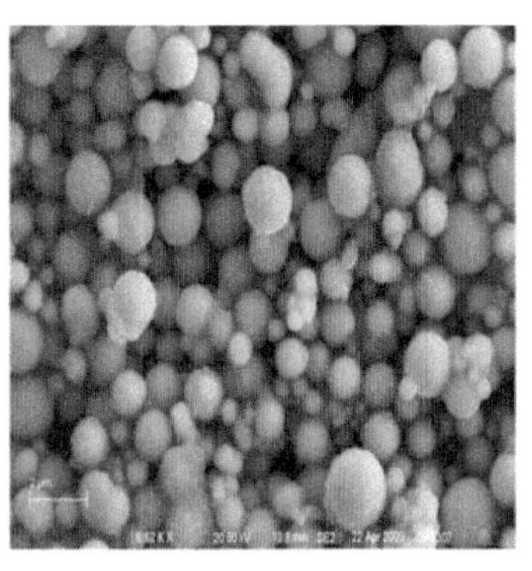

图2-15　涂覆在羟基铁粉表面的金属氧化物

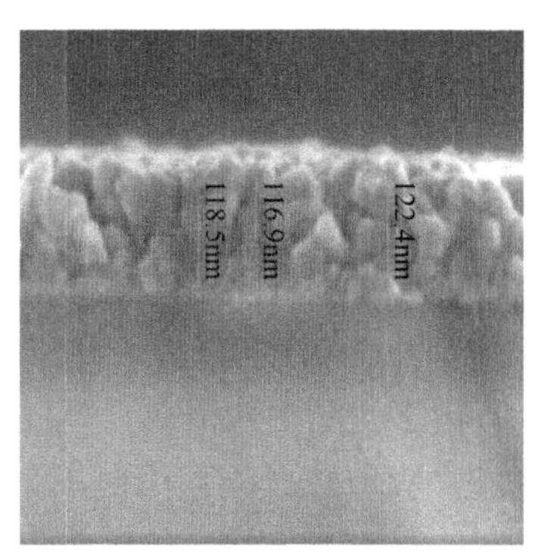

图2-16　采用溅射法制备的物理气相沉积薄膜

2）微纳米固体颗粒的表面。纳米粒子的结构、表面结构和特殊性质引起了科学界的极大关注。特别是当粒子直径为10nm左右时，其表面原子数与总原子数之比达50%，因而随着粒子尺寸的减小，表面的重要性越来越大。例如，对半径为10nm的水滴而言，其压力有14MPa。实验观测表明，当纳米级粒子尺寸小于10nm时，其熔点甚至可以降低数百摄氏度。图2-17所示为直径为10nm的纳米颗粒。

图2-17　直径为10nm的纳米颗粒

2.1.3　固体表面特征

作用于固体表面原子和分子的力与固体内的力不同，即固体表面存在着一些与作用于固体内部原子和分子所不同的力。这些力的存在都可能对固体表面的结构和性能，以及各种镀层、涂层的结构和性能产生显著的影响。

1．表面吸附力

考虑固体表面为晶体的固-气表面。晶体内存在的力场在表面处发生突变，但不会中断，会向气体一侧延伸。当其他分子或原子进入这个力场范围时，就会和晶体原子群之间产生相互作用力，这个力就是表面吸附力。由表面吸附力把其他物质吸引到表面即为吸附现象。表面吸附力有物理吸附力和化学吸附力两种类型。

（1）物理吸附力　物理吸附力是在所有的吸附剂和吸附质之间都存在的，这种力相当于液体内部分子间的内聚力，视吸附剂和吸附质条件不同，其产生力的因素也不同，其中以色散力为主。

1）色散力。色散力是因为该力的性质与光色散的原因之间有着紧密的联系而得到的。它来源于电子在轨道中运动而产生的电矩的涨落，此涨落对相邻原子或离子诱导一个相应的电矩，反过来又影响原来原子的电矩。色散力就是在这样的反复作用下产生的。

2）诱导力。Debye 曾发现一个分子的电荷分布要受到其他分子电场的影响，因而提出了诱导力。当一个极性分子接近一种金属或其他传导物质（如石墨）时，该物质对其表面将有一种诱导作用，但诱导力的贡献比色散力的贡献低得多。

3）取向力。Keesom 认为，具有偶极而无附加极化作用的两个不同分子的电偶极矩间有静电相互作用，此作用力称为取向力。其性质、大小与电偶极矩的相对取向有关。

（2）化学吸附力　化学吸附与物理吸附的根本区别是吸附质与吸附剂之间发生了电子的转移或共有，形成了化学键。这种化学键不同于一般化学反应中单个原子之间的化学反应与键合，称为吸附键。

物理吸附与化学吸附的区别见表 2-1。

表 2-1　物理吸附与化学吸附的区别

性质	物理吸附	化学吸附
吸附热	近于液化热（1～40kJ/mol）	近于反应热（>40kJ/mol）
吸附力	范德瓦耳斯力，弱	化学键力，强
吸附层	单分子层或多分子层	仅有单分子层
吸附选择性	无	有
吸附速率	快	慢
吸附活化能	不需要	需要且很高
吸附温度	低温	较高温度
吸附层结构	基本同吸附质分子结构	形成新的化合态

2. 表面张力与表面能

表面张力是在研究液体表面状态时提出来的。表面张力本质上是由分子间相互作用力产生，这种范德瓦耳斯力由色散力、诱导力、偶极力、氢键等组成。固体的表面能在概念上不等同于表面张力。例如，大部分不粘锅表面涂层的主要原料为具有憎水性的聚四氟乙烯。聚四氟乙烯具有固体材料中最小的表面张力，不容易被水、油等液体润湿，所以不黏附任何物质。但聚四氟乙烯涂层与锅基体金属材料结合强度不高，高温时易析出有毒物质，加之涂层厚度有限，故不粘锅不能制作酸性食品，在烹调的过程中避免使用锋利的器具，使用温度要限制在 250℃以下。图 2-18 所示为采用表面张力最小的聚四氟乙烯制作的不粘锅。

图 2-18　采用表面张力最小的聚四氟乙烯制作的不粘锅

3. 表面振动与表面扩散

（1）表面振动　晶体中原子的热运动有晶格振动、扩散和溶解等。晶格振动是原子在平衡位置附近做微振动。这种微振动破坏了晶格的空间周期规律性，因而对固体的比热容、热膨胀、电阻、红外吸收等性质，以及一些固态相变有着重要的影响。

（2）表面扩散　表面扩散是指原子在固体表面的迁移。原子在多晶体中的扩散可按体扩散（晶格扩散）、表面扩散、晶界扩散和位错扩散四种不同途径进行。固体中原子或分子从一个位置迁移到另一个位置，不仅要克服一定的壁垒（扩散激活能），还要保证到达的位置是空着的，这就要求点阵中有空位或其他缺陷。原子扩散原理如图2-19所示。

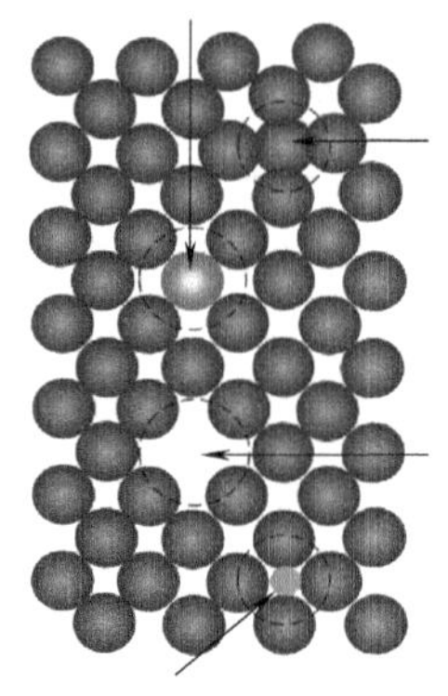

图2-19　原子扩散原理

2.2　固体表面的性能

固体表面的性能包括使用性能和工艺性能两方面。使用性能是指固体表面在使用条件下所表现出来的性能，包括力学、物理和化学性能。工艺性能是指固体表面在加工处理过程中适应加工处理的性能。例如，固体的磨损、腐蚀、氧化、烧损、疲劳断裂和辐照损伤等，通常都是从表面开始的，深入了解和改进固体表面的性能具有重要的意义。

2.2.1　固体表面的力学性能

1. 附着力

（1）附着和附着力的概念　附着是指涂层（包括涂和镀）与基体接触而两者的原子或分子相互受到对方的作用。异种物质之间的相互作用能称为附着能。把附着能对其与基体间的距离微分，该微分的最大值为附着力。附着力是涂层能否使用的基本参数之一。涂层成分不当、涂层与基体的热胀系数差异较大、涂覆工艺不合理，以及涂前基材预处理不当等，都会使附着力显著降低，以致涂层出现剥落、鼓泡等现象而难以使用。

（2）附着力的测定方法　目前，附着力的大多数测量方法是把涂层从基材上剥离下来，测量剥离时所需的力。对于较厚的涂层，大多采用黏结法，即直接在涂层上施加力，使涂层剥离。这种方法还适用于具有较高附着力的涂层。定量测定附着力，需要特定的设备和试样，过程较为复杂和费时。在生产现场，通常采用定性和半定量的检验方法。

涂层附着力的定量评定方法主要有拉伸试验法、剪切试验法和压缩试验法三种，即以抗拉强度、抗剪强度、抗压强度来分别表示涂层单位面积上的附着力。

1）拉伸试验法。利用试验工具或设备使试样承受垂直于涂层表面的拉伸力，测出涂层剥离时的载荷，以试样的断面面积除以该载荷，计算出涂层的抗拉强度。

2）剪切试验法。通常将试样做成圆柱形，在圆柱外表面中心部位制备涂层并磨制到要求尺寸，置于间隙配合的凹模中，在万能材料试验机上缓慢加载，测出涂层被剪切剥离时的载荷，计算出涂层的抗剪强度。

3）压缩试验法。试样用高强度材料制成，放在万能材料试验机上缓慢加压，试样受力方向与涂层表面垂直，加压至涂层被破坏，测出此时的最大载荷，计算出涂层的抗压强度。

在以上三种试验中，涂层抗拉强度是评定附着力的最重要指标。但是有些场合，需要测定涂层的抗剪强度和抗压强度。例如对于各种轴承，抗压强度是一项重要的指标。

定性法根据涂层的种类和使用环境可选择多种试验方法，大致有弯曲试验法、缠绕试验法、锉磨试验法、划痕试验法、胶带剥离法、摩擦法、超声波法、冲击试验法、杯突试验法、加热骤冷试验法等。图2-20所采用的是划痕试验法，用漆膜划格器在测试表面划出一些小方格，然后用力将透明胶带粘到小方格上，之后再把胶带撕下，观察小方格是否脱落，以此来判断附着力的大小。

2. 表面应力

（1）应力产生的原因　作用在表面或表层的应力称为表面应力。它主要有作用于表面的外应力和由表层畸变引起的内应力或残余应力两种类型。很多工艺过程，如喷丸、表面淬火和表面滚压等均能在表面或表层产生极高的残余压应力，从而显著提高材料的疲劳寿命。沉积于基材表面的薄膜，由于它的热胀系数与基材不同，从高温冷却后，薄膜中将存在热残余应力。钢坯表面由应力导致的应力裂纹如图 2-21 所示。

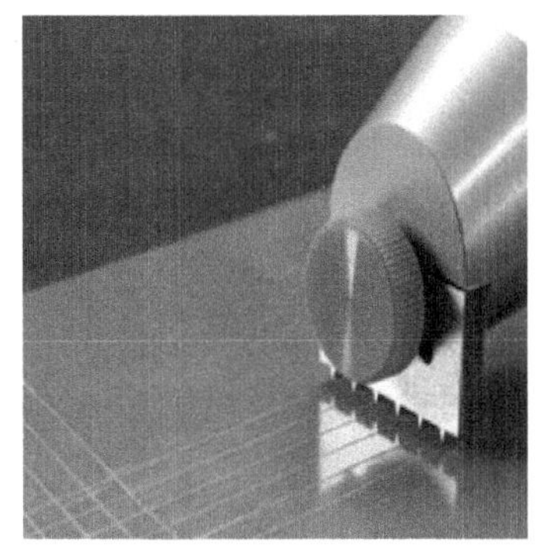

图 2-20　划痕试验法

a)

b)

图 2-21　钢坯表面的应力裂纹

a）放大 100 倍　b）放大 5000 倍

表面应力产生的原因是多方面的。例如，同样成分的薄膜用真空蒸镀法制备会得到拉应力或压应力，而用溅射法制备往往得到压应力；热喷涂涂层存在热残余应力，其大小及方向主要取决于喷涂温度、基材预热温度、涂层的密实度和材料的特性。残余应力影响到涂层的各种性能，较高时会使涂层发生变形、起皱、龟裂、剥落；对于薄板金属，还可能发生弯曲变形。图 2-22 所示为经过微弧氧化的 7075 铝合金表面陶瓷膜层应力裂纹微观形貌。

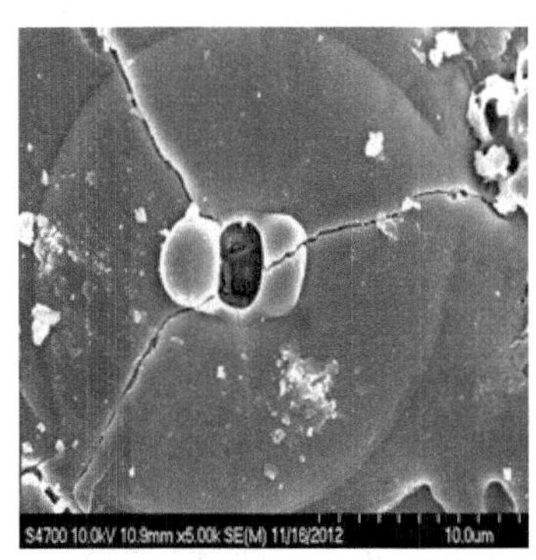

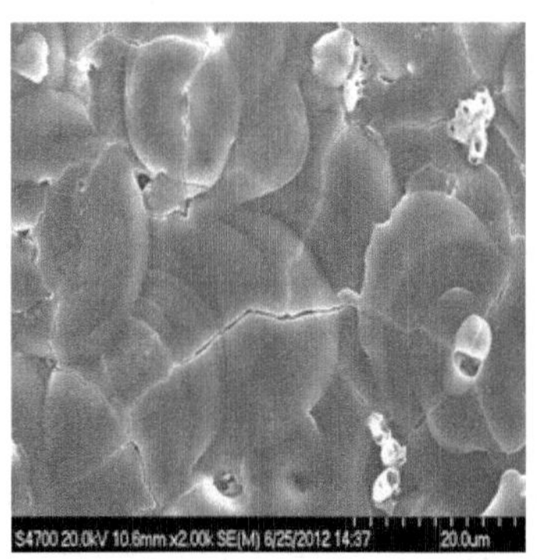

图 2-22　经过微弧氧化的 7075 铝合金表面陶瓷膜层应力裂纹微观形貌

（2）应力的测量方法　残余应力可使薄板样品发生弯曲，拉应力有形成以涂层为内侧的趋势，而压应力则有形成以涂层为外侧的趋势。基于这一现象，形成了经典的涂层残余应力测试方法——薄板弯曲法。

3. 表面硬度

（1）显微硬度　硬度是用一个较硬的物体向另一个材料压入而该材料所能抵抗压入的能力。硬度是被测材料在压头和力的作用下强度、塑性、塑性变形强化率、韧性、抗摩擦性能等综合性能的体现。硬度试验的结果在许多情况下能反映材料在成分、结构以及处理工艺上的差异。表面硬度的测试有的可以采用洛氏硬度测试方法，但是，一般采用显微维氏硬度法。图 2-23 所示为膜层显微硬度测试方法。

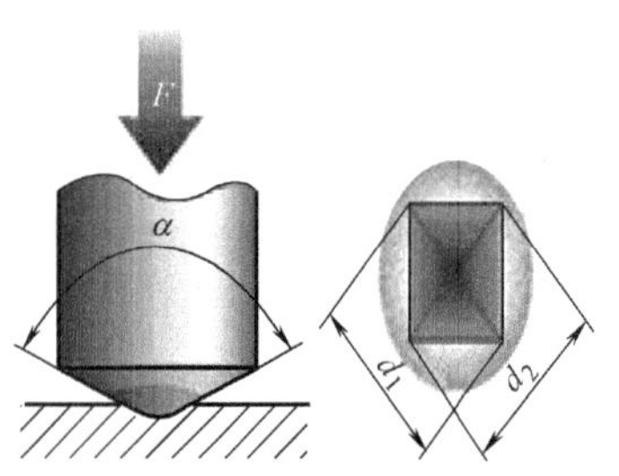

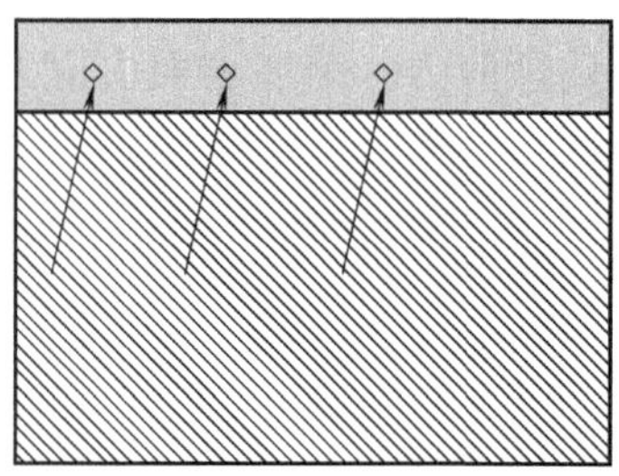

图 2-23　膜层显微硬度测试方法

（2）超显微硬度　对于各种气相沉积薄膜以及离子注入所获得的表面层等，往往有着厚度薄和硬度高的特点。例如，气相沉积硬质薄膜 TiN、TiC 等，硬度高达 20GPa 以上，厚度为几微米或更薄，在较小的压入载荷下，压痕难以用光学显微镜分辨和测量，而过大的压入载荷则会造成基材变形，无法得到正确可靠的测量结果。

为适应上述需求，硬度测试采用了先进的传感技术，一些超显微硬度试验装置相继被研制出来。例如，一种被称为微力学探针的显微硬度仪，可以使压头对材料表面进行小至纳牛的步进加载和卸载，并能同步测量加载、卸载过程中压头压入被测表面微小深度时的变化值，由此准确测定显微硬度和弹性模量等。

4. 表面韧性与脆性

（1）表面韧性　韧性是表示材料受力时虽然变形但不易折断的性质。进一步说，韧性是材料能吸收能量的性能。能量包括两部分：一部分是材料在塑性流变过程中所消耗的能量；另一部分主要是形成新的表面而需要的表面能所消耗的能量。韧性有以下三种：

1）静力韧性。它是指材料试样在拉伸试验机中引起破坏而吸收的塑性变形功和断裂功的能量，可由应力-应变曲线下的面积减去弹性恢复的面积来计算。

2）冲击韧性。它是指材料试样在冲击载荷下材料断裂所消耗的能量，常用冲击吸收能量来衡量。摆锤冲击试验如图2-24所示。

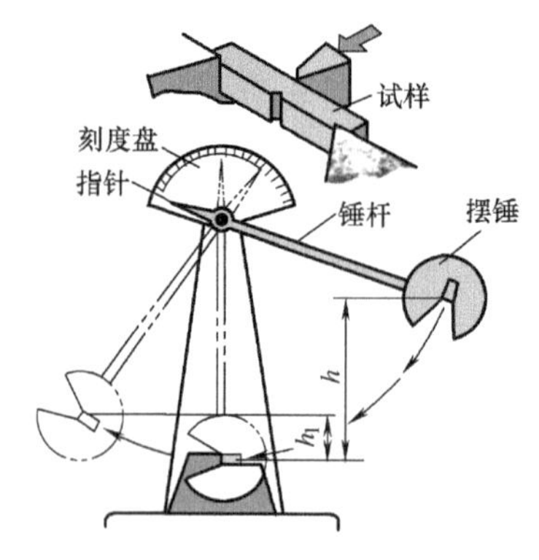

图 2-24　摆锤冲击试验

3）断裂韧性。它是指含裂纹材料抵抗裂纹失稳扩展（从而导致材料断裂）的能力，可用应力场强因子的临界值 K_{IC}、裂纹扩展的能量释放临界值 G_{IC}、J 积分临界值 J_{IC} 以及裂纹张开位移的临界值 δ_C 等来衡量。

（2）表面脆性　材料受拉力或冲击时容易破碎的性

质称为脆性。脆性材料有玻璃、陶瓷、金属间化合物等，通常显示明显的脆性，而本质上是韧性的材料在一定条件下，如降低温度、增加应变速率、受三向应力作用、疲劳、材料含氢、应力腐蚀、中子照射、浸在液态金属中等，有可能转变为脆性。测定镀层脆性的方法有杯突法和静压挠曲法等，其中金属杯突法用得较多。

脆性与韧性是材料一对性能相反的指标，脆性大则韧性小，反之亦然。在许多场合中，表面脆性是材料发生早期破坏失效的重要原因，因此常将表面脆性列为测试项目。例如，电镀层脆性的测试是经常进行的，为镀层质量控制的一项指标。图 2-25 所示为生活用花洒表面镀层脱落对比图。

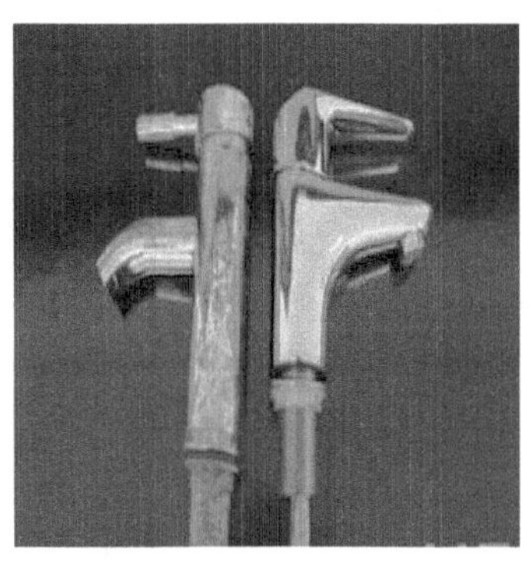

图 2-25　生活用花洒表面镀层脱落对比图

5. 表面耐磨性能

（1）摩擦　物体之间的摩擦是自然界普遍存在的一种现象。摩擦的最简单定义是：抵抗两物体接触表面切向相对运动的现象，即相互接触物体在外力作用下发生相对运动或具有相对运动的趋势时，接触面之间就会产生切向的运动阻力，简称摩擦力，该现象称为摩擦。图 2-26 所示为齿轮运转时的摩擦磨损现象。

图 2-26　齿轮运转时的摩擦磨损现象

从摩擦现象上看，有干摩擦（无润滑摩擦）、边界润滑摩擦、液体润滑摩擦、滚动摩擦等现象，这里主要叙述下面四种摩擦现象：

1）干摩擦。无润滑或不允许使用润滑剂的摩擦。

2）边界润滑摩擦。接触表面被一层厚约 0.1μm 的润滑油膜分开，使摩擦力显著降低，磨损显著减少。

3）液体润滑摩擦。接触表面完全被油膜隔开，由油膜的压力平衡外载荷，此时摩擦阻力取决于润滑油的内摩擦因数（黏度）。在滑动摩擦中，液体润滑摩擦具有最小的摩擦因数，摩擦力大小与接触表面的状况无关。

4）滚动摩擦。滚动摩擦的摩擦力比起滑动摩擦至少减小90%左右。滚动接触中出现摩擦的可能原因是微观滑动、弹性滞后损耗、塑性变形和黏着效应。

（2）磨损

1）磨损的概念。摩擦时一般会伴随着磨损的发生，磨损是材料不断损失或破坏的现象。材料的损失包括直接耗失材料，以及材料从一个表面转移到另一个表面上；材料的破坏包括产生残余变形、失去表面精度和光泽等。磨损造成的经济损失是巨大的。

图2-27所示为轴表面磨损及修复形貌。

a)

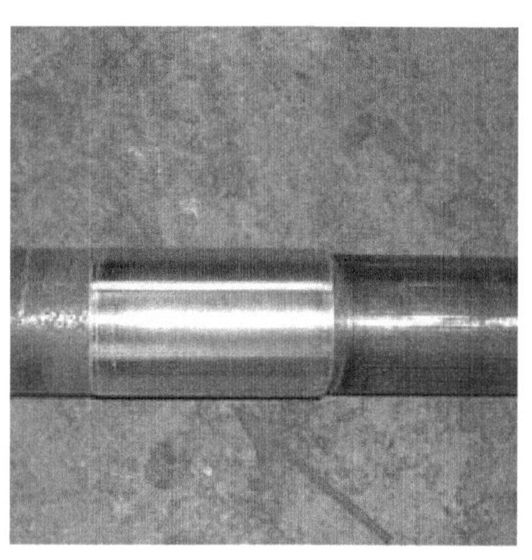

b)

图2-27　轴表面磨损及修复形貌

a）磨损的轴　b）热喷涂修复磨损的轴

2）磨损的分类。目前比较通用的分类方法以J. T. Burwell和C. D. Strang提出的按照磨损机理的分类方法为基础，将磨损分为黏着磨损、磨粒磨损、疲劳磨损、腐蚀磨损、微动磨损、冲蚀和气蚀磨损。

3）磨损的评定。材料磨损的评定方法至今尚无统一的标准，常用磨损量、磨损率和耐磨性来表示。

① 磨损量。材料的磨损量的三个基本参数是长度磨损量 W_l、体积磨损量 W_V 和质量磨损量 W_m。实践中往往是先测定质量磨损量再换算成体积磨损量。

② 磨损率。它是单位时间或单位摩擦距离的磨损量。

③ 耐磨性。它是指材料在一定摩擦条件下抵抗磨损的能力。它可分为绝对耐磨性和相对耐磨性两种。绝对耐磨性通常用磨损量或磨损率的倒数来表示，符号为 W^{-1}。相对耐磨性是指两种材料（A与B）在相同的磨损条件下测得的磨损量的比值，符号为 ε。

（3）影响固体材料耐磨性的因素

1）硬度。通常认为材料的耐磨性可以由材料的硬度来衡量，但除硬度外，材料的组织成分也有一定的影响。

2）晶体结构和晶体的互溶性。晶体材料为密排六方结构，如钴等即使在摩擦面非常干净的情况下，其摩擦因数也不高，磨损率也低。研究还表明，冶金上互溶性差的一对金属摩擦可以获得低摩擦因数和低磨损率。

3）温度。温度对磨损的影响是间接的。例如，温度升高，硬度下降，互溶性增加，磨损即加剧；温度升高，导致氧化速度加剧，也可能影响磨损性能。

4）环境。在大气条件下大多数金属的磨损是极其严重的。除了金以外，在大气条件下，许多金属在经过切削或磨削后，洁净的表面在 5min 内就产生一层 5 ~ 50 分子层的氧化膜，氧化膜在防止黏着磨损方面有重大作用。

（4）提高耐磨性的途径　主要从以下几个方面着手来提高耐磨性。

1）耐磨设计。磨损是一个很复杂的失效过程，它不仅受力学因素的制约，同时还受材料、环境、介质、设计、制造、安装、使用等多种因素的影响。在许多情况下，增加材料硬度可以提高磨损抗力，但也存在着不少例外，用青铜做的小齿轮比用硬化钢做的小齿轮更成功就是一个例子。再如，汽车发动机的凸轮硬度以 50HRC 左右为最好，而不需要更高的硬度。某些高分子材料（如聚四氟乙烯），虽然硬度不高却具有很好的耐磨性。

2）抗磨材料的选择。在选择抗磨材料时，必须弄清影响产品寿命的基本因素和磨损过程是否始终以同样的磨损机理进行等，然后进行选材。

确定材料在使用方面是否存在限制；确定载荷限制；确定温度范围；确定 P_v 极限值（密封失效时达到的最高值）；确定零件工作循环特性；确定容许的磨损失效形式和机械表面的损伤程度；通过台架和样机试验确定选材。

3）运用表面技术。磨损发生在材料表面，采用各种表面技术可以显著提高材料的表面性能和降低摩擦因数，从而有效提高材料的耐磨性。例如，采用表面涂层技术，如电镀硬铬、化学镀 Ni-P 等；采用表面改性技术，用喷丸方法在工件表面形成储油性良好的大量均匀的小坑，从而降低摩擦副的摩擦因数；采用复合表面处理，如碳氮共渗。

4）改善润滑条件。改善润滑条件，可以显著降低摩擦和磨损，因而工业上大量使用了各种润滑剂。它们大致可以分为气体、液体、半固体和固体四类。最常用的气体润滑剂是空气，如气体轴承。应用最广的液体润滑剂是润滑油，包括矿物油、动植物油等。

（5）耐磨表面处理　在力学性能中，最重要的是硬度，在大多数情况下磨损率都会随硬度的提高而降低。非金属性质的摩擦面是通过物理或化学的作用来减小磨损的。对于钢材，一般通过各种表面技术，如渗硫、氧化、渗氮、碳氮共渗、热喷涂层中加 MoS_2、物理气相沉积、化学气相沉积及离子注入等，使材料表面形成氮化物、氧化物、硫化物、碳化物以及它们的复合化合物的表面层。

6. 表面抗疲劳性能

（1）疲劳　材料在循环（交变）载荷（应力）作用下发生损伤乃至断裂的过程称为材料的疲劳。例如，金属材料制成的轴、齿轮、轴承、叶片、弹簧等零部件，在运行过程中各点所承受的载荷随时间周期性地变化，即处在循环载荷作用下，虽然金属零部件所承受的应力低于材料的屈服强度，但经过长时间运行会产生裂纹或突然发生完全断裂，这个过程称为金属的疲劳。

（2）疲劳分类　按材料疲劳断裂前应力循环周次的多少，可将疲劳分为以下两种：

1）高周疲劳。高周疲劳是在低于屈服强度的疲劳应力作用下发生的疲劳断裂。在断裂前经历的循环周次 $N_f > 10^5$，其寿命的主要控制因素是应力幅值的大小。高周疲劳又称应力疲劳。

2）低周疲劳。承受的最大疲劳应力接近或者高于材料的屈服强度，每一循环有少量变形，断裂前经历的循环周次少，当 N_f 为 $10^2 \sim 10^5$ 时就会出现疲劳断裂。低周疲劳寿命主要取决于材料的塑性，所以在满足强度的前提下应选用塑性较高的材料。

（3）疲劳断裂的过程　疲劳裂纹的萌生与扩展。

1）裂纹的萌生。裂纹的策源地（裂纹源）一般产生在晶界、相界以及材料中的缺陷等部位。从微观上看，当微裂纹的尺寸达到 $1.0 \times 10^{-3} \sim 2.5 \times 10^{-2}$mm 时，一般认为是裂纹的萌生阶段。

2）裂纹的扩展。裂纹的扩展是决定材料疲劳寿命的关键阶段。产生的裂纹在交变应力作用下是否扩展，扩展的速度是快还是慢，是研究疲劳失效需要解决的问题。变形铝合金疲劳断口裂纹扩展的过程如图 2-28 所示，裂纹扩展可分为以下两个阶段。

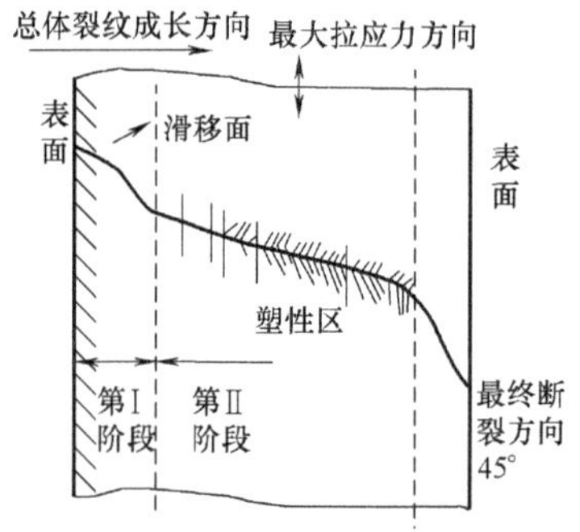

图 2-28　变形铝合金疲劳断口裂纹扩展的过程

第Ⅰ阶段：裂纹扩展方向与最大应力成 45°角，主要受切应力的作用，称为剪切型开裂，疲劳裂纹的扩展速度很慢，扩展的距离很短，其断口微观特征依材料不同而有区别。

第Ⅱ阶段：裂纹扩展方向与外部拉应力方向垂直，称为张开型开裂。疲劳裂纹扩展的断口微观特征是疲劳辉纹的存在，它是由一条条平行的条纹组成的。一般来说，铝合金疲劳断口上的疲劳辉纹明显，而灰铸铁、铸钢及高强度钢在疲劳断裂时，这种疲劳辉纹不明显。

（4）疲劳强度的测定　测定材料的疲劳强度时，要用较多的试样（至少 10 个），在预测疲劳极限的应力水平下开始试验，若前一试样发生断裂，则后一试样的应力水平要下降，反之则应力上升，然后绘制出疲劳曲线，即画出交变应力 σ 与断裂前的应力循环次数 N 的关系曲线。可以按试验规范测定疲劳极限或条件疲劳极限。

（5）提高表面抗疲劳性能的途径

1）降低材料表面粗糙度值。疲劳裂纹常起源于材料表面，表面粗糙度值越低，材料的疲劳强度就越高。

2）改善显微组织稳定性和均匀性。合金组织中若存在疏松、发裂、偏析、非金属夹杂物、铁素体条状组织、游离铁素体、石墨、网状碳化物、粗晶粒、过烧、脱碳、大量的残留奥氏体、魏氏组织等，都会降低材料的疲劳强度。

3）采用表面工程技术。这是提高表面疲劳强度的有效途径。常用的表面工程技术很多，如喷丸强化、渗碳、渗氮、碳氮共渗、激光表面热处理、离子注入等。

2.2.2 固体表面的化学性能

所有的腐蚀破坏都是从损坏材料的表面开始的。腐蚀对材料表面的损害不仅导致资源与能源的浪费，带来巨大的经济损失，而且容易造成污染与事故。图 2-29 所示为海洋环境下铁护栏遭严重腐蚀的形貌。

图 2-29 海洋环境下铁护栏遭严重腐蚀的形貌

1971 年，某天然气管线发生腐蚀断裂，产生爆炸，仅第一次爆炸的直接经济损失就高达 7000 万元。1997 年，北京某化工厂 18 个乙烯原料储罐由于硫化物腐蚀引起大火，停产半年，直接损失达 2 亿多元，间接损失更巨大。2000 年，广东某石化厂焦化装置由于高温管线硫化物腐蚀发生重大火灾。

（1）腐蚀及其分类　表面处理的重要目的之一是防止金属的腐蚀。因此，了解金属的腐蚀过程十分必要。金属与环境组分发生化学反应而引起的表面破坏称为金属腐蚀。按照腐蚀机理可将腐蚀分为化学腐蚀和电化学腐蚀。

金属材料的化学腐蚀是在干燥的气体介质或不导电的液体介质中通过化学反应而发生的。气体腐蚀是最重要的化学腐蚀形式，也就是金属的氧化过程（与氧的化学反应），或者是金属与活性气态介质（如二氧化硫、硫化氢、卤素、蒸汽和二氧化碳等）在高温下的化学作用。

金属材料的电化学腐蚀是在液体介质中因电化学作用而造成的，腐蚀过程中有电流产生。在自然条件下，如海水、土壤、地下水、潮湿大气、酸雨以及工业生产中采用的各种介质等，对金属的腐蚀通常是电化学腐蚀。图 2-30 所示为原电池反应示意图。

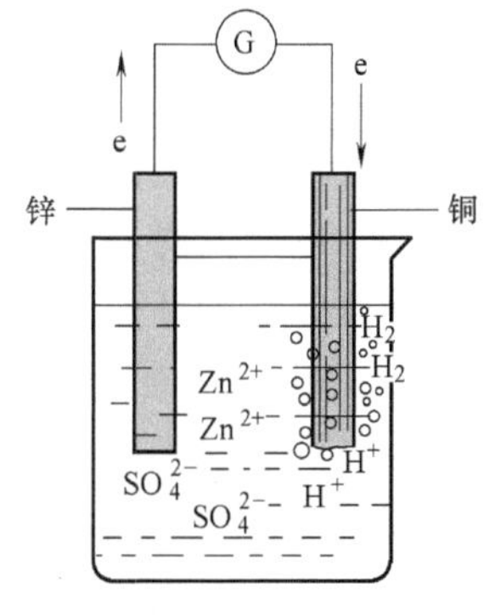

图 2-30 原电池反应示意图

综上所述，金属的腐蚀是由氧化反应与还原反应组成的腐蚀原电池过程。根据阳极与阴极的大小及肉眼的可分辨性，腐蚀电池分为宏观腐蚀电池和微观腐蚀电池（腐蚀微电池）。

（2）金属的氧化　金属在高温处的氧化是一种典型的化学腐蚀，其腐蚀产物为氧化物。热力学计算表明，大多数金属在室温就能自发地氧化，但在表面形成氧化物层后，扩散受到阻碍，从而使氧化速率降低。因此，金属的氧化与温度、时间有关，也与氧化物层的性质有关。如在钢中加入钨、钼等元素，会降低抗氧化能力。钨、钼可在金属表面氧化膜内生成含钨和钼的氧化物，而 MoO_3 和 WO_3 具有低熔点和高挥发性，使抗氧化能力降低。

（3）抗高温氧化涂层　经过多年的发展，高温涂层已获得广泛的应用。高温涂层通常以非金属氧化物、金属氧化物、金属间化合物、难熔化合物等为原料，用一定的表面技术涂覆在各种基材上，保护基材不受高温氧化、腐蚀、磨损、冲刷或赋予材料某种功能。例如，

高温结构材料 Ni_3Al 表面渗铬、渗铝，生成 Cr_2O_3、Al_2O_3 保护层，可明显改善 Ni_3Al 在900～950℃下的高温抗氧化性能。

用于抗高温氧化的膜或涂层，称为抗高温氧化涂层，大多用于金属和合金的高温防护。最初有些高温涂层主要用于导弹、火箭等，后来部分技术转向民用，并且获得迅速的发展。钼合金锻模经渗硅及离子渗氮复合处理后，表面形成 Mo-Si-N 复合保护层，表面硬度是基体的 3 倍，至少在 1100℃以下能有效地避免灾难性氧化失重，其氧化失重率为钼合金的1/1400，能在 15s 内承受从室温到 1150℃的 200 次冷热循环，表面与基体无裂纹；Ni-15Cr-6Al 合金渗铝层离子注入 Y^+，可改变渗铝层的氧化膜形貌，细化晶粒，增强氧化膜的黏附性，防止剥落；用于石油、化工、冶金等部门的碳钢零件经热浸渗铝处理后，抗氧化性是未浸渗铝的 149 倍，可代替或部分代替不锈钢；用 Si、SiO_2、Si_3N_4 镀层，使不锈钢在 950℃和1050℃恒温氧化、循环氧化抗力大大提高；0.5μm 厚的 Si_3N_4 膜，可使 TiAl 金属间化合物在 1028℃的纯氧气氛中经受 600h 以上的循环氧化，Si_3N_4 膜和 Al_2O_3 膜还被用于保护镍及镍基合金免受高温氧化；航空及能源用铌基合金可用多层膜涂层的方法来进一步改善其抗高温氧化性能。

前面谈及的高温氧化问题是针对金属材料来分析的，实际上不少非金属的高温氧化也是很重要的。例如，SiC 材料具有优异的高温力学性能，是高温结构材料和电热元件等材料的优先选择。它在干燥的高温氧化环境中，当温度超过 900℃时，表面会生成致密的 SiO_2，具有优异的抗氧化性能，但在较高温度下 SiO_2 保护膜发生变化，并且其膨胀系数与 SiC 不同，反复加热冷却易产生裂纹，使 SiC 的电阻率增大，使用寿命缩短。另外，水蒸气及碱性杂质都会加速 SiC 材料的氧化。采取涂层法是提高 SiC 抗氧化能力的有效途径之一。常用的方法有浸渗法、等离子喷涂法、化学气相沉积法、溶胶-凝胶法等。采用莫来石涂层、MoSi 涂层等，可使 SiC 的使用温度达到 1600℃。又如，对于含碳耐火材料的抗氧化涂层，其涂料采用长石粉、蜡石粉、玻璃和金属氧化物做填料，以改性硅酸做结合剂，加入少量性能调节剂，无须专门烧烤，制成涂料后涂覆在含碳耐火材料（如镁碳砖等）上，可以在650～1200℃下有效保护含碳耐火材料不被氧化。涂层在高温下形成的特殊釉层抗热震性强，气密性好，可经历多次升降温循环而不开裂。

（4）电化学腐蚀性能　金属材料与电解质接触，在电解质溶液中，同一金属表面各部位，或者不同金属相接触，都可以因电位不同发生电化学反应而构成腐蚀电池，在界面处形成双电层并建立相应的电位，其结果构成了电化学腐蚀。这种金属电极与溶液界面之间存在的电位差就称为金属的电极电位。表 2-2 列出了部分金属的标准电极电位及其在 3%（质量分数）NaCl 溶液中的腐蚀电位，可见一些标准电极电位高的金属如 Al、Cr 等，在 3% NaCl 溶液中的腐蚀电极电位要低得多。

表 2-2　部分金属的标准电极电位及其在 3% NaCl 溶液中的腐蚀电位

金属名称	电极反应	标准电极单位/V	腐蚀电极单位/V
Mg	$Mg \rightarrow Mg^{2+} + 2e^-$	-2.34	-1.60
Al	$Al \rightarrow Al^{3+} + 3e^-$	-1.670	-0.60
Mn	$Mn \rightarrow Mn^{2+} + 2e^-$	-1.05	-0.91
Zn	$Zn \rightarrow Zn^{2+} + 2e^-$	-0.762	-0.83

（续）

金属名称	电极反应	标准电极单位/V	腐蚀电极单位/V
Cr	$Cr \rightarrow Cr^{3+} + 3e^-$	−0.71	0.23
Cd	$Cd \rightarrow Cd^{2+} + 2e^-$	−0.40	−0.52
Ni	$Ni \rightarrow Ni^{2+} + 2e^-$	−0.25	−0.02
Co	$Co \rightarrow Co^{2+} + 2e^-$	−0.227	−0.45
Sn	$Sn \rightarrow Sn^{2+} + 2e^-$	−0.136	−0.25
Pb	$Pb \rightarrow Pb^{2+} + 2e^-$	−0.126	−0.26
Fe	$Fe \rightarrow Fe^{3+} + 3e^-$	−0.036	−0.50
Cu	$Cu \rightarrow Cu^{2+} + 2e^-$	0.345	0.05
Ag	$Ag \rightarrow Ag^{+} + e^-$	0.799	0.20

在电解质溶液中，同一金属表面各部位，或者不同金属相接触，都可以因电位不同而构成腐蚀电池，其结果构成了电化学腐蚀。腐蚀电池的工作原理与一般原电池没有本质区别，但腐蚀电池通常是一种短路的电池。因此，腐蚀电池在工作时虽然也产生电流，但其电能不能利用，而以热量的形式散发掉。

图 2-31 所示为 Cu-Zn 原电池示意图。锌的电极电位为负，为阳极。两者发生氧化反应，即

$$Zn \rightarrow Zn^{2+} + 2e^- \text{（氧化反应）} \tag{2-1}$$

铜的电极电位为正，为阴极，发生还原反应时，溶液中的 H^+ 与从锌电极流过来的电子相结合放出氢气，即

$$2H^+ + 2e^- \rightarrow H_2\uparrow \text{（还原反应）} \tag{2-2}$$

原电池的总反应为

$$Zn + 2H^+ \rightarrow Zn^{2+} + H_2\uparrow \text{（总反应）} \tag{2-3}$$

随着反应的不断进行，锌极上的锌原子持续放出电子变成锌离子 Zn^{2+} 进入溶液，锌电极上积累的电子通过导线流到铜电极，在外电路形成电流，作为阳极的锌片不断被腐蚀。

腐蚀电池实质是一个短路原电池。如图 2-31 所示，如果将锌与铜直接接触，就构成了锌为阳极、铜为阴极的腐蚀电池：锌（阳极）失去的电子流向与锌接触的铜（阴极），并与铜表面上溶液中的氢离子结合形成氢原子，聚合成氢气逸出。

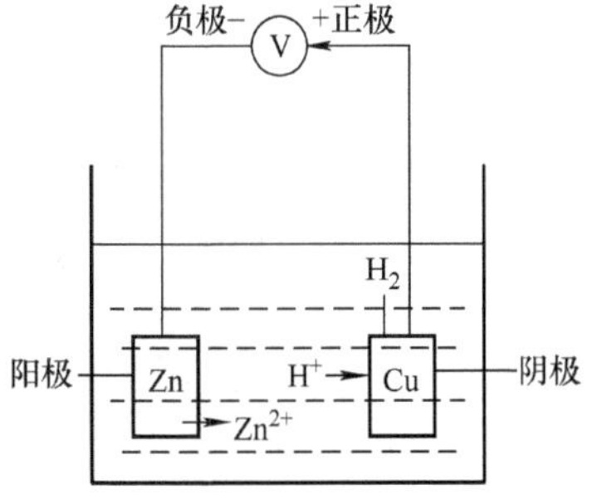

图 2-31 Cu-Zn 原电池示意图

（5）金属表面钝化 从热力学角度看，绝大多数金属在一般环境下都会自发地发生腐蚀，可是在某些介质环境下金属表面会发生一种阳极反应受阻的现象。这种由于金属表面状态的改变引起金属表面活性的突然变化，使表面反应（如金属在酸中的溶解或在空气中的腐蚀）速度急剧降低的现象称为钝化。钝化大大降低了金属的腐蚀速度，增加了金属的耐蚀性。

金属的钝化往往与氧化有关，如含有强氧化性物质（硝酸、硝酸银、氯酸、氯化钾、重铬酸钾、高锰酸钾和氧气）的介质都能使金属钝化，它们统称为钝化剂。金属与钝化剂

间自然作用而产生的钝化现象，称为自然钝化或化学钝化，如铬、铝、铁等金属在空气中与氧气作用而形成钝态。

1）钝化的概念。一些具有化学活性的金属及其合金，可以在特定的环境中失去化学活性而呈惰性，这种现象称为钝化。从电化学角度分析，当金属或合金在一定条件下电极电位朝正值方向移动时，将发生阳极溶解，形成腐蚀电流，电极电位正移到一定值后，诸如铁、镍、铬等过渡金属及其合金，因在表面生成氧化膜或吸附膜而会使腐蚀电流突然下降，腐蚀趋于停止，此时金属或合金便处于钝化状态，简称钝态。但是，金属能处于稳定的钝态，主要取决于氧化膜的性质和致密程度，以及所处的环境条件。例如，镍、铬等金属在空气中会生成致密的氧化膜，处于钝态，具有优良的耐蚀性，而铁表面生成的氧化膜不够致密，仍易生锈。又如，不锈钢因含有一定的镍、铬等元素而经常处于钝态，但在介质中含有大量氯离子时，氧化膜的致密性被破坏，将使腐蚀加快。

能使金属钝化的物质称为钝化物，除了氧化性介质外，具有强氧化性的硝酸、硝酸银、氯酸、氯酸钾、重铬酸钾、高锰酸钾、过氧化氢，以及空气或氧气等，都可在一定条件下用作钝化剂。非氧化性介质可使某些金属钝化，如氢氟酸可使镁钝化。

2）钝化的分类。金属钝化有化学钝化和阳极钝化之分。化学钝化是指金属与钝化剂的化学作用而产生的钝化现象，又称自钝化。阳极钝化是指用外加阳极电流的方法使金属由活化状态变为钝态的钝化现象，又称电化学钝化。图2-32为典型的阳极钝化曲线，它有四个特性电位（E_{corr}、E_{pp}、E_{p}、E_{pt}）、四个特性区（活化区、活化-钝化过渡区、钝化区、过钝化区）和两个特性电流密度（i_{pp}、i_{p}），它们的含义见下面的说明。如果金属的电极电位保持在钝化区，则可大大降低腐蚀速率。

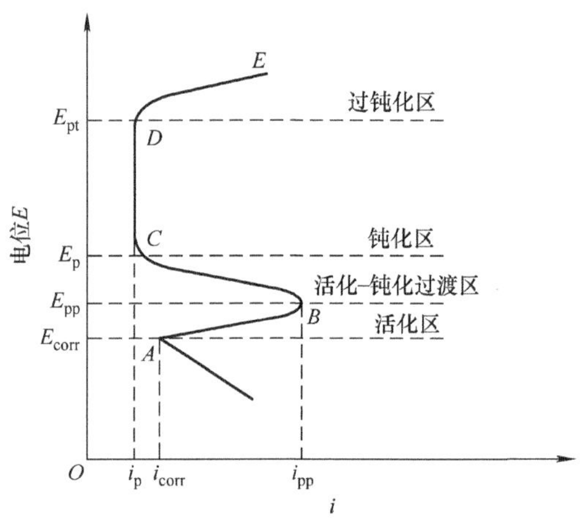

图2-32 钝化金属典型的阳极钝化曲线

① 四个特性电位说明如下：

E_{corr}——自腐蚀电位（A点对应的电位，即从A点开始，金属进行正常的阳极溶解。A点对应的电流密度称为金属腐蚀电流密度i_{corr}）。

E_{pp}——初始钝化电位，或称致钝电位（B点对应的电位。当电极电位到达E_{pp}时，金属表面状态发生突变，电位继续增加，电流急剧下降）。

E_{p}——初始稳态钝化电位（C点对应的电位。CD段为稳定钝化区，阳极电流密度基本上与电极电位无关）。

E_{pt}——过钝电位（D点对应的电位。从D点开始到E点，阳极电流密度再次随着电极电位升高而增大）。

② 四个特性区说明如下：

活化区——AB段，即E_{corr}到E_{pp}之间的金属阳极活化溶解阶段。

活化-钝化过渡区——BC段，即E_{pp}到E_{p}之间的活化-钝化过渡阶段。

钝化区——CD段，即E_{p}到E_{pt}的稳定钝化阶段。

过钝化区——*DE* 段，即从 *D* 点开始到 *E* 点腐蚀速率再次加快。

③ 两个特性电流密度说明如下：

i_{pp}——*B* 点对应的电流密度，称为致钝电流密度。

i_p——*C* 点对应的电流密度，称为维钝电流密度。

3）钝化的理论。目前主要有两种理论：①成相膜理论，认为金属表面生成一层致密的、覆盖性良好的固体产物薄膜（成相膜），厚度为 10～100nm，把金属表面与介质隔离开来，阻碍阳极过程的进行，使金属溶解速率降低；②吸附理论，认为氧或含氧粒子在金属表面吸附，改变了金属与溶液界面的结构，并使阳极反应的活化能显著提高，即金属钝化是由于金属本身的活化能力下降，而不是由于膜的机械隔离作用。这两种理论都能解释部分实验结果，但不能解释所有的钝化现象。

（6）金属表面极化

1）极化的含义。极化是指事物在一定条件下发生两极分化，其性质相对于原来的状态有所偏离的现象。例如，中性分子在外电场作用下电荷分布改变，正负电荷中心不重合，变成偶极子，增大偶极矩，使分子间的作用力增加。又如，球形的离子在周围异号离子电场的作用下发生变形，一般离子半径大的负离子比半径小的正离子更容易变形极化，离子的极化使离子晶体的点阵能增加。再如，当极化用于光学时，其意为光的偏振。

在研究腐蚀电池时，极化是指当电极上有净电流通过时，电极电位显著偏离了未通净电流的起始电位值（平衡电位或非平衡的稳态电位）的现象。图 2-33 所示为电极极化的 *i*-*t* 曲线，当原电池的两个电极刚连通时，电流随时间逐渐上升，达到最大值 i_1 后，就随时间延长而迅速下降到 i_2，因回路中总电阻没有变化，其原因只可能是两个电极之间的电位差发生了变化。

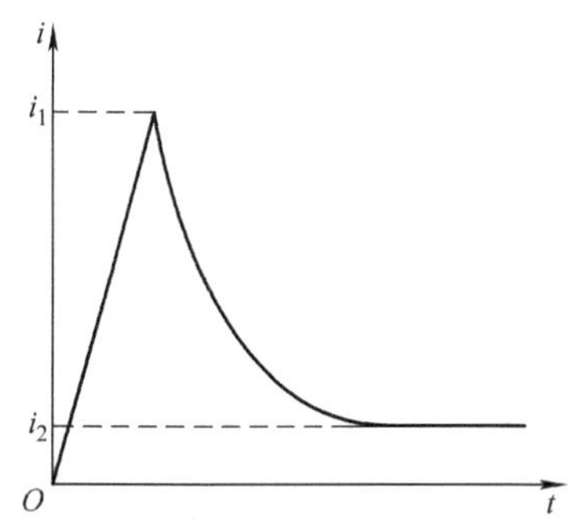

图 2-33 电极极化的 *i*-*t* 曲线

腐蚀电池在开路和短路时阳极与阴极的电位变化如图 2-34所示。从该图可以看出，电解质溶液中阳极与阴极在短路状态（此时腐蚀电池的阳极、阴极之间有电流通过）下测得的电位差，要比开路时测得的电位差小得多。腐蚀电池发生极化可使腐蚀电流减小，从而降低了腐蚀速度。

2）阳极极化。当腐蚀电池接通而有电流时，阳极电位向正方向移动的现象（见图 2-34）称为阳极极化。产生阳极极化的原因主要有三个方面：①活化极化（或称电化学极化），即因阳极过程进行缓慢，使金属离子进入电解质溶液的速率小于电子由阳极通过导线向阴极移动的速率，阳极有过多的正电荷积累，改变了双电荷分布及双电层间的电位差，阳极电位向正方向移动；②浓差极化，即金属溶解时，在阳极过程产生的金属离子向外扩散得很慢，使阳极附近的金属离子浓度增加，产生浓度梯度，阻碍金属继续溶解，必然使阳极电位向正方向移动；③电阻极化，即因金属表面生成保护膜，其电阻显著高于基体金属，电流通过时，产生压降，使电位向正向变动。

3）阴极极化。当阴极上有电流通过时，其电位向更负的方向移动（见图 2-34），称为阴极极化。产生阴极极化的原因主要有两个：①活化极化（或称电化学极化），即因阴极过程是获得电子的过程，若阴极还原反应速率小于电子进入阴极的速率，则电子在阴极积累剩余电子，阴极越来越负；②浓差极化，即阴极附近反应物或反应产物扩散速率缓慢引起阴极浓差极化，使阴极电位更负。

如上所述，过电位是在外电流通过时出现的，现在可以将它定义为：某一极化电流密度下而发生的电极电位 E 与其平衡电位 E_e 之差的绝对值。同时规定，阳极极化时过电位 $\eta_a = E - E_e$，阴极极化时过电位 $\eta_c = E_e - E$。据此，不管是阳极极化还是阴极极化，电极反应的过电位都是正值，腐蚀电池在开路和短路时阳极与阴极的电位变化如图 2-34 所示。应当注意，极化与过电位是两个不同的概念。

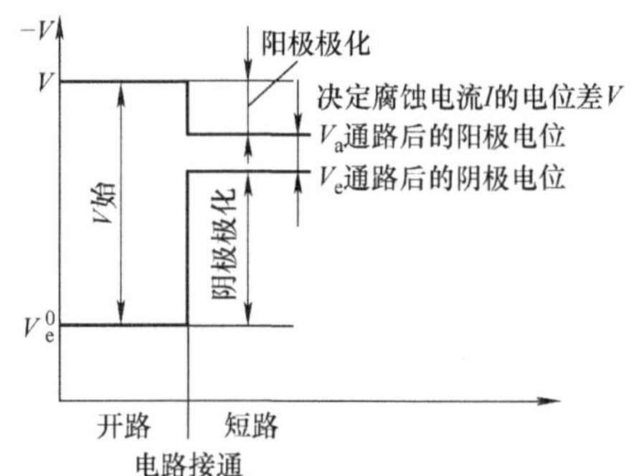

图 2-34 腐蚀电池在开路和短路时阳极与阴极的电位变化

4）去极化。它是极化的相反过程。凡是能消除或抑制原电池阳极或阴极极化的过程，均称为去极化；能起到这种作用的物质称为去极化剂。对腐蚀电池阳极起去极化作用的，称为阳极去极化；对腐蚀电池阴极起去极化作用的，称为阴极去极化。显然，去极化具有加速腐蚀的作用。

（7）防腐蚀的方法　研究金属腐蚀机理和规律的主要目的是避免和控制腐蚀。根据金属腐蚀原理可知，控制腐蚀的主要途径是提高材料（主要是表面）的稳定性、增强阳极极化和阴极极化。

1）提高材料热力学稳定性的防腐蚀方法：一是材料本身采用或加入电位较高的合金元素；二是降低介质的腐蚀性，除去有害的物质或用涂层隔绝腐蚀介质。

2）增强阳极极化的防腐蚀方法：在金属中加入容易钝化的元素，使金属元素易于钝化（如不锈钢）。此外，也可加入阳极性缓蚀剂或对金属进行阳极保护。

3）增强阴极极化的防腐蚀方法：使用阴极性缓蚀剂；减少和改善合金中阴极性杂质的数量和分布；用外加电流或牺牲阳极进行阴极保护等。

（8）防腐蚀涂层的作用　如果腐蚀介质和环境是不可变的，防腐蚀问题主要是设法提高材料本身的耐蚀性。对此，除了采取不锈金属或合金外，鉴于工艺、性能、成本等因素，工业上更多采用的是表面保护的方法。涂层是表面保护中最普遍采用的方法。一般认为涂层是从屏蔽、电化学保护和缓蚀作用三个方面对金属进行保护的。

（9）防腐蚀涂层的分类

1）转化涂层，包括以电化学或化学方法获得的涂层。施工方法有阳极氧化、磷化处理、铬酸盐化处理等。

2）金属涂层，包括锌、铝等多种金属和合金涂层。施工方法有电镀、化学镀、物理气相沉积、化学气相沉积、热喷涂、热渗镀、热浸镀等。

3）高分子涂层，包括多种有机涂料及塑料。施工方法有刷涂、喷涂、流化床法、静电喷涂和热喷涂等。

4）陶瓷涂层，包括各种氧化物、碳化物、氮化物等。施工方法有热喷涂、物理气相沉积、化学气相沉积、热渗镀等。

（10）金属腐蚀评定　金属材料的腐蚀绝大多数为电化学腐蚀。根据腐蚀破坏形式，评定金属耐蚀性有不同的方法，归纳起来大致有下列几种：①重量法，即用失重或增重方法表示；②深度法，即用腐蚀深度表示；③容量法，在氢去极化腐蚀时，如果氢气析出量与金属腐蚀量成正比，则可用单位时间内试样单位析出的氢气量来表示金属的腐蚀速率；④腐蚀电流密度，即用金属电极上单位时间通过单位面积的电量表示腐蚀速率；⑤电阻性能指标，即根据腐蚀前后试样电阻的变化来评定腐蚀程度；⑥力学性能指标，如对于某些晶界腐蚀和氢腐蚀，可用试验前后一些力学性能的变化来评定。

在表面技术中，特别对于防护性涂层及防护装饰性涂层，在涂层的耐蚀性指标上有明确和严格的要求。虽然将涂制产品置于实际使用条件下进行耐蚀性评定可获得准确的结论，但十分费时费力，因此除特定产品外，通常希望采用简便而有效的方法进行评定。目前评定涂层耐蚀性的测试方法一般有以下几类：

1）使用环境试验。将涂制产品置于实际使用环境的工作过程中进行评定。

2）大气暴露腐蚀试验。将涂制产品或试样放在室内或室外的试样架上，进行各种自然大气条件（包括工业性大气、海洋性大气、农村大气和城郊大气）下的腐蚀试验，定期观察试件的腐蚀状况，用重量法或其他方法测定腐蚀速度。

3）人工加速和模拟腐蚀试验。采用人为方法，模拟某些腐蚀环境，对涂制产品进行快速腐蚀试验，以快速有效的方法评定涂层的耐蚀性，主要方法如下。

① 盐雾试验。即模拟沿海环境大气条件对涂层进行快速腐蚀试验，主要用来评定涂层质量和比较不同涂层耐大气腐蚀的性能。根据试验所用溶液成分和条件的不同，盐雾试验分为三种方法：中性盐雾试验（MSS），采用一定浓度的氯化钠溶液在加压条件下以细雾状喷射，实现测定涂层的加速腐蚀作用；乙酸盐雾试验（ASS），采用中性氯化钠溶液加乙酸酸化后进行喷雾，使涂层腐蚀速度加快；铜盐加速乙酸盐雾试验（CASS），它是在乙酸盐雾溶液中加入少量氯化铜，Cu^{2+}使金属在介质中的腐蚀电池电位差增大，对镍、铬等阴极性涂层具有显著的腐蚀作用，其试验结果也较接近城市大气对金属的腐蚀。

② 腐蚀膏（CORR）试验。该试验是测定涂层腐蚀性的另一种人工加速腐蚀试验方法。它采用由高岭土加入硝酸铜、氯化铁、氧化铵和水后按一定比例和程序配制而成的腐蚀膏，涂覆在涂层试样表面，经自然干燥后放在潮湿箱中进行腐蚀试验，到规定时间后取出并适当清洗和干燥，即可检查评定。腐蚀膏中三价铁盐、铜盐和氯化物起着加速腐蚀的作用。

③ 湿热试验。包括恒温恒湿试验、交变温湿度试验、高温高湿试验等，用来模拟涂制产品在温度和湿度恒定或交变条件下引起凝露的环境，对涂层进行加速腐蚀试验。

④ 二氧化碳工业气体腐蚀试验。采用一定浓度的二氧化碳气体，在一定温度和湿度下对涂层进行腐蚀。

⑤ 周期浸润腐蚀试验。该试验是模拟半工业海洋大气对涂层进行加速腐蚀的试验方法。其设备常为各种型号的轮式周浸试验机，对各种涂层都有一定的试验规范。

⑥ 电解腐蚀试验。把试样作为阳极，在规定条件下进行电解和浸渍，然后用含有指示剂的显色液处理，使腐蚀部位显色，最后以试样表面显色斑点的大小、密度来评定其耐蚀性。

⑦ 硫化氢试验。该试验是人为制造一个含硫化氢的空气介质，对涂层进行腐蚀的试验方法。

上述加速腐蚀试验原来都有一定的适用范围，后来随着研究的深入以及新产品、新技术的不断出现，这些试验方法经常有条件地被引用，或经过适当修改后被引用，同时又出现新的试验方法。另外，腐蚀试验后材料或涂层耐蚀性的评定方法和所用的仪器也有了很大的发展。在宏观评定方面，除了前述重量法、深度法、容量法、腐蚀电流密度、电阻性能指标、力学性能指标这六种方法外，还可通过目测、图像仪、色度计等来定性和定量描述腐蚀形态、腐蚀面积、腐蚀点密度、腐蚀点平均大小和腐蚀产物的颜色。在微观评定方面，可以用一些先进仪器（如电子探针、扫描电镜、俄歇电子能谱仪等）来深入观察和分析腐蚀形貌、产物成分、组织结构，做出科学评定。在电化学试验方面，可用多种方法来评定。其中，极化曲线是电极极化引发的电极反应中电流、电压之间各种变化关系的统称，又称伏安图。它是测量和研究金属腐蚀的重要依据，如用恒电位法（即以电位为自变量，让电位恒定在某一数值，测定相应电极表面通过的电流值，得到电位-电流的关系曲线），测出材料的阳极极化曲线，以此了解点蚀及缝隙腐蚀敏感性，并且通过测出各种电位-pH 状态下的电流密度等方法来评定各种电位-pH 状态下合金涂层的腐蚀速度。目前，通过恒电位仪、快速扫描信号发生器、X-Y 函数记录仪等设备的联合使用，极化曲线的测定方法已趋于完善。

2.2.3 固体表面的物理性能

材料的许多物理性能是属于材料整体的，难于将表面与内部截然分开，但是这些整体物理性能往往与表面技术有着密切的关系。

1. 热学性能

（1）热容量　它是描述物质热运动的能量随温度变化的一个物理量。其含义是：在不发生相变和化学反应时，材料温度升高 1℃时所需要的热量（Q），常以 C 标记。但是在低温时材料热容量并非恒量，而是随着温度的降低而逐渐减小。

（2）热传导　材料两端存在温度差时，热量自动地从热端传向冷端，这种现象称为热传导。例如，一个与外界无热交换而本身存在温度梯度的物体，随着时间的推移，热端温度不断降低，冷端温度不断升高，最终达到一致的平衡温度。

（3）热膨胀　表征物体受热时长度或体积增大程度的热胀系数，也是材料的重要热学性能之一。如果固体受热时不能自由膨胀，则在物体内会产生很大的内应力，这种内应力往往有很大的危害性，故在技术上要采取相应的措施，如在铁轨接头处留有空隙等。对许多精密仪器，要使用线胀系数小的材料，如石英、因瓦合金（一种铁镍合金）等制造。

（4）热稳定性　热稳定性是指材料承受温度的剧烈变化而不致破坏的能力。一般情况下，热应力会影响到热稳定性。热应力会引起材料热冲击破坏、热疲劳破坏以及材料性能的变化等。例如，对于一些高延性材料，由热应力引起的热疲劳是主要的问题，虽然温度的变化不如热冲击时剧烈，但其热应力可能接近材料的屈服强度，在温度反复变化时，最终导致疲劳破坏。

（5）材料热学性能在表面技术中的重要意义　表面技术中遇到一些重要问题，经常会涉及材料的热学性能，现举例如下。

1）材料表面的热障涂层。镍基高温合金广泛用于航空工业，如用来制造燃气涡轮叶片，可承受的最高工作温度在 1200℃左右。过去使用温度通常为 960～1100℃，而现在商用飞机的燃气温度已达到 1500℃，军用飞机的燃气温度高达 1700℃。为了解决这个问题，人们研制了具有热障效应的涂层，可在不提高高温合金基体耐热指标的前提下，提高抗燃气温度达 200 ~ 300℃或更高。对热障涂层的性能要求是：高熔点和优异的化学稳定性；优良的抗高温氧化性；热导率低，隔热性好；热胀系数与基体高温合金匹配良好；涂层及界面有较好的抗介质腐蚀的能力；在交变温度场中热应力较小，有良好的热疲劳寿命；具有稳定的相结构和优良的耐冲击性。由此可见，材料的热学性能有重要意义。

2）薄膜中不同类型的应力引起界面的破坏。例如，由于薄膜与基材热胀系数不同所造成的热应力对于高温下制备的薄膜是非常重要的。这种应力可能是拉应力，也可能是压应力，而拉应力在一般情况下很危险。如果涂层热胀系数大于基材的热胀系数，那么薄膜在从沉积温度冷却下来后，将受到拉应力。在研究薄膜时，应从热胀系数、弹性模数等方面来考虑薄膜与基材的最佳配合，尽可能避免薄膜处产生拉应力。

3）金刚石薄膜。天然金刚石稀少而昂贵，人工合成的金刚石晶粒颗粒小，制作金刚石器件一般采用热化学气相沉积（TCVD）和等离子体化学气相沉积（PCVD）等方法，呈薄膜状态，具有金刚石结构，硬度高达 80 ~ 100GPa。纯金刚石薄膜的室温热导率是铜的 4. 14 倍。金刚石是良好的绝缘体，掺杂后可以成为半导体材料。由于金刚石的禁带宽度大、载流子迁移率高、击穿电压高，再加上热导率高，故可用来制造耐高温的高频、高功率器件。此外，金刚石薄膜还具有优良的冷阴极发射性能，被证明是下一代高性能真空微电子器件的关键材料。

2. 电学性能

（1）材料的电学性能及特征

1）导电性。材料的导电性能因材料内部组成和结构的不同而有巨大的差异。导电性最强的物质（银和铜）与导电性最差的物质（聚苯乙烯）之间，电阻率相差 23 个数量级。导电性主要由电导率、电阻率和薄膜电阻来描述。

① 电导率。电导率 σ 的大小反映物质输送电流的能力。

② 电阻率。它是电导率的倒数。在所有的缺陷中，外来原子（杂质或合金元素）的影响最显著。例如，金和银都有良好的导电性，但它们组成合金后电阻增大。又如，在铜中含有质量分数为 0. 05% 左右的杂质时，其电导率下降 12%。冷加工、沉淀硬化、高能粒子辐照等都会使电阻增大。导体的电阻率 $\rho < 10^{-2}\Omega \cdot m$，而绝缘体的电阻率 $\rho > 10^{10}\Omega \cdot m$，半导体的电阻率 $\rho = 10^{-2} \sim 10^{10}\Omega \cdot m$。

③ 薄膜电阻。薄膜技术在表面工程中占有重要地位，在研究和使用薄膜时经常测量薄膜的电阻。

2）超导性。金属的电阻通常随温度降低而连续下降，但某些金属在超低温度下，电阻会突然下降到零，表现出异常大的导电性，这种性质称为超导性。超导性首先由奥涅斯（H. K. Onnes）于 1900 年在汞中观察到。在 4. 1K 汞环中所感生的电流能维持数值不衰减，这证实了此时汞的电阻已降为零。

3）半导体。半导体的特点不仅表现在电阻率数值上与导体和绝缘体的差别，而且表现在它的电阻率变化受杂质含量的影响极大，受热、光等外界条件的影响也很大。半导体材料的种类很多，按其化学成分可分为元素半导体和化合物半导体；按其是否含有杂质，可以分为本征半导体和杂质半导体；按其导电类型，可分为 n 型半导体和 p 型半导体等。

4）绝缘体。绝缘体的基本特点是传导电子数目甚少，电阻率很大。在结构上，它们大多是离子键和共价键结合，其中包括氧化物、碳化物、氮化物和一些有机聚合物等。某些绝缘体特别适合作为电介质而用于电容器。

5）离子电导。电子电导和离子电导具有不同的物理效应。离子电导有两种类型：一是本征电导，它以离子、空位的热缺陷作为载流子，在高温下十分显著；二是杂质电导，它以杂质离子等固定较弱的离子作为载流子，在较低温度下电导已很显著。

（2）材料电学性能在表面技术中的重要意义　表面技术涉及材料电学性能的领域广泛，意义重大，现举例如下。

1）导电薄膜。用一定的方法在材料表面获得具有优良导电性能的薄膜称为导电薄膜。载流子在薄膜中输运，影响导电性能的主要因素有两个：①尺寸效应，当薄膜厚度可与电子自由程相比拟时，表面的影响变得显著，它等效于载流子的自由程减小，降低了电导率；②杂质与缺陷，导电薄膜有透明导电薄膜、集成电路配线、电磁屏蔽膜等，应用广泛。例如，透明导电薄膜是一种重要的光电材料，具有高导电性，在可见光范围内有高透光性，在红外光范围内有高反射性，广泛用于太阳能电池、液晶显示器、气体传感器、幕墙玻璃、飞机和汽车的防雾和防结冰窗玻璃等高档产品。

2）导电涂层。用一定方法在绝缘体上涂覆具有一定导电能力、可代替金属传导体的涂层称为导电涂层。电导率为$10^{-13} \sim 10^{-12}\Omega/cm$。

导电涂层可分为两种类型：①本征型，它利用某些聚合物本身所具有的导电性；②掺和型，它以绝缘聚合物为主要膜物质，掺入导电填料。涂层的电阻率可用不同电阻率的材料及其含量来调节。导电涂层可用作绝缘体表面以消除静电及加热层。

3）电阻器用薄膜。电阻器是各类电子信息系统中必不可少的基础元件，约占电子元件总量的30%以上，目前正向小型化、薄膜化、高精度、高稳定性、高功率方向发展。薄膜电阻已成为电阻器种类中最重要的一种。薄膜电阻是用热分解、真空蒸镀、磁控溅射、电镀、化学镀、涂覆等方法，将有一定电阻率的材料镀覆在绝缘体表面，形成一定厚度的导电薄膜。按导电物质的不同，薄膜电阻可分为非金属膜电阻（RT）、金属膜电阻（RJ）、金属氧化物电阻（RY）、合成膜电阻（RH）等。

4）超导薄膜。由于超导体是完全反磁性的，超导电流只能在与磁场浸入深度30～300nm相应的表层范围内流动，因此薄膜处于最适合的利用状态。超导体的薄膜化，对于制作开关元件、磁传感器、光传感器等约瑟夫逊效应电子器件来说，是必不可少的基础元件。

超导薄膜通常采用磁控溅射、激光蒸镀、分子束外延等方法制备。陶瓷超导膜有BI型化合物膜、三元系化合物膜、高温铜氧化膜三种类型。

5）半导体薄膜。薄膜技术对于半导体元件的微细化是不可缺少的，并且，薄膜可以大面积且均匀地制作，其优势更显突出。半导体薄膜按其结构可分为三种类型：单晶薄膜、多晶薄膜和无定形半导体薄膜。

① 单晶薄膜，由于其载流子自由程长，迁移率大，通过扩散掺杂可以制得高质量的PN结，提高微电子器件的质量；而在分子束外延技术中，可以交替外延生长具有长周期排列的超晶格薄膜，成为量子电子器件的基础材料。

② 多晶薄膜，晶粒取向一般为随机分布，晶粒内部原子按周期排列，晶界处存在大量缺陷，构成不同的电学性能。

③ 无定形半导体薄膜，例如，用等离子体化学气相沉积等方法制作的非晶硅薄膜用于太阳电池中的转换效率虽不及单晶硅器件，但它具有合适的禁带宽度（1.7～1.8eV），太阳

辐射峰附近的光吸收系数比晶态硅大一个数量级，便于采用大面积薄膜生产工艺，因而工艺简便，成本低廉，已成为非晶硅太阳能电池的主要材料。

6）介电薄膜。它是以电极化为基本电学特性的功能薄膜。介电薄膜通常可用射频磁控溅射、离子束溅射、溶胶-凝胶、金属有机化合物化学相沉积（MOCVD）、紫外激光熔覆等方法制作。

介电薄膜依其电学特性（如电气绝缘、介电性、压电性、热释电性、铁电性等）及光学特性和力学特性等，广泛应用于电路集成与组装、电信号的调谐、耦合和贮能、机电换能、频率选择与控制、机电传感及自动控制、光电信息存储与显示、电光调制、声光调制等方面。

7）固体电解质。最早发现的固体电解质是一些银的盐类，如碘化银、硫化银等。后来又陆续发现一些金属氧化物等在高温下也具有很好的离子导电特性。按离子传导的性质，固体电解质可以分为阴离子导体、阳离子导体和混合离子导体。

离子固体在室温下大多为绝缘体。但在 20 世纪 60 年代初，人们发现有些离子固体具有高的离子导电特性，它们被称为固体电解质或快离子导体。在材料类型上，它可以分为无机固体电解质和有机高分子固体电解质两类。固体电解质的导电原理与电子导电不同，即在导电的同时不发生物质的迁移。固体电解质已广泛应用于各种电池、固体离子器件以及物质的提纯和制备等。以钠-硫电池为例，其负极和正极的活性物质分别是熔融的金属钠和硫。电解质为固态的 β-Al_2O_3，这是一种固态的钠离子导体，同时又兼做隔膜。工作温度为 300～350℃。β-Al_2O_3电解质只允许钠离子通过。由于钠负极的还原性很强，使钠原子容易失去电子而变成钠离子，穿越电解质到达正极。正极的硫是一种氧化性很强的物质，获得电子后变成了硫离子，最后与钠离子生成化合物多硫化钠，同时释放电能。利用外电源对电池充电时，将出现与上述相反的过程。钠-硫电池是一种可反复充放电的“二次电池”，其单体电池的开路电压为 2.08V，理论比能量为 750W · h/kg，实际比能量约为 100～150W · h/kg，属于高能电池。其优点是：比能量和比功率高、充放电循环寿命长、原材料丰富、成本低廉。其缺点是：需加热到 300℃，否则钠离子在较低温度时不能穿越电解质；熔融钠，尤其是反应产物多硫化钠对电池结构材料有腐蚀作用。提高电导和寿命，克服腐蚀问题，是发展钠-硫电池的主要方向。

3. 磁学性能

（1）磁性　物质按其磁性可分为顺磁性、抗磁性、铁磁性、反铁磁性和亚铁磁性物质等。其中铁磁性和亚铁磁性属于强磁性，通常说的磁性材料是指具有这两种磁性的物质。磁性材料主要有软磁材料、硬磁材料和磁储存材料三类。

（2）磁学基本量　一个磁体的两端具有极性相反而强度相等的两个磁极，它表现为磁体外部磁力线的出发点和汇集点。当磁体无限小时就成为一个磁偶极子。

（3）物质的磁性分类　物质的磁性大致可分为抗磁体、顺磁体、铁磁体、反铁磁体和亚铁磁体五类。

（4）铁磁性、反铁磁性和亚铁磁性　Fe、Co、Ni、Gd、Tb、Dy、Ho、Tm 以及一些合金和化合物是铁磁性物质；在反铁磁性材料中，由于电子之间的相互作用而使得相邻偶极子排列成相反方向；亚铁磁性材料内部互为反向磁矩的大小并不完全相同，即彼此没有完全抵消。

（5）材料磁学性能在表面技术中的重要意义

1）磁性薄膜的分类及用途如下：

① 按厚度可分为厚膜（5～100μm）和薄膜（10^{-4}～5μm）两类。薄膜又可分为极薄薄膜（10^{-4}～10^{-2}μm）、超薄膜（10^{-2}～10^{-1}μm）和薄膜（10^{-1}～5μm）。

② 按结构可分为单晶磁性薄膜、多晶磁性薄膜、微晶磁性薄膜、非晶态磁性薄膜和磁性多层膜等。

③ 按制备方法可分为涂布磁性膜、电镀磁性膜、化学镀磁性膜、溅射磁性膜等。

④ 按性能可分为软磁薄膜、硬磁薄膜、半硬磁薄膜、矩磁薄膜、磁（电）阻薄膜、磁光薄膜、电磁波吸收薄膜、磁性半导体薄膜等。

⑤ 按磁记录方式可分为水平磁记录薄膜、垂直磁记录薄膜、磁光记录薄膜等。

⑥ 按材料类别可分为金属磁性薄膜、铁氧体磁性薄膜和成分调制薄膜。磁性薄膜通过各种气相沉积以及电镀、化学镀等方法来制备，用双辊超急冷法制备晶态薄带磁性材料，用分子束外延单原子层控制技术制备晶体学取向型磁性薄膜、巨磁电阻多层膜、超晶格磁性膜等；还可以用热处理等方法改变微观结构，控制非晶态磁性材料的晶化过程，获得具有优质磁学性能的微晶磁性薄膜。磁性薄膜的主要参数是磁导率、饱和磁化强度、矫顽力、居里温度、各向异性常数、矩形比、开关系数、磁能积、磁致伸缩常数、克尔磁光系数、法拉第磁光系数等。

磁性薄膜主要用作记录磁头、磁记录介质、电磁屏蔽镀层、吸波涂层、电感器件、传感器件、微型微压器、表面波器件、引燃引爆器、磁光存储器、磁光隔离器和其他光电子器件等，是一类应用广泛且重要的功能薄膜。

2）磁头薄膜材料磁记录系统。磁头薄膜材料磁记录系统主要由磁头和磁记录介质组合而成。磁头是指能对磁记录介质做写入、读出的传感器，即为信息输入、输出的换能器。制造磁头的材料，要求是能实现可逆电-磁转换的高密度软磁材料，具有高磁导率和饱和磁化强度，低矫顽力和剩余磁化强度，高电阻率和硬度。这种材料分为两类：①金属，如Fe-Ni-Nb（Ta）系硬坡莫合金、Fe-Si-Al系合金和非晶合金等，一般硬度较低，寿命短，电阻率较低，用于低频范围；②铁氧体，如（Mn，Zn）Fe_2O_4和（Ni，Zn）Fe_2O_4等，具有硬度高、寿命长、电阻率高等优点，显示了很大的优越性，主要用于高频范围。目前，常用开缝的环形锰锌铁氧体类或铁硅铝金属类，通过环上绕的线圈与缝隙处的漏磁场间做电磁信号的相互转换，而对相对运动着的磁记录介质起读出、写入作用。

用薄膜材料制造磁头是发展方向之一。例如，用真空蒸镀或磁控溅射方法制备Fe-9.5Si-5.5Al合金薄膜，具有高的磁导率和低的矫顽力，磁致伸缩常数$\lambda_s \approx 0$，磁各向异性常数$k \approx 0$，又不含镍和钴，成本较低，电阻率大，耐磨性好，缺点是高频特性欠佳；目前已制出积层型磁头，可用来做视频记录用磁头和硬盘用磁头等。又如，利用磁性薄膜磁电阻效应制成的MR型磁头，可以使计算机硬盘的存储密度大幅度提高。与电磁感应型磁头不同，MR型磁头是利用磁场下电阻的变化来敏感地反映接收信号的变化，具有记录再生特性与磁头和记录介质间的相对间隙无关、可低速运行等特点。目前主要使用各向异性磁场很小的坡莫合金薄膜，其中用得较多的是磁致伸缩为零的$Ni_{85}Fe_{15}$。

3）磁记录介质材料。涂覆在磁带、磁盘、磁卡、磁鼓等上面的用于记录和存储信息的磁性材料称为磁记录介质，通常是永磁材料，要求有较高的矫顽力和饱和的磁化强度，矩形比高，磁滞回线陡直，温度系数小，老化效应小，能够长时间保存信息。常用的磁记录介质材料有氧化物（如γ-Fe_2O_3等）和金属（如Fe、Co、Ni等）两种。磁记录介质磁性层大致为两类：①磁粉涂布型，它用涂布法制作；②磁性薄膜型，主要用电化学沉积和真空镀膜方法制作。磁粉涂布型介质具有矩形比较小和剩磁不足等缺点，为了使磁记录向高密度、大容量、微型化发展，磁记录介质从非连续颗粒涂布向连续型磁性薄膜演化成了合理的趋势。

磁记录主要有水平记录和垂直记录两种基本方式。20 世纪 50 年代已出现硬盘，直到 20 世纪 80 年代前，硬盘的存储介质都是铁氧体颗粒介质混合涂料或环氧树脂制成，即在带基上涂覆磁性记录层。带基通常用聚对苯二甲酸乙二酯（PET），磁记录层用磁性粉末颗粒和聚合物组成（包括黏结剂、活性剂、增塑剂、溶剂等）。磁粉有多种选择：γ-Fe_2O_3（一般是针状颗粒，有明显的形状各向异性）、包覆钴的 γ-Fe_2O_3、CrO_2、以铁为主体的针状磁粉、钡铁氧体磁粉（$MO \cdot 6Fe_2O_3$，其中 M 为钡、铅或锶）等。它们各有一定的特点。后来，又发展了薄膜介质，例如：①电化学沉积薄膜介质，具有代表性的是先在铝合金基盘上电镀（或化学镀）镍基合金，然后电化学沉积 Co-Ni（P）磁性记录层，由微细粒子构成的磁性膜可以获得较高的记录密度，但要在一定程度上切断微细粒子的相互作用才能实现；②真空蒸镀薄膜介质，采用倾斜蒸镀法，如用钴相对基板倾斜入射，获得真空蒸镀磁带，蒸镀时，向真空室充入少量氧气，使生长粒子的表面少量氧化，缓和微细粒子的交换相互作用；③溅射薄膜介质，如钴基溅射磁盘断面为“Al 合金基板/Ni(P)(10 ~ 20nm)/Cr(100 ~ 500nm)/Co 基合金(46 ~ 60nm)/C(约 30nm)”结构，其中 Ni-P 层为非晶态，Cr 层为微晶铬膜［其(110）面在与基板面平行的方向形成择优取向］，Co 基合金层为溅射微晶钴基合金膜（添加钴主要是增大磁晶各向异性）。C 为类金刚石碳膜（为了减少磁头与硬盘之间磨损而镀覆的保护膜），这种薄膜介质具有较高的矫顽力和高的饱和磁通密度。

提高记录密度是磁记录的一个重要方向。水平记录的硬盘薄膜中磁矩都是水平取向的，其记录密度不是很高。为了提高记录密度，早在 1975 年日本岩崎俊一教授领导的研究组提出了垂直记录的概念，后来他们在研究磁光记录介质时无意中发现了磁晶各向异性垂直薄膜取向的 Co-Cr 合金薄膜介质。由于退磁场、相邻铁磁颗粒间互相作用以及硬盘系统中各个部分的相互配合等问题，一直到 30 年后，即 2005 年解决了这些问题之后，垂直记录才逐渐替代水平记录。用气相沉积法制作，可以获得垂直方向生长的 Co-Cr 合金柱状晶，并且 c 轴具有沿柱状晶取向的性质。除了 Co-Cr 薄膜外，垂直记录的薄膜介质还有 Co-O 薄膜、钡铁氧体、多层膜等气相沉积膜；也可以用电化学沉积法制作 Co-Ni-P、Co-Ni-Mn-P、Co-Ni-Re-P、Co-Ni-Re-Mn-P 等垂直记录镀层。

4）电磁屏蔽镀层。电磁辐射会影响人们的身体健康，对周围的电子仪器造成干扰以及泄露信息，因而电磁屏蔽技术迅速发展起来。屏蔽是将低磁阻材料和磁性材料制成容器，把需要隔离的设备包裹住，限制电磁波传输。电磁波输送到屏蔽材料时发生三种过程：一是在入射表面的反射；二是未被反射的电磁波被屏蔽材料吸收；三是继续行进的电磁波在屏蔽材料内部的多次反射衰减。电磁波通过屏蔽材料的总屏蔽效果按下式计算：

$$SE = R + A + B \tag{2-4}$$

式中，SE 是电磁屏蔽效能（dB）；R 是表面反射衰减（dB）；A 是吸收衰减（dB）；B 是材料内部多次反射衰减（dB）。只在 $A < 15$dB 的情况下，B 才有意义。当 $SE \geqslant 90$dB 时，屏蔽效果为优；当 $SE = 60 \sim 90$dB 时，评为良好；当 $SE = 30 \sim 60$dB 时，评为中等；当 $SE = 10 \sim 30$dB 时，评为较差；当 $SE \leqslant 10$dB 时，评为差；当 $SE = 0$dB 时，无屏蔽效果。SE 可采用 SJ 20524—1995《材料屏蔽效能的测量方法》进行测定。

电磁波按频率可大致分为两种类型：①低频电磁波，主要指甚低频（VLF）电磁波和极低频率（ELF）电磁波，它们有较高的磁场分量；②高频电磁波，主要指频率大于 10kHz 的电磁波，它们有较高的电场分量。这两类电磁波的屏蔽要求有所不同，电屏蔽体的衰减主要由表面反射衰减 R 来决定，而磁屏蔽体的衰减主要由吸收衰减 A 来决定。

4. 光学性能

（1）电磁波 电磁波是以波的形式传播的电场与磁场的交替变化，在真空中其位移方向与传播方向垂直（即为一种横波）。这种波动在传播过程中不需要任何介质，在真空中行进的速度大约为 3×10^8m/s（通常称为光速）。光波也是一种电磁波。

（2）反射、折射、吸收和透射 光波由某种介质（如空气）进入另一种介质（如固体或液体）时，在不同介质的界面上会有一部分被反射，其余部分经折射而进入该介质，如果没有全被吸收，则剩下的部分就透过介质。

（3）色心 19 世纪人们发现某些无色透明的天然矿石在一定条件下呈现一定的颜色，而在另一条件下这些颜色又被“漂白”。20 世纪 20 年代，玻尔（Pohl）发现碱卤晶体在碱金属蒸气中加热后聚冷到室温就会有颜色，如氯化钠呈黄色，氯化钾呈红色，这一过程称为着色。他认为着色是因晶体中产生了能吸收某一波段可见光的晶体缺陷，并首先提出颜色中心（或色心）这个词来命名这些缺陷。从此色心一词就沿用下来。色心有其一定的应用，1965 年人们已发现了色心的激射功能。20 世纪 70 年代以后，随着激光技术的发展，特别是光纤通信技术等对激光波长的要求（1～3μm），色心应用受到重视。

（4）发光 物质的原子或分子从外部接受能量，成为激发态，当它们从激发态回到基态时，就会发出一定频率的光，这种辐射现象称为发光。发光又可根据吸收与发射之间的时间间隔而分成两类：如果滞后时间少于 10^{-8}s，则这种现象称为荧光；如果衰减时间长些，则称为磷光。

（5）激光 1917 年，爱因斯坦在用统计平衡观点研究黑体辐射的工作中，得到一个重要的结论：自然界存在两种不同的发光形式，一种称为自发辐射，另一种称为受激辐射。激光是一种新型光源，它与以自发辐射为主的普通光源相比，有亮度高、单色性好、方向性好、相干性好等特点。

（6）材料光学性能在表面技术中的重要意义

1）光学薄膜（optical coatings）。它是由薄的分层介质合成，用来改变光在材料表面上传输特性的一类光学元件。光学薄膜的光学性质除了具有光的吸收外，更主要是建立在光的干涉基础上，通过不同的干涉叠加，获得各种传输特性。为了得到预期的光学性能，要确定必要的膜层参数，即进行膜系数设计。对于实用的光学薄膜，不仅要考虑光学性能，还要考虑膜层与基体的结合力以及其他物理、化学性能。薄膜的各种性能不仅取决于膜系和材料，还依赖于实际制备条件和使用条件。制备条件包括沉积技术和控制技术。沉积技术分物理沉积和化学沉积两类：物理沉积主要有真空蒸镀、溅射镀膜和离子镀三类；化学沉积有化学气相沉积、液相沉积和溶胶-凝胶法等。控制技术主要有薄膜厚度控制、组分控制、温度控制和气体控制等。光学薄膜在空间、能源、光谱、激光、光电科学中有着广泛的应用，其在光学领域中的地位和作用，是其他材料难以取代的。光学薄膜有多种分类方法，按其应用可分为增透膜、反射膜、干涉滤光膜、分光膜、偏振膜以及光学保护膜等；按材料可分为金属膜、介质膜、金属介质膜和有机膜；按膜的层数可分为单层膜、双层膜、多层膜等。

2）光电子材料与镀层。传统的光学薄膜主要以光的干涉为基础，并以此来设计和制备增透膜、反射膜、干涉滤光膜、分光膜、偏振膜和光学保护膜。后来，由于科学技术发展的需要，光学薄膜涉及的光谱范围已从可见光区扩展到红外和软 X 射线区等，制备技术也有了较大的发展。更为突出的是光学与电子相结合形成的光电子学，原来无线电频率下几乎所有传统电子学的概念、理论和技术，原则上都可以延伸到光频波段。光电子学又可称为光频电子学。这门科学和技术的发展有着深远的意义。

① 光电子器件和材料。光波频率（约 10^{15} Hz）极高，远高于一般的无线电载波频率（约 10^{12} Hz），因而光载波的信息量极大。例如，在光通信中，如果每个话路的频带宽 4kHz，那么光载波可容纳 100 亿路电话。同时，由于激光的良好指向性，使激光通信有极强的保密性。近 30 多年来，光波沿光纤传播特性的研究取得丰硕的成果。光纤通信技术将是未来社会信息网的主要传输工具。

目前各种新型激光光源、光调制器以及光电探测器等的研究成功，推动一系列新型光电子系统的诞生，在测量精度、成像分辨率、抗干扰能力以及机动性等方面有了很大的提高。光电子技术所用的光电子器件大致可分为两大类：一类是将电转换成光的器件，主要有电激励或注入的激光器、半导体发光二极管、真空阴极射线管，以及各种电弧灯、钨丝灯、辉光灯、荧光灯等光源；另一类是将光转换成电的器件，主要有光电导器件（如光敏电阻、光敏二极管、光电晶体管）、光生伏特器件（如太阳能电池）、光电子发射器件（如光电倍增管、变像管、摄像管）、光电磁器件（如光电磁探测器）等。在许多光电子系统中，除了上述两类器件之外，还使用许多传输和控制光束的器件或部件，如透镜、棱镜、反射镜、滤光器、偏振器、分束器、光栅、液晶、光导纤维和集成光学器件等；另外，还有双折射晶体和铁电陶瓷等光调制器件。光电子学实质上是研究光子（或光频电磁波场）与物质中电子相互作用及其能量相互转换的科学，因此光电子技术所用的材料主要是用于光子和电子的产生、转换和传输的材料。光电子材料大致上由激光材料、光电探测材料、光电转换材料、光电存储材料、光电子显示材料、光电信息传输、传输和控制光束的材料组成。

② 光电子技术用的镀层。各种光电子材料是研究、开发和制造光电子器件的重要基础，而大量的光电子材料是用各种气相沉积和外延等技术制备的。表面技术在光电子器件及材料上有着许多重要的应用，现举例如下。

激光薄膜。在激光技术中应用的光学薄膜，也称激光薄膜。可用作光学薄膜的材料很多，但从光学、力学、热学、化学等综合性质来考虑，理想的材料不多，而适合激光薄膜的材料更不多。尽管如此，激光薄膜已在激光技术中起着相当重要的作用。

非晶硅薄膜太阳能电池。用单晶硅制造太阳能电池，成本很高。实际上，晶体硅吸收层厚仅需 25μm 左右，就足以吸收大部分的太阳光。为了大幅度降低成本，薄膜硅太阳能电池是一个重要发展方向。其中，氢化非晶硅太阳能电池引人注目。氢化非晶硅记为 a-Si∶H，氢在其中钝化（补偿）硅的悬挂键，因而可以掺杂和制作 PN 结等。氢化非晶硅在太阳辐射峰附近的光吸收系数比单晶硅大一个数量级。它的光学禁带宽度为 1.7～1.8eV，而迁移率及少数载流子寿命远比晶体硅低。a-Si∶H 作为太阳能电池材料时，最薄可达 1μm，用单晶硅则厚度要达到 70μm。a-Si∶H 薄膜可以在玻璃、不锈钢等一些低价衬底上制备。在制备时，除通入 SiH_4 气体外，还可同时通入 B_2H_6、PH_3 而形成 PN 结。目前，a-Si∶H 的生产已具有相当的生产规模，除用于太阳能电池外，还可制作薄膜晶体管、复印鼓、光电传感器等。a-Si∶H 太阳能电池的光电转换效率最高只有 13% 左右，一般产品效率不超过 10%，并且尚未完全解决光致衰减的问题，仍需要深入研究。

液晶显示器。液晶是具有液体的流动性和表面张力，又具有晶体光学性质的物体。液晶分子在电场的作用下会发生运动，从而改变对环境光线的反射。将液晶置于两个平板之间，每个平板都做成条状电极，且两组电极互相垂直，若配以适当的驱动电路进行选址，则可实现液晶显示。根据液晶种类不同，液晶显示可分为扭曲型液晶显示、超扭曲型液晶显示、铁电液晶显示等。

最早的液晶显示器是扭曲型液晶显示器，如图2-35所示。它是用厚度约为10nm的液晶层和预制的分子配向层夹于两个透明电极玻璃板之间，四周用气密封材料密封，形成液晶盒，再将此盒放在两个偏振器之间，其中一个偏振器的背后放一反射器。透明电极通常是氧化锡铟薄膜，用磁控溅射等方法镀覆在玻璃表面。其表面电阻率在数十至百欧/口之间，电阻率分布不均匀性小于1%，而可见光透射率在90%以上。电极图形通常用光刻技术制备，也可采用等离子刻蚀技术进行加工。液晶显示器虽有许多类型，但基本结构都很相似。在一般情况下，最常用的液晶形态为向列型液晶，分子形状为细长棒形，长宽为1～10nm。

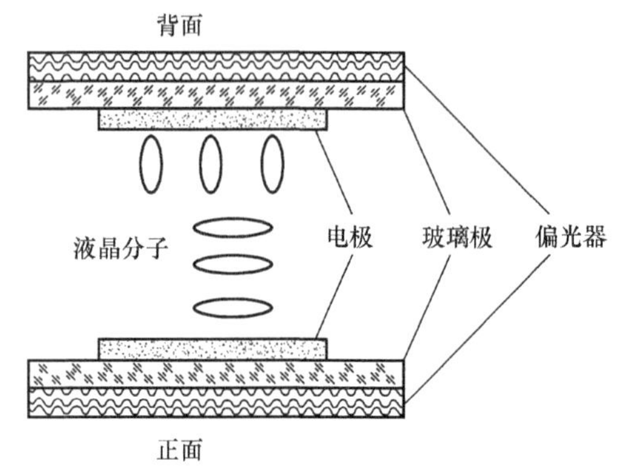

图2-35　扭曲型液晶显示器的结构示意图

如果把液晶显示与具有存储性能的薄膜晶体管集成在一起，可形成有源矩阵液晶显示。附以背照明光源和滤色片则可实现全彩色显示。

液晶显示主要用于手表、计算器、仪表、手机、文字处理机、游戏机、计算机终端显示和电视等，并且对显示显像产品结构的变化将产生深远的影响。

5. 声学性能

（1）声波　声波是一种机械波，即在媒介中通过的弹性波，表现为振动的形式。

（2）声频和水声　噪声是目前污染环境的三大公害（水污染、废气污杂和噪声污染）之一。在海水中传播的声波（水声）可为国防建设和国民经济解决很多重大课题。

（3）次声频段　次声是频率极低的声波，故人耳听不到。

（4）超声频段　超声在许多技术中有着重要的应用。超声还有一种重要用途，就是提供信息，包括提供一些用其他方法不能得到的信息。

（5）特超声频段　特超声频段已同电磁波的微波相对应，故又称为微声。

（6）材料声学性能在表面技术中的重要意义　表面技术中有一些重要的技术领域涉及材料声学性能。可用涂装、气相沉积等方法制造声表面器件、吸声涂层、高保真扬声器等。下面着重从减振降噪的角度来举例介绍。

1）阻尼涂料。这类涂料具有高阻尼特性，使部分机械能转变为热能而降低振幅或噪声。阻尼涂料通常由聚合物、填料、增塑剂、溶剂配制而成，聚合物是基料。当振动或噪声由基体传递到阻尼涂料中时，机械振动转化为聚合物大分子链段的运动。在外力作用下，聚合物大分子链在构象转变过程中要克服运动单元间的内摩擦，需要消耗能量，这个过程不能瞬间完成而要经历一定时间，阻尼作用便是在这个松弛过程中实现的。阻尼性能主要由聚合物的玻璃化转变温度T_g决定。多组分多相高分子体系T_g范围较宽，阻尼适应区域较广，阻尼效果较好。填料和增塑剂的主要作用是扩大或移动阻尼涂料的工作温度范围，改善涂料物理、力学性能。

阻尼涂料按分散性质不同可分为水分散型和溶剂型两种；按基料组成可分为单组分涂料和多组分涂料。阻尼涂料是厚涂料，一般多为膏状物。溶剂型阻尼涂料用的基料有聚氨酯树脂、环氧树脂、丙烯酸树脂、乙酸乙烯树脂等。水分散型阻尼涂料用的基料有丙烯酸乳液（纯丙）、丙烯酸-苯乙烯乳液（苯丙）、丙烯酸-丁二烯乳液等。阻尼涂料用的填料主要是无机材料，如磷酸钙、SiO_2、Al_2O_3、黏土、云母、石棉等，也有采用有机材料（如废橡胶粉等）做填料的。助剂除增塑剂外，还有分散剂、流平剂、固化剂、消泡剂。近些年来，由两种或两种以上的聚合物通过网络互穿缠结而形成的互穿聚合物网络（IPN）阻尼涂料研究发展迅速，它们因具有各组分间的相容性和组分链段运动协同效应的作用而提高了涂层性能。

阻尼涂料可涂覆在金属板状结构表面，施工方便，对结构复杂的表面更显优点，不仅具有减振隔声作用，还有绝热密封功能，广泛用于飞机、船舶、车辆及各种机械。

2）复合阻尼材料。这是一类能吸收振动能并以热能等形式耗散的复合材料，有以下两种类型：

① 高聚物基体型，即在橡胶、塑料等基体中加入各种适当的填料（颗粒、纤维）复合成型，其结构和减振降噪机理与阻尼涂料相似。

② 金属板夹层型，即在钢板或铝板间夹有很薄的黏弹性高聚物片而构成。其阻尼性能由黏弹性高聚物的高内耗和金属板的约束性来提供，即使在较高温度下也能保证良好的阻尼作用。这种复合材料把材料技术与振动控制技术很好地结合起来。在受到如振动等外力时，高分子材料表现出固体弹性和流体黏性的中间状态，即黏弹状态。当结构发生弯曲振动时，夹在金属板间的芯片受到剪切，因为阻尼材料有较大的应力应变迟滞回线而消耗了振动能量。由于金属板夹层型复合阻尼材料具有很强的阻尼性能，使得振动能量大幅度下降，达到了良好的减振降噪效果，可比普通钢的阻尼性能高出近千倍。

3）阻尼夹层玻璃。夹层玻璃是指两层或多层玻璃用一层或多层中间层胶合而成的复合玻璃。生产方法主要有胶片热压法（干法）和灌浆法（湿法）两种。目前，干法夹层玻璃大多采用聚乙烯醇缩丁醛（PVB）。PVB 胶片具有特殊的优异性能：可见光透过率达到 90%以上，无色，耐热、耐寒、耐光、耐湿，与无机玻璃有很好的黏结力，力学强度高，柔软而强韧。到目前为止，在无机玻璃之间的黏结尚无其他材料能够完全取代它。从隔声性能来分析，人类周围环境的噪声主要由各种不同频率和强度的声音所组成。人类听觉的范围为20～20000Hz，最敏感的范围为 500～8000Hz。人类所能忍受的最大声音强度为 130dB。普通浮法玻璃的隔声性能比较差，玻璃厚度每增加一倍，可以多吸收 5dB 的声音，但是由于重量的限制，玻璃厚度不能过分增大。一般厚度的普通浮法玻璃平均隔声量为 25～35dB。

对于干法夹层玻璃来说，由于两片玻璃之间夹有黏弹性的 PVB 胶片，它赋予夹层玻璃很好的柔性，消除了两片玻璃之间的声波耦合，从而提高了隔声性能，可适当加大 PVB 胶片的厚度（从声音衰减特性来分析，以厚度 1.14mm 为最佳），以及改进 PVB 的阻尼性能。另一种有效的办法是在两个 PVB 胶片之间再放置一个具有优异阻尼性能的特殊树脂片，即两个 PVB 胶片与一个特殊树脂片合为“隔声中间膜”，显著提高了玻璃的隔声效果，可用于高噪声环境以及各种需要隔声来达到安静的场所，包括医院、学校、住房、播音室、候机楼、车辆等。

6. 功能转换

（1）材料的功能转换

1）热-电转换。许多物质都有热电现象，可进行热-电转换。

2）光-热转换。光-热转换的一个重要用途就是太阳辐射的利用。

3）光-电转换。有些物质受光照射时其电阻就会发生变化，有的会产生电动势或向外部溢出电子。

4）力-电转换。有些材料可以进行机械能与电能的相互转换。具有压电效应的压电材料是应用潜力很大的功能材料。

5）磁-光转换。在磁场作用下，材料的电磁特性会发生变化，从而使光的传输特性发生变化，这种现象称为磁-光效应。利用材料的磁-光效应，做成各种磁光器件，可对激光束的强度、相位、频率、偏振方向及传输方向进行控制。

6）电-光转换。晶体以及某些液体和气体，在外加电场的作用下折射率会发生变化，这种现象称为电-光效应。

7）声-光转换。声波形成的介质密度（或折射率）的周期疏密变化可看作一种条纹光栅，其间隔等于声波波长。这种声光栅对光的衍射现象称为声-光效应。近年来，由于高频声学和激光的发展，使声光技术水平有了迅速提高。例如，利用光束来考察许多物质的声学性质；利用超声波来控制光束的频率、强度和方向，进行信息和显示处理等。常用的声光材料有 α-碘酸、钼酸铅、铌酸锂、二氧化锑等，主要用于制造调制器、偏转器、滤波器等。

（2）材料功能转换在表面技术中的重要意义　表面技术中有许多重要项目都涉及材料的功能转换，可通过涂装、黏结、气相沉积、等离子喷涂等方法来制备选择性涂层、热释电装置、薄膜加热器、电容式压力传感器、磁光存储器、电致发光器件、薄膜太阳能电池等。

1）热电材料。这是一种将热能与电能进行转换的材料。一般来说，许多物质都有热电现象，但半导体材料的热电性能明显高于金属材料，最具使用意义的热电材料是掺杂的半导体材料。例如，Bi_2Ti_3是具有高 ZT 值的半导体热电材料，掺杂 Pb、Cd、Sn 等可形成 p 型材料，而有过剩的 Te 或掺杂 I、Br、Al、Se、Li 等元素及卤化物的 AgI、CuI、CuBr 等，则形成 n 型材料。

人们发现热电现象至今已有 100 多年历史，而真正有意义的实际应用始于 20 世纪 50 年代。对热电材料的基本要求是：①具有较高的塞贝克系数；②较低的热导率；③较小的热阻率（使产生的热量低）。设 s 是塞贝克系数，σ 是电导率，k 是热导率，则热电系数为 $Z = s^2\sigma/k$。考虑到 Z 与温度 T 有关，常用热电性指数 ZT 值来描述热电材料性能的好坏。一般来说，除绝缘体外，许多物质都有热电现象，但半导体材料的热电性能明显高于金属材料，最具使用意义的热电材料是掺杂的半导体材料。在室温下，p 型 Bi_2Te_3晶体的塞贝克系数 s 最大值约为 260MV/K，n 型 Bi_2Te_3晶体的 s 值随电导率的增加而降低，极小值为 $-270\mu V/K$。除 Bi-Te 系列外，还有 Pb-Te、Si-Ge 等系列。

目前，热电材料用于热电发电，受到人们的关注。依其工作温度可分为低温用（$<500K$）、中温用（500~900K）和高温用（$>900K$）等几大类。按物质系统分主要有硫属化合物系、过渡金属硅化物系，特别是 Si-Ge 系、$FeSi_x$系、硼系及非晶态材料系。例如，Si-Ge 系是目前较为成熟的一种高温热电材料，美国于 1997 年发射的旅行者号探测器中安装了用 Si-Ge 系材料制造的 1200 多个热电发电器，用放射性同位素作为热源，发电后向无线电信号发射机、计算机、罗盘等设备仪器提供动力源，长时间使用过程中无一报废。

材料的热电性能在很大程度上取决于晶体结构。如果人为地改变材料的晶体结构，使其变为非对称结构，或者通过多层化，使材料结构中的电子传导与声子传导相分离，则有可能使热电性能大幅度提高。目前，电子晶体-声子玻璃（PGEC）热电材料，正在深入研究中。

2）选择性涂层。太阳能辐射谱在 0.35 ~ 2.5μm 间隔范围内，波长在 2μm 以下的辐射占太阳辐射量的 90%。对于光-热转换系统，需要认真考虑材料对波长的选择特性。实际上，具有明显太阳光谱选择特性的材料为数不多，通常需要采用真空镀膜、阳极氧化、热喷涂分解、化学转化、电解着色等方法来制备。

选择性涂层有多种类型，它们的含义和应用不尽相同。常用的选择性涂层有：

① 选择性吸收涂层。某些半导体材料具有宽的光隙，对太阳辐射有很大的吸收率，而其自身的红外辐射又非常低。将硫化铅、硅、锗沉积在高反射基材上，吸收率 a 可达 90%。

② 多层“介质-金属”干涉膜。如“Al_2O_3-Mo-Al_2O_3-Mo”的干涉膜镀覆在不锈钢基材上，太阳光吸收率 a 为 92% ~95%，热发射率 ε 为 6% ~10%。

③ 微不平面。如用化学气相沉积、共溅射、等离子刻蚀等方法，可以制造“小丘”间隔约为 0.5μm 的微不平面，使入射光经历多次反射，从而提高了太阳光的吸收率。

④ 金属-介质复合薄膜。如用金、银、铜、铝、镍、钼等具有高反射率的金属层作为基体，而用很细的金属粒子置于介质的基体内作为吸收层，并且通过选择成分、涂层厚度、粒子浓度、尺寸、形状和粒子的方向来获得最佳吸收层，尤其当吸收层的成分渐变、表层又具有很低折射率的减反射时，则可得到优异的选择性吸收性能。目前广泛应用的“黑铬”就是金属铬与非金属三氧化二铬（Cr_2O_3）的复合材料；表层铬含量低，沿涂层的深度铬含量增加；最表层为微不平面。又如以铜为基体，多层“不锈钢-碳”为吸收层，非晶态含氢碳膜（a-C：H）为最表层，即 a-C：H/SS/C/Cu；以玻璃为底层，渐变的 AlN-Al 为选择性吸收表面，即 AlN-Al/玻璃。a-C：H/SS/C/Cu 和 AlN-Al/玻璃可以用气相沉积法制备，太阳光吸收率 a 达 95%，热发射率 ε 分别为 6% 和 5%。

上面列举的选择性吸收涂层，都是从尽量多地吸收太阳辐射而又尽量减少热发射的角度来考虑的。这些选择性吸收涂层可用于供暖、干燥、蒸馏、发电等领域。下面列举的选择性透射涂层主要是为了保持良好的可见光透过率和提高红外光反射率，使屋内或车内具有良好的采光性、同时又避免热线（红外线）的射入，即显著减少热负荷。

⑤ 氧化铟锡（ITO）薄膜。它是一种体心立方铁锰矿结构（即立方 In_2O_3 结构）的 In_2O_3：Sn的 n 型宽禁带透明导电薄膜材料，可见光透过率 T 达 75% ~85%，在 0.5μm 波长处可见光透过率 $T_{0.5\mu m}$ 达 92%，红外线反射率 R 为 80% ~85%，紫外线吸收率大于 85%，能隙 $E_g = 3.5 \sim 4.3\text{eV}$，电阻率为 $10^{-5} \sim 10^{-3}\Omega \cdot \text{cm}$，并且还具有高的硬度和耐磨性，以及容易刻蚀成一定形状的电极图形等优点。

⑥ 减反射多层膜 MgF_2/In_2O_3：Sn/石英基板/MgF_2。可见光透过率 T 约为 90%，红外线反射率 R 为 80% ~85%。

⑦ SnO_2：Sb 薄膜。可见光透过率 T 约为 80%，红外线反射率 R 为 70% ~75%，在 0.5μm 波长处可见光透过率 $T_{0.5\mu m}$ 约为 85%。

⑧ Cd_2SnO_4 薄膜。可见光透过率 T 约为 90%，红外线反射率 R 约为 90%。

⑨ 多层膜 TiO_2/Ag/TiO_2。可见光透过率 T 为 65% ~70%，红外线反射率 R 为 85% ~95%，在 0.5μm 波长处可见光透过率 $T_{0.5\mu m}$ 约为 90%。

3）磁光光盘存储材料。为了提高运行速度，计算机中的存储器越来越多地采用多层立体结构。对于要求高速度动作的主存储器及视频存储器，多采用半导体存储器；而对于软件及信息存储的记录装置，多采用磁盘和光盘。

其中，可分为只读型、一次写入型和可擦重写型三类。在可擦重写型光盘中又分为相变方式和磁光方式两种类型。理想的磁光盘存储材料应具有下列性能：①磁化矢量垂直于膜面，并且有大的各向异性常数；②高矫顽力 H_c，磁滞回线矩形比为1；③低的居里温度，即 T_c 在300℃以下；④大的磁光克尔效应 θ_K 或法拉第效应 θ_F；⑤亚微米圆柱体磁畴稳定；⑥使用寿命在10年以上。

有两种薄膜材料是较为理想的：一是Pt/Co成分调制结构薄膜，其中Co厚约0.4nm，Pt厚约1nm，总厚度约16nm；二是掺Bi、Ga的钆石榴石氧化物薄膜。光盘信息记录系统由作为记录介质用的光盘、读出信息及写入信息用的光头系统、记录再生信号处理系统、光控制回路系统、电动机驱动旋转控制系统等构成。

4）光电转换器件。光电转换器件主要包括下面三个部分：

① 光电导材料，又称感光材料。半导体是最简单的光电导材料。光电导材料是复印机、打印机、扫描仪和数字照相机的核心材料。例如，早期使用的静电复印机，是用非晶硒涂覆在鼓形板的表面，后来用聚乙烯咔唑、三硝基芴酮、苯二甲蓝颜料、氮色素、二萘嵌苯等有机光电导材料制造新的打印机。

光电导材料在光线照射下，由于光子会激发价带电子进入导带，使电子浓度和空穴浓度同时增加，导致电导增加，电阻减少。自20世纪80年代起，模拟复印机逐渐被数字复印机取代。

② 光敏二极管。它是将光信号变成电信号的半导体器件。光敏二极管没有栅极。如有栅极，则被称为光电晶体管。外界入射光能使它导通而产生电流。当光照射到光电晶体管的发射极栅极平面上时，一个入射到n区和p区之间耗尽层的能量足够大的光子就会产生一个电子空穴对，然后耗尽层中从n区指向p区的内禀电场会促使电子向n区（发射极）、空穴向p区（栅极）运动。这样从发射极流向接收极的电流恰好与入射光的强度成正比。光电晶体管又称“电子眼”，它对日光或白炽灯发出的光很敏感，阻抗低，信噪比高，在自动门、电视、电影、电话转接、有线传真和其他许多工业领域都有应用。光电晶体管产生的电能功率高，响应频率也高，故可不加放大线路而直接作为开关应用。

③ 光伏器件。它是直接把太阳光变成电能的器件，常称太阳能电池。现代的硅太阳能电池在20世纪50年代由贝尔实验室制成，其结构是在PN结上制备导线网络，可以在光照时收集电流。光伏器件是最清洁的能源，目前已有重要应用，并且正在探索更低价有效的技术，努力实现并网发电。

第3章

金属表面预处理工艺

【学习目标】

- 理解表面预处理的目的、重要性及指标。
- 了解表面复合预处理。
- 掌握表面预处理工艺的分类及各自的原理及应用。

【导入案例】

现代社会中，工件在加工、运输、存放等过程中，表面往往带有氧化皮、铁锈、制模残留的型砂、焊渣、尘土以及油和其他污物。要提高金属材料的耐蚀性，更好地保证工件的力学性能和使用性能，就必须对工件表面进行预清理，然后进行下一步的表面处理。例如，对金属表面进行涂层加工，就要先进行表面清理，否则，不仅影响涂层与金属的结合力和耐蚀性，而且还会使基体金属在有涂层防护的前提下仍能继续腐蚀，使涂层剥落，影响工件的力学性能和使用寿命。表面工程技术的种类繁多，各种表面工程技术都要求有与之相适应的表面预处理，以保证表面处理后的新表面达到设计所要求的性能。图3-1所示为加工制作后表面沾有油污的零部件。

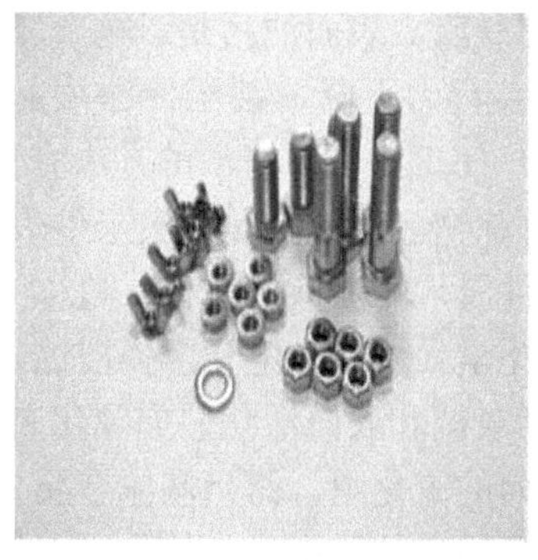

图3-1　加工制作后表面沾有油污的零部件

3.1　概述

表面预处理就是利用某种工艺方法和手段，使工件的表面得到清理，或者使表面变得粗糙，以保证表面涂（镀）层与金属基体的有效结合。有时，人们又把表面预处理称为表面调整与净化。将采取各种加工方式使制品（或基材）表面达到一定表面粗糙度的过程称为表面精整。所有表面处理技术在工艺实施之前都必须对材料进行预处理，以便提高表面覆层的质量以及覆层与基材的结合强度。大量实践证明，预处理是表面处理工程技术能否成功实施的关键因素之一。

1. 表面预处理的目的和内容

表面预处理的好坏，不仅在很大程度上决定了各类覆盖层与基体的结合强度，往往还影响这些表面生长层的质量，如结晶粗细、致密度、组织缺陷、外观色泽及平整性等。干净的待加工表面也是保证其工艺过程顺利进行和得到高质量改性层的基础条件。金属原始表面一般覆盖着氧化层、吸附层及普通沾污层，如图3-2所示。表面预处理的主要内容就是选择适当的方法去除覆盖物，达到与各种表面技术要求相符的清洁度。

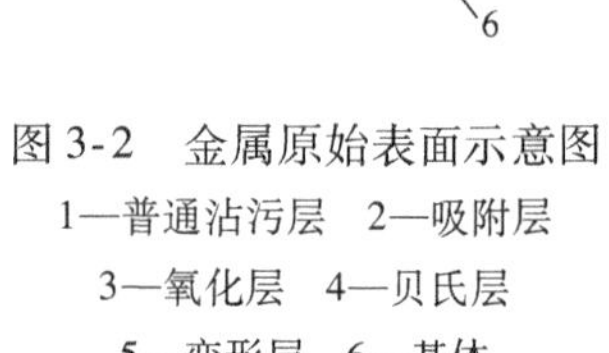

图3-2　金属原始表面示意图
1—普通沾污层　2—吸附层
3—氧化层　4—贝氏层
5—变形层　6—基体

（1）对工件进行镀前预处理的目的　对工件进行镀前预处理的目的主要有以下几个方面：

1）使工件表面几何形状满足涂镀层的要求，如表面整平或拉毛。

2）使工件表面清洁度满足涂镀层的要求，如除油等。

3）除去化学覆盖层或化学吸附层，包括除锈、脱漆、活化，这样才能获得良好的镀层。

（2）对工件进行镀前预处理的内容　镀前预处理包括：整平、除油、浸蚀、表整四个部分。

1）整平主要是除去工件上的毛刺、结瘤、锈层、氧化皮、灰渣及固体颗粒等，使工件表面平整、光滑。整平主要采用机械方法，如磨光、机械抛光、滚光、喷砂等；化学抛光和电化学抛光用于除去微观不平。

2）除油又称脱脂。表面油污是影响金属表面处理质量的重要因素，油污的存在会使表面涂层与基体的结合力下降，甚至使涂层起皮、脱落。除去工件表面油污（包括油、脂、手汗及其他污物）使工件表面清洁的方法有化学除油、电化学除油、有机溶剂除油等。

3）浸蚀又称除锈。浸蚀就是除去工件表面的锈层、氧化皮等金属腐蚀产物。在电镀生产中一般是将工件浸入酸溶液中进行，故称为浸蚀。主要目的是除去锈层和氧化皮的工序称为强浸蚀，包括化学强浸蚀、电化学强浸蚀。除锈的方法有机械法、化学法和电化学法。

4）表整包括表调和表面活化。如磷化表调是增加磷酸钛胶体作为磷化结晶核；表面活化是除去工件表面的氧化膜，露出基体金属，以保证镀层与基体的结合力。表面活化也是在酸性溶液中进行，但酸的浓度低，故称为弱浸蚀。

2. 表面预处理的重要性

良好的预处理对保证表面处理质量和性能至关重要。如以电镀件生产为例，在实际生产中，很多电镀件的质量事故（如镀层局部脱落、起泡、花斑、局部无镀层等）的发生并不是电镀工艺本身的问题，而是由于镀前预处理不当和欠佳所造成的。镀前预处理的作用如下：

（1）保证电极反应顺利进行　电镀过程必须在电解液与工件被镀表面良好接触、工件被镀液润湿的条件下才能进行。工件表面的油污、锈层、氧化皮等污物，妨碍电解液与金属基体的充分接触，使电极反应变得困难，甚至因隔离而不能发生。

（2）保证镀层与基体的结合力　在基体金属晶格上外延生长的镀层具有良好的结合力。外延生长要求露出基体金属晶格，任何油污、锈蚀、氧化膜等都会影响电结晶过程。当镀件上附着极薄的、肉眼看不见的油膜或氧化膜时，虽然能得到外观正常、结晶细致的镀层，但是结合强度大为降低，工件受弯曲、冲击或冷热变化时，镀层会开裂或脱落。

（3）保证镀层平整光滑　若工件表面粗糙不平，镀层也将是粗糙不平的，难以用镀后抛光进行整平。粗糙不平的镀层不仅外观差，耐蚀性也不如平整光洁的镀层。工件上的裂纹、缝隙、砂眼处的污物难以去除，而且容易积藏碱和电解液，镀件在存放时就会渗出腐蚀性液层，使镀层出现“黑斑”或者泛“白点”，大大降低镀层的耐蚀性。

3. 表面预处理的指标

表面清洁度与表面粗糙度是材料表面处理技术预处理工艺的两个最重要指标。清洁度表示零件或产品在清洗后在其表面上残留的污物的量。一般来说，污物的量包括种类、形状、尺寸、数量、重量等衡量指标。产品是由零件经过设备加工装配而成的，所以清洁度分为零件清洁度和产品清洁度。产品的清洁度与零件的清洁度有直接的关系，同时还与生产工艺过程、车间环境、生产设备及人员有密切的关系。

表面粗糙度是指加工表面具有的较小间距和微小峰谷的不平度。其两波峰或两波谷之间的距离（波距）很小（在 1mm 以下），它属于微观几何形状误差。表面粗糙度越小，则表面越光滑。表面粗糙度一般是受所采用的加工方法和其他因素影响，如加工过程中刀具与零件表面间的摩擦、切屑分离时表面层金属的塑性变形以及工艺系统中的高频振动等。

3.2 表面预处理工艺

目前生产中常用的预处理工艺通常分为以下步骤。

1. 整平

整平是指通过机械或化学方法去除材料表面的毛刺、锈蚀、划痕、焊瘤、焊缝凸起、砂眼、氧化皮等宏观缺陷，提高材料表面平整度的过程。整平除保障表面质量外，还起到装饰的作用。

2. 脱脂

脱脂是指用化学或电化学方法除去表面油脂。表面油脂是影响金属表面处理质量的重要因素，它会使表面涂层与基体的结合力下降，甚至使涂层起皮或脱落。

3. 除锈

除锈（也称酸洗）是指用机械、化学或电化学方法除去金属表面的氧化皮或锈迹。常用的除锈方法有机械法、化学法和电化学法。

4. 活化

活化（也称浸蚀）是指用电化学方法露出基材表面的过程。活化的实质就是弱浸蚀，其目的就是露出金属的结晶组织，以保证涂层与基体之间结合牢固。

基体预处理在表面处理中具有非常重要的地位和作用，具体表现如下。

1）为涂层加工做准备。例如，大型钢结构热喷涂锌和铝涂层制备时，对预处理的要求是喷砂处理、干燥，要求无灰尘、无油污、无氧化皮、无锈迹。化学镀镍涂层制备时对预处理的要求是：除油、除锈、水洗、闪镀，基体表面无油污、无锈迹、无铅、无锌等污染即可。

2）基体预处理能增加涂层的功能（防腐蚀、防磨损及特殊功能）。例如，对有磷化和无磷化处理的同一涂层进行盐雾试验，结果大约相差一倍。可见，除油、磷化等预处理对涂层的防锈能力起非常关键的作用。

3）增强涂层与基体的附着力。例如，某些涂料涂层及热喷涂层，基体的结合以机械力为主，这就要求预处理不仅要除油、除锈，还要表面粗化。表面粗化的目的有两个：一是增大涂层与基体的接触面积；二是增加涂层材料与基体表面的胶合作用，以加强涂层与基体的附着力。

3.2.1 表面整平

表面整平的方法有磨光、抛光、滚光及振动磨光、刷光、塑料整平和成批光饰。

1. 磨光

磨光工具包括磨光轮和磨光带。磨光轮或磨光带上粘有磨粒，利用粘有金刚砂或氧化铝等磨料的磨轮在高速旋转下以 10～30m/s 的速度磨削金属表面，除去表面的划痕、毛刺、焊缝、砂眼、氧化皮、腐蚀痕和锈斑等宏观缺陷，提高表面的平整程度。根据要求，一般需选取磨料粒度逐渐减小的几次磨光。当然，对磨料的选用应根据加工材质而定，常用磨料及用途见表 3-1。

表 3-1 常用磨料及用途

序号	磨料名称	成分	物理性质				用途
			莫氏硬度	韧性	结构形状	外观	
1	人造金刚砂（碳化硅）	SiC	9.2	脆	尖锐	紫黑闪光晶粒	铸铁、黄铜、锌、锡等脆性低强度材料的磨光
2	人造刚玉	Al_2O_3	9.0	较韧	较圆	洁白至灰暗晶粒	可锻铸铁、锰青铜等高韧性、高强度材料的磨光
3	天然刚玉（金刚砂）	Al_2O_3、Fe_2O_3及杂质	7～8	韧	圆粒	灰黑至黑色砂粒	一切金属的磨光
4	硅藻土	SiO_2	6～7	韧	较尖锐	白色至灰红色粉末	通用磨光抛光材料，宜磨光或抛光黄铜、铝等较软金属
5	浮石		6	松脆	无定形	灰黄海绵状块或粉末	适用于软金属及其合金、木材、玻璃、塑料、皮革等的磨光及抛光
6	石英砂	SiO_2及杂质	7	韧	较圆	白至黄色砂粒	通用磨料，可用于磨光、抛光、滚光及喷砂等

（续）

序号	磨料名称	成分	物理性质				用途
			莫氏硬度	韧性	结构形状	外观	
7	铁丹	Fe_2O_3 及杂质	6~7			黄色至黑红色粉末	用于钢、铁、铅等材料的磨光及抛光
8	抛光用石灰	CaO				白色块状	一切金属的抛光
9	氧化铬	Cr_2O_3				灰绿色粉末	不锈钢、铬等的抛光

根据磨光轮本身材料的不同，又可分为硬轮和软轮两类。如零件表面硬、形状简单或要求轮廓清晰时宜用硬轮（如毡轮），表面软、形状复杂的零件宜用软轮（如布轮），新轮或长时间使用后的旧轮一般都需要用骨胶液黏结适当型号的磨料。

2. 抛光

抛光可分为机械抛光、化学抛光和电化学抛光。

机械抛光是用抛光轮和抛光膏或抛光液对零件表面进一步轻微磨削以降低表面粗糙度，也可用于镀后的精加工。抛光轮转速较磨光轮更快（圆周速率为 20~35m/s）。抛光轮分为非缝合式、缝合式和风冷布轮。一般形状复杂或最后精抛光的零件用非缝合式；形状简单或镀层用缝合式；大型平面、大圆管零件用风冷布轮。

化学抛光是一种可控条件下的化学腐蚀，在特定的抛光溶液中进行化学浸蚀，通过控制金属选择性地溶解而使其表面达到整平和光亮的金属加工过程。与其他抛光技术相比，具有设备简单、成本低、操作简单、效率高以及不受制件形状和结构的影响等优点。与电解抛光相比，化学抛光不需要电源，可处理形状较复杂的工件，生产率较高，但表面加工质量低于电解抛光。

电化学抛光（又称电解抛光）是将工件置于阳极，在特定的溶液中进行电解，工件表面微观凸出部分电流密度较高，溶解较快；而微观凹入处电流密度较低、溶解较慢，从而达到平整和光亮的目的。电解抛光常用于碳素钢、不锈钢、铝、铜等零件或铜、镍等镀层的装饰性精加工及某些工具的表面精加工，或用于制取高度反光的表面及制造金相试样等。

其中，电解抛光与机械抛光相比，由于前者通过电化学溶解使被抛光表面得到整平，所以表面没有变形层产生，也不会夹杂外来物质；同时因电解过程中有氧析出，会使被抛光表面形成一层氧化膜，有利于提高其耐蚀性。此外，对于形状复杂的零件、线材、薄板和细小的零件，机械抛光有困难，可采用电解抛光。电解抛光除整平作用外，还能除去表面夹杂物，显示出零件表面的裂纹、砂眼、夹杂等缺陷。

3. 滚光

滚光是零件与磨削介质（磨料和滚光液）在辊筒内低速旋转而滚磨出光的过程，常用于小零件的成批处理。辊筒多为多边筒形。滚光液是在酸或碱中加入适量乳化剂、缓蚀剂等制成的。常用磨料有钉子头、石英砂、皮革角、铁砂、贝壳、浮石和陶瓷片等。

4. 振动磨光

振动磨光是将零件与大量磨料和适量抛磨液置入容器中，在容器振动过程中使零件表面平整光洁。常用磨料有鹅卵石、石英砂、陶瓷、氧化铝、碳化硅和钢珠等。

抛磨液是表面活性剂、碱性化合物和水的混合溶液。振动磨光效率比滚光高得多，且不受零件形状的限制，但不适合精密和脆性零件的加工。

5. 刷光

刷光是将刷光轮安装在抛光机上，用刷光轮上的金属丝（钢丝、黄铜丝等）刷，同时用水或含某种盐类、表面活性剂的水溶液连续冲洗去除零件表面锈斑、毛刺、氧化皮及其他污物，还可用于装饰目的进行丝纹刷光和缎面刷光等。

6. 塑料整平

对塑料的浇口和飞边，可用碳化硅磨光带磨光。碳化硅粒度应逐渐变小，磨光速度为15～25m/s。用磨光轮的磨光速度为10～15m/s。热塑性塑料因耐热性差，可湿磨；热固性塑料可湿磨，也可干磨。抛光塑料选用潜料细而软的抛光液，用软抛光轮，或最好用带有风冷的皱褶式抛光轮。抛光时压力要小，速度为10～15m/s，防止塑料过热。

7. 成批光饰

成批光饰是指将工件与磨料、水及化学促进剂一起放到容器中进行加工，以达到除锈、除油、令锐角和钝边倒角、降低表面粗糙度的目的。成批光饰的特点是一次可“成批”处理多个工件，效率高、成本低。

3.2.2 表面脱脂

工件上常见的油脂分为两类：一类是皂化性油脂，即不同脂肪酸的甘油酯，能与碱发生皂化反应，生成可溶于水的肥皂和甘油，各种植物油大多属于此类；另一类是非皂化性油脂，包括各种碳氢化合物，它们不能与碱发生皂化反应，且不溶于碱溶液，各种矿物油如凡士林、机油、柴油、石蜡均属此类，这两类油均不溶于水。常用除油方法的特点及应用范围见表3-2。

表3-2 常用除油方法的特点及应用范围

除油方法	特点	应用范围
有机溶剂除油	速度快，能溶解两类油脂，一般不腐蚀零件，但除油不彻底，需要用化学或电化学方法进行补充除油，多数溶剂易燃或有毒，成本较高	用于油污严重的零件或易被碱液腐蚀的金属零件的初步除油
化学除油	设备简单、成本低，但除油时间较长	一般零件的除油
电化学除油	除油快、彻底，并能除去零件表面的浮灰、浸蚀残渣等机械杂质，但需要直流电源，阴极除油时，零件容易渗氢，去除深孔内的油污速度较慢	一般零件的除油或清除浸蚀残渣
擦拭除油	设备简单，但劳动强度大，效率低	大型或其他方法不易处理的零件
辊筒除油	工效高、质量好	精度不太高的小零件

1. 有机溶剂除油

常用的有机溶剂有煤油、汽油、苯类、酮类、氯化烷烃、烯烃等。有机溶剂除油的方法有：

（1）浸洗或喷淋 用溶剂不断搅拌浸洗工件或用溶剂喷淋工件，直到工件表面油污除净为止，但不宜喷淋沸点低和易挥发丙酮、汽油、二氯甲烷，以免出危险。

（2）蒸气洗　将有机溶剂装在密闭容器底部，工件挂在溶剂上面，加热溶剂，使溶剂蒸气在工件表面冷凝成液体，以将油污洗下并落回容器底部。

（3）联合法　即浸洗-蒸气联合或浸洗-喷淋-蒸气联合除油，清洗效果更好。

有机溶剂除油速度快，基本上对工件表面无腐蚀（也有例外），但除油不彻底，且除油后工件上容易残存有机溶剂，需要再用化学清洗法除去。有机溶剂一般有毒或易燃，不但易出危险，且会产生挥发性有机物，污染环境，应注意通风、防火、防爆和防毒。特别注意三氯乙烯在紫外线、热（>120℃）、氧作用下会产生剧毒光气和腐蚀性极强的氯化氢。故要严防将水带入除油槽，避免阳光直射，铝、镁工件清洗时应尽快取出（因铝、镁催化会导致剧毒）。当有机溶剂中混入油污达 25% ~30% 时，需要更换新溶剂。

2. 化学除油

（1）皂化作用　油脂与除油液中的碱发生化学反应生成肥皂的过程称为皂化。

一般动植物油中的主要成分是硬脂酸酯，它与氢氧化钠发生皂化反应，反应式为

$$(C_{17}H_{35}COO)_3C_3H_5 + 3NaOH \longrightarrow 3C_{17}H_{35}COONa + C_3H_5(OH)_3$$

$(C_{17}H_{35}COO)_3C_3H_5$ 是硬脂酸酯，$C_{17}H_{35}COONa$ 是肥皂，$C_3H_5(OH)_3$ 是甘油。

皂化反应使原来不溶于水的皂化性油脂变成能溶于水（特别是热水）的肥皂和甘油，从而易被除去。

（2）乳化作用　矿物油等非皂化性油脂，只能通过乳化作用才能除去。非皂化性油脂与乳化剂作用生成乳浊液的过程，称为乳化作用。乳化作用的结果是令工件表面的非皂化性油污在乳化剂作用下变成微细油珠，与工件表面分离并均匀分布于溶液中，形成乳浊液，从而达到除油的目的。因皂化时间长，实际生产中大部分除油是靠乳化作用完成的。

（3）常用除油工艺

1）碱性除油。常用碱液除油只能除去工件表面具有皂化性的动、植物油。钢铁材料化学除油液配方及工艺见表 3-3。

表 3-3　钢铁材料化学除油液配方及工艺

配方成分及工艺条件		1	2	3	4	5
氢氧化钠（NaOH）	浓度/(g/L)	10 ~ 15		50 ~ 100	20	20 ~ 30
碳酸钠（Na_2CO_3）		20 ~ 30		20 ~ 40	20	30 ~ 40
磷酸三钠（$Na_3PO_4 \cdot 12H_2O$）		50 ~ 70	70 ~ 100	30 ~ 40	20	30 ~ 40
硅酸钠（Na_2SiO_3）		5 ~ 10	5 ~ 10	5 ~ 15	30	
OP-10 乳化剂			1 ~ 30			
表面活性剂					1 ~ 2	
海鸥洗涤剂	浓度/(mL/L)					2 ~ 4
温度/℃		80 ~ 90	80 ~ 90	80 ~ 95	70 ~ 90	80 ~ 90
时间		至油除净				

2）乳化除油。在煤油、粗汽油等物质中加入一些表面活性剂及少量的水便成了乳化除油液。这种乳化液除油速度快、效果好，清除黄油及抛光膏效果最好。选择表面活性剂是决定乳化除油液的关键。

3）酸性除油。有机或无机酸与表面活性剂可同时除去零件表面的油污和薄氧化层。耐

酸塑料酸性除油液配方：重铬酸钾（$K_2Cr_2O_7$），15g；硫酸（H_2SO_4），相对密度 $d=1.84$，300mL；水（H_2O），20mL。

3. 电化学除油

把工件挂在阴极或阳极上并放在碱性电解液中，通入直流电，令工件上油污分离下来的工艺称为电化学除油。当金属工件作为一个电极，在电解液中通入直流电时，由于极化作用，金属-溶液界面的界面张力下降，溶液易渗透到油膜下的工件表面并析出大量氢气或氧气。这些气体从溶液中向上浮出时，产生强烈的搅拌作用，猛烈地撞击和撕裂油膜，令其碎成小油珠，迅速与工件表面脱离进入溶液后成为乳浊液，从而达到除油的目的。各种电化学除油方法的特点及应用范围见表3-4。钢铁工件电化学除油液配方及工艺条件见表3-5。

表3-4 各种电化学除油方法的特点及应用范围

除油方法	特点	应用范围
阴极除油（工件接阴极）	阴极上析出的氢气体积是阳极上析出的氧气体积的两倍，故阴极除油速度快，效果比阳极除油好，基体不受腐蚀，但容易渗氢，溶液中的金属杂质会沉积在零件表面，影响镀层结合力	适用于有色金属，如铝、锌、锡、铅、铜及其合金的除油
阳极除油（工件接阳极）	基体金属不发生氢脆，能除掉零件表面的浸渍残渣和某些金属薄膜，如锌、锡、铅、铬等，但效率比阴极除油低，基体表面会受到腐蚀并产生氧化膜，特别是对有色金属的腐蚀较大	硬质高碳钢、弹性材料零件，如弹簧、弹性薄片等。一般采用阳极除油，但铝、锌及其合金等化学性能较活泼的材料不适用
阴-阳极联合除油（工件接阴极和阳极交替进行）	阴极电解和阳极电解交替进行，能发挥二者的优点，是最有效的电解除油方法。根据零件材料的性质，选择先阴极除油后短时阳极除油，或先阳极除油后短时阴极除油	用于无特殊要求的钢铁件除油

表3-5 钢铁工件电化学除油液配方及工艺条件

配方成分及工艺条件		1	2	3
氢氧化钠（NaOH）	浓度/(g/L)	40～60	30～50	10～20
碳酸钠（Na_2CO_3）		20～30	20～30	20～30
磷酸三钠（$Na_3PO_4\cdot12H_2O$）		30～40	50～70	20～30
硅酸钠（Na_2SiO_3）		10～15	5～10	
温度/℃		70～80	70～80	70～80
电流密度/(A/dm^2)		2～5	3～7	5～10
槽电压/V		8～12	8～12	8～12
阴极除油时间/min		—	—	5～10
阳极除油时间/min		5～10	5～10	0.2～0.5
适用范围		用于一般钢铁和高强度、高弹性钢铁工件		用于形状复杂的低弹性钢铁工件

4. 超声除油

在超声环境中的除油过程称为超声除油。实际上是将超声引入化学或电化学除油，在有机溶剂除油或酸洗过程中加强或加速清洗的过程。当超声波射到油膜与工件表面的界面时，无论波被吸收还是被反射，在界面处将产生辐射压强，这个压强将产生两个后果：一个是产生简单的骚动效应，另一个是产生摩擦现象。骚动和摩擦会导致连续清洗，从而加速搅拌。

在液体内，当某一区域压强突然减小出现负值时，会引起气体粉碎性爆炸，发生空穴，称为瞬时空化。当压强返回正值时，由于压力突然增大，气泡（空穴）崩溃，瞬时间液体分子间发生碰撞，产生巨大的压强脉冲，形成极高的液体加速度打击工件表面油膜，令油污迅速从工件表面脱离。例如，当超声波场强达到 $0.3W/cm^2$ 以上时，溶液在 1s 内发生数万次强烈碰撞，碰击力为 5 ~200kPa，产生极大的撞击能量。

超声除油一般是与其他除油方式联合进行，其独立工艺参数一般是超声发生器输出功率越大越好（如 1.0kW），频率为 15 ~30kHz。

3.2.3　表面除锈

钢铁工件表面铁锈中包括：氧化亚铁（FeO），灰色，易溶于酸；三氧化二铁（Fe_2O_3），赤色，难溶于硫酸和室温下的盐酸，结构较疏松；含水三氧化二铁（$Fe_2O_3 \cdot nH_2O$），橙黄色，易溶于酸；四氧化三铁（Fe_3O_4），蓝黑色（黑皮），难溶于硫酸和室温下的盐酸。

除去金属制品表面锈层的方法有机械法、化学法和电解法三类。

（1）机械法除锈　机械法除锈是对表面锈层进行喷砂、研磨、滚光或擦光等机械处理，在制品表面得到整平的同时除去表面的锈层。

（2）化学法除锈　化学法除锈是用酸溶液或碱溶液对金属制品进行强浸蚀处理，即采用酸与金属材料表面的锈、氧化皮及其他腐蚀产物发生反应，使制品表面的锈层通过化学作用和浸蚀过程所产生氢气泡的机械剥离作用而被除去。与机械清理相比，化学除锈具有除锈速度快、生产率高、不受工件形状限制、除锈彻底、劳动强度低、操作方便、易于实现机械化、自动化生产等优点。常用于化学除锈的酸液有盐酸、硫酸、硝酸、氢氟酸、柠檬酸、酒石酸等，以盐酸和硫酸应用最多。

盐酸与铁锈及基体可发生如下化学反应：

$$Fe_2O_3 + 6HCl \longrightarrow 2FeCl_3 + 3H_2O$$

$$Fe_3O_4 + 8HCl \longrightarrow 2FeCl_3 + FeCl_2 + 4H_2O$$

$$FeO + 2HCl \longrightarrow FeCl_2 + H_2O$$

$$2Fe + 6HCl \longrightarrow 2FeCl_3 + 3H_2\uparrow$$

硫酸与铁锈及基体可发生如下化学反应：

$$FeO + H_2SO_4 \longrightarrow FeSO_4 + H_2O$$

$$Fe_2O_3 + 3H_2SO_4 \longrightarrow Fe_2(SO_4)_3 + 3H_2O$$

$$Fe_3O_4 + 4H_2SO_4 \longrightarrow FeSO_4 + Fe_2(SO_4)_3 + 4H_2O$$

$$Fe + H_2SO_4 \longrightarrow FeSO_4 + H_2\uparrow$$

反应中由于氢的析出，使高价铁还原成低价铁，有利于酸与氧化物的溶解，还能加速难溶黑色氧化皮的剥落，但析氢可能引起氢脆。由于在化学除锈的同时，酸对基体金属表面也有侵蚀作用。因此为防止析氢致氢脆以及金属表面的过腐蚀，酸洗液中一般会加入适量的缓蚀剂。含有硫酸的浸蚀液中使用的缓蚀剂有若丁、磺化煤焦油等；含有盐酸的浸蚀液中使用的缓蚀剂有六次甲基四胺（即乌洛托品、H-促进剂）、苯胺和六次甲基四胺的缩合物等。用量为1~3g/L，过高并无显著效果。酸的浓度和温度对浸蚀速度影响很大，随着硫酸浓度的升高，浸蚀速度加快，当硫酸质量分数达到25%时，浸蚀速度最快；高于此浓度后，浸蚀速度反而下降，通常使用的硫酸质量分数为20%以下。若采用盐酸进行浸蚀，对基体金属的浸蚀速度也随盐酸浓度增加而增加，操作时应特别注意。温度对浸蚀的影响也比较大，随温度升高，浸蚀速度加快，为防止基体金属的腐蚀并减少酸雾的逸出，在不降低缓蚀剂的作用下，温度应控制在80℃以下为好。常见的钢铁部件化学除锈液的组成及工艺条件见表3-6。

表3-6　钢铁部件化学除锈液的组成及工艺条件

组成及工艺条件		1	2	3	4	5	6	7	8	9①	10
硫酸（H_2SO_4）	浓度/(g/L)	120~250	100~200		150~250		600~800	30~50		75%	
盐酸（HCl）			100~200	150~350			5~15				100~150
硝酸（HNO_3）						800~1200	400~600				
氢氟酸（HF）										25%	
磷酸（H_3PO_4）									80~120		
铬酐（CrO_3）								150~300			
氢氧化钠(NaOH)											
氯化钠（NaCl）					100~200						
缓蚀剂（若丁）		0.3~0.5	0~0.5						0.1		
温度/℃		50~75	40~65	室温	40~60	<45	<50	室温	70~80	室温	室温
时间/min		<60	5~20		1~5	3~10s	3~10s	2~5	5~15	至砂除尽	

① 硫酸质量分数为98%，氢氟酸质量分数为40%。

常用的钢铁部件电解除锈液组成及工艺条件见表3-7。

表3-7　常用的钢铁部件电解除锈液组成及工艺条件

组成及工艺条件		阳极电解				阴极电解		交流电解
		1	2	3	4	5	6	7
硫酸（H_2SO_4，98%）	溶度/(g/L)	200~250	150~250	10~20		100~150	40~50	120~150
硫酸亚铁（$FeSO_4\cdot7H_2O$）				200~300				
盐酸（HCl）					320~380		25~30	
氢氟酸（HF，40%）					0.15~0.3			
氯化钠（NaCl）			30~50	50~60			20~22	
缓蚀剂（二甲苯硫脲）				3~5				
温度/℃		20~60	20~30	20~60	30~40	40~50	60~70	30~50
电流密度/(A/dm^2)		5~10	2~6	5~10	5~10	3~10	7~10	3~10
时间/min		10~20	10~20	10~20	1~10	10~15	10~15	4~8
电极材料		阴极为铁或铅				阴极用铅		

在化学除锈的过程中，一旦表面锈蚀物去净，应立即将工件取出，用清水冲洗掉余酸。然后，用碱液（一般为碳酸钠溶液）中和零件表面残余的酸液，最后还要用水再清洗掉上述碱液。对于铝和锌等两性金属，浸蚀多采用碱性溶液。

化学除锈的一般工艺过程：除油—冷水洗（2次）—化学除锈—水洗。水洗是各个工序中必需的步骤，为防止工件因附着了前道工序的处理液而影响下道工序的正常进行，水洗后如果不立即进行后续施工，工件应该进行防锈处理。

(3) 电解法除锈　电解法除锈是在酸或碱溶液中对金属制品进行阴极或阳极处理，除去锈层。阳极除锈的原理是化学溶解、电化学溶解和电极反应析出的氢气泡的机械剥落作用。阴极除锈的原理是化学溶解和阴极析出氢气的机械剥离作用。电解法除锈分为酸液电解除锈和碱液电解除锈。

1) 酸液电解。酸液电解有三种，即在 5% ~20% 的硫酸溶液中进行阴极电解、阳极电解、PR 电解。电解浸蚀与化学浸蚀相比，更易迅速除去黏结牢固的氧化皮，而且即使酸液浓度有些变化，也不会对结果产生显著影响。

阴极电解（工件作为阴极）是指在电流密度为 $5A/dm^2$（$1\sim10A/dm^2$）、温度为 65 ~80℃条件下的电解。阴极电解的优点是材料腐蚀少，能保证尺寸精度，但由于激烈析出氢而易引起氢脆。添加缓蚀剂，既能防止金属表面进一步腐蚀，又能减少氢脆发生。

阳极电解（工件作为阳极）是借助氧气的物理冲刷作用使氧化皮脱落，同时，由于表面产生钝化还能防止腐蚀。此外，还具有不发生氢脆的优点。

PR 电解法是周期性改变工件正负极性的电解方法，它既有阴极电解效果，也有阳极电解效果，但在工件作为阴极时，仍避免不了氢气产生和镀层吸氢现象。PR 电解对除去不锈钢氧化皮是有效的。

2) 碱液电解。酸液电解在去除氧化皮或除锈方面效果显著，但处理的表面很粗糙，而且不可避免地有酸雾、氢脆现象发生。为克服上述缺点，并除掉污物、涂料等，应采用碱液电解法。碱电解溶液一般含有氢氧化钠、螯合物及表面活性剂。常见的螯合物有柠檬酸、酒石酸、葡萄糖酸、乙二胺四乙酸（EDTA）等，尤其葡萄糖酸在碱性循环溶液中具有很强的络合力，易形成水溶性葡萄糖酸金属络合盐。碱液电解时，添加表面活性剂并加以搅拌，有助于加速氧化皮或锈层的剥落。

3.2.4　表面活化

表面活化的实质就是弱浸蚀，钢铁部件的弱浸蚀（活化）的时机是被镀的金属部件脱脂及强浸蚀（除锈）之后，进入电镀槽之前。其主要目的是要剥离工件表面的加工变形层以及在前处理工序生成的极薄的氧化膜，将基体的组织暴露出来以便镀层金属在其表面生长，确保镀层与基体金属的牢固结合。因而不需要酸洗那样长的时间，这个工序对镀层和基体金属的结合起着重要的作用。弱浸蚀的时间短，多在室温下进行。该工序之后，应立即清洗并转入镀液进行电镀，不允许金属部件在空气中停留时间太长，且要保持湿润，否则不能保证镀层的结合力和质量。如果弱浸蚀溶液不污染镀液，最好不经清洗而将活化后的零件直接放入镀槽电镀。

与除锈浸蚀过程相比，弱浸蚀液浓度低，浸蚀能力较弱，不会损坏零件表面粗糙度，处理时间也短，从数秒到一分钟，并且一般在室温下进行。弱浸蚀一般可用化学法、电化学法或阴极活化法。当需要提高弱浸蚀效率时，把零件挂在阳极上，采用电化学弱浸蚀方法；对于黑色金属的弱浸蚀，可以用化学法，也可以用电化学法。当采用化学法时，弱浸蚀溶液一般选用 3% ~5%（质量分数）稀盐酸或稀硫酸，室温下处理 0.5 ~1min。当采用电化学弱浸蚀时，多用阳极处理，采用 1% ~3% 的稀硫酸溶液，阳极电流密度为 $5\sim10A/dm^2$。弱浸蚀溶液的选择应同时考虑对后续电镀溶液的影响，如镀铬前以采用稀硫酸为好，以避免盐酸溶液清洗不净而带入 Cl^-。有的情况下也可采用阴极活化，将金属部件作为阴极，进行阴极处理，使表面氧化膜在阴极还原而成金属。一般钢铁部件弱浸蚀液组成及工艺条件见表3-8。

在弱浸蚀时要注意，钢铁或有色金属制件表面的弱浸蚀须在分开的槽中进行。因为在弱浸蚀时，铜离子和铁离子都会与酸反应，若在钢铁件弱浸蚀时溶液中存在铜离子，铜的电位比铁正，就会在钢铁制件表面析出疏松的置换铜而影响镀层的结合力。

表3-8 一般钢铁部件的弱浸蚀液组成及工艺条件

组成及工艺条件		配方			
		1	2	3	4
硫酸（H_2SO_4，98%）	浓度/(g/L)	30～50			15～30
盐酸（HCl）			50～80		
氰化钠（NaCN）				20～40	
温度/℃		室温	室温	室温	室温
电流密度/(A/dm²)					3～5
时间/min		0.5～1	0.5～1	0.5～1	0.5～1

3.2.5 表面复合预处理

零件的浸蚀通常在除油后进行。为简化步骤、提高功效，当零件表面的油污和锈蚀均不太严重的情况下，可在加有乳化剂的酸液中，将除油、浸蚀两道工序合并在一起进行，又称除油-浸蚀“一步法”或“二合一”。钢铁工件除油-浸蚀联合处理液配方及工艺条件见表3-9。

表3-9 钢铁工件除油-浸蚀联合处理液配方及工艺条件

配方成分及工艺条件		配方					
		1	2	3	4	5	6
硫酸（H_2SO_4）	浓度/(g/L)	70～100	100～159	120～160	120～160	150～250	
氯化钠（NaCl）					30～50		
盐酸（HCl）							900～1000
十二烷基硫酸钠（$C_{12}H_{25}SO_4Na$）		8～12	0.03～0.05		0.03～0.05		
OP乳化剂							1～2
六次甲基四胺							2～3
平平加（102匀染剂）			15～20	2.5～5	20～25	15～25	
硫脲[$(NH_2)_2CS$]					0.8～1.2		
温度/℃		70～90	60～70	50～60	70～90	75～85	90～沸点
时间/min		至除净为止				0.5～2	

在适当的溶液中，工件仅依靠化学浸蚀作用而达到抛光的过程称为化学抛光。化学抛光的特点是：不用外接电源和导电挂具，工艺简单，可抛光各种形状复杂的工件，生产率高；但抛光液寿命短，溶液调整及再生困难，抛光质量不如电化学抛光；抛光时通常会产生一些有害气体；特别适用于形状复杂、装饰性加工的大型工件。

1. 低碳钢工件化学抛光

低碳钢工件化学抛光液配方及工艺条件见表3-10。

表 3-10　低碳钢工件化学抛光液配方及工艺条件

配方成分及工艺条件		配方 1	配方 2	配方 3
过氧化氢（H_2O_2）	浓度/(g/L)	30～50	35～40	70～80
草酸［$H_2C_2O_4 \cdot 2H_2O$］	浓度/(g/L)	25～40		
氟化氢铵（NH_4HF_2）	浓度/(g/L)		10	20
尿素［$CO(NH_2)_2$］	浓度/(g/L)		20	20
苯甲酸（C_6H_5COOH）	浓度/(g/L)		0.5～1	1～1.5
硫酸（H_2SO_4）	浓度/(g/L)	0.1		
润湿剂	浓度/(g/L)		0.2～0.4	0.2～0.4
pH 值			2.1	2.1
温度/℃		15～30	15～30	15～30
时间/min		20～30 至光亮	1～2.5	0.5～2
搅拌		可以搅拌	需要搅拌	需要搅拌

2. 铝及铝合金的化学抛光

磷酸基溶液化学抛光在工业上应用广泛，铝及铝合金化学抛光多采用这种方法，有时也可采用非磷酸基溶液化学抛光。

磷酸基溶液化学抛光分两种：一种是磷酸含量高于 700mL/L 的溶液；另一种是磷酸含量为 400～600mL/L 的溶液。磷酸含量高的溶液对经机械抛光的表面再进行化学抛光后，与电抛光表面相当，能用于纯铝、锌质量分数不高于 8%、铜质量分数不高于 4% 的 Al-Mg-Zn 和 Al-Cu-Mg 合金。磷酸含量低的溶液抛光能力差，只适合抛光铝质量分数高于 99.5% 的纯铝，铝及铝合金磷酸基化学抛光液配方及工艺条件见表 3-11。

表 3-11　铝及铝合金磷酸基化学抛光液配方及工艺条件

配方成分及工艺条件		配方 1	配方 2	配方 3	配方 4	配方 5	配方 6	配方 7	配方 8
磷酸（H_3PO_4，85%）	浓度/(g/L)	850	805	800	700	700	700	500	440
硫酸（H_2SO_4，98%）	浓度/(g/L)			200		250		400	60
冰醋酸（CH_3COOH）	浓度/(g/L)	100			120				
硝酸（HNO_3，65%）	浓度/(g/L)	50	35		30	50	100	100	48
柠檬酸（$C_6H_8O_7 \cdot H_2O$）	浓度/(g/L)						200		
硫酸铜（$CuSO_4 \cdot 5H_2O$）	浓度/(g/L)								0.2
硫酸铵［$(NH_4)_2SO_4$］	浓度/(g/L)								44
尿素［$CO(NH_2)_2$］	浓度/(g/L)								31
添加剂（WXP-1）	浓度/(g/L)			0.2					
温度/℃		80～100	约 80	95～120	100～120	90～115	80～90	100～115	100～120
时间/min		2～15	0.5～5	数分钟	2～6	2～6	3～5	数分钟	2～3

电化学抛光又称电解抛光，指在适当的溶液中进行阳极电解，使金属工件表面平滑并产生金属光泽的过程。其抛光过程是通电后，在工件（接阳极）表面会产生电阻率高的稠性黏膜，其厚度在工件表面为非均匀分布，表面微观凸出部分较薄，电流密度较大，金属溶解较快，表面微观下凹处较厚，电流密度较小，金属溶解较慢。正是由于稠性黏膜及电流密度的不均匀，工件表面微观凸处溶解快，凹处溶解慢，随时间的推移，工件表面粗糙度降低，逐渐被抛光。

与机械抛光比，电化学抛光的特点为：工件表面无冷作硬化层；适于形状复杂、线材、薄板和细小件的抛光；生产率高，易操作。电化学抛光准配方及工艺条件见表3-12。

表3-12　电化学抛光准配方及工艺条件

<table>
<tr><th>配方号</th><th>电解液成分</th><th>温度/℃</th><th>电流密度/(A/dm^2)</th><th>电压/V</th><th>时间/min</th><th colspan="3">说明</th></tr>
<tr><td rowspan="11">1</td><td rowspan="11">磷酸（H_3PO_4）
铬酐（CrO_3）
硫酸（H_2SO_4）
硼酸（H_3BO_3）
氢氟酸（HF）
柠檬酸（$C_6H_8O_7 \cdot H_2O$）
邻苯二甲酸酐（$C_8H_4O_3$）</td><td rowspan="11">94</td><td rowspan="11">570</td><td rowspan="11"></td><td rowspan="11">数分钟</td><td colspan="3">不同金属的电流密度与抛光时间</td></tr>
<tr><td>金属</td><td>电流密度</td><td>时间</td></tr>
<tr><td>钢</td><td>17～40</td><td>2～4</td></tr>
<tr><td>铁</td><td>10～15</td><td>3.0～3.5</td></tr>
<tr><td>轻合金</td><td>12～40</td><td>2</td></tr>
<tr><td>青铜</td><td>18～24</td><td>2.0～2.5</td></tr>
<tr><td>铜</td><td>5～15</td><td>1.5</td></tr>
<tr><td>铅</td><td>30～70</td><td>6</td></tr>
<tr><td>锌</td><td>20～24</td><td>2.0～2.5</td></tr>
<tr><td>锡</td><td>7～9</td><td>1.5～3.0</td></tr>
<tr><td colspan="3"></td></tr>
<tr><td>2</td><td>磷酸
（H_3PO_4，86%～88%）</td><td>30～100</td><td>2～100</td><td></td><td>数分钟</td><td colspan="3">可抛光钢铁、铜、黄铜、青铜、镍、铝、硬铝</td></tr>
<tr><td>3</td><td>乙醇144mL
三氯化铝（$AlCl_3$）10g
氯化锌（$ZnCl_2$）45g
丁醇（$C_4H_{10}O$）16mL
水32mL</td><td>20</td><td>5～30</td><td>15～25</td><td></td><td colspan="3">可用下列任一方法对铝及铝合金、钴、镍、锡、钛、锌进行电抛光：①抛光1min，热水洗，如此反复数次；②上下迅速移动阳极，持续3～6min</td></tr>
<tr><td>4</td><td>硝酸（HNO_3，65%）100mL
甲酸（HCOOH）200mL</td><td>20</td><td>100～200</td><td>40～50</td><td>0.5～1</td><td colspan="3">可抛光铝、铜及铜合金、钢铁、镍及镍合金、锌，使用时应冷却，溶液有爆炸危险，若有浸蚀现象，可降低电流密度</td></tr>
</table>

3.3　表面预处理新技术

1. 超声波清洗

超声波是指频率高于16kHz的高频声波，常用频率范围为16～24kHz。超声波清洗以纵波推动清洗液，使液体产生无数微小的真空泡，当气泡受压爆破时，产生强大的冲击波对油污进行冲刷，以及由于气蚀引起激烈的局部搅拌。同时，超声波反射引起的声压对液体也有搅拌作用。此外，超声波在液体中还具有加速溶解和乳化作用等。因此，对于采用常规清洗法难以达到清洗要求，以及形状比较复杂或隐蔽细缝的零件的清洗，效果会更好。

超声波清洗效果取决于清洗液的类型、清洗方式、清洗温度与时间、超声波频率、功率密度、清洗件的数量与复杂程度等条件。超声波清洗用的液体有有机溶剂、碱液、水剂清洗液等。最常用的超声波清洗脱脂装置主要由超声波换能器、清洗槽及发生器三部分构成，此外还有清洗液循环、过滤、加热及运输装置等。超声波清洗是一种新的清洗方法，操作简单，清洗速度快，质量好，所以被广泛应用。图3-3所示为超声波清洗机。

2. 真空脱脂清洗

真空脱脂清洗是少无污染的新型清洗技术，采用的清洗剂是碳化氢系清洗剂，它对人体影响小，刺激性低，无臭。清洗效果达到三乙醇胺同等的清洗度，比碱液好，清洗剂又能回收与再生。真空脱脂清洗装置无公害，是封闭系统，而且安全系数高，生产率高，材料能自动装卸，操作方便。真空脱脂技术，不管是无液体清洗还是有液体清洗，其今后的应用必将更加广阔。

3. 喷塑料丸退漆（涂料层）

飞机等重要大型构件涂（镀）层，在进行表面无损检测，寻找疲劳裂纹和硬性损伤时，首先要进行表面退掉涂料涂层处理（退漆）。传统的方法是用化学剂剥离或用砂轮手工打磨，但这两种方法都有缺点，如化学剥离法对金属基体存在腐蚀与损伤；用砂轮打磨易损伤基体，且退涂料涂层的效率很低。最近发展了喷塑料丸退漆新工艺，效果较好。

图 3-3 超声波清洗机

喷塑料丸退漆是在压缩空气的作用下，将颗粒状塑料通过喷枪高速喷射到工件表面，在塑料丸较锋利的棱角切割和冲撞击打的双重作用下，使漆层表面发生割裂和剥离，从而达到高效退漆的目的。

喷塑料丸退漆的主要优点是：由于塑料丸的硬度比漆层高，比基体或镀层与阳极化表面层硬度低，因此喷塑料丸退漆时既不会损伤基体，又不会对镀层等造成损伤，同时又为新漆层提供了清洁表面，有利于提高漆层结合力。塑料丸可回收循环使用，且易于与剥离下来的漆层分离。

4. 空气火焰超声速喷砂、喷丸

超声速喷砂粗化是利用压缩空气作动力，将硬质砂粒高速喷射到基体表面，通过砂粒对表面的机械冲刷作用而使表面粗化。超声速喷砂速度为 300 ~ 600m/s，喷砂的效率是通常喷砂的 3 ~ 5 倍以上，因此广泛应用于大型结构件的表面预处理，如桥梁、船舶、锅炉、输出管道等表面涂覆前的表面清理。此外，由于喷砂速度快、表面粗化效果好，常用于对喷涂效果要求高的零件或大型设备喷涂前的表面粗化，以及设备表面受各种自然污染较重（如油漆、水泥、有机与无机积垢）的表面清理。

粗化处理在涂层制备工艺（如热喷涂、涂装及粘涂工艺）中，能增加涂层与基体的“锚钩”效应，减少涂层的收缩应力，从而提高涂层与基体的结合强度。喷砂所用的砂粒，要求硬度高、密度大、抗破碎性好、含尘量低，其粒度大小按所需的表面粗糙度而定。常用的砂粒有刚玉砂（氧化铝）、硅砂、碳化硅、金刚砂等。超声速表面喷丸是将大量超声速运动的弹丸喷射到工件表面，使其表面产生一定的塑性变形，从而获得一定厚度的强化层的工艺过程。

5. 低温高效清洗剂除油

利用金属的表面特性，采用新型的清洗机理，合理地选用表面活性剂和无机物助剂，可以制得低温高效金属清洗剂。它广泛地应用于电镀、机器制造等许多工业部门中金属材料的清洗。

不同的金属具有不同的物理和化学性质，但是与清洗效果密切相关的是金属表面的能量特性。通常情况下，固体有机物和有机高聚物的比表面自由能较低，属于低能表面固体；而金属及一些固体无机物如金属氧化物，无机盐和玻璃等，比表面自由能较高，属于高能表面固体。高能表面固体的特点：一是容易吸附杂质，易被油类沾污；二是有利于应用润湿机理清洗油污。其清洗原理为：不论液态或固体油污（尘粒），在被清洗基体表面上的附着作用主要靠范德瓦耳斯力或静电引力，而当油污和基体表面被水溶液润湿以后，以上弱相互作用常变得很微弱，因此更容易清洗。

目前，金属清洗已逐渐从使用有机溶剂、烧碱溶液高温浸煮、表面活性剂溶液清洗发展至新型的低温、高效、长效清洗剂清洗。这类新型清洗剂的组成可以多种多样，但是总的来说不外乎两大类物质，一类是作为主体的表面活性剂，另一类是无机物助剂。用低温高效清洗剂为金属表面除油，不仅除油效率高，而且除油温度低，具有节约能源的优点。

第 4 章

金属表面改性技术

【学习目标】

- 理解金属表面改性技术的含义。
- 掌握表面淬火、化学热处理的原理、分类、特点和应用。
- 能针对不同的金属工艺选择恰当的表面改性处理工艺方法。

【导入案例】

某学院学生食堂和面机因大齿轮损坏而无法使用，经过对损坏的大齿轮进行测绘，委托学院实习工厂用 45 钢加工一个新齿轮。该齿轮需要高频感应淬火，但学院及所在地区无感应淬火设备。在这种情况下，该学院金相热处理实验室老师采用水暖维修组的氧乙炔焊炬对齿轮表面进行逐齿加热，随后进行水冷淬火，使齿轮表面硬度达 45～57HRC，满足了技术要求，解了燃眉之急。图 4-1 所示为食堂和面机及大齿轮。

图 4-1　食堂和面机及大齿轮

表面改性技术是指采用某种工艺手段，改变金属表面的化学成分或组织结构，从而赋予工件表面新的性能。金属材料经表面改性处理后，既能发挥金属材料本身的力学性能，又能使其表面获得各种特殊性能，如耐磨性、耐蚀性、耐高温性及其他物理化学性能。

表面改性技术与表面涂（镀）层技术是金属表面处理技术的两大根基。表面改性技术包括表面热处理、化学热处理、表面形变强化、高能束表面处理等技术。表面改性技术也包括传统表面改性技术和优质清洁表面工程技术。传统表面改性技术包括金属表面形变强化（如喷丸强化）、表面热处理（如感应加热表面淬火）、化学热处理（如渗碳）等。优质清洁表面工程技术包括等离子体表面处理、激光表面处理、电子束表面处理等。本章重点介绍传统表面改性技术中的表面热处理和化学热处理。

4.1 表面热处理技术

在生产中，有不少零件（如齿轮、曲轴等）都是在弯曲、扭转等变动载荷、冲击载荷及摩擦条件下工作的。零件表面比心部承受更高的应力，且表面由于受磨损、腐蚀等，失效较快，需要进行表面强化，使零件表面具有较高的强度、硬度、耐磨性、疲劳极限和耐受性等；而心部仍保持足够的塑性、韧性，防止脆断。对于这些零件，如单从材料选择入手，进行整体热处理，都不能满足其性能要求。解决这一问题的方法是采用表面热处理或者化学热处理。

表面热处理是指不改变工件的化学成分，仅为改变工件表面的组织和性能而进行的热处理工艺，表面淬火是最常用的一种表面热处理方式，它是通过快速加热，仅对工件表层进行的淬火。

根据加热方式不同，表面淬火可以分为感应淬火、火焰淬火、接触电阻加热淬火、电解液加热淬火等。

4.1.1 感应淬火

（1）感应淬火的原理　感应淬火的原理是利用电磁感应的原理，使零件在交变磁场中切割磁力线，在表面产生感应电流，又根据交流电的趋肤效应，以涡流形式将零件表面快速加热，而后急冷的淬火方法，其原理如图4-2所示。它在热处理领域中占有重要地位，这一技术已经在我国被广泛采用。

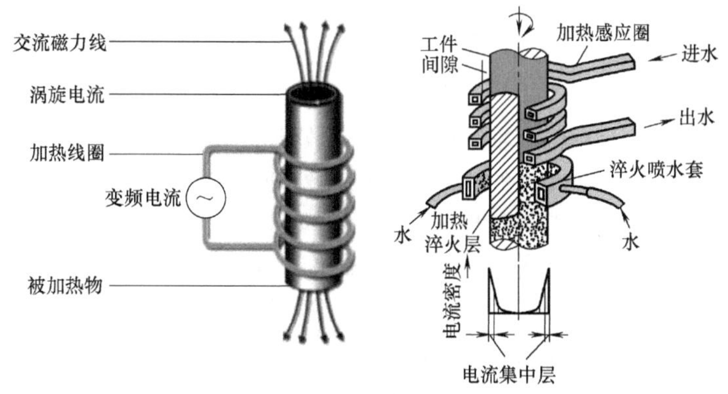

图4-2　感应淬火的原理

（2）感应淬火的特点　感应淬火与普通加热淬火相比有如下优点：

1）热源在工件表层，加热速度快，热效率高。

2）工件因不是整体加热，变形小。

3）工件加热时间短，表面氧化脱碳量少。

4）工件表面硬度高，缺口敏感性小，冲击韧性、疲劳强度以及耐磨性等均有很大提高，有利于发挥材料的潜力，节约材料消耗，延长使用寿命。

5）设备紧凑，使用方便，劳动条件好。

6）不仅用于表面淬火，还可用于穿透加热与化学热处理等。

7）加热速度极快，可扩大奥氏体转变温度范围，缩短转变时间。

8）淬火后工件表层可得到极细的隐针马氏体，硬度稍高（2～3HRC），脆性较低，具有较高的疲劳强度。

9）经该工艺处理的工件不易氧化脱碳，甚至有些工件处理后可直接装配使用。

10）淬硬层深，易于控制操作，易于实现机械化、自动化。

11）适于中碳钢35、45钢和中碳合金结构钢40Cr及65Mn、灰铸铁、合金铸铁的火焰淬火。用乙炔-氧或煤气-氧混合气燃烧的火焰喷射快速加热工件，工件表面达到淬火温度后，立即喷水冷却，否则会引起工件表面严重过热及变形开裂。淬硬层深度为2～6mm。

感应加热设备价格较贵，维修、调整比较困难，形状复杂零件的感应器不易制造。

（3）感应淬火的分类　感应淬火的分类见表4-1。

表4-1　感应淬火的分类

名称	频率范围	淬硬深度	适用零件
高频感应淬火	200～300kHz	0.5～2mm	在摩擦条件下工作的中小型零件，如小齿轮、小轴
中频感应淬火	1～10kHz	2～8mm	承受转矩、压力载荷的中大型零件，如主轴、齿轮等
工频感应淬火	50Hz	10～15mm	承受转矩、压力载荷的大型零件，如直径大于300mm的冷轧辊

（4）感应淬火的应用　感应淬火有如下应用：

1）各种五金工具、手工工具的热处理。如钳子、扳手、旋具、锤子、斧头、刀具等。

2）各种汽车配件、摩托车配件的高频淬火处理。如曲轴、连杆、活塞销、曲柄销、球头销、链轮、凸轮轴、气门、各种摇臂、摇臂轴、变速器内各种齿轮、花键轴、传动半轴、各种小轴、各种拨叉等。

3）各种电动工具上的齿轮、轴等的感应淬火处理。

4）各种液压元件、气动元件的高频淬火的热处理，如柱塞泵的柱塞。

5）转子泵的转子淬火处理；各种阀门上的换向轴、齿轮泵的齿轮等的淬火处理。

6）金属零件的热处理，如各种齿轮、链轮、轴、花键轴、销等的感应淬火处理。

7）各种安全阀和锻钢阀门的阀瓣和阀杆的感应淬火处理。

8）机床行业的机床床面导轨和床身内齿轮的淬火处理。

（5）感应淬火常用材料　感应淬火工件常用材料一般为w_C=0.4%～0.5%的中碳钢或中碳合金结构钢。若含碳量过高，虽可提高表面硬度和耐磨性，但心部塑性和韧性较低；若含碳量低，则会使表面硬度和耐磨性不足。

（6）感应淬火加工路线　感应淬火工件的加工路线一般为：锻造（或铸造）→预备热

处理→机械粗加工→调质→半精加工→表面淬火→低温回火→磨削加工。表面淬火前的调质，一方面为表面淬火做组织准备（细化组织，以便表层在短时间快速加热中奥氏体化），另一方面也确立了心部的最终组织。

4.1.2　火焰淬火

火焰淬火是利用氧乙炔火焰（最高温度达 3100℃）或氧煤气火焰（最高温度达 2000℃）将工件表面快速加热，随后喷液（水或有机冷却液）冷却的表面淬火方法，图 4-3 所示为火焰淬火示意图。一般常用氧乙炔火焰进行火焰淬火。火焰淬火可获得具有高硬度的表层和有利的内应力分布，提高工件的耐磨性和疲劳强度。

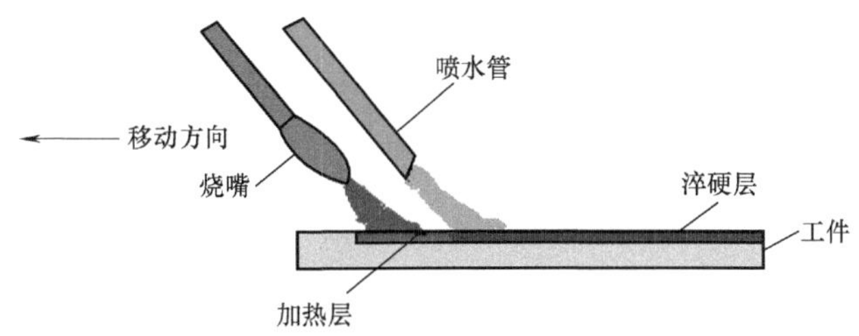

图 4-3　火焰淬火示意图

火焰淬火起初是依靠操作者的经验来保证处理质量的。随着技术的发展，人们设计和制造出用以淬硬曲轴、齿轮等零件曲面的专用淬火机床，从而扩大了火焰淬火的应用范围。后来，又出现了配备有透焰测温装置、能自动控制温度的淬火机床，使火焰淬火有了新的发展，图 4-4 所示为典型零件火焰淬火示意图。

图 4-4　典型零件火焰淬火示意图

火焰淬火的优点：设备简单、投资少、成本低；适用于单件或小批量生产，也适用于大型工件的局部淬火，如大齿轮、轧辊、大型壳体（液压马达壳体）、导轨等；不易产生表面氧化与脱碳；不受现场环境与工件大小的限制，适用性强，操作简便。

火焰淬火的缺点：不易稳定地控制质量；大部分是手工操作和凭肉眼观察来掌握温度，表面容易烧化、过热与淬裂，很难达到均匀的淬火层与高的表面硬度；实现机械化流水线生产较为困难；火焰加热的均匀性很难保证，因此很容易在对中高碳和合金钢进行表面淬火时发生开裂。

4.1.3　接触电阻加热淬火

接触电阻加热淬火是利用触头（纯铜滚轮或炭棒）和工件间的接触电阻使工件表面加热，并依靠自身热传导来实现冷却淬火。这种方法设备简单、操作灵活、工件变形小、淬火后不需要回火。

接触电阻加热淬火的原理如图 4-5 所示。变压器二次线圈产生低电压大电流，在电极

（纯铜滚轮或炭棒）与工件表面接触处产生局部电阻加热，使接触处达到奥氏体化温度，当纯铜滚轮滚过或炭棒离开后，表面层就被淬硬。

接触电阻加热淬火能显著提高工件的耐磨性和抗擦伤能力，但淬硬层较薄（0.15～0.30mm），金相组织及硬度的均匀性都较差，目前多用于机床铸铁导轨的表面淬火，也用于气缸套、曲轴、工模具等的淬火。

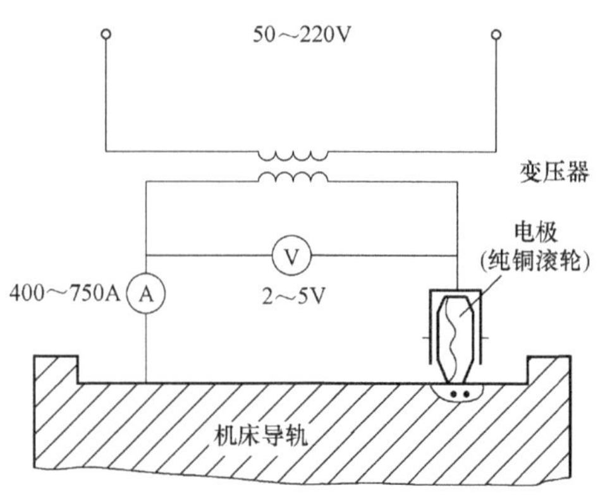

图 4-5　接触电阻加热淬火的原理

4.1.4　电解液加热淬火

电解液加热淬火的原理如图 4-6 所示。将工件淬火部分置于电解液中作为阴极；金属电解槽作为阳极。电路接通，电解液产生电离，阳极放出氧气，阴极工件放出氢气。氢气围绕阴极工件形成气膜，产生很大的电阻，通过的电流转化为热能并将工件表面迅速加热到临界点以上温度。电路断开，气膜消失，加热的工件在电解液中实现淬火冷却。

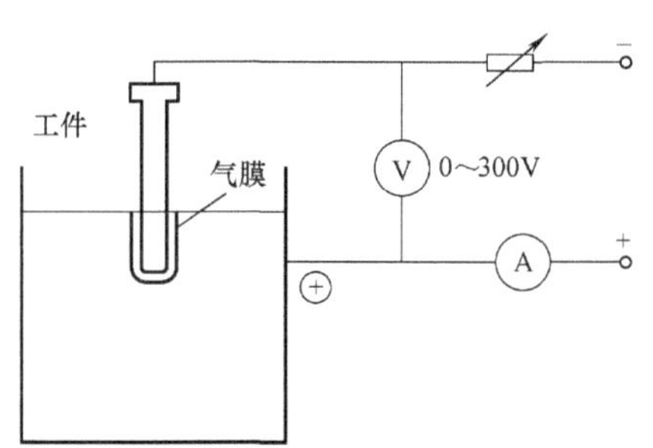

图 4-6　电解液加热淬火的原理

电解液可用酸、碱或盐的水溶液，质量分数为5%～18%的 Na_2CO_3溶液效果较好。电解液温度不可超过60℃，否则会影响气膜的稳定性并加速溶液蒸发；常用电压为160～180V，电流密度为4～10A/cm^2；加热时间由试验决定。

电解液加热淬火方法设备简单、淬火变形小，适合单件、小批量生产或大批量形状简单工件的局部淬火，电解液加热淬火存在操作不当时极易引起工件过热乃至熔化的缺点。随着晶闸管整流调压技术的应用，这一缺点将被克服。

4.2　化学热处理技术

4.2.1　概述

1. 化学热处理的概念

化学热处理是将工件置于适当的活性介质中加热、保温，使一种或几种元素渗入它的表层，以改变其化学成分、组织和性能的热处理工艺。由于机械零件的失效和破坏大多数都萌发在表层，特别在可能引起磨损、疲劳、金属腐蚀、氧化等条件下工作的零件，表层的性能尤为重要。经化学热处理后的钢件，实质上可以认为是一种特殊复合材料。工件心部为原始成分的钢，表层则是渗入了合金元素的材料。心部与表层之间是紧密的晶体型结合，它比电镀等表面防护技术所获得的心部、表面的结合要强得多。

2. 化学热处理的分类

化学热处理的方法繁多，多以渗入元素或形成的化合物来命名，例如渗碳、渗氮、渗硼、渗硫、渗铝、渗铬、渗硅、碳氮共渗、氧氮共渗、硫氰共渗，还有碳、氮、硫、氧、硼五元共渗及碳（氮）化钛覆盖等。

3. 化学热处理的基本过程

化学热处理包括三个基本过程：化学渗剂分解为活性原子或离子的分解过程；活性原子或离子被钢件表面吸收和固溶的吸收过程；被渗元素原子不断向内部扩散的扩散过程。因此，化学热处理通常由反应分解、吸收、扩散三个基本过程组成。三个过程互相联系又互相制约。

（1）分解过程　化学渗剂是含有被渗元素的物质。被渗元素以分子状态存在，它必须分解为活性原子或离子才可能被钢件表面吸收及固溶，很难分解为活性原子或离子的物质不能作为渗剂使用。例如，普通渗氮时不用氮而用氨，因为氨极易分解出活性氮原子。

根据化学反应热力学，分解反应产物的自由能必须低于反应物的自由能，分解反应才可能发生。但仅满足热力学条件是不够的，在实际生产中应用还必须考虑动力学条件，即反应速度；虽然提高反应物的浓度和反应温度均可加速渗剂的分解，但受材料或工艺等因素的限制。在实际生产中，使用催化剂以降低反应过程的激活能，可使一个高激活能的单一反应过程变为有若干低激活能的中间过渡性反应过程，从而加速分解反应。铁、镍、钴、铂等金属都是使氨或有机碳氢化合物分解的有效催化剂，所以钢件表面本身就是良好的催化剂，渗剂在钢件表面的分解速率可以比其单独存在时的分解速率提高好几倍。

（2）吸收过程　工件表面对周围的气体分子、离子或活性原子具有吸附能力，这种表面的物理或化学作用称为固体吸附效应。吸收是指活性原子被工件表面吸附并溶解的过程。化学反应产生的活性原子首先被工件表面所吸附，然后陆续溶入基体金属内。其溶入基体金属的基本条件是渗入元素在基体金属中有一定溶解度，否则原子不能进入基体晶格。

（3）扩散过程　渗入元素的活性原子或离子被钢件表面吸收和溶解，必然不断提高表面的被渗元素的浓度，形成心部与表面的浓度梯度。在心部、表面之间浓度梯度的驱动下，被渗原子将从表面向心部扩散。在固态晶体中原子的扩散速率远低于渗剂的分解和吸收过程的速率，所以扩散过程往往是化学热处理的主要控制因素，即强化扩散过程是强化化学热处理生产过程的主要方向。由扩散方程（见金属中的扩散）可知，提高温度、增大渗入元素在金属中的扩散常数、减小其扩散激活能的因素均可加速扩散过程。由于化学热处理的三个过程是相互联系的，在某些具体条件下分解与吸收两个过程也有可能成为主要控制因素。

4. 化学热处理的基本工艺

化学热处理工艺包括渗剂的化学组成和配比、渗剂分解反应过程的控制和参数测定、渗入温度和时间、工件的准备、渗后的冷却规程及热处理、化学热处理后工件的清理以及装炉量等。无论何种化学热处理工艺，若按其渗剂在化学热处理炉内的物理状态分类，则可分为固体渗、气体渗、液体渗、膏糊体渗、液体电解渗、等离子体渗和气相沉积等工艺。

（1）固体渗　固体渗所用的渗剂是具有一定粒度的固态物质。它由供渗剂（如渗碳时的木炭）、催渗剂（如渗碳时的碳酸盐）及填料（如渗铝时的氧化铝粉）按一定配比组成。这种方法较简便，将工件埋入填满渗剂的铁箱内并密封，放入加热炉内加热并保温至规定的时间即可，但质量不易控制，生产率低。

（2）气体渗　气体渗所用渗剂的原始状态可以是气体，也可以是液体（如渗碳时将煤油滴入炉内），但在化学热处理炉内均为气态。气体渗所用渗剂要求易于分解为活性原子、经济、易于控制，无污染、渗层具有较好的性能。很多情况下可用其他气体（如氢、氮或惰性气体）将渗剂载入炉内，例如渗硼时可用氢气将渗剂 BC_{13}或 B_2H_6 载入炉内。等离子体渗法是气体渗的新发展，即辉光离子气渗法，最早应用于渗氮，后来应用于渗碳、碳氮共渗、硫氮共渗等方面。气相沉积法也是气体渗的新发展，主要应用于不易在金属内扩散的元素（如钛、钒等），主要特点是气态原子沉积在钢件表面并与钢中的碳形成硬度极高的碳化物覆盖层，或与铁形成硼化物等。

（3）液体渗　液体渗的渗剂是熔融的盐类或其他化合物，它由供渗剂和中性盐组成。为了加速化学热处理过程的进行，附加电解装置后成为电解液体渗。在硼砂盐浴炉内渗金属的处理法是近年发展起来的工艺，主要应用于钛、铬、钒等碳化物形成元素的渗入。

4.2.2　渗碳

1. 渗碳原理及分类

将工件置于渗碳介质中加热并保温，使碳原子渗入工件表层的化学热处理称为渗碳。这是金属材料常见的一种热处理工艺，它可以使渗过碳的工件表面获得很高的硬度，提高其耐磨程度。渗碳工艺广泛用于飞机、汽车和拖拉机等的机械零件，如齿轮、轴、凸轮轴等。

按含碳介质的不同，渗碳可分为气体渗碳、固体渗碳和液体渗碳。

气体渗碳是将工件装入密闭的渗碳炉内，通入气体渗剂（甲烷、乙烷等）或液体渗剂（煤油或苯、乙醇、丙酮等），在高温下分解出活性碳原子，渗入工件表面，以获得高碳表面层的一种渗碳操作工艺。

固体渗碳是将工件和固体渗碳剂（木炭加促进剂组成）一起装入密闭的渗碳箱中，将渗碳箱放入加热炉中加热到渗碳温度，并保温一定时间，使活性碳原子渗入工件表面的一种最早的渗碳方法。

液体渗碳是利用液体介质进行渗碳，常用的液体渗碳介质有碳化硅、“603”渗碳剂等。

2. 气体渗碳

气体渗碳是当前应用较多和发展较快的渗碳方法。气体渗碳能实现可控气氛，能通过合理地调整工艺参数来稳定产品质量。图 4-7 所示为 RQ3 系列井式气体渗碳法示意图。

气体渗碳由于具有适合大量生产化、作业可以简化、品质管制容易等特点，目前普遍采用。气体渗碳法以天然气、丙烷、丁烷等气体为主剂，具有表面碳浓度可以调节，瓦斯流量、温度容易自动化控制，容易管理等优点；其缺点是设备昂贵，处理量少时成本高，需要专门的作业知识。

气体渗碳法有滴注式和变成气体（或称发生气体）两种。滴注式气体渗碳法是将工件置于具有活性渗碳介质的密闭井式气体渗碳炉中，加热到900～950℃（常用930℃）的单相奥氏体区，保温足够时间后，使渗碳介质中分解出的活性碳原子渗入钢件表层，从而使表层获得高碳，心部仍保持原有成分。炉内的渗碳气氛主要由滴入炉内的煤油、丙酮、甲苯及甲醛等有机液体在高温下分解而成，主要由 CO、H_2 和 CH_4 及少量 CO_2、H_2O 等组成。图 4-8 所示为井式气体渗碳炉工作原理示意图。

气体渗碳法同样由分解、吸收、扩散三个基本过程组成。首先是渗碳介质在高温下分解产生活性碳原子，即

$$CH_4 \rightleftharpoons 2H_2 + [C]$$

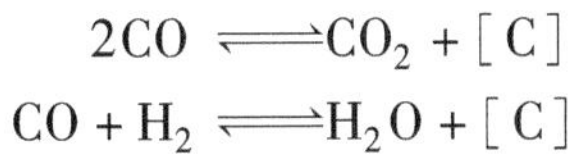

$$2CO \rightleftharpoons CO_2 + [C]$$
$$CO + H_2 \rightleftharpoons H_2O + [C]$$

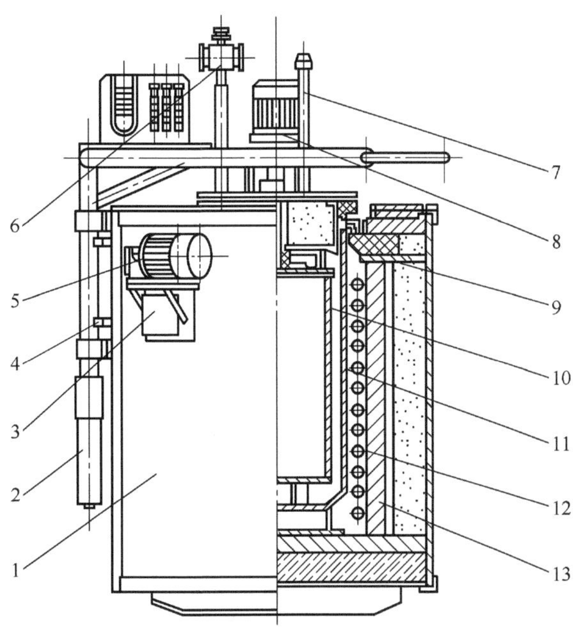

图 4-7　RQ3 系列井式气体渗碳法示意图

1—炉壳　2—液压机构　3—油桶　4—行程开关　5—液压泵　6—滴量器　7—排气管　8—通风机组　9—炉盖　10—装料筐　11—炉罐　12—加热元件　13—炉衬

随后，活性碳原子被钢表面吸收而溶于高温奥氏体中，并向钢内部扩散形成一定深度的渗碳层。渗碳层深度主要取决于保温时间。在一定的渗碳温度下，保温时间越长，渗碳层越厚。如果用井式气体渗碳炉加热到 930℃ 渗碳，渗碳层深度与渗碳时间大体有表 4-2 所列的关系。在生产中，常采用随炉试样检查渗碳层深度的方法来确定工件出炉时间。

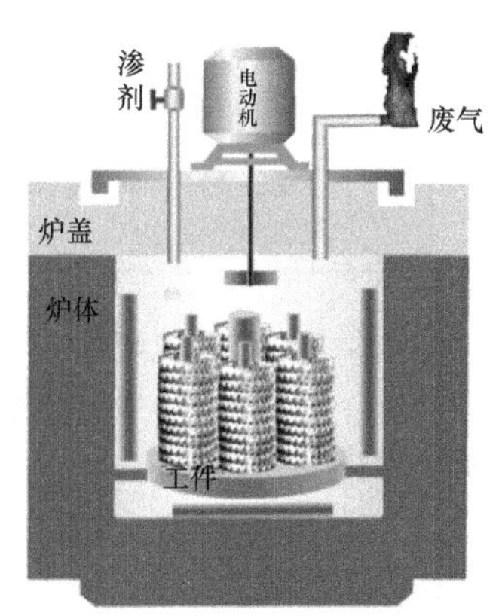

图 4-8　井式气体渗碳炉工作原理示意图

3. 真空渗碳

真空渗碳是将工件装入真空炉中，炉内抽真空并加热，使炉内净化，达到渗碳温度后通入碳氢化合物（如丙烷）进行渗碳，经过一定时间后切断渗碳剂，再抽真空进行扩散。图 4-9 所示为卧式双室真空渗碳炉简图。

表 4-2　930℃渗碳时渗碳层深度与渗碳时间的关系

渗碳时间/h	3	4	5	6	7
渗碳层深度/mm	0.4 ~ 0.6	0.6 ~ 0.8	0.8 ~ 1.2	1 ~ 1.4	1.2 ~ 1.6

真空渗碳是在真空中进行气体渗碳，渗碳温度较高，常用 1030 ~ 1050℃。真空对工件表面有净化作用，有利于其吸附碳原子，因而能显著缩短渗碳周期，仅约为一般气体渗碳所需时间的 1/3。而且在高温下，真空炉并不会增加保养方面的支出。此外真空渗碳不需要载

气，可以直接通入渗碳气体（如天然气），也不需要控制碳势，渗层的碳浓度取决于活化期与扩散期的时间比例，因而不需要碳势控制仪和气体发生器。真空渗碳对提高产品质量和节约能源有显著效益。

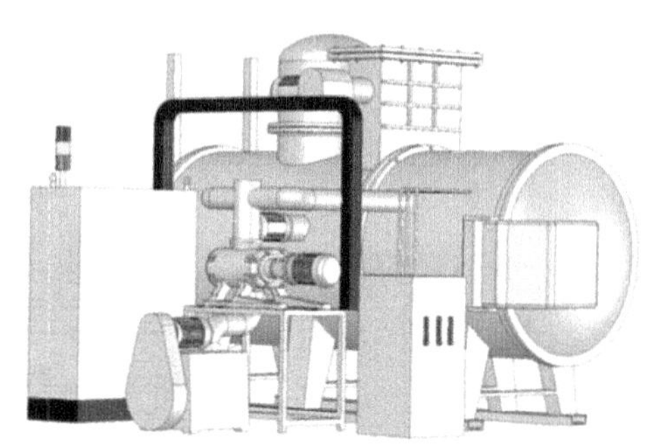

图 4-9 卧式双室真空渗碳炉简图

4. 离子渗碳

离子渗碳是用离子轰击气体渗碳，与真空渗碳一样不需要气体发生器和碳势控制仪，渗层浓度可用调节放电电流密度的方法来控制。由于离子冲击强化了渗碳过程，其渗速比一般渗碳快得多，甚至可与真空渗碳相比。

5. 渗碳用钢及渗碳后的热处理

渗碳用钢一般为低碳钢和低碳合金钢，其碳质量分数要求为 0.1% ~0.25%，以保证工件心部有足够的强度和韧性。渗碳钢中加入 Cr、Ni、Mn、Ti、Mo 等合金元素的目的是提高淬透性、细化晶粒、防止过热、提高心部韧性。渗碳钢可分为低、中、高淬透性渗碳钢，如低淬透性渗碳钢 15、20Cr 钢等，中淬透性渗碳钢 20CrMnTi、20CrMn 钢等，高淬透性渗碳钢 12Cr2Ni4、18Cr2Ni4W 钢等。常用渗碳钢牌号及用途见表 4-3。

表 4-3 常用渗碳钢牌号及用途

类别	牌号	用途
低强度钢	15、20、Q345、20Mn、20Mn2、15Cr、20Cr 等	制造小负荷耐磨件，如摩擦片、衬套、链条片以及量、夹具等
中强度钢	20CrMn、20CrMnTi、15CrMnMo、20CrMnMo 等	制造中等负荷耐磨、耐疲劳件，如普遍轴类、齿轮类、销杆类、链轮类等
高强度钢	12Cr2Ni4、18Cr2Ni4W、20Cr2Ni4、30CrMnTi 等	制造高强度、重负荷耐磨、耐疲劳件，如大功率发动机轴，重载、要求高耐磨性的齿轮

工件渗碳后要进行热处理，目的是提高渗层表面的强度、硬度和耐磨性，提高心部的强度和韧性，细化晶粒，消除网状渗碳体和减少残留奥氏体量。下面介绍几种常用的渗碳后的热处理方法。

（1）直接淬火法　直接淬火法是指工件渗碳后随炉降温（或出炉预冷）到 760 ~860℃ 后直接淬火的方法。

随炉降温或出炉预冷的目的是减少淬火内应力与变形，同时，还可以使高碳奥氏体析出一部分碳化物，降低奥氏体中的碳浓度，从而减少淬火后残留的奥氏体，获得较高的表面硬度。预冷的温度要根据零件的要求和钢的 A 点（即 Ar_3，830 ~880℃）位置而定。

直接淬火法的优点：减少加热和冷却的次数，提高生产率，降低能耗及生产成本，还可减少零件变形及表面氧化、脱碳。

直接淬火适用于本质细晶粒钢制作的零件，不适用于本质粗晶粒钢制作的零件。另外，如果渗碳时表面碳浓度很高，则同样不适合采用直接淬火，因为预冷时碳化物一般沿奥氏体晶界呈网状析出，使脆性增大。

（2）一次淬火　在渗碳缓慢冷却后，重新加热到临界温度以上淬火的方法称为一次淬火。心部组织强度要求较高时，一次淬火的加热温度应略高于 Ac_3；对于受载不大但表面性能要求较高的零件，淬火温度应选在 Ac_1 以上 30～50℃，使表面晶粒细化，而心部组织无大的改善，性能略差一些。

（3）二次淬火　对于力学性能要求很高或本质粗晶粒钢，应采用二次淬火。第一次淬火是为了改善心部组织，加热温度为 Ac_3 以上 30～50℃。第二次淬火是为了细化表层组织，获得细晶马氏体和均匀分布的粒状二次渗碳体，加热温度为 Ac_1 以上 30～50℃。图 4-10 所示为渗碳件常用的淬火方法。

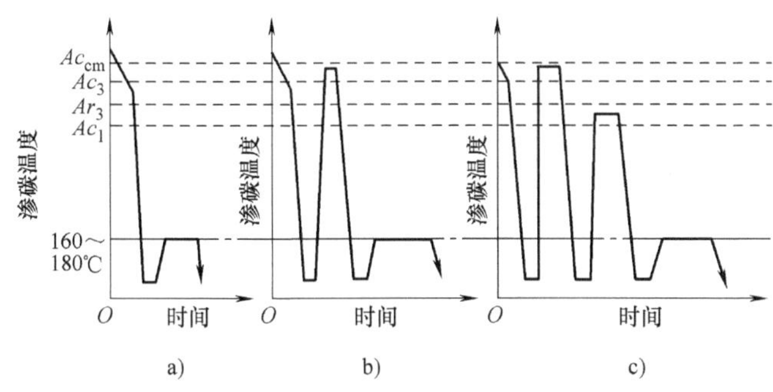

图 4-10　渗碳件常用的淬火方法
a）预冷直接淬火　b）一次淬火法　c）二次淬火法

渗碳零件淬火后，接着在 150～250℃之间进行回火处理。对于非合金钢，回火温度一般为 150～180℃，对于合金钢，则回火温度为 160～200℃。钢渗碳淬火加低温回火后表面硬度可高达 58～64HRC，耐磨性较好；心部则硬度低，韧性较好。此外，由于表层体积膨胀大，而心部体积膨胀小，结果在表层造成压应力，使零件疲劳强度提高。

6. 渗碳层的组织和性能

工件渗碳淬火后的表层显微组织主要是高硬度的马氏体加上残留奥氏体和少量的碳化物，心部组织为韧性好的低碳马氏体组织，但应避免出现铁素体。一般渗碳层深度为 0.8～1.2mm，深度渗碳时可达 2mm 或更深。表面硬度可达 58～63HRC，心部硬度为 30～42HRC。渗碳淬火后，工件表面产生压缩内应力，对提高工作的疲劳强度有利。因此，渗碳被广泛用来提高零件强度、冲击韧性和耐磨性，借以延长零件的使用寿命。

渗碳件的加工工艺路线通常为：锻造→正火→机械粗、半精加工→渗碳→淬火、低温回火→精磨→装配。因渗碳件淬火后硬度很高，切削加工困难，故在渗碳前，切削加工一般应基本完成，淬火后通常只进行精磨等微量加工。渗碳钢大多是低碳或低碳合金钢，故机械加工前多采用正火，如零件上某些部位不允许渗碳，须对该部位镀铜或刷防渗涂料，防止其渗碳，也可对该部位预留加工余量，待渗碳后、淬火前，加工掉该处的渗碳层。

4.2.3　渗氮

1. 渗氮原理

渗氮是在一定温度下、一定介质中使氮原子渗入工件表层的化学热处理工艺。

钢件渗氮后形成以氮化物为主的表面层，具有很高的硬度（1000～1100HV），且在

600 ~ 650℃下保持硬度不下降，所以具有很高的耐磨性和热硬性。钢渗氮后，渗氮层体积增大，形成表面压应力使疲劳强度大大增加。此外，渗氮温度低，零件变形小。渗氮后表面形成化学稳定性较高的致密氮化物层，所以耐蚀性好，在水中、过热蒸汽和碱性溶液中均很稳定。

常用的渗氮钢有35CrMo、38CrMoAl等。渗氮前零件需要经调质处理，目的是使心部组织稳定并具有良好的综合力学性能，在使用过程中尺寸变化很小，而渗氮后零件不需要热处理。

渗氮主要用于一些要求疲劳强度高、耐磨性好、尺寸精确的机器零件，如镗床、磨床的主轴、套筒蜗杆、柴油机曲轴等。由于表面抛光性能好，有一定的耐蚀性，也用于塑料模具。

目前应用的渗氮方法主要有气体渗氮和离子渗氮。

（1）气体渗氮　气体渗氮又称气体氮化，是在预先已排除了空气的井式炉内进行的。它是把已脱脂净化的工件放在密封的炉内加热，并通入氨气。氨气在380℃以上就能按下式分解出活性氮原子。

$$2NH_3 \rightleftharpoons 3H_2 + 2[N]$$

活性氮原子被钢的表面吸收，形成固溶体和氮化物（AlN），随着渗氮时间的延长，氮原子逐渐向里面扩散而获得一定深度的渗氮层。

常用的渗氮温度为550 ~ 570℃，渗氮时间取决于所需的渗氮层深度，一般渗氮层深度为0.4 ~ 0.6mm，其渗氮时间为40 ~ 70h，故气体渗氮的生产周期较长。

气体渗氮的工艺包括渗前准备、排气升温、渗氮保温和冷却四个阶段。为使渗氮过程顺利进行，工件在装炉前要用汽油或乙醇等去油、脱脂。清洗后的表面不允许有锈蚀及脏物。如果工件的某些部位不需要渗氮，可采用镀锡、镀铜或刷涂料的方法防渗。渗氮件不应有尖锐棱角，因尖锐棱角处往往渗层较深，脆性较大。渗氮后出炉时应避免碰撞，对细长及精密工件应吊挂冷却，以避免畸变和产生新的应力。

因分解NH_3效率低，故气体渗氮一般适用于含Al、Cr、Mo等元素的专用渗氮钢。气体渗氮主要用于耐磨性和精度要求很高的精密零件或承受交变载荷的重要零件，以及耐热、耐磨的零件，如镗床主轴、高速精密齿轮、高速柴油机曲轴、阀门和压铸模等。

（2）离子渗氮　离子渗氮是在一定真空度下利用工件阴极和阳极之间产生的辉光放电现象进行的，故又称为辉光离子渗氮。图4-11所示为离子渗氮装置示意图。

图4-12所示为离子渗氮炉。把金属工件作为阴极放入通有含氮介质的负压容器中，通电后介质中的氮氢原子被电离，在阴阳极之间形成等离子区。在等离子区强电场作用下，氮和氢的正离子以高速向工件表面轰击。离子的高动能转变为热能，加热工件表面至所需温度。由于离子的轰击，工件表面产生原子溅射，因而得到净化，同时由于吸附和扩散作用，氮遂渗入工件表面。

与一般的气体渗氮相比，离子渗氮的优点包括：①可适当缩短渗氮周期；②渗氮层脆性小；③可节约能源和氨的消耗量；④对不需要渗氮的部分可屏蔽起来，实现局部渗氮；⑤离子轰击有净化表面作用，能去除工件表面的钝化膜，可使不锈钢、耐热钢工件直接渗氮；⑥渗层厚度和组织可以控制。离子渗氮的缺点是设备投资高、温度分布不均匀、操作要求严格等。

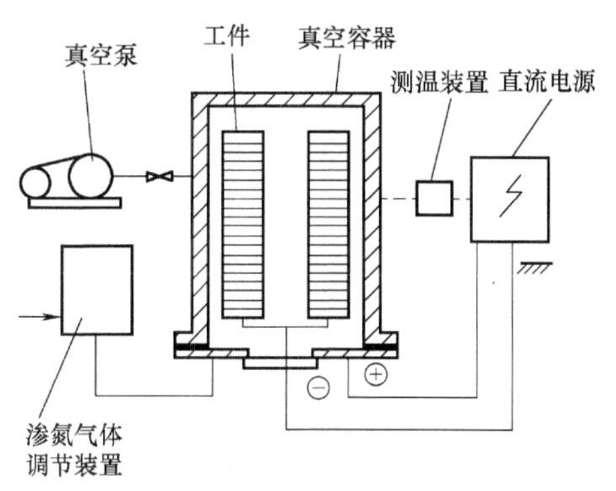

图 4-11　离子渗氮装置示意图

图 4-12　离子渗氮炉

离子渗氮可用于轻载、高速条件下工作的、需要耐磨耐蚀的零件及精度要求较高的细长杆类零件，如镗床主轴、精密机床丝杠、阀杆和阀门等。

2. 渗氮用钢及其预备热处理

（1）渗氮用钢　为了在钢表面获得高硬度和耐磨的渗氮层，就必须采用含有某些合金元素的合金钢进行渗氮，这是因为氮与某些合金元素生成的氮化物要比氮化铁稳定得多，并在渗氮层中以高弥散度状态分布，使渗氮层具有很高的硬度。

常用的合金元素有 Al、Cr、V、Mo、Mn、W 等。最常用的渗氮钢有 38CrMoAl、35CrMo，渗氮后的表面硬度和耐磨性很高；用于提高疲劳强度的渗氮钢有 40CrNiMo、18Cr2Ni4W；不锈钢有 45Cr14Ni14W2Mo、Cr10Si2Mn（日本进口）；模具钢有 3Cr2W8V；弹簧钢有 50CrV 等。

（2）预备热处理　渗氮工件的加工工艺路线一般是：锻造→退火（或正火加高温回火）→粗加工→调质→半精加工→(去应力)→精加工→渗氮→精研（磨）。

由工艺路线可见，渗氮前的预备热处理包括了退火（或正火加高温回火）、调质和去应力处理，这些工序都是为渗氮做准备的，因为工件渗氮后基本上不再进行加工。

退火和正火的目的是细化组织，改善可加工性，消除内应力，并为调质做好组织准备。

调质处理是一道重要的预备热处理工序，目的是获得均匀而细小的索氏体组织，它不仅使工件心部具有良好的综合力学性能，而且会为渗氮做好必要的组织准备。

调质处理的工艺规范对渗氮质量有很大影响。由于 38CrMoAl 钢的临界点较高，Ac_1 为 790℃，Ac_3 为 900℃，Ar_1 为 740℃；同时，含铝的铁素体稳定性高，加热时不易溶于奥氏体中，所以钢的正火和淬火温度均应提高，并且保温时间较一般合金结构钢要长，通常为一般合金结构钢的 1.5 倍。如果淬火温度太低或保温时间不足，以致铁素体未能完全溶于奥氏体中，则渗氮时表面有游离铁素体存在，会使渗氮层的脆性大为增加。相反，如果淬火温度太高，奥氏体的晶粒会长大变粗，氮化物优先沿晶界伸展，在渗氮层中呈明显的波纹状或网状组织。

回火温度对渗氮质量也有很大影响。回火温度决定钢调质后的硬度，回火温度越高，调质后的硬度越低，基体组织中碳化物的弥散度越小，则渗氮时，越有利于氮原子的渗入，因而渗速较快，渗层较深。随着回火温度的升高，渗氮层的硬度会降低，且心部的硬度也略有下降。

对于形状复杂的工件需要进行去应力退火，以消除在切削加工过程中产生的应力，从而减少工件在渗氮过程中的变形。为防止调质硬度降低，去应力退火温度应低于调质的回火温度40～70℃，保温时间也应适当延长，保温后缓冷至150℃以下出炉。常用材料气体渗氮的预备热处理工艺见表4-4。

表4-4　常用材料气体渗氮的预备热处理工艺

材料	预备热处理工艺
一般结构钢件	调质处理，高温回火温度应比渗氮温度高20～40℃，保温时间不宜过长
冲击韧度值要求低的零件	采用正火，但正火冷却速度要快。断面尺寸较大的工件不得用正火
38CrMoAl钢	采用调质，否则渗层中易出现针状氮化物。工模具钢渗氮前，需要经淬火、回火处理，不得用退火
细长、薄壁、复杂和精密的零件	渗氮前需要进行一次或多次去应力处理，去应力温度一般低于调质回火温度、高于渗氮温度

4.2.4　碳氮共渗与氮碳共渗

碳氮共渗和氮碳共渗是在金属工件表层同时渗入碳、氮两种元素的化学热处理工艺，碳氮共渗以渗碳为主，氮碳共渗以渗氮为主。

1. 碳氮共渗

碳氮共渗是以渗碳为主，同时渗入氮的化学热处理工艺。它在一定程度上克服了渗氮层硬度虽高但渗层较浅，而渗碳层虽硬化深度大，但表面硬度较低的缺点。近年来，实际生产中日益广泛地采用碳氮共渗来强化各种零件，与渗碳相比，碳氮共渗的温度低，在700～880℃，可以直接淬火，而且变形小，由于氮的渗入，提高了渗层的碳浓度，并使其具有较高的耐磨性。

应用较广泛的只有气体法和盐浴法。气体碳氮共渗介质是渗碳剂和渗氮剂的混合气，例如滴煤油（或乙醇、丙酮）、通氨；吸热型或放热型气体中酌加高碳势富化气并通氨；三乙醇胺或溶入尿素的醇连续滴注。[C][N]原子的产生机制除与渗碳、渗氮相同外，还有共渗剂之间的合成和分解：

$$CO + NH_3 \rightleftharpoons HCN + H_2O$$

$$CH_4 + NH_3 \rightleftharpoons HCN + 3H_2$$

$$2HCN \rightleftharpoons 2[C] + 2[N] + H_2$$

碳氮共渗并淬火、回火后的组织为含氮马氏体、碳氮化合物和残留奥氏体。厚度为0.6～1.0mm的碳氮共渗层的强度、耐磨性与厚度为1.0～1.5mm的渗碳层相当。为减少变形，中等载荷齿轮等可用低于870℃的碳氮共渗代替在930℃进行的渗碳。

2. 氮碳共渗

氮碳共渗是以渗氮为主，同时渗入碳的化学热处理工艺。工业生产中已广泛应用的氮碳共渗方法有气体法和熔盐法。

（1）气体氮碳共渗　常用氮碳共渗介质有：50%氨+50%吸热式气体（Nitemper法），35%～50%氨+50%～60%放热式气体（Nitroc法）和通氨时滴注乙醇等数种，可在500～650℃共渗1～8h，但通常在550～580℃共渗1.5～4.5h。

（2）熔盐氮碳共渗　熔盐氮碳共渗能实现少、无污染作业，介质由基盐、再生盐和氧化盐组成。由于主要活性成分 CNO^- 可控制在最佳值 ±1.5%，且气流搅动促使温度均匀化，不仅处理周期比气体法短 40% ~50%，而且强化效果优良、稳定。

氮碳共渗层由表及里分别为：$Fe_{2\sim3}$（N，C）或（Fe，M)$_{2\sim3}$（N，C）为主的化合物层；有 $Fe_{2\sim3}$（N，C）和 Fe_4N 弥散析出的主扩散层；增氮铁素体a（N)的过渡层。氮碳共渗的优点是：工件尺寸变化微小且渗层兼有良好的耐磨、抗疲劳和减摩性能；在淡水、海水等介质中耐蚀；能处理回火温度高于 520℃的任何牌号的钢铁零件以及刃具、模具，故应用日益广泛。

3. 离子氮碳共渗

离子氮碳共渗技术是通过在渗氮过程中添加含碳介质的方法，加快渗层的形成速率，有效地缩短渗氮周期，提高资源利用率。

离子氮碳共渗工艺是一种环境清洁的、经济的、能赋予工件表面良好性能的工艺方法，从而避免环境污染，降低生产成本。

4.2.5　渗其他元素

1. 渗硼

渗硼是将工件置于含硼介质中，经加热、保温，使硼原子渗入工件表层的化学热处理工艺。由于硼在钢中的溶解度很小，主要与铁和钢中某些合金元素形成硼化物，因此渗硼层一般由 Fe_2B 和 FeB 组成，但也可获得只有单一 Fe_2B 的渗层。单相渗的 Fe_2B 渗层硬度高、脆性小，是比较理想的渗硼层。

渗硼方法有固体渗硼、气体渗硼、电解渗和盐浴渗硼。

固体法和非电解型的熔盐法渗硼工艺应用较广。前者适用于几何形状复杂，包括带有小孔、螺纹和不通孔的零件；后者处理几何形状简单而渗硼后需做淬火处理以提高基体强度的零件。

固体渗硼：中、小零件整体渗硼采用粒状和粉末状介质，大件及局部渗硼采用膏剂。这些介质均由供硼剂（可分别用 B_4C、B-Fe、非晶态硼粉）、催渗剂（KBF_4、NH_4Cl、NH_4F 等）以及调节活性、支承工件的填料（Al_2O_3、SiC、SiO_2 等）组成。渗硼可在 650 ~1000℃进行，常用 850 ~950℃；保温 2 ~6h，不同钢种可获得 50 ~200μm 深的渗硼层。

盐浴渗硼所用的盐浴有：以硼砂为基，添加 5% ~15% 氯化盐的盐浴；以氯化盐为基添加 BC 或再加 SiC 的盐浴。黏附于工件上的盐垢在处理后，甚至直到淬火后仍可局部残存，应仔细清洗干净。

渗硼剂活性较高时，形成双相型（FeB-Fe_2B）渗硼层；适当降低活性可获得 Fe_2B 单相层。含有铬、钼、镍、钨、钛等元素的合金钢形成合金化的硼化物（Fe，M）B 和（Fe，M)$_2$B。化合物层之下为硼在铁素体和渗碳体中的固溶体 A（B）和 Fe_3（C，B）。渗硼层硬度高（达 1300 ~1800HV），耐磨性比渗碳层、淬火层高 3 倍以上，且加热至 700℃仍维持 900HV 以上的高硬度。在硫酸、稀盐酸、乙酸、碱和海水中，渗硼层的耐蚀性与不锈钢相近。

渗硼已用于处理石油钻机牙轮、泥浆泵缸套、打捞公锥、排污阀等以及热作模具中，效果良好。

2. 渗硫

渗硫是工件在含硫介质中加热，形成以 FeS 为主的工件表面的化学热处理工艺。钢铁工件渗硫后表层形成 FeS 或（$FeS + FeS_2$）薄膜，膜厚度为 5 ~ 15μm。渗硫层硬度较低，但减摩作用良好，能防止摩擦副表面接触时因摩擦热和塑性变形而引起的擦伤和咬死，但在载荷较高时渗层会很快破坏。

目前工业应用较多的是在 150 ~ 250℃进行低温渗硫，如低温电解渗硫，其工艺流程为：

脱脂→酸洗→清洗→干燥→装夹具→烘干（预热）→电解渗硫→空冷至室温→清洗→烘干→浸入 100℃油中→检验。

其中夹具应使用不易渗硫的材料制成，如铬不锈钢等。

由于渗硫层是化学转化膜，因此对于非铁金属及表面具有氧化物保护薄膜的不锈钢等不适用。一般渗硫应在淬火、渗碳、氮碳共渗之后进行。

3. 渗金属

渗金属是指金属原子渗入钢的表面层的过程。它是使钢的表面层合金化，以使工件表面具有某些合金钢、特殊钢的特性，如耐热、耐磨、抗氧化、耐腐蚀等。生产中常用的有渗铝、渗铬、渗锌等。将金属工件放在含有渗入金属元素的渗剂中，加热到一定温度，保持适当的时间后，渗剂热分解所产生的渗入金属元素的活性原子便被吸附到工件表面，并扩散进入工件表层，从而改变工件表层的化学成分、组织和性能。

（1）渗铝　钢铁和镍基、钴基等合金渗铝后，能提高抗高温氧化能力，提高在硫化氢、含硫和氧化钒的高温燃气介质中的耐蚀能力。为了改善铜合金和钛合金的表面性能，有时也采用渗铝工艺。

渗铝的方法很多，冶金工业中主要采用热浸镀、静电喷涂或电泳沉积后再进行热扩散的方法大量生产渗铝钢板、钢管、钢丝等。静电喷涂或电泳沉积后，必须经过压延或小变形量轧制，使附着的铝层密实后再进行扩散退火。热浸镀铝可用纯铝浴，但更普遍的是在铝浴中加入少量锌、钼、锰、硅，温度一般维持在 670℃左右，时间是 10 ~ 25min。机械工业中应用最广的是粉末装箱法，渗剂主要由铝铁合金（或纯铝、氧化铝）填料和氯化铵催化剂组成。渗铝主要用于化工、冶金、建筑部门使用的管道、容器，能节约大量不锈钢和耐热钢。在机械制造部门，渗铝的应用范围也不断扩大。低碳钢工件渗铝后可在 780℃下长期工作。在 900 ~ 980℃环境中，渗铝件的寿命比未渗铝件显著提高。18-8 型不锈钢和铬不锈钢渗铝后，在 594℃硫化氢气氛中，耐蚀能力比未渗铝时大大提升。760℃时在含铅燃料燃烧产物的腐蚀下工作的汽车排气阀，或是在 900℃下工作的燃气轮机叶片，渗铝后的耐蚀性都有明显提高。

（2）渗铬　碳素钢和合金钢（包括耐热钢和高温合金）在渗铬后，可提高耐蚀、耐磨和抗高温氧化性能。

渗铬主要有粉末法、气体法和熔盐法，其中以粉末法在工业上应用较多。粉末渗剂由铬粉、卤化铵和氧化铝组成。渗铬温度为 1000 ~ 1100℃，保温时间一般为 4 ~ 8h。渗铬后的镍基合金，在 850℃时有相当高的抑制硫化物腐蚀的能力，可用于燃气轮机叶片等零件。渗铬后的热锻模和喷丝头等耐磨性提高，使用寿命成倍增加。许多与水、油或石油接触的部件都采用渗铬处理，以抵抗多种介质的腐蚀。渗铬后的钢件还可代替不锈钢用于各种医疗手术器械和奶制品加工器件。

（3）渗锌　工件渗锌后可提高耐大气腐蚀能力。这是因为锌比铁更显正电性，在腐蚀介质中锌首先被腐蚀，使基体受到保护。工业上多采用粉末渗锌，即以锌粉作为渗剂，也有加惰性或活性材料的，一般在 380 ~400℃下进行，通常保温 2 ~4h。热浸渗锌是将工件浸入 400 ~500℃的熔融纯锌中，扩散渗入，渗锌层与基体有良好的结合力，厚度均匀，适用于形状复杂的工件，如可以作为带有螺纹、内孔等工件的保护层。碳钢渗锌已用于紧固件、钢板、弹簧、电台和电视台天线等产品。

4.2.6　热扩渗

热扩渗技术是指将工件放在特殊介质中加热，使介质中的某一种或几种介质渗入工件表面，形成合金层（或掺杂层）的工艺。

1. 热扩渗的基本原理

（1）热扩渗层的形成条件　由于热扩渗是渗入元素的原子同基体金属原子相互扩散而形成的表面合金层，因此形成扩渗层需要三个基本条件。

1）渗入元素必须能够与基体金属形成固溶体或金属间化合物。要满足这一要求，溶质原子与基体金属原子相对直径的大小应匹配。晶体结构的差异，电负性的强弱等因素必须符合一定的条件。

2）欲使渗入元素与基体金属之间直接接触，必须创造相应的工艺条件来实现。

3）被渗元素在基体金属中需要有一定的渗入速度，以满足实际应用的要求。对此，可采取加热工件到足够高温度的方法，使溶质元素具有较大的扩散系数和较快的渗入速度。

对于依赖化学反应提供活性原子的热扩渗工艺，其化学反应必须满足热力学条件，而对于渗碳、渗氮和碳氮共渗等间隙原子的热扩渗工艺，因使用的渗剂大多是有机物，在一定温度下能够发生分解。因此，提供活性原子的化学反应主要是分解反应。

（2）渗层形成机理　无论何种热扩渗工艺，扩渗层的形成都由三个过程构成。

1）产生渗剂元素的活性原子并扩散运动到基体金属表面。提供活性原子的方法可以是化学反应法或是热激活能扩渗法。化学反应法能不断产生活性原子，热扩渗效率高，是生产实践中普遍应用的方法。热激活能扩渗法能提供的活性原子有限，渗速较慢，主要用于热浸渗、电镀渗、化学镀渗和无活化剂的金属粉末热扩渗等，此外，等离子体中，处于电离态的原子也能提供所需要的活性原子。

2）渗剂元素的活性原子吸附在基体金属表面上，随后被基体金属所吸收，形成最初的表面固熔体或金属间化合物。

3）渗剂元素原子在高温下向基体金属内部扩散，基体金属原子也同时向渗层中扩散，使扩散层增厚，即扩散层生长过程。扩散的形成主要有三种方式：间隙式扩散、置换式扩散和空位式扩散，第一种扩散形式是在渗入原子半径小的非金属元素时发生，后两种主要是在渗入金属时发生。

热扩渗层的形成受多种因素制约。一般在扩渗的初始阶段，渗入元素原子的扩渗速度受产生并供给渗剂活性原子的化学反应速度控制；而当渗层达到一定厚度时，扩渗速度则主要取决于扩散过程的速度。影响化学反应速度的主要因素有反应物的浓度、反应温度和活化剂等，通常，增加反应物浓度，可以加快化学反应速度；升高温度将加速活性原子的产生速率；加入适当的活化剂，可使化学反应速度成倍提高。在扩散过程中，升高温度较延长时间对扩散速度的提升更为明显。

2. 热扩渗工艺的分类

热扩渗工艺的分类方法有多种。对钢铁材料，根据热扩渗的温度可分为高温、中温和低温热扩渗。若按渗入元素化学成分的特点，可分为非金属元素热扩渗、金属元素热扩渗、金属-非金属元素共扩散减少或消除某些杂质的扩散退火，即均匀退火。还可根据渗剂在工作温度下的物质状态，分为气体热扩渗、液体热扩渗、固体热扩渗、等离子体热扩渗和复合热扩渗。各种热扩渗工艺结合具体元素的扩渗进行选择，都可用于模具表面的强化，以提高零件的表面性能。

4.3 表面形变强化技术

表面形变强化是提高金属材料疲劳强度的重要工艺措施之一。基本原理是通过机械手段（滚压、内挤压和喷丸等）在金属表面产生压缩变形，使表面形成形变硬化层。此形变硬化层的深度可达0.5~1.5mm。在此形变硬化层中产生两种变化：一是在组织结构上，亚晶粒极大地细化，位错密度增加，晶格畸变度增大；二是表面形成了高的宏观残余压应力。表面压应力防止裂纹在受压的表层萌生和扩展。经喷丸和滚压后，金属表面产生的残余压应力的大小，不但与强化方法、工艺参数有关，还与材料的晶体类型、强度水平以及材料在单调拉伸时的硬化率有关。例如，具有高硬化率的面心立方晶体的镍基或铁基奥氏体热强合金，表面产生的压应力高，可达材料自身屈服点的2~4倍。材料的硬化率越高，产生的残余压应力越大。

此外，一些表面形变强化手段还可能使表面粗糙度略有增加，但却使切削加工的尖锐刀痕圆滑，因此可减轻由切削加工留下的尖锐刀痕的不利影响。这种表面形貌和表层组织结构产生的变化，有效地提高了金属表面强度、耐应力腐蚀性能和疲劳强度。

表面形变强化是近年来国内外广泛研究应用的工艺之一。强化效果显著，成本低廉。常用的金属表面形变强化方法主要有滚压、内挤压和喷丸等工艺，而尤以喷丸强化应用最为广泛。

1. 滚压

图4-13a所示为表面滚压强化示意图。目前，滚压强化用的滚轮、滚压力大小等尚无标准。对于圆角、沟槽等可通过滚压获得表层形变强化，并能在表面产生约5mm深的残余压应力，其分布如图4-13b所示。

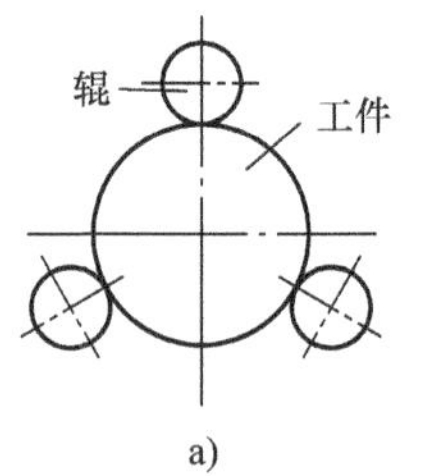

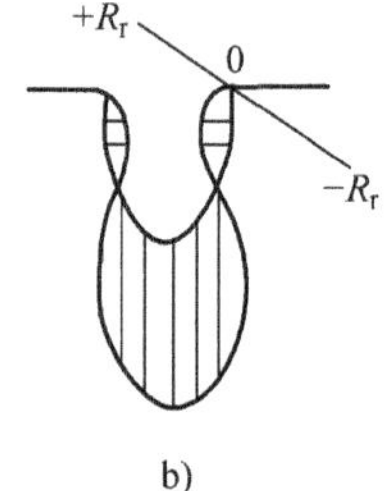

图4-13 表面滚压强化

a）表面滚压强化示意图 b）残余压应力分布

2. 内挤压

内挤压（又称内孔挤压）是使孔的内表面获得形变强化的工艺措施。

3. 喷丸

喷丸是国内外广泛应用的一种再结晶温度以下的表面强化方法，即利用高速弹丸强烈冲击零部件表面，使之产生形变硬化层并引进残余压应力。喷丸强化已广泛用于弹簧、齿轮、链条、轴、叶片、火车轮等零部件；可显著提高抗弯曲疲劳、抗腐蚀疲劳、抗应力腐蚀疲劳、抗微动磨损、耐点蚀（孔蚀）能力。

第5章

金属表面镀层技术

【学习目标】

- 理解电镀的概念、分类、原理及工艺过程。
- 熟练掌握电刷镀、化学镀热浸镀的概念、原理及工艺。
- 了解单金属电镀和合金电镀的工艺。

【导入案例】

奔驰 SLS AMG 是 AMG 级别的顶级产品，是优雅外形与高强动力结合的典范，价格昂贵、动力强劲而不乏豪华气息。全球高端汽车改色贴膜专家 WOO 汽车美工坊总店出品奔驰 SLS 车身改色贴膜采用了镜面电镀银汽车改色膜。电镀银的贴膜使车身更加美观、大气、庄严、豪华。图 5-1 所示为轿车车身镀膜改色。

图 5-1　轿车车身镀膜改色

5.1　电镀技术

电镀工业历史久远，通过电镀，可以在机械零件及工艺品上获得保护装饰及有各种功能的镀层。通过电镀，可以提高金属的耐蚀性、耐磨性、装饰性及导电性、导磁性等。电镀还可以修复表面受磨损和破坏的工件。图 5-2 所示为电镀后的各类零部件。

5.1.1　电镀的概念及分类

电镀是利用电解的方式，使金属或合金沉积在工件表面，从而获得均匀、致密、结合力良好的金属层的过程。电镀时待镀工件与电源负极相连作为阴极，浸入含有欲沉积金属离子的电解质溶液中，阳极为欲沉积金属的板或棒，某些电镀也使用石墨、不锈钢、铅或铅锑合金等不溶性阳极。

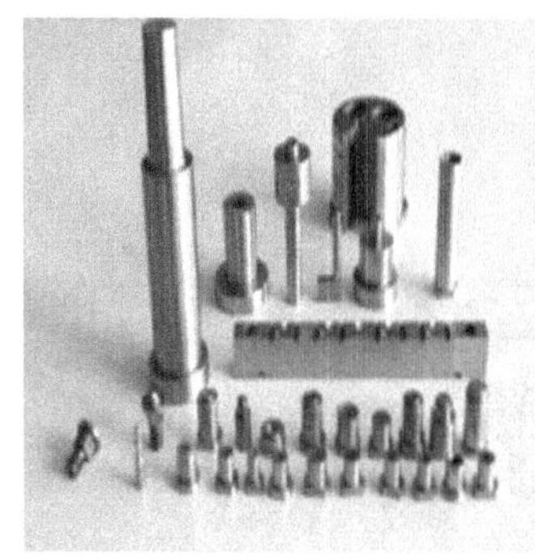

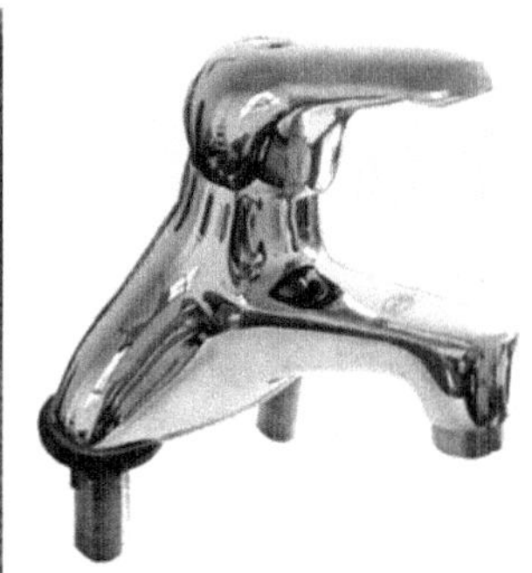

图 5-2　电镀后的各类零部件

电镀按施镀方式可分为挂镀、滚镀、连续电镀和刷镀等，可以根据镀件的尺寸和批量选择合适的电镀方式。其中，挂镀是最常见的一种电镀方式，电镀镀件悬挂在导电性能良好的挂具上，再浸入镀液中作为阴极，适合一般尺寸或尺寸较大的工件的电镀，如自行车的车把、汽车的保险杠等。滚镀也是一种常见的电镀方式，适用于小尺寸、大批量生产的零件的电镀，电镀时镀件置于多角形的滚筒中，依靠自身重力来接触滚筒内的阴极。

根据综合基体性质和工艺特点，电镀大致可以分为以下几类。

（1）普通电镀　普通电镀包括镀铜、镀镍、镀铬、镀镉、镀锡、镀铅、镀铁等。

（2）合金电镀　合金镀层具有单金属镀层不具备的性质，可以满足一些特殊的应用要求，比如用于装饰性的锡钴合金镀层、锡镍合金镀层、铜锡合金镀层等，用于提高耐蚀性的锌镍合金镀层、锌钴合金镀层、锡锌合金镀层等，用于提高磁性的锡钴合金镀层、铁镍合金镀层、镍铁合金镀层等。

（3）贵金属及其合金电镀　贵金属及其合金电镀包括镀金和金合金、镀银、镀钯和钯镍合金等。

（4）特殊基材上电镀　如塑料电镀、玻璃和陶瓷电镀、印制电路板电镀、不锈钢电镀、锌合金压铸件电镀、铁基粉末冶金件电镀等。

（5）复合电镀　复合电镀是在电解质溶液中用电化学或化学方法使金属与不溶性非金属固体微粒或其他金属微粒共同沉积而获得复合材料镀层的技术。例如，用于耐磨减摩的Ni-金刚石、Ni-SiC、Cu-氟化石墨等复合镀层；用于防护装饰性的 Cu/Ni/Gr 多层镀层与 SiO_2、高岭土、Al_2O_3复合镀层；由于电接触的 Ag、Au 基体与 WC、SiC 等的复合镀层等。

（6）电刷镀　电刷镀是一种无槽电镀，由于无须将整个零部件浸入电镀溶液中，所以能完成许多槽镀不能完成或者难以完成的电镀工作。

（7）脉冲电流为主的电镀　它是利用脉冲电流进行的一种电镀。最简单的是在镀件上外加间断直流电，可以控制脉冲速度，以满足特定的要求。目前脉冲电镀层主要有金及其合金、镍、银、铬、锡-铅合金和钯。脉冲镀层几乎无针孔、光滑、晶粒细致、厚度均匀，不加添加剂也不会出现树枝状镀层，电镀速度和电流效率很高。

除了上述各类电镀之外，还有某些特种电镀，如激光增强电镀。它是在电解过程中，用激光束照射阴极，可显著改善激光照射区电沉积特性，迅速提高沉积速度而不发生遮蔽效应，以及改善电镀层的显微结构。

5.1.2　电镀的原理及工艺

1. 电镀的基本原理

把预镀工件置于装有电镀液的镀槽中，镀件接直流电源的负极，作为阴极；而镀层金属或石墨等也置于镀槽中并接直流电源的正极，作为电镀时的阳极。通电后，镀液中的金属离子在阴极附近因得到电子而还原成金属原子，进而沉积在阴极工件表面上，从而获得镀层。电镀件主要依靠的是电化学原理，所以电镀要有三个必要条件：电极电位差、镀液和电源。下面以镀铜为例说明电镀的基本过程。图 5-3 所示为电镀的基本原理。

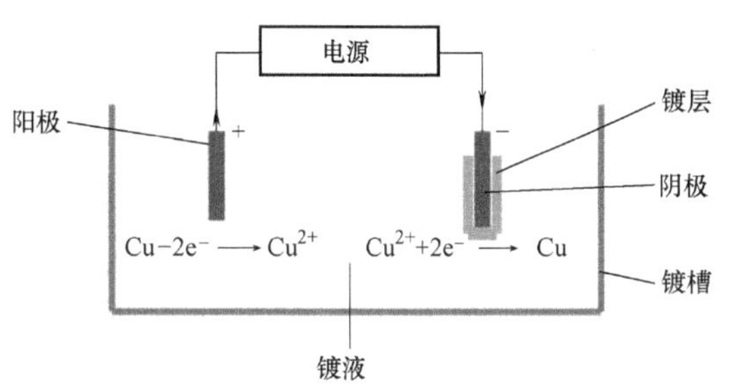

图 5-3　电镀的基本原理

将工件置于以硫酸铜为主要成分的电镀液中作为阴极，金属铜作为阳极。接通直流电源后，电流通过两极及两极间的含 Cu^{2+} 电解液，电镀液中的阴、阳离子会发生“电迁移”现象，即在电场作用下，阴离子向阳极移动，阳离子向阴极移动。Cu^{2+} 在阴极上被还原沉积成镀层，阳极的金属铜被氧化成 Cu^{2+}。其化学反应如下：

阴极（工件）上的化学反应是还原反应，即

$$Cu^{2+} + 2e^- \longrightarrow Cu$$

阳极上的反应为氧化反应，即

$$Cu - 2e^- \longrightarrow Cu^{2+}$$

电镀后的镀层要完整、均匀、致密，达到一定的厚度要求且与基体金属结合牢固，还要具有一定的物理化学性能，这样的镀层才能起到良好的保护作用。

2. 影响电镀层质量的因素

影响电镀层质量的因素很多，这里主要介绍镀液组成、阴极电流密度、温度及表面预处理等。

（1）镀液组成　镀液的组成主要包括以下几个部分。

1）主盐。主盐是指含有能在阴极上沉积出镀层金属的离子的金属盐。其他条件（温度、电流密度等）不变时，主盐浓度越高，金属越容易在阴极析出，但是阴极极化下降，使得镀层晶粒粗大，尤其在电化学极化不显著的单盐镀液中更为明显。主盐浓度过高，也要采用较高的阴极电流密度，镀液分散能力和稳定性下降，废液处理成本增加，生产成本增加。若主盐浓度过低，虽然镀液分散能力和覆盖能力较好，阴极极化作用也比浓度高时好，但其导电能力差，允许使用的阴极电流密度小，阴极电流效率低，沉积速率低，生产率低。因此主盐的浓度要在一个合适的范围，同一种类型的镀液，如果使用要求不同，其主盐浓度也不同。

2）附加盐。附加盐是指除主盐外，主要为提高镀液的导电性而加入的碱金属或碱土金属的盐类（包括铵盐），也称为导电盐。附加盐还可以改善镀液的深镀能力、分散能力和覆盖能力，改善镀层质量，使镀层更细致、紧密。例如，镀镍液中加入的硫酸钠和硫酸镁，镀铜液中加入的硝酸钾和硝酸铵等。但是，如果附加盐过多，会降低主盐的溶解度，镀液可能会出现混浊的现象，所以附加盐要适量。

3）络合剂。一般将能络合住主盐中金属离子的物质称为络合剂。镀液中如果没有络合离子，就称为单盐镀液。这种镀液稳定性差，镀层晶粒粗大，镀层质量较差。加入络合离子后，阴极极化增大，使镀层结晶细密，同时促进阳极溶解。但是当镀液中络合离子超过络合主盐金属离子的需要量时，就会形成游离络合离子，若游离络合离子含量过高，将会降低阴极电流效率，使镀层沉积速率减慢甚至镀不上镀层，所以络合剂含量也要适当。

4）缓冲剂。电镀的正常进行要在一定的 pH 值条件下进行，缓冲剂一般是由弱酸和弱酸盐或弱碱和弱碱盐组成的能使镀液酸度、碱度稳定的物质。缓冲剂可以减小镀液 pH 值的变化幅度，如镀镍液中的 H_3BO_3 和焦磷酸盐镀液中的 Na_2HPO_4 等。

5）添加剂。为了改善镀液的性能和镀层的质量，在镀液中加入少量的有机物，这些物质称为添加剂。按照添加剂在镀液中所起的作用不同，主要分为以下几类。

① 光亮剂：能增加镀层光泽的物质。初级光亮剂主要包括含有磺酰基或不饱和碳键的糖精、对甲苯磺酰胺等。次级光亮剂主要是含有不饱和键的醛类、酮类、炔类、氰类及杂环类的物质。前两类光亮剂与含有不饱和键的磺酸化合物配合，可以进一步提高镀层光亮平整度。

② 整平剂：能够有效提高镀层平整度的物质。整平剂的加入可以使工件微观低谷处获得比工件微观凸起处更厚的镀层。

③ 润湿剂：能降低电极与溶液之间的界面张力，使溶液易于在电极表面铺展。常用的润湿剂有十二烷基硫酸钠等。此外，润湿剂又称防针孔剂，因为它可以促使气泡脱离电极表面，从而抑制镀层中针孔的产生。

④ 应力消减剂：可以降低镀层的应力，提高镀层的韧性。

⑤ 镀层细化剂：促使镀层晶粒细小、致密。

（2）阴极电流密度　阴极电流密度与电镀液的成分、主盐浓度、镀液 pH 值、温度、搅拌等因素有关。电流密度过低，阴极极化作用减小，镀层结晶粗大，甚至没有镀层。电流密度由低到高，阴极极化作用增大，镀层变得细密。但是电流密度增加过多，会使结晶沿电力线方向向镀液内部迅速生长，镀层会产生结瘤和树枝状晶，尖角和边缘甚至会烧焦。同时，电流密度过大，阴极表面会强烈析出氢气，pH 值变大，金属的碱盐就会夹杂在镀层之中，使镀层发黑。而且，电流密度过大，也会导致阳极钝化，从而使镀液中缺乏金属离子，可能会获得海绵状的疏松镀层。每种镀液都有一个最理想的电流密度范围。

（3）温度　温度也是电镀时要考虑的一个重要因素。随着温度的升高，粒子扩散加速，阴极极化下降；温度升高也使离子脱水过程加快，离子和阴极表面活性增强，也会降低电化学极化。因此，镀液温度升高，阴极极化作用下降，镀层结晶粗大。生产中升高镀液的温度是为了增加盐类的溶解度，使镀液导电能力和分散能力提高，还可以提高电流密度上限，提高生产率。电镀温度也要合理控制，使其在最佳温度范围内。

（4）表面预处理　电镀前要对工件进行表面预处理，主要去除毛刺、夹杂、残渣、油脂、氧化皮、钝化膜等，表面预处理后工件露出洁净、有活性的基体金属表面。这样才有可能获得连续、致密、结合良好的镀层。如果预处理不当，镀层和基体结合不良，会导致起皮、剥落、鼓泡、毛刺、发花等缺陷。

3. 电镀的工艺过程

电镀的工艺过程一般包括电镀前表面预处理、电镀、电镀后处理三个阶段。

（1）电镀前表面预处理　电镀前的表面预处理是为了获得洁净、有活性的基体金属，为获得高质量镀层做准备。预处理主要有磨光、脱脂、除锈、活化等。为了使工件表面粗糙度达到一定要求，可以先用磨光或抛光方法，再用化学、电化学方法去除油脂；用机械加工、酸洗或电化学方法除锈；最后的活化处理一般是在弱酸中浸泡一段时间。

（2）电镀　工业生产中，电镀的实施方式多种多样，根据镀件的形状、尺寸和批量的不同，可以采用不同的施镀方式。其中挂镀是最常见的一种施镀方式，适用于普通形状和尺寸较大的零件。挂镀时零件悬挂于用导电性能良好的材料制成的挂具上，然后浸没在镀液中作为阴极，两边适当的位置放置阳极。图5-4所示为通用电镀挂具形式和结构。

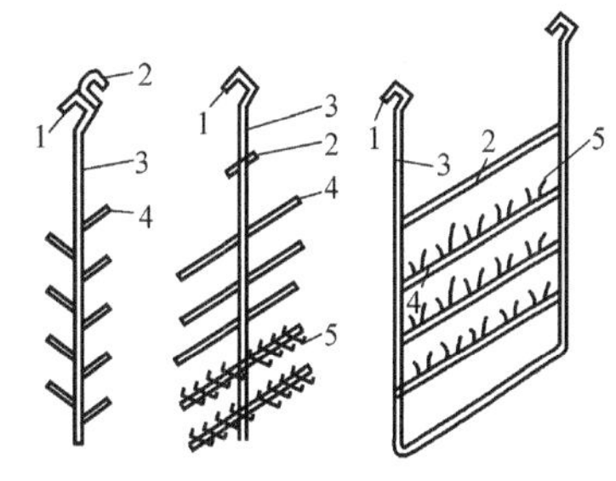

图5-4　通用电镀挂具形式和结构
1—吊钩　2—提杆　3—主杆　4—支杆　5—挂钩

挂具和阴极杆的接触是否良好，对电镀质量至关重要，尤其是在大电流镀硬铬及装饰性电镀中采用阴极移动的搅拌时，往往因接触不良而产生接触电阻，使电流不通畅。因而产生断续停电现象，引起镀层结合力不良，还会影响镀层厚度，造成耐蚀性降低。因此要求在加工挂具和使用时，要保持挂具与阴极杆之间的良好接触。常用的导电杆截面有圆形及矩形，要求挂钩设计时的悬挂方法也不同。导杆截面形状与挂钩的接触情况如图5-5所示。图5-6所示为汽车零部件挂镀生产现场。

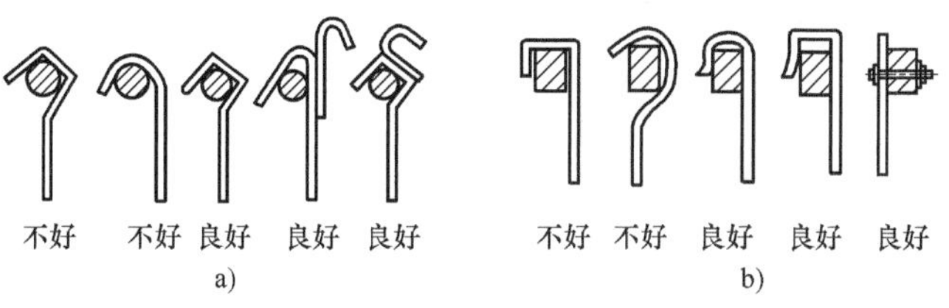

图5-5　导杆截面形状与挂钩的接触情况
a）圆形截面　b）矩形截面

图5-6　汽车零部件挂镀生产现场

如果试样尺寸较小或批量较大，可以采用滚镀。滚镀是将镀件置于多角形的滚筒中，依靠自身重力来接触筒内的阴极，在滚筒转动的过程中实现电镀沉积。滚镀比挂镀节省劳动力，生产率高，设备维修少，占地面积小，镀层均匀，但是滚镀不适合太大和太轻的工件的电镀，且滚镀槽电压高，槽液温升快，镀液带出量大。图 5-7 所示为滚镀的原理。

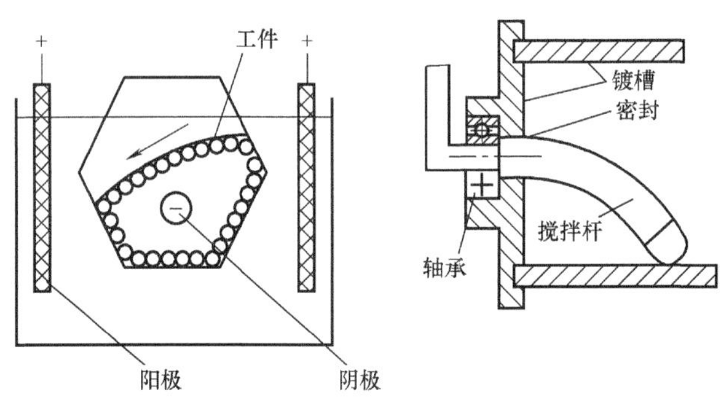

图 5-7　滚镀的原理

如果对工件进行局部施镀或修补，可以采用刷镀。成批的线材和带材可以采用连续镀。图 5-8 所示为连续镀的原理。

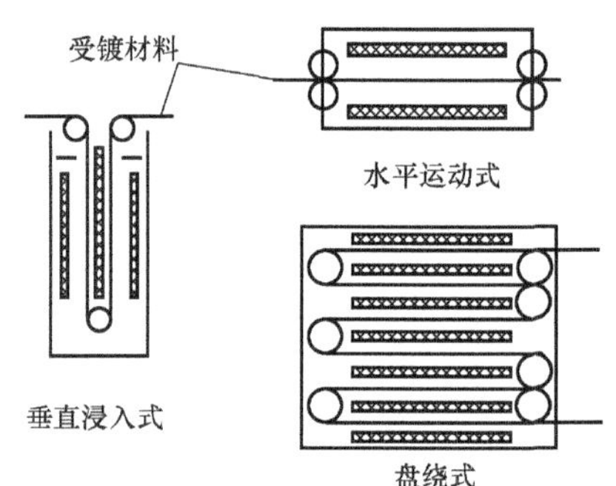

图 5-8　连续镀的原理

（3）电镀后处理　电镀后处理主要有钝化处理、去氢处理、表面抛光。钝化处理是为了提高镀层的耐蚀性，还可以增加镀层光泽和抗污染能力。去氢处理是为了避免镀件产生氢脆，一般是在一定温度下热处理几个小时。表面抛光是对镀层进行精加工，降低表面粗糙度，使镀层获得镜面装饰性效果，还可以提高耐蚀性。

5.1.3　单金属和合金电镀

1. 单金属电镀

（1）镀锌　镀锌主要用于钢铁材料表面的防护性镀层。对钢铁材料来说，镀锌层是阳极镀层，兼有电化学保护和机械保护的双重作用，耐蚀性良好。镀锌层的防护能力与镀锌层厚度和孔隙率有关，镀层越厚，孔隙率越低，耐蚀性越好。镀锌层的厚度至少要满足零件在设计寿命期内的正常工作需要。一般镀锌层厚度为 6 ~ 20μm，用于恶劣条件下的工件镀锌层厚度要在 25μm 以上。相同厚度的镀锌层，经过钝化处理后的防护能力可提高 5 ~ 8 倍。钝化膜还具有多种色彩，甚至可以获得香味镀锌。

镀锌液分为碱性镀液、中性镀液和酸性镀液三种。碱性镀液有氰化物镀液、锌酸盐镀液和焦磷酸盐镀液等；中性镀液有氯化物镀液、硫酸盐光亮镀液等；酸性镀液有硫酸盐镀液、氯化铵镀液等。

由于镀锌具有成本低、耐蚀性良好、美观和耐储存等优点，广泛应用于轻工、仪表、机械、农机、国防等领域。但镀锌层对人体有害，所以不宜用在食品工业中。图 5-9 所示为镀锌后的卷材。

（2）镀铜　电镀铜主要用于以锌、铁等金属作为基体的材料。这些金属表面获得的镀铜层属于阴极镀层。当镀铜层有缺陷或受到破损，或有空隙时，在腐蚀介质的作用下，基体金属作为阳极会加快腐蚀，比未镀铜时腐蚀得更快。所以，单镀铜很少用于防护装饰性镀层，而是常作为其他镀层的中间镀层，以提高表面镀层金属和基体的结合力。采用厚镀铜（底层）加薄镀镍的镀层，可以减少镀层孔隙并减少镍的消耗。渗碳或渗氮时镀铜层还可以保护局部不需要渗碳和渗氮的部位，因为碳和氮在铜中的扩散和渗透很困难。钢丝上镀厚铜来代替铜导线，可以减少铜的消耗量。

镀铜液的种类很多，有氰化物镀铜液、硫酸盐镀铜液、焦磷酸盐镀铜液、柠檬酸盐镀铜液、氨三乙酸镀铜液及氟硼酸盐镀铜液等。图 5-10 所示为电镀铜、银和金后的钢珠。

图 5-9　镀锌后的卷材

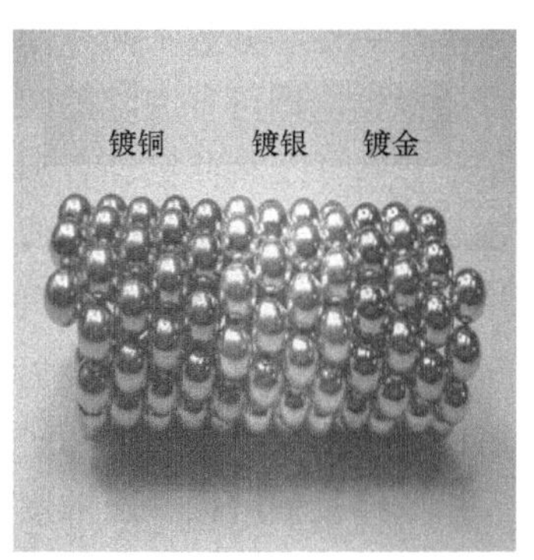

图 5-10　电镀铜、银和金后的钢珠

（3）镀铬　铬是一种微带天蓝色的银白色金属。铬在大气中具有强烈的钝化能力，会生成一层很薄的致密氧化膜，表现出很好的化学稳定性。铬在碱液、硝酸、硫酸、硫化物及许多有机酸中都很稳定；但铬能溶于氢卤酸和热的浓硫酸。镀铬层具有良好的耐蚀性，浸润性很差，表现出憎水、憎油的性质。

铬还有较高的硬度，良好的耐磨性，较好的耐热性。铬在空气中加热到 500℃时，其外观和硬度无明显变化，大于 500℃时开始氧化，大于 700℃时开始变软。铬的反光能力也很强，仅次于银。

按用途的不同，铬镀层可以分为防护装饰性镀铬层和功能性镀铬层两类。防护装饰性镀铬层较薄，可以防止基体金属生锈并美化外观。功能性镀铬一般是为了提高机械零件的硬度、耐磨性、耐蚀性和耐高温性，镀层一般较厚。功能性镀铬按应用范围的不同又分为硬铬、乳白铬和松孔铬镀层。

镀铬液的组成比较简单，主盐不是镀层金属铬的盐类，而是铬酐，还有少量起催化作用的硫酸、氟化物、氟硅酸等。电镀铬时一般以铅合金为阳极，电镀过程中要不断补充铬酐，但是六价铬的毒性较大，现在多以三价铬代替六价铬。图 5-11 所示为镀硬铬后的零部件。

图 5-11　镀硬铬后的零部件

（4）镀镍　镍具有银白色微黄的金属光泽，是铁磁性物质。镍的钝化能力很强，在空气中能形成一层极薄的钝化膜，化学稳定性很高，表面可以长久保持不变的光泽。常温下，镍对大气、水、碱、盐和有机酸都表现出较好的耐蚀性。镍易溶于稀酸，在稀盐酸和稀硫酸中溶解得都比较慢，但是在稀硝酸中溶解得比较快。镍遇到发烟硝酸则呈钝态，镍与强碱不发生作用。

镍的电极电位比铁的电极电位正，所以对于铁来说，镍是阴极镀层，只有镀层完整无缺时，才能对铁基体起到良好的保护作用。但是，镍镀层一般孔隙率比较高，所以镍镀层常与其他金属镀层构成多层体系，以提高耐蚀性，镍作为底层或中间层来降低孔隙率，如Ni/Cu/Ni/Cr、Cu/Ni/Cr等组合镀层。有时也用镍镀层作为碱性介质的保护层。

镍镀层的性能与镀镍工艺密切相关，工艺不同，镀镍层的性能就不同。即使使用同一镀液，如果操作条件和参数不同，所获得的镀层性质也不同。

镀镍层根据应用可分为防护装饰性镀层和功能性镀层两大类。防护装饰性镀镍层主要用于低碳钢、锌铸件及某些铝合金和铜合金的基体防腐，并通过抛光暗镍或直接镀光亮镍获得光亮镀镍层，达到装饰的效果。但是，镍在大气中容易变暗，所以光亮镀镍层上往往需要再镀一薄层铬，使其耐蚀性更好，外观更美丽。如果在光亮镍镀层上镀一层金或一层仿金镀层，并覆着有机物，就会获得金色镀层。自行车、家用电器、仪表、缝纫机、汽车、照相机等上的零件都使用镀镍层作为防护装饰性镀层；功能性镀镍层主要用于修复被磨损、腐蚀或加工过量的零件，这种镀层要比实际需要的厚一些，再经过机械加工使其达到规定的尺寸。电镀镍使用的主盐类主要是硫酸镍和氯化镍。图5-12所示为化学镀镍后的一元硬币。

图5-12　化学镀镍后的一元硬币

2. 合金电镀

通过合金电镀的方法来改善镀层的性能，可以获得数百种性能各异的镀层，这对于解决装饰性、耐蚀性、耐磨性、磁性、钎焊性、导电性等方面的问题有很大的作用。因此，合金电镀是获得各种性能镀层的有效方法，它为电镀工业的发展开辟了广阔的前景。

用电镀的方法获得的合金，还具有许多与热熔方法不同的特点：

1）可获得由高熔点与低熔点金属组成的合金。

2）可获得热熔相图没有的合金。

3）可获得非常致密、性能优异的非晶质合金。

4）可获得水溶液中难以单独沉积金属的合金。

5）控制一定的条件还可使电位较负的金属优先析出。

合金电镀通常按合金含量最高的元素来分类，因此，可以将合金分为铜（基）合金、银（基）合金、锌（基）合金、镍（基）合金等。

铜锡合金具有孔隙率低、耐蚀性好、容易抛光和可直接镀铬等优点，是目前应用最广的合金镀层之一。

氰化电镀铜锡合金采用氰化物镀液，其主要原因是镀层的成分和色泽容易控制，镀液的分散能力好，通过改变镀液的组成和条件，可以获得低锡、中锡和高锡等一系列不同色泽的铜锡合金镀层。其缺点是镀液含有大量有剧毒的氰化物，而且操作温度较高，故对生产车间的安全要求严格。低锡青铜镀液的组成和工艺条件见表 5-1。

表 5-1　低锡青铜镀液的组成和工艺条件

溶液成分及工作条件		低氰	低氰光亮	中氰	中氰光亮
氰化亚铜（CuCN）	浓度/(g/L)	20 ~ 25	20 ~ 30	35 ~ 42	29 ~ 36
锡酸钠（$Na_2SnO_3 \cdot 3H_2O$）		30 ~ 40	10 ~ 15	30 ~ 40	25 ~ 35
游离氰化钠（NaCN）		4 ~ 6	5 ~ 10	20 ~ 25	25 ~ 30
氢氧化钠（NaOH）		20 ~ 25	8 ~ 10	7 ~ 10	6.5 ~ 8.5
三乙醇胺（$C_6H_{15}O_3N$）		15 ~ 20			
酒石酸钾钠（$KNa \cdot C_4H_4O_6 \cdot 3H_2O$）		30 ~ 40			
醋酸铅［$Pb(CH_3COO)_2 \cdot 3H_2O$］			0.01 ~ 0.03		
焦磷酸钠（$Na_4P_2O_7$）					30 ~ 40
碱式硫酸铋［$(BiO_2)SO_4 \cdot H_2O$］					0.01 ~ 0.03
明胶					0.1 ~ 0.5
OP 乳化剂					0.05 ~ 2.0
温度/℃		55 ~ 60	55 ~ 65	55 ~ 60	64 ~ 68
阴极电流密度/(A/dm^2)		1.5 ~ 2.0	2 ~ 3	1 ~ 1.5	1 ~ 1.5

5.1.4　电镀的发展趋势

目前，电镀在电子电器行业应用较多。电路板、电路连接器和其他类似金属部件都需要进行电镀。电信行业的强势发展和电子设备需求的不断增加，极大地推动了电镀的应用。电镀在新兴电子行业，如微光电子行业发展中也不可或缺，绝大多数现代传感器都采用了电镀技术。计算机设备需求的增加、全球汽车行业的生产增加也给电镀行业提供了良好的发展前景。特别是人类对车内安全及娱乐系统需求的日益增加，都有望给电镀电子器件生产带来新的增长点。

未来欧洲仍是全球最大的电镀市场。中国是电镀大国，各种先进电镀技术在中国都有体现。但是我国电镀行业的发展很不平衡，东南沿海一带经济发达省份的电镀企业发展较快，其技术水平、经济效益都较好，而其他地区相当一部分电镀企业处于半停产状态，企业长期存在生产资源结构不合理，普通级电镀生产能力过剩的状况。还有就是生产能力利用率不足，目前国内电镀行业平均生产能力利用率不足 70%，低于国内外一般划定的 75% 的临界线。很多企业只能在生存中求发展。

5.2　电刷镀技术

1. 电刷镀的原理和特点

（1）电刷镀的基本原理　电刷镀是在槽镀的基础上发展起来的。电刷镀不需要镀槽，只需要在不断供应电解液的情况下，把与电源正极连接的镀笔在与电源负极相连的镀件表面擦拭，通过电化学反应快速沉积金属。图5-13所示为电刷镀的工作原理。

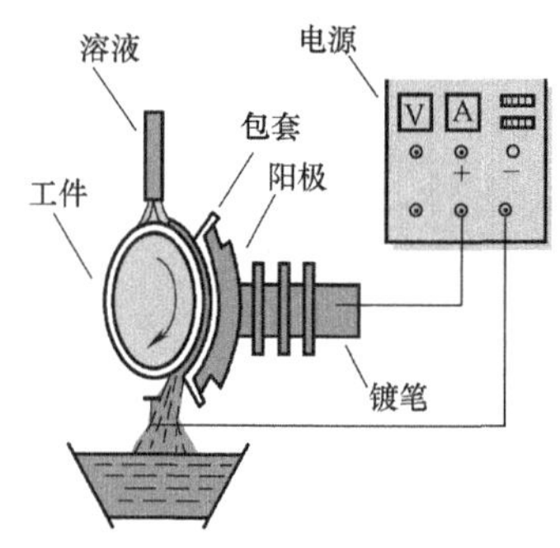

图5-13　电刷镀的工作原理

镀笔是电刷镀的重要工具，与电源正极相连接，作为刷镀的阳极，图5-14所示为不同形状的电刷镀阳极。预镀工件与电源负极相连接，作为电刷镀的阴极。

镀笔上装有形状和尺寸能与待镀金属面良好接触的石墨或金属材料，同时外面包裹一层浸满镀液的棉套或涤纶套。图5-15所示为镀笔的结构。刷镀时，镀笔以一定的相对运动速度在工件表面移动，并施加适当的压力，在镀笔和镀件的间隙中有镀液流过，镀液中的金属离子在电场力的作用下扩散到镀件表面，在镀件表面获得电子后被还原为金属原子，这些金属原子沉积、结晶，形成了金属镀层。电刷镀时间越长，所得的镀层越厚。

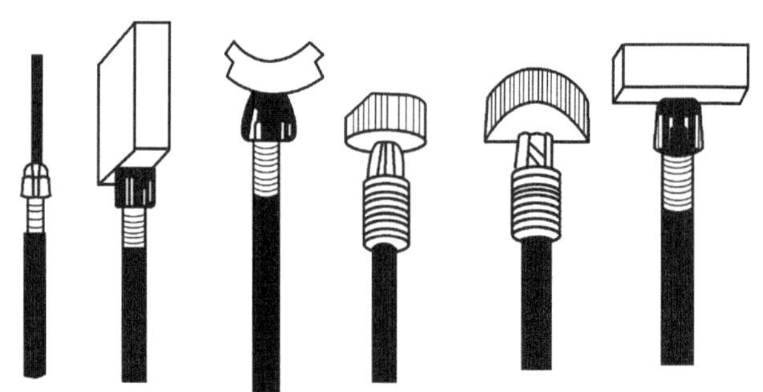
图5-14　不同形状的电刷镀阳极

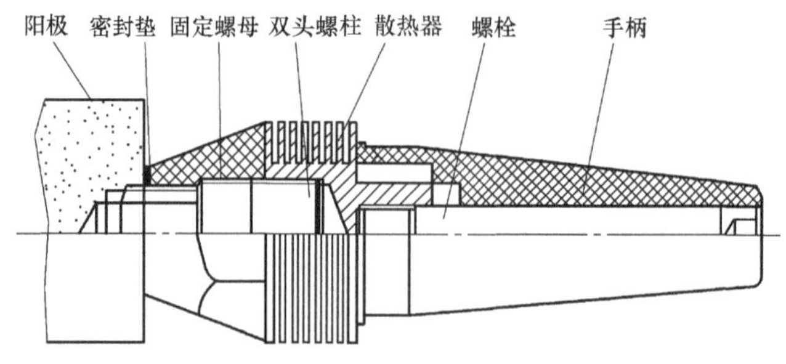

图5-15　镀笔的结构

（2）电刷镀的特点　电刷镀虽然也是金属的一种电沉积过程，其基本原理与普通电镀相同，但是电刷镀和普通的槽镀相比又有自身的特点，具体如下：

1）设备简单、体积小、便于移动。可在现场流动作业，特别适用于大重型零件的现场原地修复或野外抢修。

2）工艺简单，操作灵活方便。可以全部表面处理，也可以局部表面处理。在镀笔接触到的地方，都可以形成金属或合金镀层，尤其适用于形状复杂表面。

3）生产率高，刷镀的速度是一般槽镀的 10 ~ 15 倍；辅助时间少；可节约能源，是槽镀耗电量的几十分之一；镀液中金属离子含量高，所以沉积速度快（比槽镀快 5 ~ 50 倍）。

4）操作安全，对环境污染小。电刷镀的溶液不含氰化物和剧毒药品，可循环使用，耗量小，不会因大量废液排放而造成污染。镀液性能稳定，对环境污染小，便于储存和运输。

5）劳动强度大，镀液溅洒较多，镀液消耗大。阳极包裹材料消耗大，不适用于大批量生产。

2. 电刷镀溶液

电刷镀溶液是电刷镀技术的关键，按其作用可分为预处理液、刷镀液、钝化液和退镀液。

（1）预处理液　预处理液主要包括用于电解脱脂的电净液和电解浸蚀的活化液。

（2）刷镀液　刷镀液使用的金属镀液多达上百种。根据镀层的化学组成可分为单金属镀液、合金镀液和复合金属镀液三类。与普通电镀溶液相比，电刷镀溶液的金属离子浓度高，导电性更好；镀液覆盖能力高，分散能力好；施镀过程中溶液 pH 值较稳定，镀液成分也稳定，无须调整；同时刷镀液的毒性、腐蚀性小，不燃，不爆，可长期保存。常见电刷镀镍所用镀液及工艺条件见表 5-2。

表 5-2　常见电刷镀镍所用镀液及工艺条件

溶液组成及工艺条件		特殊镍	快速镍	低应力镍	半光亮镍
硫酸镍	浓度/(g/L)	395 ~ 397	250 ~ 255	360	300
氯化镍		15			
盐酸		21			
乙酸铵			23		
柠檬酸铵			56		
氨水	浓度/(mL/L)		105		
乙酸		68 ~ 70		30	48
乙酸钠	浓度/(g/L)			20	
硫酸钠					20
氯化钠					20
草酸铵			0.1		
对氨基苯磺酸				0.1	
十二烷基硫酸钠				0.01	0.1
pH 值		0.3	7.5	3 ~ 4	2 ~ 4
温度/℃		15 ~ 50	15 ~ 50	15 ~ 50	15 ~ 50
工作电压/V		10 ~ 18	8 ~ 14	10 ~ 16	4 ~ 10
阴/阳极相对运动速度		5 ~ 10	6 ~ 12	6 ~ 10	10 ~ 14

（3）钝化液　常用的钝化液有硫酸盐、铬酸盐、磷酸盐等溶液，能够在锌、铝、镉等金属表面形成提高耐蚀性的钝化态氧化膜。

（4）退镀液　退镀液通常是反接电流后，采用电化学的方法，使用退镀液来除去零件表面不合格或多余的镀层。注意退镀时防止镀液对金属基体的过腐蚀。根据需要去除的镀层种类不同，退镀液的组成也不同，其成分比较复杂，种类也很繁多，一般都是由不同的酸类、碱类、盐类、金属缓蚀剂、缓冲剂和氧化剂等组成的。

3. 电刷镀的工艺

（1）电刷镀的工艺流程　电刷镀的工艺流程一般是：镀前预处理→零件刷镀→镀后处理。具体的实施工艺路线为：表面修整→表面清理→电净处理→水洗→活化处理→镀过渡层→镀工作层→镀后处理。

1）镀前预处理、表面修整后的表面粗糙度 Ra 值要在 5μm 以下。再用机械及化学方法除去表面油污及锈迹，清洗后再用电解脱脂和活化处理。

2）镀过渡层是为了保证镀层与基体结合良好，选用特殊镍、铁、铜等作为底层或过渡层，厚度一般为 2～5μm，然后按要求再镀需要的金属镀层，即工作镀层。

3）工作表面最后刷镀的镀层作用是满足表面的力学性能、物理性能、化学性能和装饰性能等特殊要求，该镀层能直接起耐磨、减摩及防腐的作用。电刷镀的工作镀层较厚，一般为 0.3～0.5mm。镀层厚度过大，则镀层与基体结合不良，镀层内应力加大，容易引起裂纹并使结合强度下降，甚至使镀层脱落。如果用于补偿零件磨损而进行电刷镀时，镀层厚度要适当增加。

4）刷镀完毕后要立即进行镀后处理，如烘干、打磨、抛光、涂油等。镀后处理的目的是彻底清除镀件表面的水迹和残留镀液等残积物，以保证刷镀零件完好如初。

（2）电刷镀的工艺参数　电刷镀的工艺参数主要有电源极性、镀笔与工件的相对运动速度、刷镀工作电压。图 5-16 所示为电刷镀的工作现场。

图 5-16　电刷镀的工作现场

1）电刷镀时，镀笔接直流电源的正极，工件接直流电源的负极，称为正接。

2）电刷镀时，镀笔与工件的相对运动速度的最佳值是 10～20m/min。如果相对运动速度太大，则镀液容易飞溅散失，电流效率降低，使沉积速度减慢，甚至镀不上；如果相对运动速度太小，会导致镀层结晶粗糙，甚至烧伤。

3）电刷镀一般通过电压来控制电流参数。电压大小和被镀面积、施镀温度、镀笔与工件相对运动速度有关。一般被镀面积小、施镀温度低、镀笔与工件相对速度小，则电压就越低。

4. 电刷镀的应用

电刷镀不仅可以用于机械零部件的维修，还可以改善零部件表面的力学、物理及化学性能。电刷镀广泛应用于机械、冶金、煤炭、水电、石油、化工、交通等行业。例如，滚动轴承、机床导轨、磨具、轴颈等机械零件通过电刷镀可以提高其硬度、耐磨性或对其受损部位进行修补。

电刷镀技术因其工艺和镀层性能等方面的特点，应用十分广泛。电刷镀技术的应用范围主要集中在以下几个方面：

（1）修复　电刷镀可以修复因机械磨损、腐蚀、加工等原因造成的零件表面缺陷，如擦伤、沟槽、凹坑、斑蚀、空洞等，以及恢复磨损零件的尺寸精度和几何形状精度，修补产品上的缺陷及补救超差产品。

（2）强化　电刷镀可用来对零件表面进行强化处理，如提高零件表面的硬度、减摩性、耐磨性、抗氧化能力等。

（3）改性　电刷镀可用来改善材料表面的电学性能、磁学性能、热学性能、光学性能、耐蚀性和钎焊性等。

（4）复合　电刷镀还可与其他表面技术复合，获得单一表面技术难以取得的性能或功能。

5.3　化学镀技术

硬盘、中央处理器（CPU）和主存储器（又称内存）被称为计算机的“三大件”。随着计算机技术的发展，计算机硬盘逐步向小型、薄型、大容量和高速度方向发展。在计算机机械硬盘（HDD）中用于存储数据的是盘片，它由铝镁合金制成，然后在表面进行化学镀 Ni-P 或 Ni-P-Cu，作为后续真空溅射磁记录薄膜的底层。该镀层要求非磁性、低应力、表面光洁和均匀。图 5-17 所示为计算机机械硬盘及化学镀镍后的 CPU。

1. 化学镀的原理和特点

（1）化学镀的原理　化学镀也称为无电解镀或自催化镀，在表面处理中占有重要的地位。化学镀是指在没有外加电流通过的情况下，利用镀液中还原剂提供的电子，使溶液中的金属离子还原为金属并沉积在工件表面，形成镀层的表面处理技术。酸性化学镀镍溶液中，还原沉积时的反应式为

$$H_2PO_2^- + Ni^{2+} + H_2O = H_2PO_3 + Ni + 2H^+$$

式中，$H_2PO_2^-$ 是还原剂。

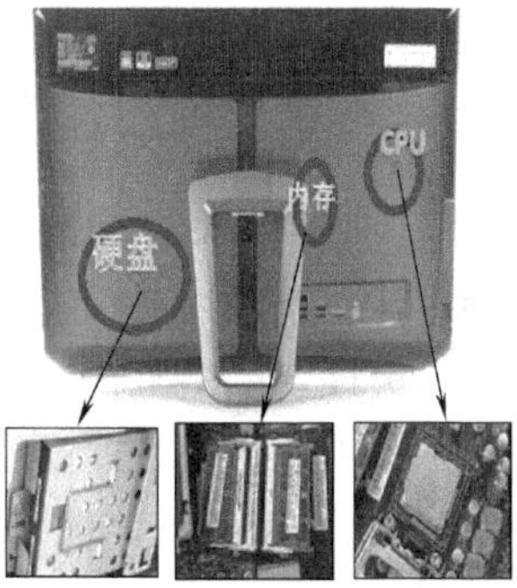

图 5-17　计算机机械硬盘及化学镀镍后的 CPU

化学镀镍溶液的组成及其相应的工作条件必须使反应只在具有催化作用的工件表面上进行，镀液本身不发生氧化还原反应，以免溶液自然分解、失效。如果被镀金属本身是催化剂，则化学镀的过程就具有催化作用。镍、铜、钴、铑、钯等金属都具有催化作用。

（2）化学镀的特点　化学镀与电镀相比，具有如下特点：

1）镀层厚度非常均匀，化学镀液的分散能力非常好，无明显的边缘效应，几乎是工件形状的复制。所以化学镀特别适用于形状复杂的工件，尤其是有深孔、不通孔、腔体等结构的工件的电镀。化学镀层非常光洁平整，基本不需要镀后加工。

2）可以在金属、非金属、半导体等各种不同基材上镀覆。化学镀可以作为非导体电镀前的导电底层镀层。

3）镀层致密，孔隙低，基体与镀层结合良好。

4）工艺设备简单，不需要外加电源。

5）化学镀也有其局限性，例如，镀层金属种类没有电镀多，镀层厚度一般没有电镀高，化学镀的镀液成本一般比电镀液成本高。化学镀所用的溶液稳定性较差，使用温度高，寿命短，且溶液的维护、调整和再生都比较麻烦。镀层金属种类没有电镀多，镀层厚度一般没有电镀高，化学镀镀液成本一般比电镀液成本高。

基于以上特点，化学镀在许多领域已经逐步取代电镀，成为一种环保型的表面处理工艺。目前，化学镀镍、铜、银、金、钴、铂、钯、锡以及化学镀合金和化学复合镀层，已经在航空、机械、电子、汽车、石油、化工等行业中得到广泛的应用。

2. 化学镀的分类

化学镀不是由电源提供金属离子还原所需要的电子，而是靠溶液中的还原剂（化学反应物之一）来提供。根据电子获取途径的不同，化学镀可以分成如下三种类型。

（1）置换法　利用基体金属的电位比镀层金属低，将镀层金属离子从溶液中置换到基体金属表面，电子由基体金属提供。置换法放出电子的过程是在基体表面进行的，当表面被溶液中析出的金属完全覆盖时，还原反应立刻停止，因而镀层很薄，此外，还原反应是通过基体金属的腐蚀才得以进行的，这使得镀层与基体的附着力不佳，因此，置换法化学镀应用较少。

（2）接触镀　将基体金属与另一种辅助金属（第三种金属）接触后浸入溶液构成原电池。辅助金属的电位低于镀层金属，基体金属的电位比镀层金属高。在上述原电池中，辅助金属为阳极，被溶解后释放出电子，由此再将镀层金属离子还原至基体金属表面。接触镀与电镀相似，区别在于前者的电流由化学反应供给，而后者由外电源供给。接触镀虽然缺乏实际应用意义，但可以考虑应用于非催化活性基材上引发化学镀过程。

（3）还原法　在溶液中添加还原剂，利用还原剂被氧化时释放出的电子，再把镀层金属离子还原在基体金属表面的方法称为还原法化学镀。还原法中的还原反应须加以控制，使反应不能在整个溶液中进行，因此，还原法专指在具有催化能力的活性表面上沉积出金属镀层，在镀覆过程中沉积层仍具有自催化能力，因而能连续不断地沉积形成一定厚度的镀层。

除了上述分类方式以外，化学镀还有如下其他分类方法。

1）根据镀覆基体催化活性的不同，可以分为本征催化活性材料上的化学镀、无催化活性材料上的化学镀和催化毒性材料的化学镀。

2）根据主盐种类的不同，可以分为化学镀镍、化学镀铜、化学镀金、化学镀银、化学镀锡、化学镀钴、化学镀钯和化学镀铬等。

3）根据还原剂种类不同，可以分为磷系化学镀、硼系化学镀、肼系化学镀和醛系化学镀等。

4）根据 pH 值不同，又可以分为酸性溶液化学镀和碱性溶液化学镀。

5）根据温度范围不同，可以分为高温化学镀、中温化学镀和低温化学镀。

6）根据镀层成分的不同，可以分为化学镀单金属、化学镀合金和化学复合镀等。

3. 化学镀镍

化学镀镍是化学镀中应用最为广泛的一种方法。化学镀镍多采用次磷酸盐、硼氢化物、氨基硼烷、肼及其衍生物等作为还原剂，其中次磷酸盐由于价格便宜，被广泛应用。

（1）化学镀镍的工艺及参数　化学镀镍的技术核心是镀液的组成及性能。以次磷酸钠为还原剂的化学镀 Ni-P 镀层是国内外应用最为广泛的化学镀镍技术。按 pH 值的不同，化学镀镍溶液可分为酸性镀液和碱性镀液两大类。碱性镀液的 pH 值范围较宽，镀液较稳定，但沉积速率较慢，镀层的磷含量较低，空隙较大，耐蚀性较差。酸性镀液的沉积速率较快，镀层中磷的含量高，耐蚀性较强，但是也存在施镀温度高，能耗大的缺点。常见化学镀镍所用镀液及工艺条件见表 5-3。

表 5-3 常见化学镀镍所用镀液及工艺条件

镀液组成及工艺条件		酸性镀液 1	酸性镀液 2	碱性镀液
硫酸镍	浓度/(g/L)	20 ~ 25	25 ~ 30	
氯化镍				20 ~ 30
次亚磷酸钠		25 ~ 30	20 ~ 30	18 ~ 25
柠檬酸		15 ~ 20		
柠檬酸铵				30 ~ 40
乙酸钠		30 ~ 35		
苹果酸			18 ~ 35	
丁二酸			16 ~ 20	
乳酸				
硼酸				35 ~ 45
pH 值		5 ~ 6.5	4.5 ~ 6	8 ~ 9
温度/℃		85 ~ 90	85 ~ 95	85 ~ 90

(2) 化学镀镍的工艺流程　钢材表面化学镀镍的工艺流程为：表面整平→清洗→脱脂→水洗→酸浸蚀→水洗→化学镀→水洗→镀后处理。

镀后处理主要是为了消除氢脆，提高镀层与基体的结合强度和镀层硬度。化学镀镍后在 350 ~ 400℃ 加热、保温 1h 热处理，可以提高镀层的硬度。如果温度高于 400℃，硬度会下降。图 5-18 所示为某生产企业化学镀镍现场。

图 5-18 某生产企业化学镀镍现场

(3) 化学镀镍层的性能　化学镀镍层的密度低于电镀镍层，P、B 含量越高的镀层密度越小。化学镀镍层的硬度不低于 400 ~ 500HV，经过热处理后，其硬度可以超过 1000HV，且耐磨性比电镀镍层的要高。化学镀镍层的耐蚀性也高于电镀镍层的耐蚀性，尤其是 Ni-P 镀层的耐蚀性更好。

(4) 化学镀镍的应用　化学镀镍有以下几个方面的应用：

1) 在磨具表面强化方面。采用化学镀镍的方法强化磨具表面，既能提高工件表面的硬度、耐磨性、抗擦伤性、抗咬合性，又能够起到固体润滑的效果。同时化学镀镍层和基体结合良好，又具有良好的耐蚀性。

2) 在石油和化学工业中的应用方面。化学镀镍兼具优良的耐蚀性和耐磨性两大特点，膜层厚度均匀，不受零件形状、尺寸的限制，即使在形状复杂的零件表面也能获得均匀、致密的膜层。化学镀镍层对含有硫化氢的石油和天然气环境及酸、碱、盐等化学腐蚀介质有着优良的耐蚀性。在普通钢或低合金钢上镀一层 50 ~ 70μm 的 Ni-P 合金，其寿命可提高 3 ~6 倍。

3）在汽车工业中的应用方面。化学镀镍主要利用其耐蚀性和耐磨性，可应用于发动机主轴、差动小齿轮、发电机散热器和制动器接头等。以汽车驱动机械的主要部件小齿轮轴为例，零件加工后在基体表面获得 13 ~ 18μm 的化学镀 Ni-P 层，并且镀后进行适当的热处理，可使工件表面硬度提高至 60HRC 以上，耐磨性大大提高，膜层均匀，不需要加工就可以保证公差和轴的对称性。使用时发现噪声降低，因为膜层使其磨合性和耐磨性得到改善，发动机可以平滑转动。

4）在航空航天工业方面。国外已经将化学镀镍列入飞机发动机维修指南，采用化学镀镍技术维修飞机发动机的零部件，不仅大大节约了成本，飞机辅助的发电机经过化学镀镍后其使用寿命还会提高 3 ~4 倍。

5）在计算机及电子工业方面。计算机机械硬盘表面化学镀镍可以保护基体不变形，不被磨损和腐蚀。电子元器件表面化学镀镍合金镀层可以降低电阻温度系数或提高钎焊性。

4. 化学镀铜

化学镀铜主要用于非导体材料的金属化处理、塑料制品、电子工业的印制电路板。化学镀铜层的物理、化学性质与电镀法所获得的镀层基本相似。化学镀铜的原理是利用甲醛、次磷酸钠、硼氢化钠和肼等为还原剂，Cu^{2+} 得到电子，在催化表面还原成铜。

（1）化学镀铜工艺　化学镀铜所用主盐是硫酸铜。化学镀铜液按络合剂可分为酒石酸盐型、乙二胺四乙酸（EDTA）二钠盐型和混合络合剂型。化学镀铜配方和工艺条件见表 5-4。

表 5-4　化学镀铜配方和工艺条件

镀液组成及工艺条件		酒石酸盐型	EDTA	酒石酸钾钠 + EDTA	柠檬酸钠
硫酸铜	浓度/(g/L)	5	10	14	6
甲醛		10	5		
乙二胺四乙酸			20	20	
次磷酸钠					28
酒石酸钾钠		25		16	
柠檬酸钠					15
氢氧化钠			14	12	
硼酸					30
硫酸镍					0.5
碳酸钠				45	
硫脲					适量
pH 值		12.8		12.5	9.2
温度/℃		15 ~ 25	40 ~ 60	15 ~ 50	65

甲醛作为还原剂时，pH 值在 11 以上，pH 值越高，铜的还原能力越强，沉积速度越快。但是过高的 pH 值会造成镀液自发分解，镀液稳定性降低。所以用甲醛作为催化剂的镀铜液 pH 值宜控制在 12。化学镀铜时温度过低，易析出硫酸钠；温度过高，镀液稳定性下降，并且施镀过程中需要不断地搅拌。

（2）化学镀铜层的特点和应用　与电镀铜相比，化学镀铜层含杂质较多，内应力较大，硬度、抗拉强度较高，而延展性较低。化学镀铜主要用于印制电路板及塑料装饰行业。同时，化学镀铜层可以增强电子元器件的抗电磁干扰能力。大规模集成电路可以用化学镀铜代替铝，提高了导电性。

5. 化学镀其他金属

（1）化学镀钴　钴的化学还原能力低于镍，在以次磷酸盐为还原剂的酸性化学镀钴液中，钴的沉积速度非常缓慢，甚至有时得不到钴的化学镀层。只有在碱性镀液中，钴的沉积速率才较高，才能获得钴的镀层。

目前，化学镀钴层主要应用于电子、信息、计算机、通信等行业中作为记忆储存元件、非晶态薄膜等。化学镀钴层有优良的磁性能，在飞速发展的信息产业中磁记录、磁光记录应用越来越多。

（2）化学镀铁　与镍、钴、铜相比，铁的催化能力很低，沉积作用很弱，很难直接获得化学镀铁层。只有在金属偶电接触引发的条件下，才能获得铁的镀覆层。

化学镀铁层具有优良的力学性能、较高的磁导率和饱和磁化强度。在航空、航天、电子、医疗等行业得到了广泛的应用。

5.4　热浸镀技术

1. 热浸镀的原理和特点

热浸镀，简称热镀，是把被镀件浸入熔融的金属液体中使其表面形成金属镀层的一种工艺方法。在热浸镀过程中，被镀金属基体与镀层金属之间通过溶解、化学反应和扩散等方式形成冶金结合的合金层。当被镀金属基体从熔融金属中提出时，在合金层表面附着的熔融金属经冷却凝固成镀层。热浸镀的被镀金属材料一般为钢和铸铁材料，被镀金属的熔点必须高于镀层金属的熔点。因此，常用的镀层金属有锡、锌、铝、铅和锌铝合金等。

热浸镀工艺包括表面预处理、热浸镀和后处理三部分。按表面预处理方法的不同，它可以分为溶剂法和保护气体还原法。

（1）溶剂法　溶剂法是指工件在浸入熔融金属前，先浸入一定成分的熔融溶剂中进行处理，在已净化的工件表面形成一层溶剂层，目的是去除表面残留的铁盐和酸洗后又氧化生成的少量氧化皮。在浸入熔融的金属后，溶剂受热挥发分解，露出活化的基体金属表面，发生反应和扩散，形成镀层。这种方法多用于钢丝和钢制零部件。

（2）保护气体还原法　保护气体还原法是目前热浸镀普遍采用的方法，典型热浸镀工艺有森吉米尔法和美钢联法。森吉米尔法多用于带钢连续热浸镀。带钢通过用煤气或天然气直接加热的微氧化炉，火焰烧掉带钢表面的油污和乳化液，使带钢表面形成氧化膜，然后进入装有氢气和氮气混合保护气的还原炉中被还原，并完成再结晶退火，接着在保护气氛下冷却到适当温度后进入镀锅进行热浸镀。美钢联法是一种改良后的森吉米尔法，是在退火炉前设置清洗段，取代氧化炉的脱脂作用，采用电解脱脂，可将带钢表面的油污完全去掉。

热浸镀是金属防护的一种经济和有效的方法。与常规的电镀工艺相比，热浸镀工艺具有以下特点：

1）工艺过程及其所用设备的结构简单，能对工件进行大批量的镀层处理，且生产率高。

2）镀层较厚，能够为在多种环境条件下工作的工件提供长期有效的防护。

3）镀层与基体呈冶金结合、附着性好、镀后可以进行适当的成形、焊接、装饰和涂漆等加工处理。

4）生产成本低。

2. 常用热浸镀镀层

常用的热浸镀镀层材料及应用见表5-5。

表5-5　常用的热浸镀镀层材料及应用

镀层材料	熔点/℃	特点及应用
锌	420	热镀锌是价廉而耐蚀性良好的镀层，对钢基体具有牺牲性保护作用，大量用于钢材防大气腐蚀
铝	657	镀铝层具有优异的抗大气（尤其是工业大气和海洋大气）腐蚀性能，还具有良好的耐热性
锡	232	是最早出现的热镀层，早期热镀锡板用于食品包装。由于锡资源短缺，热镀锡已很少采用
铅	327	铅的化学稳定性好，很适合做钢材的保护镀层，铅液中需添加一定量的锡或锑，才能形成镀层
锌铝合金		热镀锌铝合金镀层的耐蚀性远优于单一的镀锌层，已商品化的有55% Al-Zn合金镀层和Zn-5% Al-Re合金镀层

3. 热浸镀锌

热浸镀锌是将表面经清洗、活化后的钢铁工件浸于液态锌中，通过铁锌之间的反应扩散，在钢铁表面生产铁锌合金层的工艺。热浸镀锌是当今世界上应用最广泛的钢材防腐方法，技术成熟，工艺稳定，生产成本低廉。热浸镀锌对在大气中使用的钢材的防腐蚀效果十分显著。一方面是锌在大气中容易生成一层致密、坚固、耐蚀的保护层作为阻挡层隔离基体与周围的腐蚀环境；另一方面，锌的电极电位比较低，在电解质的环境中，镀锌层可以作为牺牲阳极对钢基体产生电化学防护作用。因此，热浸镀锌钢材广泛应用于水暖、电力、建筑材料、钢结构和日用五金中。

近年来，为了进一步提高热浸镀锌的耐蚀性，由国际铅锌研究小组（ILZSG）和比利时科克里尔公司共同研发，在Zn-Al-Re热浸镀液中添加少量的La-Ce混合稀土后，提高了热浸镀锌时的润湿性，消除了镀层中的针孔，镀层附着力强，钢板性能与传统热浸镀锌钢板相近，但耐蚀性远优于传统镀锌钢板，主要用于建筑和家电行业，通常作为彩色涂层钢板的基板，使用寿命长，社会效益好。

（1）热浸镀锌工艺　目前国内应用最多的是溶剂法和保护气体还原法。

1）溶剂法。溶剂法热浸镀锌主要用于钢管、钢板、钢丝和钢铁零部件的镀锌工艺。这种工艺方法最大的特点是，在热浸镀锌前先将热处理过的被镀锌件进行溶剂处理，以防止镀件浸入锌液之前再被氧化，同时也可避免锌液表面在镀件进入锌槽入口处产生氧化锌。溶剂处理有两种方法：熔融溶剂法和烘干溶剂法。

① 熔融溶剂法是将镀件在热浸镀锌之前先通过熔融锌槽表面上一个专用箱中的溶剂层进行处理，故又称湿法。使用的溶剂多数是$ZnCl_2$和NH_4Cl的混合物。采用熔融溶剂法镀锌时，锌液中不宜添加铝。因为溶剂在锌液表面会同铝发生激烈的化学反应，生成易于挥发的三氯化铝。此外，熔融溶剂法镀锌所得到的镀锌层黏附性一般不好。为了提高镀锌层的附着力，采取了缩短浸锌时间，以及将镀件通过溶剂层后，先经铅液预热，再进行热浸镀锌的方法。

② 烘干溶剂法，采用烘干溶剂法所得的镀锌层，其黏附性和表面质量均比熔融溶剂法好。其工艺流程为：表面清理→脱脂→酸洗→水洗→溶剂处理→烘干→热浸镀→钝化→收线。

表面清理的目的是清除钢铁件表面的砂型黏结层和氧化皮，常采用的方法是滚筒法和喷丸法。脱脂常采用碱洗方法，碱洗液以氢氧化钠为主，再加入适量的碳酸钠、磷酸三钠和水玻璃（硅酸钠）。酸洗是为了彻底清除工件表面的氧化皮，常用浓度为 10% ~20%（体积分数）的硫酸或 20%（体积分数）的盐酸。

首先将预处理后的表面清洁的钢材放在单独的溶剂槽内进行溶剂处理、烘干，然后将带有干燥溶剂层的钢材浸入熔融锌液中进行热浸镀。溶剂处理的目的是去除工件表面残存的铁盐，将预处理后新生成的锈层溶解，活化钢丝表面，降低熔融金属表面张力，提高锌液的浸润能力，增加镀层的结合力。溶剂一般为 600 ~800g/L 的 $ZnCl_2$ 和 60 ~100g/L 的 NH_4Cl 的水溶液，密度为 1.05 ~1.07g/cm^3，温度为 75 ~85℃。热浸镀时锌液温度应控制在 450 ~470℃，时间 2 ~5min，所用锌锭的含锌量应在 99.5%（质量分数）以上。根据镀锌层的厚薄可采用垂直引出法或倾斜引出法，如图 5-19 所示。前者适用于镀厚锌层，后者适用于镀薄锌层。

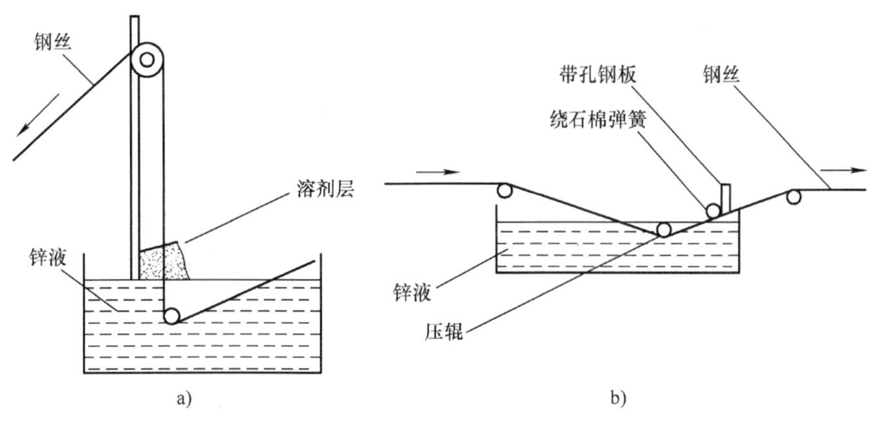

图 5-19　热浸镀锌示意图

a）垂直引出法镀锌钢丝　b）倾斜引出法镀锌钢丝

钝化处理的目的是防止锌层产生白锈，提高其耐蚀性。常用的钝化剂有低铬型与高铬型两种。从环保的角度出发，目前大多数钝化处理选择低铬和无铬钝化。

2）保护气体还原法。保护气体还原法是现代宽带钢连续热浸镀锌采用的最普遍的一种方法。典型的生产工艺通称森吉米尔法，其工艺流程为：冷轧→微氧化炉氧化→还原退火→冷至镀锌温度→热浸镀锌→冷却→卷取。

森吉米尔法不采用化学清洗。而在生产线上的氧化炉内用煤气火焰把钢带直接加热到 400 ~450℃，使带钢表面残留的轧制油或乳化液燃烧掉。与此同时，带钢表面形成一薄而均匀的氧化层。然后进入还原炉，由还原气体（75% 氢和 25% 氯的混合气体）将带钢表面的氧化铁还原成很薄的纯铁层。

带钢通过还原炉时，同时进行退火。退火温度根据镀锌的要求，可以在 750℃左右再结晶退火，或在 900℃以上进行常化退火。然后在同样的还原性气氛中将带钢冷却至略高于锌液的工作温度，由带钢本身所带进锌液的热量，可以补偿锌液的热量损失，降低锌液的能耗。为了抑制镀锌层表面产生白锈，镀锌带钢经自然冷却后，可用铬酸盐或磷酸盐溶液进行化学处理，干燥后再进行卷取。

森吉米尔法的主要缺点是，退火炉中的温度控制受氧化和还原所需的限制很大，并且由于不断排出所产生的水蒸气，保护气体的消耗也较多。因此，1965 年时，对镀锌生产线的氧化炉进行了改造，将氧化炉与还原炉用一个截面较小的通道连接起来，把前段的氧化炉改为微氧化炉，微氧化炉采用高温快速加热，最高炉温可达1300℃，这种方法通称“改进的森吉米尔法”，又称微氧化还原法或美钢联法。

美钢联法中微氧化炉的一般使用温度为1150～1250℃，其主要作用是净化带钢表面，使表面的油污、乳化液在高温下挥发。其次，它还可以起到尽量减少带钢的氧化，并把带钢预热到所要求的温度的作用。另外，该工艺采用全辐射管还原加热带钢，因而镀层的表面质量较好。该工艺虽然相对复杂，热效率低，但它可以生产表面质量更好、厚度更薄的热镀锌钢板，而且可以降低炉内的氢气含量，提高安全性，因而我国新建的热浸镀锌机组大部分都采用美钢联法。

保护气体还原法取消了带钢的碱洗、酸洗和溶剂处理等表面预处理，改善了操作环境，而且钢材在镀锌之前就有了一定的温度，降低了锌锅本身的热应力，提高了其使用寿命，而且缩短了镀锌时间，降低了锌的消耗，改善了镀层质量。

（2）热浸镀锌层的性能　热浸镀锌层与电镀锌层一样，同属阳极性镀层，并具有良好的抗大气、淡水、海水及土壤腐蚀的性能。钢材的热浸镀锌层是由纯锌层和铁锌合金层组成。它与基体结合牢固，使镀锌层具有良好的黏附性能。同时铁锌合金层的存在使镀层的硬度提高，接近或者超过普通镀锌结构钢的硬度，因而使热浸镀锌层在应用中具备良好的耐磨性。热浸镀锌钢铁制件也具有良好的焊接性能，可进行点焊或缝焊。

（3）热浸镀锌的应用　热浸镀锌是一种工艺简单而又有效的钢铁材料防护工艺，被广泛应用于钢铁制件的防护。目前世界各国除大量生产各种镀锌钢板、钢管和钢丝这些半成品镀锌产品外，对所需的成品钢铁制件也都采用热浸镀锌防护。热浸镀锌产品被广泛地应用于交通运输、建筑、通信、电力、能源、石油化工、机械制造等行业。

1）在交通运输行业中的应用（见图5-20）：高速公路防护栏、公路标志牌、路灯杆、桥梁结构件、汽车车体、运输机械面板与底板等。

a)

b)

图5-20　热浸镀锌在交通运输业中的应用

a）公路标志牌　b）高速公路防护栏

2）在建筑行业中的应用（见图5-21）：建筑钢结构件、脚手架、屋顶板、内外壁材料、防盗网、围栏、百叶窗、排水管道、水暖器材等。

3）在通信与电力行业中的应用（见图5-22）：输电铁塔、线路金具、微波塔、变电站设施、电线套管、高压输电导线等。

4）在石油化工行业中的应用（见图5-23）：输油管、油井管、冷凝冷却器、油加热器等。

5）在机械制造行业中的应用（见图5-24）：各种机器、家用电器、通风装置壳体、仪器仪表箱、开关箱壳体等。

a)

b)

图 5-21　热浸镀锌在建筑行业中的应用

a）脚手架　b）防盗网

a)

b)

图 5-22　热浸镀锌在通信与电力行业中的应用

a）变电站设施　b）输电铁塔

a)

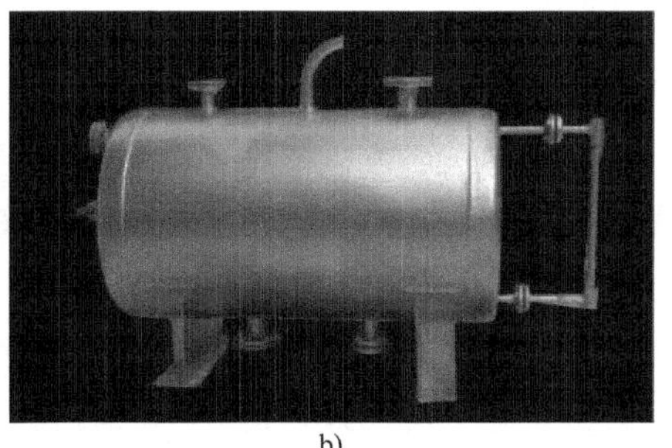

b)

图 5-23　热浸镀锌在石油化工行业中的应用

a）输油管　b）油加热器

a)

b)

图 5-24　热浸镀锌在机械制造行业中的应用

a）仪器仪表箱壳体　b）开关箱壳体

第6章

金属表面转化膜技术

【学习目标】

- 理解金属表面转化膜技术的概念、分类及用途。
- 熟悉金属表面转化膜的设备装置、工艺条件及应用范围。
- 掌握金属表面转化膜的结构、工艺流程及性能特点等基本操作技能。

【导入案例】

春秋时期，越王勾践“卧薪尝胆”，一举击败了吴王夫差，演出了历史上春秋争霸的最后一幕。1965年冬天，在湖北省荆州市附近的望山楚墓群中，出土了越王勾践所用的锋利无比的青铜宝剑。此宝剑虽然在地下沉睡2000多年，但仍然锋芒毕露，寒气逼人。据在场文物工作者回忆，一名开采队员一不留神就将手指划破，血流不止。有人再试其锋芒，稍一用力，便将16层白纸划破。专家通过对剑身八个鸟篆铭文的解读，证明此剑就是传说中的越王勾践剑，素有“天下第一剑”“青铜剑之王”美誉。随后科研人员经过测试后发现，剑身表面有一层铬盐化合物，这说明春秋时期中国人就开始应用铬酸盐氧化处理技术了。后来在秦始皇兵马俑二号坑出土的19把青铜剑，剑体表面也采用了相同的铬酸盐氧化处理，氧化膜厚度有10μm左右。记者从河南省文物考古研究院了解到，在河南省信阳市城阳城遗址第18号楚墓发掘中，木棺里出土的2300多年前的宝剑，还带着剑鞘，出鞘瞬间寒光毕现。图6-1所示为在地下沉睡2000多年的越王勾践剑。

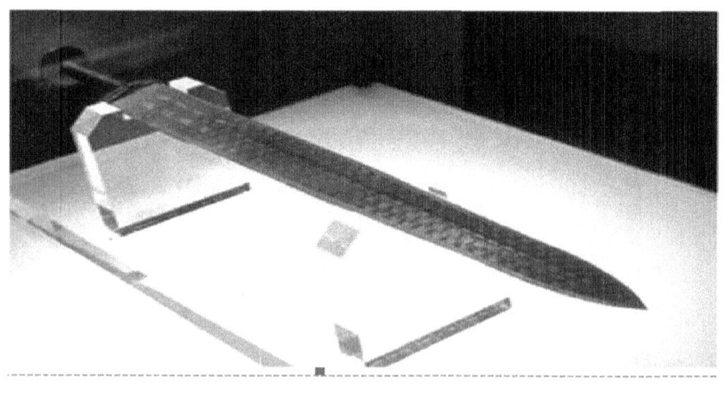

图6-1 越王勾践剑

6.1　概述

1. 金属表面转化膜的概念

金属表面转化膜是指通过化学或电化学方法，使金属与特定的腐蚀液相接触，在金属表面形成一种稳定、致密、附着力良好的化合物膜层。图 6-2 所示为各种化学转化膜零部件。转化膜的形成方法是：将金属工件浸渍于化学处理液中，使金属表面的原子层与某些介质的阴离子发生化学或电化学反应，形成一层难溶解的化合物膜层。几乎所有的金属都可在选定的介质中通过转化处理得到不同应用目的的化学转化膜。目前应用较多的是钢铁、铝、锌、铜、镁及其合金。转化物膜层的形成可用下式表示：

$$m\mathrm{M} + n\mathrm{A}^{z-} = \mathrm{M}_m\mathrm{A}_n + nze^-$$

式中，M 为表层的金属原子；A^{z-} 为介质中价态为 z 的阴离子；e^- 为电子。

图 6-2　各种化学转化膜零部件

由氧化膜的形成过程反应方程式可知，氧化膜的生成必须有基体金属的直接参与，与介质中的阴离子反应生成自身转化的 $\mathrm{M}_m\mathrm{A}_n$ 产物。氧化膜的优点主要表现在氧化膜与基体金属的结合强度较高，金属基体直接参与成膜，因而膜与基体的结合力比电镀层和化学镀层这些外加膜层大得多，但转化膜较薄，其防腐能力远不如其他镀层，通常还要有另外补充的防护措施。

2. 金属表面转化膜的分类

表面转化膜几乎在所有的金属表面都能生成。各种金属的表面转化膜及其分类如下：

（1）按转化过程中是否存在外加电流来分类　按转化过程中是否存在外加电流可分为化学转化膜和电化学转化膜两类。化学转化膜不需要外加电源，而电化学氧化需要外加电源。

（2）按转化膜的主要组成物的类型来分类　按转化膜的主要组成物的类型可分为氧化物膜、磷酸盐膜、铬酸盐膜和草酸盐膜。氧化物膜是金属在含有氧化剂的溶液中形成的膜层，其成膜过程称为氧化；磷酸盐膜是金属在磷酸盐溶液中形成的膜，其成膜过程称为磷化；铬酸盐膜是金属在含有铬酸或铬酸盐的溶液中形成的膜层，其成膜过程通常称为钝化。金属表面转化膜的分类见表 6-1。

表 6-1　金属表面转化膜的分类

分类	处理方法	转化膜类型	受转化金属
电化学法	阳极氧化法	氧化物膜	钢、铝及铝合金、镁合金、钛合金、铜及铜合金、锆、钽、锗
化学法（浸液法、喷液法）	化学氧化法	氧化物膜	钢、铝及铝合金、铜及铜合金
	草酸盐处理	草酸盐膜	钢
	磷酸盐处理	磷酸盐膜	钢、铝及铝合金、镁合金、铜及铜合金、锌及锌合金
	铬酸盐处理	铬酸盐膜	钢、铝及铝合金、镁合金、钛合金、铜及铜合金、锌及锌合金、镉、铬、锡、银

3. 金属表面转化膜的主要用途

金属表面形成转化膜后，不仅使金属表面的耐蚀性、耐磨性以及外观得到了极大的改善，同时还能提高有机涂层的附着性和抗老化性，用于涂装底层。此外，有些表面转化膜还可提高金属表面的绝缘性和防爆性。表面转化膜技术广泛应用于机械、电子、仪器仪表、汽车、船舶、飞机制造及日常用品等领域中。其基本用途如下：

（1）防腐　对有一般要求的防锈零部件，如涂防锈油等，利用很薄的金属转化膜作为底层使用；对有特殊要求的防锈零部件，工件在外力作用下又不受弯曲、冲击等，金属转化膜层须均匀致密，且膜层较厚为佳。

（2）耐磨减摩　金属与金属面相互接触摩擦的部位需要用耐磨化学转化膜。例如，经磷酸盐处理得到的磷酸盐膜层具有很小的摩擦因数和良好的吸油作用，会在金属接触面间产生一缓冲层保护基体，减小磨损。

（3）涂装底层　在某些情况下，化学转化膜也可作为某些金属镀层的底层。例如，作为涂装底层的化学转化膜要求膜层致密、质地均匀、薄厚适宜、晶粒细小等。

（4）用于装饰　金属转化膜依靠自身的装饰外观或者多孔性质能够吸附各种美观的色料，常用于日常用品等的装饰。

（5）提高涂膜与基体的结合力　金属转化膜的主要作用就是提高涂膜与基体的结合力。

（6）适用于冷成形加工　在金属表面形成磷酸盐膜后再进行塑性加工，例如，进行钢管、钢丝等材料的冷拉伸，是磷酸盐膜层最新的应用领域之一。在金属表面形成转化膜后对其进行拉拔时可以减小拉伸力，从而延长模具使用寿命，减少拉拔次数，提高生产率。

（7）电绝缘等功能性膜　在金属表面形成的磷酸盐膜层是电的不良导体，且耐热性好，在冲裁加工时可减少工具的磨损等。

6.2　金属表面化学氧化技术

在我国战争时期发挥过重大作用的毛瑟 M1932 式手枪，俗称“盒子炮”或“二十响”，枪支上大部分机件表面都呈蓝黑色，这就是通过发蓝处理而生成的 Fe_3O_4 薄膜。这层薄膜耐蚀性、耐磨性、耐热性好，而且不反光，能够满足枪支的使用要求，而用油漆涂装无法满足要求。图 6-3 所示为经过化学转化处理的毛瑟手枪。

6.2.1　钢铁的化学氧化

1. 钢铁发蓝的实质和应用

钢铁发蓝的实质是钢铁的化学氧化过程，也称发黑。它是指将钢铁浸在含有氧化剂的溶液中，经过一定时间后，在其表面生成一层均匀的、以 Fe_3O_4 为主要成分的氧化膜的过程。发蓝后的钢铁表面氧化膜的色泽取决于工件表面的状态、材料成分以及发蓝处理时的操作条件，一般为蓝黑色到黑色。碳质量分数较高的钢铁氧化膜呈灰褐色或黑褐色。发蓝处理后膜层厚度可达到 0.5 ~ 1.5μm，氧化膜层对零件的尺寸和精度无显著影响。

图 6-3　经过化学转化处理的毛瑟手枪

例如，将一把表面光洁、银光闪闪的小刀放在水中浸一下，再在火上烤，过一会儿便可看到小刀的表面颜色发生了蓝黑色变化。

钢铁发蓝处理广泛用于机械零件、精密仪表、气缸、弹簧、武器和日用品的一般防护和装饰，该工艺具有成本低廉、效率较高、不影响工件尺寸和精度、无氢脆等特点，但在使用中应定期擦油。图 6-4 所示黑色部位是经过发蓝处理的数控机床刀柄。

图 6-4　经过发蓝处理的数控机床刀柄

2. 钢铁的发蓝工艺

钢铁的发蓝工艺和温度有关，根据处理温度的高低，钢铁的发蓝法可分为高温化学氧化法和常温化学氧化法。这两种方法所选用的处理液成分不同，形成膜的成分不同，成膜机理也不同。

（1）钢铁高温化学氧化处理

1）高温化学氧化处理的原理。高温化学氧化又称碱性化学氧化，是传统的发蓝方法。一般配方为在强碱氢氧化钠溶液里添加硝酸钠和亚硝酸钠氧化剂，在 135 ~ 145℃ 的温度下处理 60 ~ 90min，生成以 Fe_3O_4 为主要成分的氧化膜。膜厚一般在 2μm 左右，氧化膜经肥皂液洗、水洗、干燥、浸油后其耐蚀性较基体有较大幅度提高，同时也美化了外观。

2）高温化学氧化处理生产工艺。钢铁高温化学氧化处理的生产工艺流程如下：

有机溶剂脱脂→化学脱脂→热水洗→流动水洗→酸洗（盐酸）→流动冷水洗→化学氧化→回收槽浸洗→流动冷水洗→后处理→干燥→检验→浸油。钢铁高温化学氧化工艺见表 6-2。

表 6-2　钢铁高温化学氧化工艺

溶液组成和工艺条件		单槽法		双槽法			
		配方 1	配方 2	配方 3		配方 4	
				第一槽	第二槽	第一槽	第二槽
氢氧化钠	浓度/(g/L)	550 ~ 650	600 ~ 700	500 ~ 600	700 ~ 800	550 ~ 650	700 ~ 800
亚硝酸钠	浓度/(g/L)	150 ~ 250	200 ~ 250	100 ~ 150	150 ~ 200		
重铬酸钾	浓度/(g/L)		25 ~ 32				
硝酸钠	浓度/(g/L)					100 ~ 150	150 ~ 200
温度/℃		135 ~ 145	130 ~ 135	135 ~ 140	145 ~ 152	130 ~ 135	140 ~ 150
时间/min		15 ~ 60	15	10 ~ 20	45 ~ 60	15 ~ 20	30 ~ 60
特点		通用氧化液	氧化速度快，膜致密，但光亮性差	可获得蓝黑色光亮氧化膜		可获得较厚的黑色氧化膜	

钢铁高温化学氧化时，由于工艺温度高，使用的强酸、强碱挥发导致生产现场条件较差，对环境污染很大。

（2）钢铁常温化学氧化处理　钢铁常温化学氧化又称酸性化学氧化，也称常温发蓝处理，与高温发蓝处理工艺相比，这种新工艺具有节能环保、高效（氧化速度快，通常2～4min）、低成本、操作简单等优点，同时所得的膜层耐蚀性和均匀性均良好。其缺点是槽液不稳定，寿命短等，故要随用随配，而且氧化膜层附着力稍差些。

钢铁常温发蓝处理可得到黑色或蓝黑色氧化膜，其主要成分是硒化铜（CuSe），功能与 Fe_3O_4 相似，其工艺流程也与高温发蓝处理基本相同。目前，常温发蓝溶液主要成分是硫酸铜（$CuSO_4$）、二氧化硒，还含有各种催化剂、缓冲剂、络合剂和辅助材料。钢铁常温化学氧化工艺见表6-3。

表6-3　钢铁常温化学氧化工艺

溶液组成	配方1	配方2	配方3
硫酸铜/(g/L)	1～3	1～3	2～4
亚硒酸/(g/L)	2～3	3～5	3～5
磷酸/(g/L)	2～4		3～5
有机酸/(g/L)	1～1.5		
硝酸		34～40mL/L	3～5g/L
磷酸二氢钾/(g/L)			5～10
对苯二酚/(g/L)	2～3	2～4	
添加剂/(g/L)	10～15	适量	2～4
pH值	2～3	1～3	1.5～2.5

6.2.2　铝及铝合金的化学氧化

众所周知，铝的新鲜表面在大气中立即生成自然氧化膜，这层氧化膜虽然非常薄，但仍然赋予铝一定的耐蚀性，因此铝比钢铁耐蚀性好。根据合金成分与暴露时间的不同，这层膜的厚度发生变化，一般膜厚为0.005～0.015μm，然而这个厚度范围不足以保护铝免于腐蚀，也不足以作为有机涂层的可靠底层。通过适当的化学处理，氧化膜的厚度可以增加100～200倍，从自然氧化膜成为化学氧化膜。

铝的化学转化处理就是在化学转化处理液中，金属铝表面与溶液中化学氧化剂反应，而不是通过外加电压生成化学转化膜的化学处理过程。化学转化膜又称为化学氧化膜、化学处理膜。铝及铝合金经过化学氧化可得到厚度为0.5～4μm的氧化膜，膜层多孔，具有良好的吸附性，可作为有机涂层的底层，但其耐磨性和耐蚀性均不如阳极氧化膜好。化学氧化法的特点是设备简单、操作方便、生产率高、不消耗电能、成本低。该法适用于一些不适合阳极氧化的铝及铝合金制品的表面处理。铝在pH值为4.45～8.38时，均能形成化学氧化膜，但机理尚不清楚，估计与铝在沸水介质中的成膜反应是一致的。铝在沸水中成膜属于电化学的性质，即在局部电池的阳极上发生如下的反应：

$$Al \longrightarrow Al^{3+} + 3e^-$$

同时阴极上发生如下反应：

$$3H_2O + 3e^- \longrightarrow 3OH^- + \frac{3}{2}H_2$$

铝与溶液界面处的碱度升高，反应生成难溶的 $Al_2O_3 \cdot H_2O$ 氧化膜，即

$$2Al^{3+} + 6OH^- \longrightarrow Al_2O_3 \cdot H_2O + 2H_2O$$

6.3　普通阳极氧化技术

2008 年北京奥运会火炬以一朵朵流连婉转、旖旎飘逸的祥云将中国的传统文化元素与现代设计理念完美结合，并传递到世界各地。“祥云”火炬云纹外壳和把手采用纯度为 99.7% 的 1070 铝材，经过 73 道工序加工而成，其中需要经过两次阳极氧化处理。图 6-5 所示为 2008 年北京奥运会火炬。

图 6-5　2008 年北京奥运会火炬

6.3.1　铝及铝合金的阳极氧化

1. 铝及铝合金的阳极氧化机理

将铝及铝合金放入适当的电解液中，以铝工件为阳极，其他材料为阴极，在外加电流的作用下，使其表面生成氧化膜，这种方法称为阳极氧化。图 6-6 所示为铝阳极氧化原理图。

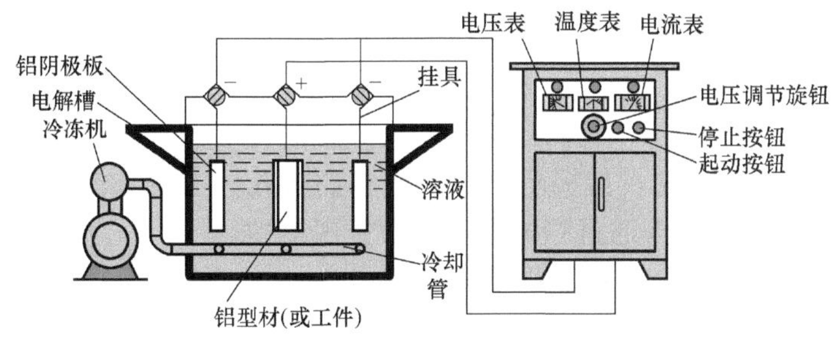

图 6-6　铝阳极氧化原理图

通过选用不同类型、不同浓度的电解液，以及控制氧化时的工艺条件，可以获得具有不同性质、厚度为几十至几百微米的阳极氧化膜，其耐蚀性、耐磨性和装饰性等都较化学氧化膜有明显的改善和提高。图 6-7 所示为铝合金阳极氧化零部件。

图 6-7　铝合金阳极氧化零部件

铝及铝合金阳极氧化所用的电解液一般为中等溶解能力的酸性溶液，铅作为阴极，仅起导电作用。铝及铝合金进行阳极氧化的过程中，一方面是阳极（铝工件）在水解出的氧原子作用下生成氧化膜（Al_2O_3），这是电化学作用，反应如下：

$$H_2O-2e^- \longrightarrow [O]+2H^+$$

$$2[Al]+3[O] \longrightarrow Al_2O_3$$

另一方面，电解液又在不断溶解刚刚生成的氧化膜 Al_2O_3，其反应为

$$Al_2O_3+6H^+ \longrightarrow 2Al^{3+}+3H_2O$$

氧化膜的生长过程就是氧化膜不断生成和不断溶解的过程，当生成速度大于溶解速度时，才能获得较厚的氧化膜。铝及铝合金的阳极氧化膜表面是多孔蜂窝状的，具有两层结构，靠近基体的是一层厚度为0.01～0.05μm、致密的纯 Al_2O_3 膜，硬度高，这一层为阻挡层；外层为多孔氧化膜层，由带结晶水的 Al_2O_3 组成，硬度较低，但有良好的吸附能力。

2. 阳极氧化膜的结构和性质

多孔型阳极氧化膜的微孔是有规律的垂直于金属表面的孔型结构。假定硫酸阳极氧化膜的厚度为10μm，由于微孔的直径一般小于20nm，所以微孔的长度大于直径的500倍，因此，这个“孔”实际上应该说是一根细长的直管。微孔的密度可以达到760亿个孔/cm^2，形象地说，一个大拇指盖上的微孔数是地球总人口的近10倍。图6-8所示为阳极氧化膜的微观结构。

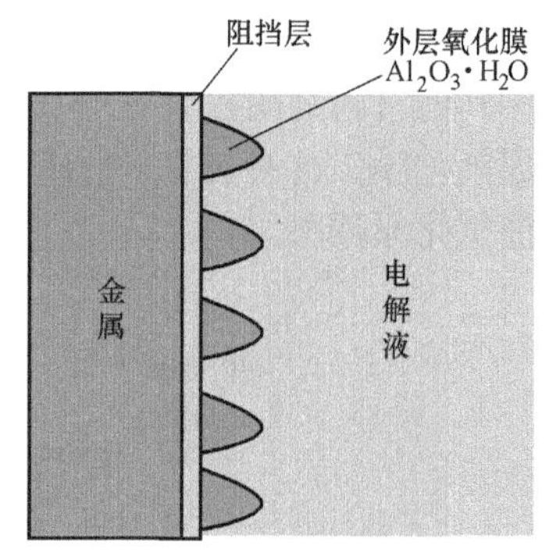

图6-8　阳极氧化膜的微观结构

阳极氧化膜的孔型较多采用高分辨扫描电子显微镜（SEM）直接观测，从各角度直接揭示阳极氧化膜的多孔型结构与形貌。图6-9所示为通过扫描电子显微镜观察到的阳极氧化膜多孔型结构图及阳极氧化膜SEM照片。

3. 阳极氧化工艺

铝及铝合金阳极氧化的工艺流程为：

表面整平→上挂架→化学脱脂→清洗→中和→清洗→碱蚀→清洗→阳极氧化→清洗→染色或电解着色→清洗→封闭→机械光亮→检验。图6-10所示为铝合金阳极氧化工艺生产线。图6-11所示为铝合金阳极氧化后的产品零部件。

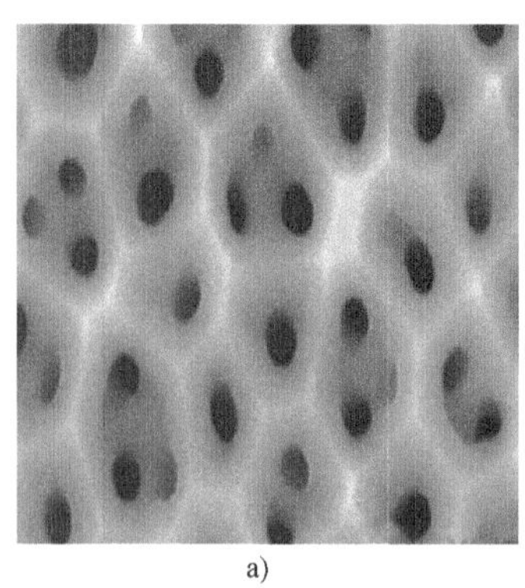

a)

b)

图6-9　阳极氧化膜多孔型结构图及阳极氧化膜SEM照片
a）阳极氧化膜多孔型结构　b）阳极氧化膜SEM照片

图6-10　铝合金阳极氧化工艺生产线

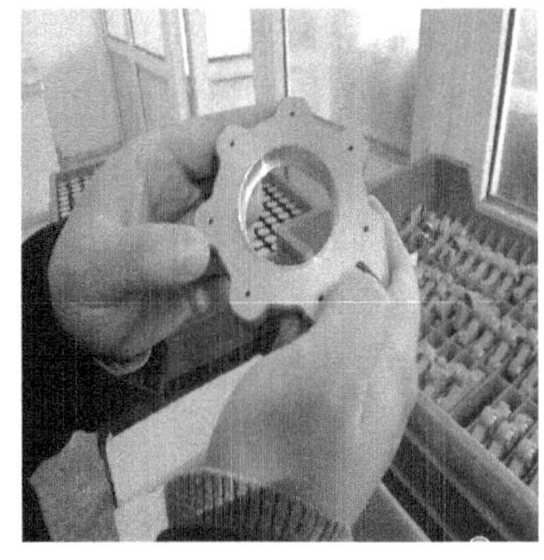

图 6-11 铝合金阳极氧化后的产品零部件

以上是铝及铝合金阳极氧化的典型工艺流程，生产中可根据制品的具体要求和所采用的阳极氧化工艺方法进行取舍和调整。硫酸阳极氧化工序的主要参数见表 6-4。阳极氧化后处理工艺规范见表 6-5。

表 6-4 硫酸阳极氧化工序的主要参数

序号	工序	溶液成分（质量分数）	工艺参数		
			温度/℃	时间/min	其他
1	脱脂	2% Na_3PO_4，1% Na_2CO_3，0.5% NaOH	45 ~ 60	3 ~ 5	
2	热水洗	自来水	40 ~ 60	洗净为止	
3	碱蚀	40 ~ 50g/L NaOH	室温	1 ~ 5	
4	冷水洗	自来水	室温	洗净为止	
5	中和	10% ~ 30% HNO_3	室温	3 ~ 8	
6	阳极氧化	见表 6-5	见表 6-5		
7	封孔	纯水	90℃以上	>20	pH 值 = 4 ~ 6

表 6-5 阳极氧化后处理工艺规范

工艺名称	溶液配方/(g/L)	工艺参数	备注
填充处理	重铬酸钾 30 ~ 50	90 ~ 95℃，5 ~ 10min	用于酸性氧化法
钝化处理	铬酸钾 20	室温，5 ~ 15s	用于碱性氧化法

4. 阳极氧化膜的封闭处理

由于阳极氧化膜的多孔结构和强吸附性能，表面易被污染，特别是腐蚀介质进入孔内易引起腐蚀。因此阳极氧化膜形成后，无论是否着色都需要及时进行封闭处理，封闭氧化膜的孔隙，提高耐蚀性、绝缘性和耐磨性等性能，减弱对杂质或油污的吸附。封闭的方法有热水封闭法、高温水蒸气封孔工艺、重铬酸盐封闭法、水解封闭法和填充封闭法等。

（1）热水封闭法 热水封闭法是新鲜的阳极氧化膜在沸水或接近沸点的热水中处理一定的时间后，失去活性，不再吸附染料，已染上的颜色不易褪去，这一过程就是热水封闭，也称封孔。

热水封闭法的原理是利用无定型的 Al_2O_3 的水化作用，即

$$Al_2O_3 + nH_2O = Al_2O_3 \cdot nH_2O$$

式中，n 为 1 或 3，当 Al_2O_3 水化为一水合氧化铝（$Al_2O_3 \cdot H_2O$）时，其体积可增加约 33%；生成三水合氧化铝（$Al_2O_3 \cdot 3H_2O$）时，其体积增大几乎 100%。由于氧化膜表面及孔壁的 Al_2O_3 水化的结果，体积增大而使膜孔封闭。

热水封闭工艺为：热水温度 90～110℃，pH 值为 6～7.5，时间 15～30min。封闭用水必须是蒸馏水或去离子水，而不能用自来水，否则会降低氧化膜的透明度和色泽。

（2）高温水蒸气封孔工艺　高温水蒸气封孔与沸水封孔的机理相同，其原理都是属于水合-热封孔。由于水合反应氧化铝体积膨胀而使得多孔膜阻塞。高温水蒸气封孔具有以下优点：

1）与沸水封孔相比，封孔速度快，效率高。

2）封孔品质与水质的关系和封孔品质与 pH 值的依赖关系比沸水封孔小。

3）封孔后较少出现沸水封孔常见的白灰。

4）染色的阳极氧化膜封孔时，较少发生染料外溢和褪色的危险，比较适合染色的阳极氧化膜。

高温水蒸气封孔的技术关键是设备和密闭性，以保证需要的温度和湿度。高温水蒸气封孔的温度必须高于 100℃，工业生产一般考虑在 115～120℃，水蒸气压力控制在 0.7～1atm（$1atm = 10^5 Pa$）为佳，严禁水蒸气在表面冷凝。从化学反应动力学可知，反应温度升高可以使化学反应速度明显加快，而温度升高 10℃时，扩散速度实际会提高 30%。不过在工业操作方面，高温水蒸气封孔设备的热量供应必须十分迅速，升温时间最好不超过 5min。升温快、保温好、不冷凝等所有这些要素，都与设备的设计和操作有密切的关系。但是，建设和使用高温水蒸气封孔装置的成本比较高，建造一个有效密闭的高温蒸汽箱比沸水封孔槽要贵得多。因此，高温水蒸气封孔没有得到广泛应用与设备的设计、制作和操作要求很高有关系。

（3）重铬酸盐封闭法　重铬酸盐封闭法是在具有强氧化性的重铬酸钾溶液中，并在较高的温度下进行的。当经过阳极氧化的铝工件进入溶液时，氧化膜的孔壁的 Al_2O_3 与水溶液中的重铬酸钾（$K_2Cr_2O_7$）发生如下化学反应：

$$2Al_2O_3 + 3K_2Cr_2O_7 + 5H_2O = 2AlOHCrO_4 + 2AlOHCr_2O_7 + 6KOH$$

生成的碱式铬酸铝及碱式重铬酸铝和热水分子与氧化铝生成的一水合氧化铝及三水合氧化铝，一起封闭了氧化膜的微孔。重铬酸盐封闭法及封闭液的配方和工艺条件见表 6-6。

表 6-6　重铬酸盐封闭法及封闭液的配方和工艺条件

封闭液组成	重铬酸钾	50～70g/L
工艺条件	温度	90～95℃
	时间	15～25min
	pH 值	6～7

此法处理过的氧化膜呈黄色，耐蚀性较好，适用于以防护为目的的铝合金阳极氧化后的封闭，不适用于以装饰为目的的着色氧化膜的封闭。

（4）水解封闭法　水解封闭法目前在我国应用较为广泛，主要用在染色后氧化膜的封闭，此法克服了热水封闭法的许多缺点。

水解封闭法的原理是易水解的钴盐与镍盐被氧化膜吸附后，在阳极氧化膜微细孔内发生水解，生成氢氧化物沉淀将孔封闭。在封闭处理过程中，发生如下反应：

$$Ni_2 + 2H_2O \longrightarrow Ni(OH)_2 \downarrow + 2H^+$$

$$Co_2 + 2H_2O \longrightarrow Co(OH)_2 \downarrow + 2H^+$$

生成的氢氧化钴和氢氧化镍沉淀在氧化膜的微孔中，将孔封闭。由于少量的氢氧化镍和氢氧化钴几乎是无色透明的，因此它不会影响制品原有的色泽，故此法可用于着色氧化膜的封闭。

(5) 填充封闭法　除上述封闭法之外，阳极氧化膜还可以采用有机物质，如透明清漆、熔融石蜡、各种树脂和干性油进行封闭。如用硅油封闭硬质阳极氧化膜，可以提高阳极氧化膜的绝缘性；用硅脂封闭用于制造无尘表面；用脂肪酸和高温油脂封闭，用于制造红外线反射器，防止波长为 4 ~6μm 的红外线吸收损失。此外，还有许多有机封闭剂已被开发出来，在特定的条件下可以选用。

6.3.2　其他金属的阳极氧化

除了铝以外，许多有色金属也可以进行阳极氧化处理来获得氧化物膜层。镁合金阳极氧化处理获得的阳极氧化膜，其耐蚀性、耐磨性和硬度等一般比化学法要高；缺点是膜层脆性较大，对复杂制件难以获得均匀的膜层。镁合金阳极氧化可以在酸性和碱性介质中进行，氧化条件不同，氧化膜可以呈不同的结构和颜色。图 6-12 所示为镁合金阳极氧化产品。

图 6-12　镁合金阳极氧化产品

铜及铜合金在氢氧化钠溶液中阳极氧化处理后可得到黑色氧化铜膜层，该膜层薄而致密，与基体结合良好，且处理后几乎不影响精度，被广泛应用于精密仪器等零件的表面装饰上。阳极氧化也是提高钛合金耐磨性和耐蚀性的一种方法，在航空航天领域有较广泛的应用。此外，其他材料如硅、锗、钽、锌、镉及钢也可以进行阳极氧化处理。

6.4　硬质阳极氧化技术

铝的硬质阳极氧化技术是以阳极氧化膜的硬度与耐磨性作为首要特性的阳极氧化技术，这种膜一般以通用工程应用或军事应用为目的，膜厚常大于 25μm。硬质阳极氧化工艺与普通阳极氧化没有严格的界限，硬质阳极氧化为了满足硬度和耐磨性，其槽液温度低，电流密度高，更多采用特殊电解溶液。硬质阳极氧化技术既适用于变形铝合金，也常用于制造零部件的压铸铝合金。作为工程应用的硬质氧化膜一般厚度为 25 ~ 150μm，膜厚小于 25μm 的氧化膜使用的场合比较少，有时在齿键和螺线上使用。在耐磨和绝缘的适用场合，如活塞、气缸等动摩擦机械部件，最常用的厚度是 50 ~ 180μm。

6.4.1 硬质阳极氧化材料的选择

硬质阳极氧化工艺与硬质阳极氧化膜的性能受铝合金种类和生产工艺的影响很大，除了与铝合金的牌号有关外，铝合金的形态对硬质阳极氧化也有影响，变形铝合金的形态有薄板、板材、挤压材、锻压以及铸件等。铝合金除了加工状态以外，合金成分也很重要。以下针对不同铝合金系对于硬质阳极氧化的影响做简单介绍。

1000、1100 系铝合金的硬质阳极氧化膜主要用在电绝缘的场合，例如中心电导高并兼具中等强度时，则推荐选用特殊的电导铝合金。

2000 系铝合金的主要问题是富铜的金属间化合物相的优先溶解，从而在硬质阳极氧化膜中形成空洞。解决上述缺陷的诀窍是控制电流上升时间和降低电流密度，使得开始生成薄膜时尽量防止富铜相的局部溶解。

5000 系铝合金硬质阳极氧化并不困难，但是如果恒电流密度控制不好，就存在“烧损”或“膜厚过度”的危险。这种危险随着铝合金中镁含量的增加而变得更加严重。

6000 系铝合金中，6063 铝合金的硬质阳极氧化一般不存在问题，但是 6061 铝合金或 6082 铝合金可能出现冶金学的相关问题。例如，麦道民航客机用 6013 铝合金（Al-Mg-Si-Cu），其中含质量分数为 0.90% 的铜，硬质阳极氧化类似于 6061 铝合金，成膜效率低且 TABER 耐磨性较差。

7000 系铝合金虽有“针孔”或“孔洞”问题，但并不严重。7000 系铝合金的氧化膜硬度和耐磨性都比 6000 系铝合金低，给定电流密度下的电压比 2000 系铝合金和 5000 系铝合金也低些。

硬质阳极氧化的条件，即电解溶液的成分、温度、电流密度、电流类型和氧化时间都对合金的成膜过程，也就是膜厚有影响。

6.4.2 硫酸溶液的硬质阳极氧化

许多工业化硬质阳极氧化采用直流技术，最熟知的硫酸溶液直流阳极氧化工艺之一是 Glenn L. Martin 公司早期开发的 MHC 工艺，即在 15% 的硫酸溶液中，温度为 0℃，以电流密度为 2 ~ 2.5A/dm^2 的直流阳极氧化。为了维持恒定的电流密度，从起始电压 20 ~ 25V 增加到 40 ~ 60V。直流阳极氧化的局限性在于“烧损”倾向，除非电接触和搅拌特别有效，高铜铝合金的“烧损”倾向比较常见。工业上常用的硫酸硬质阳极氧化，有时候添加一些草酸和（或）其他有机酸，电解温度一般总是在 10℃ 以下，电流密度一般为 2 ~ 5A/dm^2。图 6-13 所示为铝合金硫酸硬质阳极氧化原理。

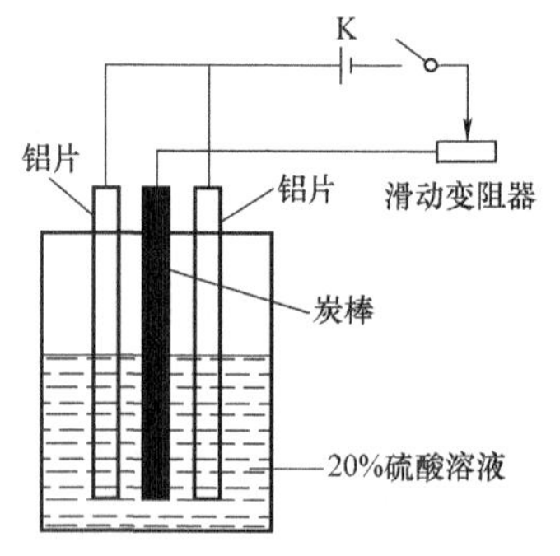

图 6-13 铝合金硫酸硬质阳极氧化原理

一般直流硫酸硬质阳极氧化的工艺条件见表 6-7。

表 6-7　一般直流硫酸硬质阳极氧化的工艺条件

工艺	槽液	电流密度/(A/dm^2)	电压(DC)/V	温度/℃	时间/min	膜的颜色(A1100)	膜厚/μm
硫酸法	10% ~20% H_2SO_4	2 ~4.5	23 ~120	0 ±2	>60	灰色	15 (30min) 34 (60min) 50 (90min) 150 (120min)
硫酸系 Sanford	12% H_2SO_4，0.02 ~0.05mol/L 2-氨乙基磺酸	4	—	2	60	灰褐色	约 60
硫酸-二羟酸	10% ~15% H_2SO_4，二羟酸	4	—	<10	60	灰褐色	约 60
MHC 法	15% H_2SO_4	2.5	25 ~50	0	60	灰色	约 60
Alumilite	12% H_2SO_4	3.6	—	9 ~11	60	灰色	约 60

稀溶液硬质阳极氧化有一个缺点：操作温度较低时，稀硫酸溶液容易冻结，因此必须采取有效的溶液循环来阻止冻结发生。另外，稀溶液氧化膜的表面比浓溶液氧化膜的表面粗糙，只能通过机械精饰进行抛光或磨光。

6.4.3　非硫酸溶液的硬质阳极氧化

铝的硬质阳极氧化最常用的槽液是硫酸溶液，硫酸溶液虽然成本低，但对铝阳极氧化膜的腐蚀性较大，考虑到硬质阳极氧化膜特殊性能的要求和扩大铝合金硬质阳极氧化膜的品种，寻找腐蚀性较小的非硫酸电解溶液是当务之急。以下几种是非硫酸电解溶液：

（1）有机酸和硫酸盐溶液　早期硬质阳极氧化膜的开发从草酸开始，但由于外加电压高，并未得到推广使用。后来开发出两种非硫酸溶液配方，分别是：①80g/L 草酸与 55g/L 甲酸，电流密度为 $6A/dm^2$，电压从 25V 升到 60V，得到灰色或黑色膜；②240g/L 硫酸氢钠与 100g/L 柠檬酸，电压升到 50V ~100V，得到褐色或黑色膜。上述两种溶液配方可制备出厚度达 200μm 的硬质阳极氧化膜。

（2）磺酸溶液　早期在德国基于获得较致密的硬质阳极氧化膜的目标，用磺酸部分替代硫酸减轻硫酸对膜的腐蚀作用，已经在室温得到耐磨的硬质氧化膜。之后这类槽液用到阳极氧化膜的整体着色上，磺酸溶液在整体着色方面的应用远超过硬质阳极氧化膜，磺酸溶液可以得到比较致密的硬质阳极氧化膜。

（3）草酸和二羟基乙酸溶液　硬质阳极氧化也可以在下列二元酸的溶液中进行：①浓度为 1 ~100g/L 的草酸或二羟基乙酸；②浓度从 10g/L 至饱和的各种浓度的二元酸和多元酸溶液，这类酸的品种很多，如二羟基乙酸、丙二酸、酒石酸、柠檬酸、羟基丁二酸（苹果酸）等。

（4）以酒石酸为基础的溶液　以 1mol/L 酒石酸、羟基丁二酸（苹果酸）或丙二酸为基础，加入 0.15 ~0.2mol/L 草酸。这种槽液可在温度 40 ~50℃下反应，外加电压 40 ~60V，维持电流密度在 $5A/dm^2$ 不至于粉化，维氏显微硬度可达 300 ~470HV。由于冷却达到低温需要消耗大量电能，而该工艺可以在高于室温很多时实现，因此可以明显降低成本。

（5）雷诺电解液　雷诺多用途电解液已经在光亮阳极氧化和建筑阳极氧化方面采用，该溶液的第三个用途是硬质阳极氧化。该溶液成分是在 14% ~24%（质量分数）硫酸中加入2%～4%（体积分数）MAE（2份甘油加3份70%羟基乙酸），硬质阳极氧化的温度是15～21℃，电流密度为2.4～6A/dm²，铝含量为4～8g/L，膜厚可达到100μm以上。

6.4.4 硬质阳极氧化的电源波形和脉冲阳极氧化

硬质阳极氧化由于电流密度高，基本问题在于有效散热，除了冷冻、搅拌等常规措施改进以强化散热外，近年来硬质阳极氧化的重要进展是引入复杂电源，如偏电压、脉冲电压、周期间断或周期换向电流等非常规直流电源。目前，常用的特殊电源波形主要有直流单向脉冲、交流叠加直流、间断电流等。其中在工业上使用最广泛、效果最佳的是直流单向脉冲技术。日本在硬质阳极氧化生产中率先采用了直流单向脉冲阳极氧化技术，为奠定脉冲阳极氧化的理论基础做出了贡献。

（1）常规直流电源　由于普通直流电源成本低而且结构比较简单，硬质阳极氧化生产中目前用得最多的还是直流电源。硅整流器（SCR）与固态控制器件的发展，使电源的可靠性达到了新的水平。但是在高电流密度时出现的问题较多，因此即使电源的电流密度能够达到5A/dm²，许多工厂宁愿在不超过2.5A/dm²下操作，尤其对2000系铝合金阳极氧化的场合。

直流硬质阳极氧化操作的关键步骤是控制起始电流，如果电流上升速度太快，存在“烧损”的危险，即被氧化的部件可能局部损坏或全部溶解。为避免上述情况出现，一般有两种解决办法：第一种办法为控制电流上升速度，对于比较难于阳极氧化的铝合金，电流上升速度应慢一些；第二种办法是首先把电流密度控制在常规阳极氧化的1.0～1.5A/dm²范围内，当氧化膜达到2～3μm之后，再将电流逐渐上升到需要的较高电流密度水平。这两种办法虽然有些效果，但是都会延长硬质阳极氧化的时间，不是工业化生产的优选方案，因此研究开发其他新型电源仍然是有现实意义的。

（2）直流脉冲电源　目前，硬质阳极氧化最广泛使用的新型电源是直流单向脉冲技术，自20世纪80年代末以来，硬质阳极氧化生产使用脉冲整流电源。首先在日本兴起的脉冲阳极氧化电源，随后被意大利和美国相继采用。其主要优点是可以在较高电流密度下操作，对于许多合金，即使电流密度维持在3A/dm²都不至于发生烧损问题。这样使得硬质阳极氧化生产既保持高质量的氧化膜又实现高效率的稳定生产。

（3）交直流叠加　20世纪50年代，交直流叠加技术已经运用于硬质阳极氧化，一般来说当时的交流电压总是小于基值直流电压。叠加交流电压的波形总是正向的，交流的峰值电压不应超过直流电压。在这样的情形下，阳极氧化的温度可以高于常规直流硬质阳极氧化，并已经在工业上得到应用。日本对于这种波形对阳极氧化膜性能的影响做了广泛的研究，除了交流直流叠加之外，还有间断电流、周期换向电流等，但是至今在工业上广泛应用的还只是脉冲直流电源。

6.4.5 硬质阳极氧化膜的性能

1. 一般硬质阳极氧化膜的性能

硬质阳极氧化膜应该具有高硬度和高耐磨性，由于相对密度较高、孔隙率低，膜的电绝缘性很高，耐蚀性也好。下面分别说明各项主要性能：

（1）外观和均匀性　总体来说，外加电压高使得表面粗糙，阳极氧化膜均匀性变差。

阳极氧化膜的颜色与合金和膜厚都有关，压铸铝合金中随 Si 含量的增加，颜色从灰色向深灰过渡。对于纯铝（99.99% Al），在膜厚为 25μm 时没有颜色，而膜厚为 125μm 时颜色变为浅褐色。因此，与普通阳极氧化相比，硬质阳极氧化膜的影像清晰度明显下降。此外，硬质阳极氧化膜可能存在微裂纹。

（2）硬度和耐磨性　硬质阳极氧化膜的硬度和耐磨性是基本的考虑因素。硬质阳极氧化膜的显微硬度除了是合金本身的特性之外，还与硬质阳极氧化工艺、硬度试验的加载大小和膜的横截面位置有关。6061-T6 合金的 Hardas 膜显微硬度约为 500HV，而 MHC 膜可达 530HV。硬质阳极氧化膜横截面的硬度从铝基体到膜表面逐渐下降。

人们常有一种印象，认为硬度较高表示耐磨性较好，然而应该注意硬度与耐磨性尽管有联系，但并不是同一个物理量。例如，单纯从硬度比较，硬质阳极氧化膜（400 ~ 500HV）不如高速工具钢或硬铬（950 ~ 1100HV）。但是 MHC 硬质膜的耐磨性却与硬铬相仿，甚至比高速工具钢还好些。硬质阳极氧化膜的耐磨性显然比常规阳极氧化膜的耐磨性好得多，但是各国和各实验室的实验方法和仪器不同，即使同一实验方法，数据的分散性常常也很大，因此测量数据的直接比较还是相当困难的。

表 6-8 列出了不同铝合金的硬质阳极氧化膜（MHC 膜和 Alumilite226 膜）与普通阳极氧化膜（Alumilite204 膜）的耐磨性比较。为了便于对比，换算成比耐磨性，即单位氧化膜厚度（μm）消耗磨料的质量（g），数据表示在括号之内，这样可以清楚地看出，通过硬质阳极氧化除了 2024 合金的耐磨性只增加 20% 外，其余铝合金都增加了 1 ~ 2 倍。

表 6-8　不同铝合金的硬质阳极氧化膜与普通阳极氧化膜的耐磨性比较

材料	膜的类型	氧化膜厚/μm	磨料穿透膜的质量/g
1200	Alumilite204	11.9	35（2.9）
	Alumilite226	56.9	378（6.6）
	MHC	57.6	405（7.0）
3103-H18	Alumilite204	13.5	33（2.4）
	Alumilite226	59.2	368（6.2）
6061-T6	Alumilite204	11.7	41（3.6）
	Alumilite226	54.6	364（6.7）
	MHC	58.7	390（6.6）
7075-T6	Alumilite204	11.4	46（4.0）
	Alumilite226	54.1	357（6.6）
2024-T3	Alumilite204	10.4	22（2.1）
	Alumilite226	53.3	142（2.6）
	MHC	63.0	163（2.6）

值得注意的是，硬质阳极氧化后直接测定的耐磨性，与大气中放置若干时间之后的耐磨性有所不同，有些铝合金则比较明显。例如，在大气中放置六个月后，Al-Cu-Mg-Mn 合金的耐磨性下降较多，而 6061 合金却下降不多。耐磨性退化的原因可能与湿度的影响有关。

（3）耐蚀性　总的来说，硬质阳极氧化膜的耐蚀性优于常规阳极氧化膜，这可能与孔隙率低、膜厚度较大有关系。硬质阳极氧化的部件已经通过了 5% 中性盐雾试验，在许多场合还可以与不锈钢媲美。但是也并不尽然，2024 合金的硬质阳极氧化膜相对普通阳极氧化膜，不仅耐磨性没有明显改善，耐蚀性也没有明显提高。重铬酸钾封孔固然可以提高膜的耐蚀性，但是却会降低耐磨性，所以硬质阳极氧化膜一般不予封孔，有时候根据需要填充石蜡、矿物油或硅烷等。另外在厚膜的情形下，应该尽量防止硬质阳极氧化膜的微裂纹，因为微裂纹会降低膜的耐蚀性。填充聚四氟乙烯（PTFE）可以提高耐蚀性，又不会降低耐磨性。填充 PTFE 可以将硬质阳极氧化膜的摩擦因数降低到 0.05，这是十分有效的减摩手段，已经用在气缸的内表面。

（4）热学性能与耐热性　无水三氧化二铝的熔融温度为 2100℃，水合氧化铝在 500℃左右开始失去结晶水。阳极氧化膜的比热容是 0.837J/(g·℃)（20~100℃）和 0.976J/(g·℃)(100~500℃)。阳极氧化膜的线胀系数是铝的 1/5，而它的热导率只有铝的 1/13~1/10。铝的热发射性随阳极氧化膜的生长迅速提高，10μm 阳极氧化膜增加了 80%。因此硬质阳极氧化厚膜是热耗散的良好“黑体”，可以消除加热部件的热斑，利用这个特性可以加工诸如炊具之类的用具。

（5）电学性能与电绝缘性　阳极氧化膜是非导电性的，硬质阳极氧化膜的击穿电压甚至可以高达 2000V 以上。为了保持氧化膜电接触的需要，常采用掩蔽技术进行硬质阳极氧化。5054A 铝合金的 Hardas 膜在不同条件下的击穿电压见表 6-9，热水封孔和填充石蜡能够改善电绝缘性。如果击穿电压作为首要考虑因素，应该采用升高外加电压以增加阻挡层的厚度。击穿电压的精确数据难以确定，因为合金成分、膜的微裂纹、环境湿度等都有不确定的影响。

表 6-9　5054A 铝合金 Hardas 膜在不同条件下的击穿电压

膜的厚度/μm	未封孔电压/V	沸水封孔电压/V	沸水封孔并填充石蜡电压/V
25	250	250	550
50	950	1200	1500
75	1250	1850	200
100	1850	1400	2000

由于介电常数高并且热导率好，硬质阳极氧化的铝优于其他电子部件的绝缘材料。Hardas 膜的使用温度为 480℃，介电强度为 26V/μm，热导率为 3.1W/(m·℃)。

（6）力学性能　硬质阳极氧化膜对于铝基体的抗拉强度影响不大，但是延伸率和持久强度有明显下降。表 6-10 列出了不同厚度的 Hardas 硬质氧化膜的力学性能。表 6-11 列出了几种铝合金 MHC 硬质膜在 10^6 次循环下的持久强度。

表 6-10　不同厚度的 Hardas 硬质氧化膜的力学性能

基体金属	膜厚/μm	极限抗拉强度/(MN/m^2)	延伸率（%）
6061-T6	—	329	12.0
	13	339	12.5
	25	336	11.5
	75	313	8.0
	125	311	5.5
2024-T3	—	467	18.0
	13	459	17.5
	25	463	15.0
	75	432	11.0
	125	404	—
7075-T6	—	552	8.5
	13	556	7.5
	25	550	7.5
	75	538	7.0
	125	503	6.5

表 6-11　几种铝合金 MHC 硬质膜在 10^6 次循环下的持久强度

铝合金	无膜的强度/(MN/m²)	有膜的强度/(MN/m²)	下降百分数（%）
2024 有包层	75.8	51.7	32
2024	130.9	103.4	21
7075	151.6	62.0	59
7075 有包层	82.7	68.9	17
7178	179.1	62.0	65
6061	103.4	41.3	60

（7）基体铝合金成分的影响　铝合金成分对于硬质阳极氧化膜的性能有明显的影响，尤其是对于硬度和耐磨性影响较大。由于硬质阳极氧化对于合金的影响比普通阳极氧化大得多，因此不同合金的部件在硬质阳极氧化时，应该尽可能避免批次混合。待处理的铝合金有烧损趋势时，硬质阳极氧化的电流和电压比普通阳极氧化都高，由于氧化膜上的薄弱点通过的电流较大，从而更容易形成局部高温，使得膜的溶解速度比膜的生成速度快。例如，含铜高的铝合金就是这种情形，此时要注意控制启动阶段的电流密度。高锌或高镁铝合金的阳极氧化膜本身的结合力不如纯铝的膜，因此不适合用于冲击载荷的场合。

2. 脉冲硬质阳极氧化膜的性能

脉冲硬质阳极氧化可以得到性能更好的阳极氧化膜，或者可以在难于阳极氧化的铝合金上得到满意的硬质阳极氧化膜。表 6-12 列出了脉冲硬质阳极氧化膜与普通阳极氧化膜的性能比较。表中所列的性能是日本的数据，电解溶液是含草酸的硫酸溶液，实验的铝合金是 1180、5052 和 6063。我国的实验数据表明，在低电流密度时脉冲电压没有显示优越性，但是在高电流密度（也就是硬质阳极氧化条件下）脉冲显示出非常明显的优势。

从国内外的实验数据看出，脉冲硬质阳极氧化膜的密度、硬度和耐磨性都优于普通阳极氧化膜，但是只有在高电流密度时才能充分体现出来。日本的数据还表明，除了上述性能外，在耐蚀性、柔韧性、击穿电压和膜厚均匀性等方面，脉冲硬质阳极氧化膜都比普通恒流（或恒压）阳极氧化膜性能好。表 6-13 列出了低电流密度下脉冲对阳极氧化膜性能的影响。表 6-14 列出了高电流密度下脉冲对阳极氧化膜性能的影响。

表 6-12　脉冲硬质阳极氧化膜与普通阳极氧化膜的性能比较

项目	普通阳极氧化膜	脉冲硬质阳极氧化膜
显微硬度/HV	300（20℃）	650（20℃），450（25℃）
CASS 实验达 9 级时间/h	8	48
落砂耐磨试验/s	250	1500
弯曲试验	好	好
击穿电压/V	300	1200
膜厚均匀性	25%（10μm，22℃）	4%（10μm，20～25℃）
电源成本比较	1	1.3
电能消耗比较	大	小
生产率比较	1	3

表 6-13　低电流密度下脉冲对阳极氧化膜性能的影响

阳极氧化条件（相同电量）	厚度/μm	密度/(g/cm³)	硬度 HV	耐磨性/(s/μm)
恒流（$E=17V$）	12.4	2.198	256	7.86
脉冲 1（$E_1 \sim E_2$ 18～16V，$t_1 \sim t_2$ 40～10s）	13.3	2.340	311	8.12
脉冲 3（$E_1 \sim E_2$ 18～16V，$t_1 \sim t_2$ 40～10s）	11.6	2.245	276	7.89
脉冲 5（$E_1 \sim E_2$ 18～16V，$t_1 \sim t_2$ 60～10s）	15.3	2.217	281	7.95

表 6-14　高电流密度下脉冲对阳极氧化膜性能的影响

阳极氧化条件（相同电量）	厚度/μm	密度/(g/cm^3)	硬度 HV	耐磨性/(s/μm)
恒流（E=20.5V）	53	2.603	300	8.06
脉冲 2（E_1~E_2 21~16V，t_1~t_2 60~10s）	43.1	2.752	460	9.67
脉冲 4（E_1~E_2 21~16V，t_1~t_2 25~10s）	40.2	2.705	400	8.71
脉冲 6（E_1~E_2 21~16V，t_1~t_2 90~10s）	55.1	2.670	436	9.21

6.5　微等离子体氧化技术

微弧氧化（MAO）又称等离子体电解氧化（PEO）是将铝、镁、钛等金属及其合金作为阳极浸渍于电解液中，在较高电压及较大电流所形成的强电场中，将工件由普通阳极氧化的法拉第区拉到了高压放电区，使材料表面产生微弧放电，在复杂的反应下，在金属表面直接原位生长出陶瓷质氧化物陶瓷膜的一项新技术。该过程包含放电的火花、热和电化学、等离子体化学反应等。图 6-14 所示为微弧氧化前后的铝合金制品零部件。

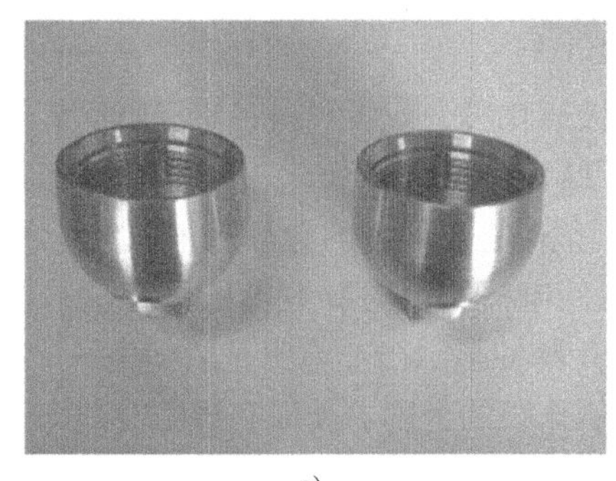

a)

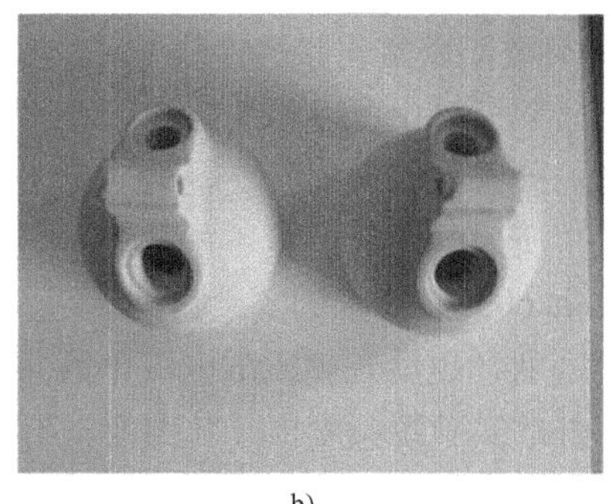

b)

图 6-14　铝合金制品零部件
a）微弧氧化（前）　b）微弧氧化（后）

6.5.1　微等离子体氧化原理

微等离子体氧化机理研究仍在不断探索之中，至今没有一致的理论解释。苏联专家在早些年就已经发现，继续升高电压可生成新的氧化膜。这层氧化膜与阳极氧化膜相比有良好的性能。但由于微等离子体氧化反应复杂且瞬间完成，这为原理的解释和推理研究带来了极大困难。

俄罗斯专家 Yerokhin 等认为，在电解液中通入阴阳电极将伴随着大量的电解过程发生（见图 6-15），在阳极表面会产生大量的氧气，该过程可以导致阳极表面的金属溶解或者在其表面形成金属氧化物。与此同时，在阴极表面将释放出大量 H_2，并伴随着阳离子的减少。

Wood 和 Pearson 提出了电子雪崩机理。他们认为电子浸入膜层以后立即被电场加速，并与其他原子发生碰撞，从而电离出电子，这些电子也会促使更多的电子产生，这一过程称为“电子雪崩”。同样，溶液中的阴离子也有可能因为高电场的作用而被吸引进入膜层，也会引起“电子雪崩”。1970 年，火花放电由 Vijh 揭露出来。他认为，氧析出的同时，火花放电也存在，而氧析出的完成是由“电子雪崩”来实现的，“雪崩”后会产生大量的电子，这些电子被加速到氧化膜与电解液界面而造成膜层击穿，产生微弧放电。Tran Bao Van 等人紧接着又进一步研究了火花放电的全过程，对每次火花放电的持续时间及产生的能量进行了精确的测定，结果认为，放电现象总是出现在氧化膜最薄弱的部位，“电子雪崩”总是在膜薄弱处进行，放电时产生的热应力为“雪崩”提供了动力。“电子雪崩”模型如图 6-16 所示。

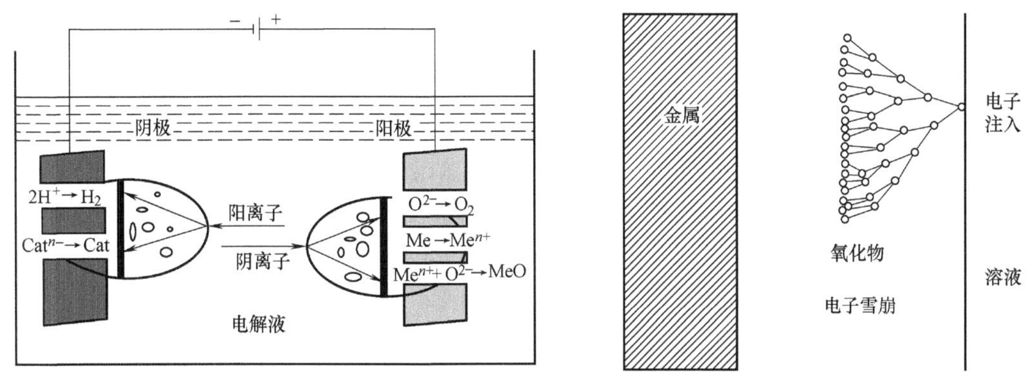

图 6-15　电解液中的电解过程

图 6-16　“电子雪崩”模型

1977 年，S. Ikonpisov 首次用定量理论模型揭示了微等离子体氧化机理，他引入了膜层击穿电压的概念，他认为膜层击穿电压主要取决于金属的性质、溶液组成及导电性，而电流密度、电极形状及升压方式对膜层击穿电压影响不大。利用此模型可对许多微弧氧化实验现象进行准确的解释，因此，S. Ikonpisov 模型得到了认同，并且已经成为目前解释电击穿现象及微等离子体氧化机理的重要理论依据。

6.5.2　微等离子体氧化装置及工艺

1. 微等离子体氧化装置

微等离子体氧化装置如图 6-17 所示，主要包括微弧氧化电源，电源可调参数为电压、电流、频率、占空比、氧化时间。实验装置部分包括起搅拌电解液作用的磁力搅拌器、阴极不锈钢电解槽，电解槽内壁盘旋循环冷却水管起冷却电解液的作用，电解槽中间悬挂阳极试样，并且将试样完全浸渍于电解液中，与不锈钢阴极构成闭合回路，在通电的条件下实现微等离子体氧化反应。

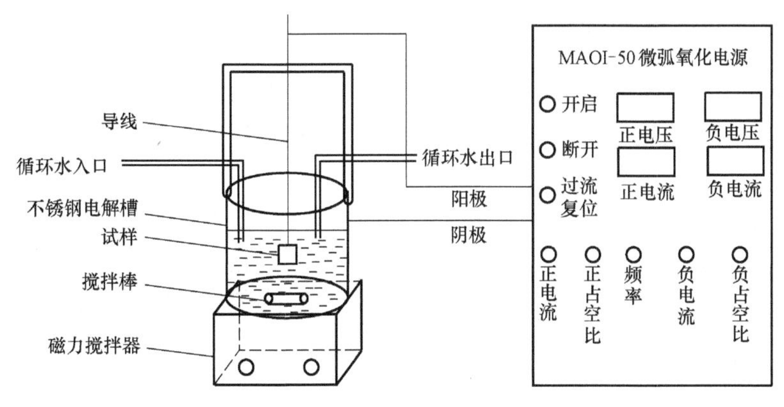

图 6-17　微等离子体氧化装置

2. 微等离子体氧化工艺

微等离子体氧化法制备陶瓷膜的工艺流程一般为：表面清洗→微弧氧化→自来水冲洗→自然烘干。

微弧氧化法多采用弱碱性电解液，常用的电解液有氢氧化钠、硅酸钠、铝酸钠、磷酸钠或偏磷酸钠等。上述电解液可以单独使用或混合使用，还可以加入少量添加剂以改善膜层性能。施加的电压可以是直流、交流、脉冲或直交流叠加。其工作电压随电解液体系而异，一般不低于300V，最高可达1000V以上。电流密度通常根据膜层厚度、耐磨、耐蚀、耐热等要求在2～40A/dm^{2}范围内选定。微弧氧化法对电解液温度的要求很高，氧化过程中释放的热量很大，如果不能及时排除热量，微区周围的溶液温度急剧上升，这会促使膜层溶解，因此一般需对溶液进行冷却及强制循环。如图6-17所示，采用磁力搅拌器搅拌溶液，使溶液旋转，通过循环水冷却，把反应产生的热量随时带走。

6.5.3　微等离子体氧化膜的结构与性能

1. 微等离子体氧化陶瓷层的结构

微等离子体氧化膜分三层结构，如图6-18所示。表面层疏松、粗糙、多孔；工作层致密，为主要强化层，决定膜层的性能；基体与工作层之间的过渡层呈微区范围内犬牙交错的冶金结合，使铝合金基体与陶瓷工作层紧密结合，过渡层中含有基体金属及致密层中的物质。

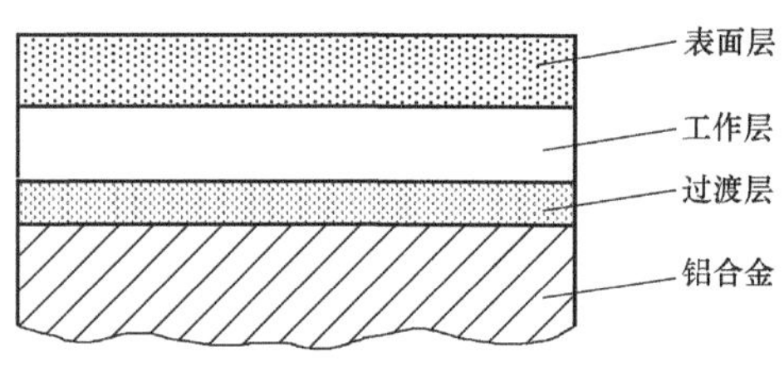

图6-18　微等离子体氧化膜的结构

2. 微等离子体氧化陶瓷层的性能

1）陶瓷膜层与基体呈锯齿状交错，结合牢固，不易起皮。

2）膜层硬度高，耐磨性好。

3）可将零部件处理成纯白色、咖啡色或黑色等多种颜色，遇到有机溶剂也不会掉色。

4）陶瓷膜层的厚度易于控制，可以通过控制反应时间来得到不同厚度的陶瓷层。

5）膜层硬度高，耐磨性好。

6）膜层孔隙率小而均匀，膜层性能稳定。

6.5.4　微等离子体氧化的应用

自问世以来，微等离子体氧化技术已应用于一些重要领域中。目前，微等离子体氧化技术有望率先在军工领域有着重要应用的活塞、三通接头、导轨等铝合金部件上得到应用。表6-15列出了微等离子体氧化膜层及其应用领域。

表6-15　微等离子体氧化膜层及其应用领域

微等离子体氧化膜层	应用领域
腐蚀防护膜层	化学化工设备、建筑材料、石油工业设备、机械设备
耐磨膜层	航空、航天、船舶、纺织等所用的传动部件
电绝缘膜层	电子、仪表、化工、能源等工业的电器元件
光学膜层	精密仪器
功能膜层	化工材料、医疗设备
装饰膜层	建筑材料、仪器仪表

6.6　钢铁的磷化处理

6.6.1　磷化与磷化膜

金属在含有锰、铁、锌的磷酸盐溶液中进行化学处理，使金属表面生成一层难溶于水的结晶型磷酸盐保护膜的工艺，称为磷酸盐处理，也称磷化处理。磷化膜主要成分是 $Fe_3(PO_4)_2$、$Mn_3(PO_4)_2$、$Zn_3(PO_4)_2$，厚度一般为 1 ~ 50μm，具有微孔结构，膜的颜色一般由浅灰色到黑灰色，有时也可呈彩虹色。

磷化膜层与基体结合牢固，经钝化或封闭后具有良好的吸附性、润滑性、耐蚀性及较高的绝缘性等，广泛应用于汽车、船舶、航空航天、机械制造及家电等工业生产中，如用作涂料涂装的底层、金属冷加工时的润滑层、金属表面保护层以及硅钢片的绝缘处理、压铸模具的防粘处理等。图 6-19 所示为经过磷化处理的零部件。

图 6-19　经过磷化处理的零部件

涂装底层是磷化的最大用途所在，占磷化总工业用途的 60% ~70%，如汽车行业的电泳涂装。磷化膜作为涂漆前的底层，能提高漆膜附着力和整个涂层体系的耐蚀能力。磷化处理得当，可使漆膜附着力提高 2 ~3 倍，整体耐蚀性提高 1 ~2 倍。图 6-20 所示为涂装底层的汽车磷化处理。

图 6-20　涂装底层的汽车磷化处理

6.6.2　钢铁的磷化工艺

目前用于生产的钢铁磷化工艺按磷化温度可分为高温磷化、中温磷化和常温磷化三种，膜厚度一般为 5 ~ 20μm，且朝着中低温磷化方向发展。按磷化成膜体系主要分为：锌系、锌钙系、锌锰系、锰系、铁系、非晶相铁系六大类。

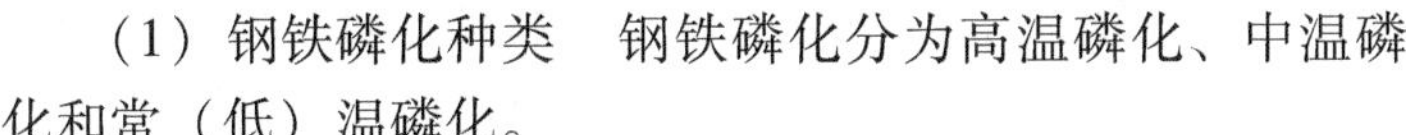

（1）钢铁磷化种类　钢铁磷化分为高温磷化、中温磷化和常（低）温磷化。

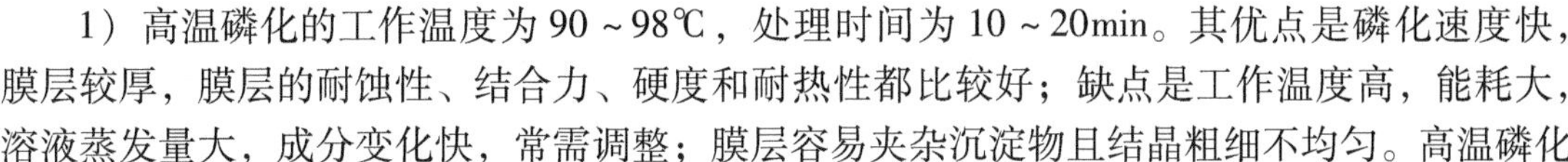

1）高温磷化的工作温度为 90 ~ 98℃，处理时间为 10 ~ 20min。其优点是磷化速度快，膜层较厚，膜层的耐蚀性、结合力、硬度和耐热性都比较好；缺点是工作温度高，能耗大，溶液蒸发量大，成分变化快，常需调整；膜层容易夹杂沉淀物且结晶粗细不均匀。高温磷化主要用于要求防锈、耐磨和减摩的零件，如螺钉、螺母、活塞环、轴承座等。

2）中温磷化的工作温度为50～70℃，处理时间为10～15min。其优点是磷化速度较快，膜层的耐蚀性接近高温磷化膜，溶液稳定，磷化速度快，生产效率高，目前应用较多；缺点是溶液成分较复杂，调整麻烦。中温磷化常用于要求防锈、减摩的零件；中温薄膜磷化常用于涂装底层。

3）常（低）温磷化一般在15～35℃进行，处理时间为20～60min。其优点是不需要加热，节约能源，成本低，溶液稳定；缺点是对槽液控制要求严格，膜层耐蚀性及耐热性差，结合力欠佳，处理时间较长，效率低等。

以上三种钢铁磷化处理的溶液组成和工艺条件见表6-16。

表6-16　三种钢铁磷化处理的溶液组成和工艺条件

溶液组成及工艺条件		高温		中温		常（低）温	
		配方1	配方2	配方1	配方2	配方1	配方2
磷酸二氢锰铁盐	浓度/(g/L)	30～40		40		40～60	
磷酸二氢锌			30～40		30～40		50～70
硝酸锌			55～65	120	80～100	50～100	80～100
硝酸锰		15～25		50			
亚硝酸钠							0.2～1
氧化锌						4～8	
氟化钠						3～4.5	
乙二胺四乙酸				1～2			
游离酸度/点①		3.5～5	6～9	3～7	5～7.5	3～4	4～6
总酸度/点①		36～50	40～58	90～120	60～80	50～90	75～95
温度/℃		94～98	88～95	55～65	60～70	20～30	15～35
时间/min		15～20	8～15	20	10～15	30～45	20～40

① 点数相当于滴点10mL磷化液，是指示剂pH=3.8（对游离酸度）和pH=8.2（对总酸度）变色时所消耗的0.1mol/L氢氧化钠溶液的毫升数。

（2）“四合一”磷化　钢铁零件“四合一”磷化就是指除油、除锈、磷化和钝化四个主要工序在一个槽中完成。这种综合工艺可以简化工序、缩短工时、减少设备、提高效率，也可以对大型机械和管道进行原地刷涂。

（3）钢铁磷化工艺流程　钢铁磷化工艺一般流程为：预处理→磷化→后处理。具体为：化学脱脂→热水洗→冷水洗→酸洗→冷水洗→磷化→冷水洗→磷化后处理→冷水洗→去离子水洗→干燥。

工件在磷化前若经喷砂处理，则磷化膜质量会更好。为防止喷砂过的工件重新锈蚀，应在6h内进行磷化处理。为使磷化膜结晶细化致密，在常温磷化处理前应增加表面调整工序，常用表面调整剂为胶体磷酸钛［$Ti_3(PO_4)_4$］溶液和草酸，其作用是增加表面结晶核心，加速磷化过程。

（4）钢铁磷化方法　钢铁磷化方法有浸渍法和喷淋法两种。

1）浸渍法。此法适用于高、中、低温磷化工艺，可处理任何形状的工件。特点是设备简单，仅需要磷化槽和相应的加热设备。最好采用不锈钢或橡胶衬里的槽，不锈钢加热管道应放在槽两侧。

2）喷淋法。此法适用于中、低温磷化工艺，可处理大面积工件，如汽车、电冰箱、洗衣机壳体，用于涂漆涂装底层，也可进行冷变形加工。特点是处理时间短，成膜反应速度快，生产率高。

磷化处理所需设备简单、操作方便、成本低、生产率高。磷化处理技术的发展方向是薄膜化、综合化、节省能源、降低污染，尤其是降低污染，将是今后研究的重点。

(5) 钢铁磷化后处理 钢铁工件磷化后应根据工件用途进行相应的后处理，以提高磷化膜的防护能力。一般情况下，磷化后应对磷化膜进行填充和封闭处理。钢铁工件磷化后填充处理工艺规范见表 6-17。

表 6-17 钢铁工件磷化后填充处理工艺规范

溶液组成与工艺条件		配方 1	配方 2	配方 3	配方 4
重铬酸酐钾	浓度/(g/L)	30～50	60～100		
碳酸钠		2～4			
铬酸酐					1～3
肥皂				30～50	
温度/℃		80～95	80～95	80～95	70～90
时间/min		5～15	3～10	3～5	3～5

填充后，可以根据需要在锭子油、防锈油或润滑油中进行封闭。如需涂装，应在钝化处理干燥后进行，工序间隔不超过 24h。

6.6.3 钢铁磷化常见故障及排除方法

钢铁磷化常见故障及排除方法见表 6-18。

表 6-18 钢铁磷化常见故障及排除方法

故障	产生原因	排除方法
磷化膜出现白色沉淀物	1) 磷化处理时温度升高到了沸点 2) 沉渣太多 3) 溶液中有悬浮杂质 4) 清洗水中有固体悬浮物	1) 避免溶液过热 2) 调整酸度比或更换溶液 3) 改变加热方法和工件的浸入方法 4) 换水或重新清洗
磷化膜耐蚀性差	1) 溶液中主要成分浓度低 2) 酸度比不正确 3) 溶液温度不适宜 4) 磷化时间太短 5) 溶液中有氯化物 6) 溶液中 Fe^{2+} 含量高	1) 补加溶液成分 2) 分析调整 3) 控制温度 4) 延长磷化时间 5) 更换溶液 6) 更换或加入氧化剂
磷化膜出现污斑	1) 前处理不当 2) 工件在磷化液中分布不合理	1) 加强前处理 2) 改变磷化槽结构和工件分布

6.7 铬酸盐钝化处理

6.7.1 铬酸盐钝化与铬酸盐膜

1. 铬酸盐钝化

把金属或金属镀层放入含有某些添加剂的铬酸或铬酸盐溶液中，通过化学或电化学的方法使金属表面生成由三价铬和六价铬组成的铬酸盐膜的方法，称为金属的铬酸盐钝化处理。这种方法产生的废液不易处理，污染环境。

铬酸盐钝化处理多在室温下进行，具有工艺简单、处理时间较短和适应性强等优点。铬酸盐钝化处理主要用于电镀锌、电镀铬钢材的后处理工序，也可作为铝、镁、铜等金属及合金的表面防护层。铬酸盐膜耐蚀性高，镀锌层经过钝化处理后的耐蚀性可提高6~8倍。

2. 铬酸盐膜的形成机理

铬酸盐钝化处理是在金属/溶液界面上进行的多相反应，过程十分复杂，其中最关键的是金属与Cr^{6+}之间的还原反应。一般认为铬酸盐膜形成过程大致有以下三个步骤：

1）表面金属被氧化并以离子的形式转入溶液，同时有氢气在表面析出。

2）所析出的氢促使一定数量的Cr^{6+}还原成Cr^{3+}，并由于金属/溶液界面处的pH值升高，使Cr^{3+}以氢氧化铬胶体形式沉淀。

3）氢氧化铬胶体自溶液中吸附和结合一定数量的Cr^{6+}，在金属界面构成具有某种组成的铬酸盐膜。

下面以锌的铬酸盐处理为例，说明其反应过程：

锌浸入铬酸盐溶液后被溶解，即

$$Zn + H_2SO_4 \rightarrow ZnSO_4 + H_2 \uparrow$$

析氢引起锌表面的重铬酸离子的还原，即

$$2Na_2Cr_2O_7 + 3H_2 \rightarrow 2Cr(OH)_3 + 2Na_2CrO_4$$

由于上述溶解反应和还原反应，锌/溶液界面处的pH值升高，从而生成以氢氧化铬为主体的胶体状的柔软不溶性复合铬酸盐膜。

$$2Cr(OH)_3 + Na_2CrO_4 \longrightarrow Cr(OH)_3 \cdot Cr(OH) \cdot CrO_4 + 2NaOH$$

铬酸盐钝化膜很薄，厚度一般不超过1μm，但膜层与基体结合力强，化学稳定性好，大大提高了金属的耐蚀性。

3. 铬酸盐膜的特性

铬酸盐膜为无定形膜，主要由三价铬和六价铬的化合物组成。三价铬化合物为膜的不溶部分，具有足够的强度和稳定性，成为膜的骨架；六价铬化合物为膜的可溶部分，分散在骨架的内部起填充作用。当钝化膜受到轻度损伤时，可溶性六价铬化合物能使该处再钝化，使膜自动修复。这就是铬酸盐钝化膜耐蚀性特别好的根本原因。

各种金属上的铬酸盐膜大都具有某种色泽，其深浅与基体金属的材质、成膜工艺条件和后处理的方法有关。一般来说，色泽最浅（无色的或透明的）和最深（黑色）的膜，是在特殊的处理条件下得到的；在通常条件下获得的膜则多半介于两种极端情形之间。各种金属上铬酸盐膜的颜色见表6-19。

表6-19 各种金属上铬酸盐膜的颜色

基体金属	色泽	基体金属	色泽
锌和镉	白、微带彩色、彩黄、金黄、黄褐、黄绿、灰绿、棕色、黑色	镁及其合金	白、彩色、金黄 、棕、黑色
铝及其合金	透明、彩黄、棕色	锡	透明、黄灰色
铜及其合金	白、黄色	银	透明、浅黄

6.7.2 铬酸盐钝化工艺

1. 预处理

采用常规的预处理工艺去除工件表面的油脂、污物及氧化皮。对于电镀层，只需把刚电镀完的零件清洗干净即可进行钝化。

2. 钝化处理

铬酸盐钝化液主要由六价铬化合物和活化剂组成。常用的六价铬化合物有铬酐、重铬酸钠或重铬酸钾。活化剂的作用是促进金属的溶解，缩短成膜时间，改进膜的性质和颜色。常用的活化剂有硫酸、硝酸、卤化物、硝酸盐、醋酸盐或甲酸盐等。

成膜一般在室温（15 ~ 30℃）下进行，低于 15℃时成膜速率很慢，升温虽可得到硬度更高的膜，但结合力差且成本高，一般不宜采用。浸渍时间一般为 5 ~ 60s，铝和镁为 1 ~ 10min。溶液的 pH 值对钝化有一定的影响，一般 pH 值为1 ~ 1.8。各种金属及合金的铬酸盐钝化处理工艺条件见表 6-20。

表 6-20　各种金属及合金的铬酸盐钝化处理工艺条件

材料	溶液	溶液的质量浓度	温度/℃	处理时间/s	材料	溶液	溶液的质量浓度	温度/℃	处理时间/s
锌	铬酐 硫酸 硝酸 冰醋酸	5g/L 0.3mL/L 3mL/L 5mL/L	室温	3 ~ 7	锡	氢氧化钠 润湿剂	10g/L 2g/L	90 ~ 95	3 ~ 5
镉	铬酐 硫酸 硝酸 磷酸 盐酸	50g/L 5mL/L 5mL/L 10mL/L 5mL/L	10 ~ 50	15 ~ 120	铝及铝合金	铬酐 重铬酸钠 氟化钠	3.4 ~ 4g/L 3.0 ~ 3.5g/L 0.8g/L	30	180
					铜及铜合金	重铬酸钠 氟化钠 硫酸钠 硫酸	180mg/L 10mg/L 50mg/L 6mL/L	18 ~ 25	300 ~ 900
锡	铬酸钠 重铬酸钠	3g/L 2.8g/L	90 ~ 95	3 ~ 5	镁及镁合金	重铬酸钠 硫酸镁 硫酸锰	150mg/L 60mg/L 60mg/L	80 ~ 100	600 ~ 1200

3. 老化处理

钝化膜形成后的烘干称为老化处理。新生成的钝化膜较柔软，容易磨掉，加热可使钝化膜变硬，成为憎水性的耐腐蚀膜。但老化温度不应超过 75℃，否则钝化膜失水，将产生网状龟裂，同时可溶性的六价铬转变为不溶性的三价铬，使膜失去自修复能力。若老化温度低于 50℃，成膜速度太慢，所以老化温度一般采用 60 ~ 70℃。

6.8　金属表面转化膜应用实例

6.8.1　钢铁氧化膜应用实例

1. 碱性氧化应用实例

轴挡是胶轮车上很重要的工件，它是经过锻制、退火、粗车、精车、渗碳、磨削及发黑等多个步骤加工而成的。发黑是生产的最后一道工序，目的是要使轴挡在碱性氧化溶液中处理后，获得良好的具有耐蚀性、耐磨性的磁性氧化膜，起到保护作用。

（1）氧化发黑前脱脂去锈　氧化预处理的工艺流程如下：

轴挡→装挂→热碱液脱脂→热水清洗→两道流水清洗→酸洗→两道流水清洗。

（2）碱液脱脂的配方及工艺　碱液脱脂工艺见表6-21。

表6-21　碱液脱脂工艺

项目	规格	项目	规格
氢氧化钠	20~30g/L	脱脂温度	100℃以上
纯碱	50~150g/L	处理时间	15~40min
肥皂	3~5g/L	—	—

先将水加至槽的3/5左右，加热至60~80℃，把烧碱和纯碱敲成小块加入水中，并慢慢搅拌，直至完全溶解均匀，然后加热至沸腾，把切成小片状的肥皂加入，搅拌至肥皂全部溶解。将轴挡放入脱脂液中，约15~40min后取出。用水清洗干净，然后观察工件表面有无水珠出现。如果脱脂彻底，工件表面应被水均匀覆盖。如发现油脂未除干净，应再脱脂至干净为止。

（3）酸洗溶液配方及工艺　酸洗工艺见表6-22。

表6-22　酸洗工艺

项目	规格	项目	规格
盐酸	15%~20%	溶液温度	25~35℃
尿素	0.5%~0.9%	酸洗时间	3~10min
水	余量	—	—

先将水加至槽的1/3左右，然后慢慢地倒入所需要量的酸，不断地用人工搅拌，直至均匀。工件浸入酸洗槽3~10min后，取出工件，其表面呈银白色。在酸洗过程中，工件要不停地抖动。若工件表面无油污，可不必经过脱脂工序，而直接进行酸洗。氧化皮较厚的工件要经过抛光处理。如经过抛光处理后表面无油、无锈，则可以直接进行氧化发黑处理。

（4）氧化的工艺流程　氧化的工艺过程如下：

1槽低温发黑→2槽中温发黑→3槽高温发黑→静水清洗。

（5）碱性氧化发黑溶液配方及工艺　发黑工艺见表6-23。

表6-23　发黑工艺

槽类	溶液配方（质量分数,%）			工艺条件		零件表面颜色
	氢氧化钠	亚硝酸钠	水	温度/℃	时间/min	
低温	30~35	8~12	余量	128~132	20~40	白色
中温	24~40	10~18	余量	144~148	20~40	浅蓝色
高温	40~45	15~20	余量	146~152	20~40	黑色或蓝黑色

1）发黑溶液的配制。用固体苛性钠配方时，先将所需的水加入槽中。然后把所需要的固体苛性钠敲成小块状，放入铁丝网中慢慢地放入槽内，并用木棍搅拌，同时加热使其完全溶解后，再加热到沸腾，然后加入所需的亚硝酸钠。经过发黑后的工件色泽均匀，无红色、霉绿色等出现，无未发黑的部位才算正常合格。

2）操作方法。根据发黑工艺流程，由1槽（低温）到2槽再到3槽，逐槽进行氧化。每槽出槽的工件要在静水中清洗一下。并且在2槽（中温）发黑后还需要改变工件之间的接触点一次，静水槽中的水可作为各发黑槽用水。在正常发黑的情况下，每次出槽后需要加一定量的水，以补充蒸发的水分。发黑槽液中的污物应随时捞起清除，每周需要清洗槽底的残渣 1～3 次，主要依据处理工件的数量而定。另外，发黑的温度和时间应随着钢材的成分不同而不同。一般来说是随着钢中碳含量的不同而调整，当碳的含量增加，发黑的温度要求降低，时间也相应缩短，合金钢及低碳钢则恰好相反。根据合金钢的化学成分不同，发黑时间也不同，要根据具体情况而定。

（6）发黑膜层的固定　发黑膜固定的工艺流程如下：

发黑后工件→两道清水洗→80℃以上的热水洗→皂化→晾干或热风吹干→换篮→上油。

发黑膜固定的工艺流程具体操作方法如下：

1）发黑工件经流水清洗后，用 1% 的酚酞乙醇溶液滴定后，以无玫瑰色出现为准。

2）处理液的成分及工艺。发黑膜层固定处理工艺见表 6-24。

表 6-24　发黑膜层固定处理工艺

槽类	溶液成分	工艺条件	
		温度/℃	时间/min
皂化、上油	0.5%～3% 的日用肥皂水溶液，其余为 15 号或 20 号全损耗系统用油	90～98	3～5
		105～115	3～5

3）皂化液的配制。先将水加热至沸腾，再将切成小片状的肥皂加入沸水中，搅拌至均匀并全部溶解，即为皂化液。

4）工件经皂化后，表面形成一层憎水亲油的薄膜，工件上油后，色泽乌亮。

2. 钢铁常温硒-铜系发黑应用实例

某锅炉股份有限公司自 1989 年以来应用钢铁常温发黑工艺，先后采用了南京、重庆、成都等地多家厂商生产的钢铁常温发黑剂，部分取代原有的碱性高温发黑工艺，并应用于各种设备零配件、模具、工具等的表面发黑处理。根据多年来的统计结果，常温发黑工艺能够使成本降低 20%～30%，减少污染所带来的社会效益更是采用常温发黑工艺的重要原因。采用常温发黑工艺取得了经济和社会的双重效益，但实际生产中尚有不少问题有待进一步改进。

（1）生产工艺流程　该公司所采用的生产工艺流程如下：

钢铁工件→涂油→漂洗→酸洗→漂洗→发黑→漂洗→检查→干燥→浸脱水防锈油→检验→成品。

常温发黑工艺与碱性高温发黑工艺比较，工艺流程中的预处理和后处理工序都基本相同，但是常温发黑的前后处理都比碱性工艺更严格和苛刻才能保证质量。也就是必须保证发黑前的脱脂、除锈要干净彻底，发黑后必须使用脱水的防锈油，否则会生锈。

（2）常温发黑（有硒）的溶液配方及工艺　该公司使用的常温发黑工艺见表 6-25。

将配制好的发黑浓溶液以 1:4 的比例加入水槽，在常温将经过严格预处理的钢铁工件浸渍 4～6min，然后进行后处理。

表 6-25　常温发黑工艺

项目	规格	项目	规格
硫酸铜	1～3g/L	添加剂	10～12g/L
亚硒酸	2～3g/L	表面活性剂	2～3g/L
磷酸	2～4g/L	溶液 pH 值	2～3
有机酸	1～2g/L	处理时间	4～6min

（3）应注意的问题及解决方法　常温发黑对钢铁工件表面的清洁度要求十分严格，几乎近似苛刻，否则不能保证黑膜的质量。因此在预处理时，研究生产脱脂能力更强的脱脂清洗剂或加入表面活性剂用于脱脂工序，并且设计了有利于彻底脱脂的工装和夹具。对于特别小的工件，应采用滚筒脱脂或专门设计专用脱脂设备，同时适当延长酸洗和漂洗的时间。

对于发黑工艺方法，应添加更有利于提高膜层结合力和耐磨性的催化剂、活性剂和络合剂，以便进一步提高黑膜的质量。通过研制综合性能好的无毒常温发黑剂，并解决发黑容易发生沉淀的问题，使发黑溶液的维护管理更加简单方便。同时还要进一步降低发黑剂的成本，减少或不用硒化物作为溶液成分。发黑后的封闭一定要在无水防锈油中进行，而且时间控制在3～5min。

3. 钢铁工件酸法氧化防锈的应用实例

我国南方某公司生产的普通钢管连接件大多数是作为备件而存放在仓库内，以便应急使用。但是南方天气潮湿，钢件容易生锈，因此这些连接件必须在进库之前进行防锈处理。如果采用防锈油，在使用时会影响涂装工程，若只进行涂装又难以在使用时配套，所以采用酸法氧化防锈膜进行防锈。其大致做法如下。

1）系列产品中的工件用25Mn、Q345钢制成。

2）酸法氧化工艺流程：钢铁件→碱法脱脂（70～80℃，15～20min）→热水洗（70～80℃，3min）→清水洗（常温，2min）→酸洗（15% H_2SO_4，30～40℃，3min）→清水洗（常温洗至中性）→酸法氧化→水洗→干燥→进仓。

3）钢铁酸法氧化工艺见表6-26。

表6-26　钢铁酸法氧化工艺

项目	规格	项目	规格
硝酸钙	80～90g/L	添加剂	0.5～1g/L
氧化锰	10～15g/L	溶液温度	75～85℃
过氧化氢	5～10g/L	处理时间	30～40min
磷酸	5～10g/L	—	—

4. 膜层性能测试及结果

（1）点滴法　CuSO4、NaCl、HCl混合试点液，取10个点的平均值，大于3min未出现锈蚀。

（2）浸泡法　把试片放在3% NaCl溶液中浸泡，大于144h未见锈点出现。

（3）附着力测定　划格法达到一级。

（4）膜厚测定　膜厚应达到10～15μm。

6.8.2　铝及铝合金化学氧化膜应用实例

1. 天花板铝合金灯栅板的氧化

我国珠三角地区某灯饰厂生产铝合金灯栅板，由于铝合金灯栅长期处在大气环境中，而且当开灯时，热量发散，温度升高，加速铝合金板片的腐蚀，很容易在表面产生白锈斑纹等，破坏了铝合金灯栅板的外观，因此必须进行防护处理。防护措施就是在铝合金灯栅表面进行化学氧化，使其生成一层无色到浅蓝色的膜层，使表面呈现铝合金银灰色略带浅蓝色的光泽，反光效果好，装饰性强。

（1）生产工艺流程　生产工艺流程如下：

铝合金灯栅板→化学脱脂除膜→热水洗→冷水洗→硝酸中和出光→冷水洗→化学氧化→清洗干燥→热水烫洗→风吹干→烘干→检验→成品。

（2）化学氧化预处理　铝合金灯栅板为各种规格的长方形片状铝镁合金，厚度为 0.8～2.5mm，冲压切片成形，其表面光泽较好，不需要专门抛光。可以用碱液进行一次性脱脂，去除旧氧化膜，碱液配方及工艺见表 6-27。

表 6-27　碱液配方及工艺

项目	规格	项目	规格
氢氧化钠	8～15g/L	溶液温度	70～85℃
磷酸三钠	40～60g/L	处理时间	3～5min
硅酸钠	5～25g/L	—	—

在碱液中脱脂除膜后，要用热水清洗表面，把腐蚀产物及油污清洗干净，然后在稀硝酸溶液中浸泡中和出光。溶液为硝酸（300～450mL/L），温度为 20～30℃，浸泡时间为 1.0～1.5min，至表面光亮为止。

（3）化学氧化处理　化学氧化处理工艺见表 6-28。

表 6-28　化学氧化处理工艺

项目	规格	项目	规格
铬酐	20～30g/L	硼酸	1～1.5g/L
磷酸	5%～6.5%（体积分数）	溶液温度	25～36℃
氟化氢铵	3～4g/L	处理时间	3～7min

溶液配制方法：按容积计算好所需化学试剂用量，除磷酸外，其余固体先分别用少量的水溶解（硼酸要加热溶解），然后逐一加入氧化槽内，再加入磷酸，然后加水至规定的容积，充分搅拌均匀后，先用试片试行氧化，合格后再正式生产。

（4）化学氧化后处理　铝合金灯栅板经化学氧化处理后，先用水清洗表面直至干净，再放入 50～60℃热水中浸泡一下，然后用压缩空气吹干，再放置在 60～70℃下烘烤至干燥并检验合格。

此法处理后的灯栅，其表面生成了一层无色至浅蓝色的薄膜，厚度约为 2.5～4μm，膜层致密均匀，耐蚀性好，有光泽，反光性比较强。

2. 铝合金压铸件化学氧化应用实例

我国南方某消防器材厂用铝镁硅合金压力铸造工艺生产消防队用的高压喷嘴、帆布高压软管用的管接头工件。这些工件长期处在大气水环境介质中工作，表面很容易腐蚀生锈，因此工件要进行化学氧化处理。

（1）铝合金压铸件化学氧化处理工艺流程　铝合金压铸件化学氧化处理的工艺流程如下：

铝合金压铸件→碱液脱脂除膜→热水洗→冷水冲洗→硝酸出光→清洗→化学氧化→清洗→封闭→热水烫洗→吹干→检验→产品。

（2）化学氧化前的处理　铝合金压铸件同样具有很低的电位值，在大气及含氧介质中容易生成厚度 0.01～0.02μm 的氧化膜，同时在工件的机械加工过程中沾有油污。因此工件在化学氧化前一定要把油污及氧化膜彻底除尽，形成洁净活化的表面，这样化学氧化后才能得到均匀致密的氧化膜层。

1）脱脂。一般来说，铝合金压铸件的油污不算厚重，只需在碱性溶液中加热处理就可以除去。铝合金压铸件脱脂工艺见表6-29。

表6-29　铝合金压铸件脱脂工艺

项目	规格	项目	规格
磷酸三钠	40～50g/L	溶液温度	75～85℃
碳酸钠	50～60g/L	处理时间	4～6min
硅酸钠	15～30g/L	—	—

2）酸洗活化。铝合金压铸件表面经脱脂及清洗后，表面会残留稀碱液或腐蚀产物的微粒，含硅铝合金表面还会产生挂灰及临时生成的氧化薄膜等，这些表面杂质会严重影响生成新氧化膜的质量。所以在工件进入化学氧化槽之前要酸洗活化，使工件再一次清洗洁净。

（3）化学氧化　预处理好的工件，其表面的活性很高，应立即送进化学氧化槽中氧化处理，即可得到较高质量的氧化膜。如果工件经活化后不能马上处理，应暂时浸泡在无氧的水中，否则表面会被空气氧化，则需要重新活化。氧化是在弱酸性溶液中进行的。化学氧化时，若溶液的浓度较高，温度也高，则处理时间较短；若浓度较低，温度不太高，则处理时间相对较长。对于同一批产品，化学氧化处理的工艺规范应保持一致，以便保证膜层质量、工件外观色泽的一致性。铝合金压铸件化学氧化工艺见表6-30。

表6-30　铝合金压铸件化学氧化工艺

项目	规格	项目	规格
重铬酸钠	3.0～4.5g/L	溶液温度	25～35℃
铬酐	3.0～4.0g/L	溶液pH值	1.3～1.8
氟化钠	0.5～0.8g/L	处理时间	2.5～5min

（4）化学氧化的后处理　铝合金压铸件经化学氧化后，所得的膜层较软且疏松多孔，耐蚀性及耐磨性都较差，尚需进一步做封闭处理，以便改善膜层的质量，从而进一步提高膜的耐磨性及耐蚀性。封闭处理一定要注意控制温度。温度低，封孔的速度慢，效果差，得到的膜层耐蚀性差，所以温度要控制在90℃以上。

（5）膜层质量及其影响因素　经过化学氧化工艺处理的铝合金压铸工件，表面呈金黄色光泽，膜层连续均匀且色泽鲜明。试样经过盐雾腐蚀300h试验后，无明显的腐蚀斑点，并经电化学测试，结果表明氧化膜有较好的耐蚀性。这种工艺生产过程具有设备简单、投资少、成本低、收效快的特点。

6.8.3　铝及铝合金阳极氧化膜应用实例

1. 铝及铝合金日常用具常温硬质阳极氧化

我国珠三角地区某铝合金日用制品厂生产的铝合金日常用具，为了提高制品的耐磨性、耐蚀性和耐污性，得到原色至深灰色金属光泽，采用了常温硬质阳极氧化工艺。其工艺流程如下：

铝制品→脱脂→温水洗→水洗→碱蚀→温水洗→水洗→中和出光→水洗→常温硬质阳极氧化→水洗→纯水洗→纯热水封闭→检验→产品。

(1) 阳极氧化预处理 先在浓度为150~180g/L的硫酸中脱脂，水洗干净后，在质量分数5%的NaOH溶液中，在65℃活化除膜3min，先用热水洗再用冷水清洗干净，然后再在质量分数为20%~30%的硝酸溶液中浸泡1.0~1.5min，中和出光，得到光亮的铝表面。在纯水中浸泡0.1~0.5min，立即进入阳极氧化槽氧化。

(2) 常温硬质阳极氧化 常温硬质阳极氧化可以获得与低温阳极氧化相近的硬质氧化膜和原色至深灰色光泽。常温硬质阳极氧化工艺见表6-31。

表6-31 常温硬质阳极氧化工艺

溶液配方及工艺	变化范围
硫酸（H_2SO_4，$\rho=1.84g/cm^3$）	12~18g/L
草酸（$H_2C_2O_4 \cdot 2H_2O$）	3~5g/L
铬酐（CrO_3）	0.2~0.5g/L
溶液温度	25~35℃
槽电压（直流）	25~30V
阳极电流密度	1.5~2.0A/dm²
处理时间	60~85min

(3) 影响硬质阳极氧化膜的主要因素 影响硬质阳极氧化膜的主要因素如下。

1) 溶液成分的影响。

① 铬酸浓度的影响：铬酸浓度对氧化膜的色泽有较大影响，可使膜的颜色由半透明到深灰色。铬酸能提高溶液的导电能力和氧化作用；也可以提高溶液中铜离子的允许含量，使允许含量达到0.3~0.4g/L。

② 硫酸浓度的影响：硫酸浓度升高，膜的溶解速度加快，孔隙率也升高，对要求着色或染色的制品有利，但硬度及耐磨性稍差；降低硫酸浓度以使孔隙率降低，提高膜的致密性及硬度，使膜坚硬耐磨，适合没有着色要求的产品。

③ 草酸浓度的影响：草酸的加入可以使氧化的温度适当升高时膜的质量不发生大的变化，从而能在常温下得到与低温条件相近的硬质膜。草酸的浓度变化对氧化膜溶解作用影响不大，但随草酸浓度的增加，氧化膜的颜色会受到影响，并使色泽加深至草绿色。

2) 电流密度的影响。提高电流密度，膜的生长速度加快，氧化时间可以缩短，膜层的溶解减弱，膜层的硬度及耐磨性提高。但电流密度和成膜质量的关系比较复杂，电流密度过高，发热量增大，溶液温度升高又带来不利影响，因此电流密度要控制在合理的范围内。

3) 溶液的温度影响。溶液的温度升高，膜的溶解速度加快，得不到优质的硬质氧化膜，所以温度要控制在低于35℃的水平。为了控制槽液温度，可以采用水冷方式。

4) 氧化时间的影响。氧化时间主要取决于对膜层厚度的要求。在一定的膜层厚度基础上，氧化时间延长，膜层增厚，但生产成本增加，生产率降低。因此，应根据产品不同的用途及对膜层厚度的要求来确定氧化时间。

(4) 硬质阳极氧化膜封闭 铝合金制品经常温硬质阳极氧化处理后，应水洗除去表面的电解液，然后用95~110℃的纯水浸煮15~30min，或者用蒸汽蒸15~25min，取出自然蒸发、干燥，或用热风吹干。

2. 铝合金涡旋盘的硬质阳极氧化

铸造硅铝合金流动性好，适合于制造各种形状复杂的工件，而且密度小，因而被广泛应用于汽车空调上。广州市某压缩机有限公司新开发的制冷剂为 R134a 的汽车空调用涡旋压缩机，采用了高硅铸铝工件作为压缩机的运动涡旋盘。涡旋盘的工作环境要求其具有耐磨、储油等功能，但高硅铸铝不经过相应的表面处理是不可能满足这种要求的。硅铝合金经过阳极氧化处理后则具有多孔、高硬度的特点，正满足了工件需要耐磨、储油等要求。

（1）硬质阳极氧化处理工艺流程　硅铝合金工件硬质阳极氧化工艺流程如下：

硅铝合金工件→化学脱脂→热水洗→冷水洗→碱蚀→热水洗→冷水洗→出光→冷水洗→阳极氧化→冷水洗→热水洗→烘干。

（2）硬质阳极氧化溶液配方及工艺　硬质阳极氧化工艺见表6-32。

表6-32　硬质阳极氧化工艺

溶液配方及工艺	变化范围
硫酸（H_2SO_4）（工业纯）	170～210g/L
溶液温度	-5～2℃
阳极电流密度	1.5～3.0A/dm^2
处理时间	45～60min
搅拌方式	通洁净的压缩空气

（3）影响硬质阳极氧化膜层质量的因素　影响硬质阳极氧化膜层质量的因素如下：

1）硅铝合金铸件材质的影响。铝合金中所含的各种合金元素对膜层的质量影响很大，如铜含量过高时，阳极氧化过程中会产生局部过热，生成的氧化膜软而且疏松，而且还会被溶解。进行硬质阳极氧化的工件中铜的质量分数应小于3%。

2）工件热处理的影响。工件热处理的方式对膜层质量有很大影响。同一种材质采用不同的热处理方式，即使表面氧化工艺相同，膜的质量也截然不同。如 A356 材料工件 T4 处理后，氧化膜厚度为 30～35μm，硬度在 380HV 以下；T6 处理后，氧化膜厚度在 35μm 以上，硬度在 390HV 以上。

3）溶液中硫酸浓度的影响。硫酸浓度增加，氧化膜的生长速度加快，硬度提高，但硫酸浓度提高时，氧化膜的溶解速度也加快，当溶解速度超过生长速度时，会导致氧化膜质量下降。对于经 T6 处理的材质为 A356 的工件，在一定条件（温度为-3℃，电流密度为 2.5A/dm^2，氧化时间为 50min）下进行阳极氧化，硫酸浓度为 185g/L 时，膜的硬度为 350HV，膜厚为 20μm；硫酸浓度为 230g/L 时，硬度为 380HV，膜厚为 25μm。

4）溶液温度的影响。溶液温度在-7～-2℃范围内波动时，氧化膜的硬度和厚度没有明显的变化，因此，通过温度来调节膜的硬度和厚度效果并不明显。在超出控制范围时会产生重要的影响，当氧化温度过高时，则会对氧化膜的质量产生重大影响，使膜的质量下降。

5）阳极电流密度的影响。电流密度与膜的成长速度成正比，提高电流密度不仅可以加快氧化膜的成长，而且能增加其厚度，并提高膜的硬度。但是电流密度过大，会使工件产生过热现象，局部过热会使氧化膜溶解，并使膜层疏松、不均匀，甚至破坏。对经 T6 热处理、材质为 A356 的工件，在硫酸浓度为 210g/L、温度为-3℃的条件下进行阳极氧化，电流密度为 2A/dm^2 时所得的膜硬度为 385HV，膜厚为 20μm；电流密度为 3A/dm^2 时，所得膜的硬度为 395HV，膜厚为 57μm。

6）溶液中添加剂的影响。溶液中加入某些添加剂对氧化膜的厚度、硬度没有明显的提高。但是添加剂可以改善氧化工艺与膜的质量。例如添加草酸以后，可以使氧化的温度范围放宽，膜层均匀，光泽也好，同时也可以抑制电解液对氧化膜的溶解，使膜层致密。

7）氧化时间的影响。在一般的情况下延长氧化时间，可以增加氧化膜的厚度。但氧化时间过长，膜的溶解速度会增大，使氧化膜变薄，而且膜层疏松多孔。

3. 铝合金滑板车的阳极氧化

铝-锌-镁合金等具有较高的硬度和良好的机械加工性能，故应用十分广泛。某表面处理公司生产的铝与铝合金滑板车铝型材，符合外商 ISO 标准，经国内某公司做 CASS 试验，符合国家标准，耐磨性按 GB/T 12967.1—2020 等检验，符合客户的要求。

（1）铝合金滑板车阳极氧化工艺流程　铝制品→机械抛光→趁热抹去抛光蜡→上挂具或夹具→化学脱脂→清洗 2 次→淋洗→晾干→热化学抛光→清洗 3 次→去除旧膜→清洗 2 次→阳极氧化→出槽清洗 3 次→弱碱中和→清洗 2 次→沸水封闭或染色后封闭→清洗→检验→产品。

（2）阳极氧化预处理　阳极氧化预处理过程如下：

1）机械抛光。铝合金短型材、锻造件可采用界面弹性好的麻轮进行粗抛，磨料为低于 260 目的 SiO_2，如用黄色抛光膏应少加、勤加。用软布轮精抛后，可达镜面光亮，抛光的润磨料为含 CaO 微粉级白抛光膏。

2）化学抛光。化学抛光工艺决定着滑板车的外观，必须要注意铝材料的选择并严格控制工艺参数。酸性化学抛光材料通常硝酸及硫酸含量较高，高温操作，工作环境较差，故应降低硝酸的含量，并添加增光剂、抑雾剂等。化学抛光溶液配方及工艺见表 6-33。

表 6-33　化学抛光溶液配方及工艺

溶液成分及工艺条件	普通铝	合金铝
磷酸（H_3PO_4，85%）	75%（质量分数）	75%～85%（质量分数）
硫酸（H_2SO_4，96%）	10%（质量分数）	8%～13%（质量分数）
硝酸（HNO_3，60%）	5%（质量分数）	0～6%（质量分数）
草酸（$H_2C_2O_4\cdot 2H_2O$）	0～3%（质量分数）	—
复合增光剂 GN	5%（质量分数）	适量
尿素等抑雾剂	2%～3%（质量分数）	适量
溶液温度/℃	90～115	90～110
操作时间/min	1.5～3.0	1.0～3.0

3）化学脱脂。化学脱脂精密件用质量分数为 3%～5% 的 Na_3PO_4 和质量分数为 1%～2% 的 Na_2CO_3 溶液，对砂面状或亚光型工件，用 NaOH 作为主盐脱脂，添加适量复合乳化增溶剂。脱脂温度为 45～55℃，时间为 3～4min。

（3）铝与铝合金滑板车阳极氧化　普通硫酸法阳极氧化是采用质量分数为 15%～20% 的硫酸。对 1000 系列纯铝、3000 系列铝锰合金和 5000 系列铝镁合金制作本色耐磨产品，硫酸浓度取下限；对于氧化后需要着色的装饰品，则硫酸质量分数应取 10%～12% 较好。为解决 2000 系列铜合金、6000 系列二元合金的阳极氧化，并降低冷冻机能量损耗，在中等浓度的硫酸基溶液中添加适量含镍羧酸盐，可使得工作温度上限由 20℃ 提高至 28℃；含铜合金温度取上限，电压取上限，氧化时间为 25min，锌镁合金中氧化膜厚度大于 20μm，硬度在 380～340HV。

（4）阳极氧化后处理　铝合金滑板车阳极氧化后在 95～100℃ 的纯净沸水中浸煮 3～

8min，进行封闭。如要进行产品着色，可在阳极氧化后先清洗进行电解着色或染色，然后再在上述热水中封闭。

4. 铝合金型材的阳极氧化

随着人民生活水平的不断提高，铝及铝合金建筑型材，以及用于各种用途的铝材需求量和铝型材的品种不断增加。

（1）铝合金型材阳极氧化的生产工艺流程　整个生产工艺流程如下：

铝型材→上挂具→脱脂→温水洗→碱蚀除膜→热水洗→水洗→中和出光→水洗→阳极氧化→冷水洗→纯水洗→交流电解着色（或送电泳车间电泳，或送固体粉末喷涂车间涂膜，或有机物封闭）→冷水洗→纯水洗→常温封闭→水洗→干燥→成品。

（2）阳极氧化预处理　先在150~180g/L硫酸中脱脂，经水洗干净后，在60~65℃质量分数为4%~6%的NaOH溶液中碱活化2~3.5min除膜，然后依次用热水、冷水洗干净后，再在质量分数为20%~30%的硝酸中中和1~2min出光，并水洗后浸入氧化槽。

（3）铝型材的阳极氧化　铝型材经硝酸中和出光后，经水洗浸入阳极氧化槽，浸在150~180g/L的硫酸溶液中，在25~35℃温度下进行阳极氧化，电流密度为1.2~1.8A/dm^2，通电30~60min。

（4）阳极氧化后的处理　阳极氧化后的处理如下。

1）对于要求保留铝合金外观原色的产品，在阳极氧化成膜后进行水洗。水洗干净后，用95~105℃的纯热水进行封闭，然后自然晾干或用热风吹干，即得到原色的铝合金型材产品。

2）粉末涂料封闭。需要用固体粉末涂料涂装的铝型材，经阳极氧化后，水洗干净并晾干后送到喷涂车间，先在表面上喷涂有色固体粉末涂料，随后送入固化炉中固化，即得到表面光亮、色泽鲜艳的铝合金型材。

3）电泳漆封闭。部分经过阳极氧化后的铝合金型材，马上送到电泳涂漆车间，进入电泳漆槽，进行阴极电泳涂漆封闭，电泳成膜后经水洗后干燥，即可得到各种光亮平滑并带有各种颜色的型材。

4）交流电解着色。需要着青古铜色、古铜色或黑色的装饰铝型材，在电解着色车间进行交流电解着色处理。

交流电解着色的溶液配方及工艺：经阳极氧化后的铝合金型材经水洗后，在纯水中浸泡1~2s后取出并放入电解着色槽中处理。交流电解着色溶液配方及工艺见表6-34。

表6-34　交流电解着色溶液配方及工艺

溶液配方及工艺	变化范围
硫酸（H_2SO_4）	12~16g/L
硫酸亚锡（$SnSO_4$）	10~13g/L
着色稳定剂	8~12g/L
交流电压（逐步升高）	0~12V
电流频率	50Hz
处理时间	2~3min（古铜色）

常温封闭：经交流电解着色后的铝型材可以得到由青古铜色→古铜色→黑色的色泽，取出后水洗干净放在常温封闭液中封闭。封闭工艺见表6-35。

着色膜封闭的效果：封闭前，膜层的断面中孔隙呈空洞或疏松状态；常温封闭后，膜层的断面中孔隙已基本填满、填平。

表 6-35 封闭工艺

溶液配方及工艺	变化范围
乙酸镍［Ni（$CH_3COO)_2$］	5～8g/L
氟化钠（NaF）	1～2g/L
表面活性剂	0.2～0.5g/L
添加剂	5.0～6.0g/L
溶液 pH 值	5.5～6.5
封闭时间	10～15min

浸泡试验：将常温封闭的产品试样分别浸泡在 5% 的盐酸溶液和 10% 的氢氧化钠溶液中，经两个月（60 天）后取出，并冲洗干净、吹干。观察产品表面的色泽无变化，也无腐蚀痕迹，表明阳极氧化的着色膜经常温封闭后耐蚀性良好且稳定。

中性盐雾试验：将常温封闭的产品试样放进 YQ－250 盐雾试验箱中，以 24h 为一周期。连续 8h 喷雾，间隙 16h，试验温度为 25～30℃，经 28 天后取出观察，产品试样颜色无变化，也无腐蚀迹象，则表明耐大气腐蚀的性能良好。

（5）阳极氧化常见故障和处理方法　阳极氧化常见故障、产生原因和处理方法见表 6-36。

表 6-36 阳极氧化常见故障、产生原因和处理方法

常见故障	产生原因	处理方法
氧化膜呈红色	1）氧化时间过短 2）阳极电流密度过低 3）导电不良，电流局部过大	1）增加氧化时间 2）增大电流密度 3）改善导电系统，使电流分布均匀
阳极氧化膜发灰	1）铝合金中硅含量太高 2）挤压铸造偏析 3）装挂参差不齐，靠近阴极	1）优选合格的铝合金材料 2）改进成形技术，自然人工时效处理 3）改进装挂方式
氧化膜发暗不亮	1）挂具接触不良 2）氧化时间过长，温度过高 3）Ni^{2+} 与添加剂不足 4）配液水中含 Cl，重金属及有机杂质多	1）改进挂具的接触 2）改进工艺条件 3）按工艺要求添加 4）分析调整
氧化膜有黑斑或条纹	1）有固凝絮状悬浮物 2）表面油污、锈迹未除干净 3）杂质含量（Cu^{2+}、Fe^{2+}）过多	1）进行过滤除去 2）加强前处理工作 3）电解或置换去除
氧化膜有泡沫或网状花纹	1）去膜、光做得不好 2）除油剂中 Na_2SiO_3 过多	1）改进操作 2）改进除油工艺
工件被局部电弧灼伤	1）接触处短路 2）工件彼此碰到或碰到阴极 3）部分阴极板接触不良	1）退挂具增加截面积 2）改善工件之间的放置 3）改善阴极的电流分布
冷冻管被击穿或腐蚀	1）阴极板靠冷冻管太近 2）冷冻管耐蚀性不好	1）适当调整，用聚丙烯（PP）网隔开 2）涂装防腐涂料

6.8.4 不锈钢食品设备的阳极氧化处理

某不锈钢设备厂生产的食品饮料不锈钢设备，在某饮料厂安装后投产，为了安全卫生，在正式生产前必须用含氯杀菌清毒剂喷刷一遍，但后来发现不锈钢设备及管道的表面，局部产生黄锈，由于锈蚀的产生从而影响饮料的质量及卫生。经试验研究后采用阳极氧化法对设备及管道进行防护处理，防止了在杀菌消毒后发生锈蚀，取得了明显的效果。

（1）阳极氧化工艺流程　不锈钢设备及管道阳极氧化处理的工艺流程如下：

不锈钢制件→脱脂→热水洗→水洗→酸浸洗→水洗→阳极氧化→水洗→封闭→水洗→热风吹干→成品。

（2）阳极氧化预处理　阳极氧化预处理如下：

1）化学脱脂。不锈钢表面的油污很轻、只用较简单的碱液脱脂即可清除干净。脱脂工艺见表6-37。

表6-37　脱脂工艺

溶液配方及工艺	变化范围
重铬酸钾（$K_2Cr_2O_7$）	3%～8%（质量分数）
氢氧化钠（NaOH）	1%～3%（质量分数）
水（H_2O）	余量
溶液温度	45～60℃
封闭时间	15～25min

2）酸洗除膜。不锈钢表面有一层较薄的氧化膜，在加工过程中已有局部破损，所以必须把这层残旧的膜清除，这样才能重新生成致密、均匀的氧化膜，保证氧化膜的质量并使其具有较高的耐蚀性。酸洗工艺见表6-38。

表6-38　酸洗工艺

溶液配方及工艺	变化范围
盐酸（HCl）	15%～25%（质量分数）
硝酸（HNO_3）	2%～5%（质量分数）
水（H_2O）	余量
溶液温度	25～35℃
封闭时间	2～10min

（3）阳极氧化工艺　对于食品及饮料不锈钢设备的阳极氧化处理，出于安全卫生考虑，其溶液成分不宜用有毒的铬盐、砷盐等物质。但为了保证膜的质量，应采用钼盐代替铬盐。不锈钢设备的阳极氧化工艺见表6-39。

表6-39　不锈钢设备的阳极氧化工艺

溶液配方及工艺	变化范围
硫酸（H_2SO_4）	25%～35%
硝酸（HNO_3）	3～5g/L
钼酸钠（Na_2MoO_4）	0.1～0.5g/L
阴极电流密度	15～30mA/cm^2
溶液温度	25～35℃
处理时间	20～30min
阴极材料	铅板

（4）氧化膜的封闭　不锈钢设备经过阳极氧化处理后，水洗干净后放在常温封闭溶液中进行封闭，以便提高膜的耐蚀性。封闭溶液同样采用不含铬的钝化液，封闭溶液配方及工艺见表6-40。

表 6-40　封闭溶液配方及工艺

封闭溶液配方及工艺	变化范围
硝酸（HNO_3）	10 ~ 15g/L
钼酸铵［（NH_4）$_2MoO_4$］	2 ~ 3g/L
溶液温度	25 ~ 35℃
浸泡时间	20 ~ 30min

（5）不锈钢阳极氧化膜的耐蚀性　将经过阳极氧化处理后的不锈钢试样和未经阳极氧化处理的试样分别放在不同浓度的 NaCl 溶液中测定各自的临界点蚀电位，测定的结果见表 6-41。

表 6-41　阳极氧化前后不锈钢的临界点蚀电位　（单位：mV）

NaCl 浓度/(mol/L)	未经阳极氧化	经阳极氧化后
0.001	600	>800
0.005	500	>750
0.010	400	>700
0.050	300	>630

从表 6-41 中可看出，不锈钢经过含有钼酸铵的硫酸溶液阳极氧化处理后，由于重新生成了比较厚且含有钼元素的钝化膜，其耐氯离子的点蚀电位得到提高，即提高了不锈钢膜层在含氯介质中的耐蚀性。用含氯的杀菌消毒剂处理不锈钢表面时，不容易受氯侵蚀而生锈。

6.8.5　日用工业品的阳极氧化处理

我国南方某热水瓶厂生产的热水瓶壳体，采用普通不锈钢制作，过去主要用化学钝化的方法处理，所得的膜层颜色变化不大，钝化膜很薄，耐磨、耐蚀性较差。壳体防污性能也不理想，使用一段时间后产生了污斑，而且不易抹除。为了提高产品的质量，增强市场的竞争力，启用阳极氧化法处理后，产品的外观和质量都有较大的改进。

（1）阳极氧化工艺流程　不锈钢热水瓶壳体阳极氧化处理的工艺流程如下：

不锈钢件→机械抛光→溶剂脱脂→清洗→化学脱脂→热水洗→冷水洗→酸洗→冷水洗→阳极氧化→水洗→封闭→水洗→干燥→检验。

（2）阳极氧化预处理　阳极氧化预处理工艺是先用有机溶剂除去加工过程黏附在表面上的大部分油脂，然后再在碱液中完全脱脂。碱液脱脂工艺见表 6-42。

表 6-42　碱液脱脂工艺

溶液配方及工艺	变化范围
氢氧化钠（NaOH）	35 ~ 45g/L
碳酸钠（Na_2CO_3）	25 ~ 30g/L
磷酸钠（Na_3PO）	60 ~ 65g/L
硅酸钠（Na_2SiO_3）	20 ~ 45g/L
溶液温度	45 ~ 55℃
脱脂时间	10 ~ 30min

6.8.6　钢铁的铬酸盐钝化

近年来，金属的铬酸盐钝化工艺有了显著的进步，应用范围显著扩大。“铬酸盐钝化”

这一术语用来指在以铬酸、铬酸盐或重铬酸盐作为主要成分的溶液中对金属或金属镀层进行化学或电化学处理的工艺。这样处理的结果，在金属表面上产生由三价铬和六价铬化合物组成的防护性转化膜。

铬酸盐抑制金属腐蚀的性质已广为人知。把少量这类物质加入循环水装置里，就可使金属表面钝化，因而防止腐蚀。在酸性溶液里铬酸盐是强氧化剂，会促使金属表面生成不溶性盐或增加天然氧化膜的厚度；铬酸的还原产物通常是不溶性的，如三氧化二铬；金属的铬酸盐往往是不溶性的，如铬酸锌；铬酸盐能参加许多复杂反应，而生成包括被处理金属的离子在内的复合物沉积，当有某些添加剂存在时更是如此。

最常见的是在锌（锌铸件、电镀及热浸锌层）和镉层（一般是电镀层）上产生铬酸盐钝化膜。不过，它们也用于其他金属，如镁、铜、铝、银、锡、镍、锆、铍及其中一些金属合金的防护。

铬酸盐钝化膜能用于机器制造、电器、电子及汽车工业的产品。在一些短缺金属的代用方面，它们也起着重要的作用。在许多情况下用铬酸盐钝化的锌镀层来代替镉镀层就是一个典型的例子。钢铁的铬酸盐钝化配方及工艺见表6-43。

表6-43 钢铁的铬酸盐钝化配方及工艺

工艺号		1	2	3	4
组分浓度/(g/L)	铬酐（CrO_3）	3～5	—	—	1～3
	重铬酸钾（$K_2Cr_2O_7$）	—	15～30	50～80	—
	磷酸（H_3PO_4）	3～5	—	—	0.5～1.5
	硝酸（HNO_3）	—	0%（质量分数）	—	—
工艺条件	溶液温度/℃	80～100	50～55	70～90	60～70
	处理时间/min	2～5	20	5～10	0.5～1.0
应用情况		防锈用	防锈用	氧化后钝化	

采用金属铬酸盐钝化工艺的最重要的目的包括提高金属或金属防护层的耐蚀性，在后一种情况下可能延长在镀层金属和基体金属上出现腐蚀点的时间，使表面不容易产生裂纹，提高漆及其他有机涂层的结合力，得到彩色或装饰性效果。

可以用化学法（只要把工件浸入铬酸盐钝化溶液）或电化学法（浸入时被钝化工件为电极）来产生铬酸盐钝化膜。在这两种情况下，被处理工件都是挂在挂钩或挂具上处理，小工件一般用吊篮处理。

除了浸渍法之外，还可以采用喷涂或涂刷钝化溶液的方法。但是有人认为实际上喷涂处理的效果不一定很好。这是因为难以保持工件表面各处溶液的成分一致，而且液流的冲击会对钝化膜造成机械损伤。

可以用手工钝化，也可以用自动或半自动钝化。因为可用于生产的溶液的成分伸缩性很大，所以钝化工艺可以采用自动化设备。例如，当钝化电镀工件时，可以适当地改变钝化溶液的成分，使钝化时间符合整个生产线的要求。

原则上看，最常用的简单浸渍法与电化学处理方法在操作上并没有什么区别（只是电化学法要用一个电源）。

两种情况下常用的操作步骤如下：

表面预处理（清洗，脱脂）→水洗→在铬酸盐钝化溶液中浸渍→流动冷水清洗→钝化膜浸亮或染色（需要时）→流动冷水清洗→干燥→涂脂、油或漆等附加防护膜。

第7章

涂装技术

【学习目标】

- 了解涂装技术的概念、喷涂和粉末涂装技术。
- 理解电泳、喷涂、粉末涂装技术，涂料的基本组成，涂料的成膜机理及成膜过程，涂装工艺及电泳涂装技术。
- 掌握涂装工艺和涂装方法的基本技能。

【导入案例】

2013年3月开始，3·15节目组就针对汽车投诉展开了相关的调查。江苏的王先生发现，刚买了一年多的某款牌号的轿车，车身上竟莫名其妙地出现了很多鼓包，就像牛皮癣一样，这边冒一点，那边冒一点。挑开发动机舱盖上的小鼓包，王先生吃惊地发现，鼓包下面的钢板竟然已经生锈了。杭州的潘先生发现，刚买了一年多的某款牌号的轿车，也起了很多鼓包。杭州的曹女士也发现，刚买了两年多的某款牌号的轿车，车身的下围竟然锈出了一个大洞。与此同时，不少某款牌号的车主也都陆续发现类似的问题。刚刚行驶了一年多的汽车，为什么出现生锈甚至锈穿钢板的现象呢？在车身刚出现鼓包的时候，汽车销售服务4S店并不承认鼓包是由于生锈造成的。直到有些车辆出现了“锈穿”现象之后，车主们才恍然大悟。原来车身漆面之所以出现鼓包，竟然是由于钢板生锈造成的，而且由于钢板是从内向外锈蚀，等到车主发现时，往往钢板锈蚀已经很严重了。看着车身上锈出的一个个窟窿，车主们实在不敢想象，如果车辆就这样一直生锈下去，后果会怎么样，车主们在互联网上成立了某款牌号的轿车维权群，很快就有来自全国各地的四百多名车主，通过网络讲述着自己的遭遇，一些车主开始跟厂家联系，希望厂家能给个明确的答复。一些资料显示，如果生锈1%，汽车整体的安全性能会下降5%～10%。现在都快锈穿了，那安全性下降了多少呢？图7-1所示为某款牌号轿车车身鼓包央视3·15相关报道。

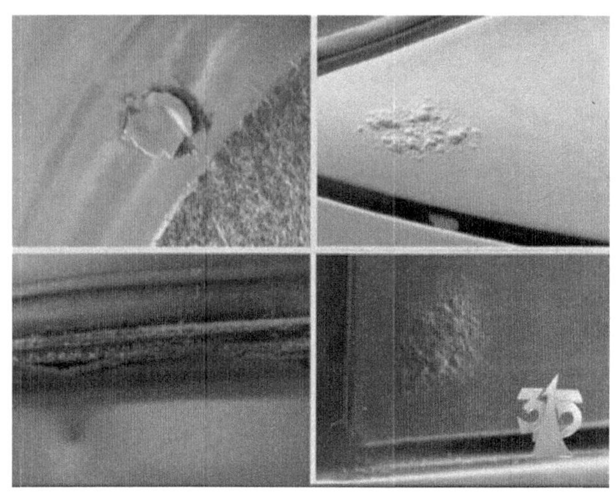

图 7-1　某款牌号轿车车身鼓包央视 3·15 相关报道

7.1　概述

涂装是将有机涂料通过一定的方法涂覆于材料或零件表面并干燥成膜，形成具有特殊功能涂膜的工艺过程。涂装具有施工方便、成本低廉、性能优异、质量稳定等特点，是表面防护、装饰等最常用、最基本、最重要的技术之一，在世界范围内广泛地应用于机械、交通、电子、航运、军事、航空航天等领域，几乎每个领域都离不开涂装技术。

7.2　涂料材料

涂料的应用已有两千多年的历史，但现代涂料工业的形成实际上只有一百多年的历史。在 20 世纪，由于石油化学工业的迅速发展，为涂料生产提供了多种品种、性能全面卓越的合成树脂，使涂料新品种层出不穷，如 20 世纪二三十年代出现的酚醛树脂漆、硝基漆和醇酸树脂漆，到 20 世纪 60 年代以后，工业用高档涂料几乎全部被氨基、丙烯酸、聚氨酯、环氧树脂等合成树脂漆所替代。在这期间，主要是汽车工业的规模化生产导致涂料的大量需求，推动了涂料工业的不断变革，并在 20 世纪中期得到广泛应用。

随着科技的进步和环保意识的增强，人们力求减少涂料的污染和毒性，以有机合成树脂为主要原料，开发出了粉末涂料、水性涂料和高固体涂料以及无毒的防锈涂料。现代涂料生产技术难度大，涉及知识面广，特别是纳米技术的兴起，为新型功能性涂料的开发带来希望，但是需要多学科知识交叉，新品种的垄断性强，更新周期短，所以涂料产业属于高技术密集型产业。因此，涂料新产品的研究和开发充满着勃勃生机。

7.2.1　涂料的基本组成

涂料是一种有机混合物，一般由成膜物质、颜料、溶剂和助剂四部分组成，各组分的主要作用见表 7-1。

表 7-1 涂料的基本组成及主要作用

基本组成	主要作用	典型品种
成膜物质	成膜物质是组成涂料的基础，黏结涂料中其他组分，牢固附着于被涂件表面，形成连续固体涂膜，决定着涂料及涂膜的基本特征	天然油脂、天然树脂和合成树脂
颜料	颜料具有着色、遮盖、装饰作用，并改善涂膜的防锈、抗渗、耐热、导电、耐磨、耐候等性能，增强膜层强度，降低成本	钛白粉、滑石粉、铁红、铅黄、铝粉、云母等
溶剂	所用溶剂是挥发性的有机溶剂或水等分散剂，用来分散或溶解成膜物质，调节涂料的流动性、干燥性和施工性，本身不能成膜，在成膜过程中挥发掉	松节油、汽油、二甲苯、乙酸乙酯、丙酮等
助剂	助剂是涂料的辅助组分，加入量不超过 5%，本身不能单独成膜，但能明显地改善涂料的储存性、施工性及涂膜的物理性质	催干剂、固化剂、增塑剂、润湿剂、防老化剂

成膜物质是组成涂料的基础组分，是决定涂料性能的主要因素。涂料一般有天然油脂、天然树脂和合成树脂，目前广泛使用合成树脂。现代涂料很少使用单一品种树脂作为成膜物质，而经常采用几个树脂品种相互补充或相互改性，以适应多方面的性能要求。涂料的种类与主要成膜物质见表 7-2。

表 7-2 涂料的种类与主要成膜物质

序号	代号	成膜物质类别	主要成膜物质
1	Y	油脂	天然动植物油、清油、合成油等
2	T	天然树脂	松香及其衍生物、虫胶、乳酪素、动物胶、大漆及其衍生物
3	F	酚醛树脂	酚醛树脂、改性酚醛树脂、二甲苯树脂
4	L	沥青	天然沥青、煤焦沥青、石油沥青、硬脂酸沥青
5	C	醇酸树脂	甘油醇酸树脂、改性醇酸树脂、季戊四醇及其他醇类的醇酸树脂
6	A	氨基树脂	脲醛树脂、三聚氰胺甲醛树脂
7	Q	硝基纤维素	硝基纤维素、改性硝基纤维素
8	M	纤维脂、纤维醚	乙基纤维、苄基纤维、羟甲基纤维、乙酸纤维、乙酸丁酸纤维等
9	G	过氯乙烯树脂	过氯乙烯树脂、改性过氯乙烯树脂
10	X	锡类树脂	聚乙烯共聚树脂、聚酯酸乙烯及其共聚物、聚乙烯醇缩醛树脂、聚苯乙烯树脂、氯化聚苯烯树脂、含氟树脂、石油树脂
11	B	丙烯酸树脂	丙烯酸树脂、丙烯酸共聚树脂及其改性树脂
12	Z	聚酯树脂	饱和聚酯树脂、不饱和聚酯树脂
13	H	环氧树脂	环氧树脂、改性环氧树脂
14	S	聚氨基甲酸酯	聚氨基甲酸酯、改性聚氨基甲酸酯
15	W	元素有机聚合物	有机硅、有机钛、有机铝等有机聚合物
16	J	橡胶	天然橡胶及其衍生物、合成橡胶及其衍生物
17	E	其他	除上述 16 类以外的成膜物质，如无机高分子、聚酰亚胺树脂等

汽车涂装一般指轿车、客车、载货汽车等各种类型汽车车身以及零部件的涂装。由于汽车工业是世界上最大的产业，汽车涂料的需求量大，品质高，附加值高，利润高，投资回报高，使现代涂料工业一直处在快速发展的过程中，当然竞争也极为激烈。在发达国家，汽车涂料一般占该国家涂料总产量的 15% ~20% 。汽车涂料是涂料行业中质量要求最高的品种，汽车涂料的生产反映了一个国家涂料的最高水平。图 7-2 所示为汽车座椅喷漆、涂装生产线。

汽车用涂料主要是指涂装和修补轿车、载重汽车、客车和其他改装汽车等所用的涂料及辅助材料。汽车用涂料用量大，品种多，并且具备独特的施工性能和漆膜性能，目前已经成为一种专用涂料。汽车用涂料一般可按汽车上的使用部位及涂层所起的作用来分类。

图7-2　汽车座椅喷漆、涂装生产线

1. 表面处理用材料

表面处理用材料主要包括清洗剂和磷化处理剂等。

2. 汽车用底漆

底漆是直接涂饰在经过表面处理的工件表面上的第一道漆，它是整个涂层的基础。汽车用底漆主要分溶剂型底漆和电泳底漆（水性底漆）。客车用底漆主要是溶剂型底漆，以环氧酯、环氧聚酰胺、环氧聚氨酯涂料为主，要求耐盐雾性能500h以上。水性底漆以阴极电泳涂料为主，主要用于轿车、微型车车身的涂装。

3. 汽车用中间涂层

汽车用中间涂层主要指腻子和中涂。腻子是一种专供填平表面用的含颜料、填料较多的涂料，刮涂在底漆涂层上。刮腻子仅能提高工件表面的平整度，起填充作用；但腻子涂层易老化、开裂、脱落，成膜后内部孔径较多，易造成中涂和面漆下渗，影响外观，再加上手工涂刮和打磨，劳动强度大。只有通过提高加工技术和管理水平来提高表面的平整度，提高汽车最终的涂装效果。目前，一般采用不饱和聚酯腻子（又称原子灰）。中涂是涂面漆前的最后一道中间涂层，它的漆基含量介于底漆和面漆之间，涂膜呈光亮和半光亮。中涂漆一般采用丙烯酸、聚酯树脂体系，为了提高中涂漆的耐石击性，欧美国家先后开发了聚酰胺封闭异氰酸酯、聚羟基化学物和乙酰乙酯混合物封闭异氰酸酯等耐石击涂料。

4. 汽车用面漆

汽车用面漆是汽车多层涂层中使用的最后一层涂料。它直接影响汽车的装饰性、耐候性、保光保色性、耐化学品性、抗沾污性及外观，因而对汽车用面漆的质量要求非常高。根据汽车的使用条件、产品品种和设计要求，在选择汽车用面漆或制订面漆技术条件时，应从以下几个方面来考虑：

（1）外观　符合生产条件的漆膜厚度和硬度、光泽、流平性、丰满度、清晰度、色彩鲜明度，以保证汽车车身具有高质量的协调的外形。

（2）硬度和抗崩裂性　面漆漆膜应坚硬，具有足够的硬度，以防止涂层在汽车行驶中由于路面砂石的冲击和摩擦产生划痕。一般烤漆130～140℃/30min，双组分自干或低温70～80℃/30～60min。

（3）耐候性　汽车用面漆涂膜在热带地区长期暴晒（≥12月），只允许轻微的失光和变色，不得有起泡、开裂和锈点。人工老化1000h，面漆失光率≤15%，变色或粉化≤1级。

（4）耐潮湿性和耐蚀性　面漆与底漆、中涂配套后，浸泡在水中或暴露在相对湿度高的空气中，面漆层不起泡、不变色、不失光。双组分丙烯酸聚氨酯涂料中涂与面漆配套后，40℃/10d，面漆漆膜基本无变化。

（5）耐化学品性　主要是面漆与底漆、中涂配套后，具有一定的耐酸、碱、机油、汽油、制动液、冷冻液、肥皂液和各种洗涤剂的能力。

（6）施工性能　要求汽车面漆具有良好的施工性能，在装饰性要求高的场合，面漆干透后应具有优良的抛光性能；面漆液应具有较好的重涂性和修补性。

（7）耐高温性、抗寒性　汽车面漆应能适应高寒高热地区的气候条件要求。丙烯酸聚氨酯汽车面漆一般均能通过 -40～50℃的温变试验，满足用户的要求。

7.2.2　涂料的分类和命名

1. 涂料的分类

涂料的品种超过数千种，用途各异，其分类方法很多，国际上尚未统一。以下介绍几种常用的分类方法。

（1）按主要成膜物质分类　目前我国是以涂料中的主要成膜物质为基础来分类的。若主要成膜物质由两种以上的树脂混合而成，则按在成膜物质中起决定作用的一种树脂作为分类的依据。

（2）按涂料形态分类　粉末涂料、溶剂型涂料、无溶剂型涂料和水溶性涂料等。

（3）按干燥方法分类　烘烤涂料、自干涂料、强制干燥涂料、潮气固化涂料、催化干燥涂料、紫外线固化涂料、电子束固化涂料等。

（4）按施工工序分类　底漆、腻子、二道漆（中间漆）、面漆、罩光漆等。

（5）按涂装方法分类　刷漆、浸漆、流漆、喷漆、烘漆、电泳漆、静电漆等。

（6）按涂料用途分类　汽车漆、飞机蒙皮漆、木器漆、桥梁漆、玻璃漆、皮革漆、纸张漆等。

（7）按使用目的分类　防锈漆、耐酸漆、耐火漆、耐油漆、绝缘漆等。

2. 涂料产品的命名

GB/T 2705—2003《涂料产品分类和命名》中规定，涂料产品的全名 = 颜料或颜色名称 + 成膜物质名称 + 基本名称。

涂料的颜色或颜料名称位于涂料名称的最前面，如红醇酸磁漆、锌黄酚醛防锈漆。涂料名称中的成膜物质名称可适当简化，如聚氨基甲酸酯可简化成聚氨酯。若涂料中含多种物质，则往往以起主要作用的一种成膜物质命名，但必要时也可选取两种或三种成膜物质命名，主要成膜物质在前，次要成膜物质在后，如环氧基硝基磁漆。基本名称仍采用我国已有习惯名称。

7.2.3　涂料的成膜机理及成膜过程

涂装就是涂料在物体表面涂覆并成膜的过程。涂料的成膜物质不同，其成膜机理也不同：由非转化型成膜物质组成的涂料以物理方式成膜，由转化型成膜物质组成的涂料以化学方式成膜。

1. 以物理方式成膜

依靠涂料内的溶剂直接挥发或聚合物粒子凝聚获得涂膜的过程，称为物理成膜方式，包括溶剂挥发成膜和聚合物凝聚成膜两种方式。溶剂挥发使涂料干燥成膜的过程，是液态涂料在成膜过程中必须经过的一种形式。聚合物凝聚成膜指涂料中的高聚物粒子在一定条件下相互凝聚成为连续的固态涂膜的过程，这是分散型涂料的主要成膜方式。

2. 以化学方式成膜

化学成膜过程是通过化学反应而交联固化成膜。这类涂料的成膜物质一般是相对分子质量较低的线型聚合物，可溶解于特定的溶剂中。这种交联反应大致可分为涂料与空气中的成分发生交联固化反应和涂料中组分之间的交联固化反应两种。涂料与空气中的成分发生交联固化反应指涂料与空气中的氧或水蒸气发生化学反应而交联固化成膜，如油脂漆、酚醛树脂漆、环氧树脂漆等。涂料中组分之间交联固化反应即通常所说的单组分涂料、双组分或多组分涂料。

7.2.4　涂料涂层的作用和特点

1. 涂料涂层的作用

涂料可以是液态或粉末状态。简单施工方法主要指刷涂、淋涂、浸涂、喷涂等，形成的薄膜又称涂层。该涂层将对物体起保护作用、装饰作用、标志作用和其他各方面的特殊作用。

（1）保护作用　金属材料，尤其是钢铁，容易受到环境中腐蚀性介质、水分和空气中氧的侵蚀和腐蚀，尤其在恶劣的海洋环境中，金属的腐蚀极为严重，每年因腐蚀造成的损失占国民生产总值相当可观的比例，因此一般都采用涂层防护。例如，在海洋环境中的设施，如果不加以保护，寿命只有几年，采用重防腐蚀涂层并定期加以维护，海洋设施的使用寿命可提高到30~50年，甚至100年。事实上，在各类防腐蚀措施的开支费用中，采用涂装保护的花费占60%以上，因此用涂层来进行保护，应用最为广泛，是金属防腐蚀的重要手段，它的消耗量要占到钢铁产量的2%。图7-3所示为海洋中航行的巨轮腐蚀形貌。

图7-3　海洋中航行的巨轮腐蚀形貌

（2）装饰作用　为了人类情感上的需求，我们总是用各种颜色来美化物品、美化生活和工作环境。由于涂料很容易配出成百上千种颜色，色彩丰富，加上涂层既可以做到平滑光亮，也可以做出各种立体质感的效果，如锤纹、橘纹、裂纹、晶纹、闪光、珠光、多彩和绒面等，既有丰富效果，又有便利的施工方法，因此人们最喜欢用涂料来美化装饰各种用具、物品和生活环境。图7-4所示为巨轮壳体涂装后的外表形貌。

（3）标志作用　标志作用是利用了色彩的明度与反差强烈的特性。通常是将红、橙、黄、绿、蓝、白和黑等明度与反差强烈的几种色彩，用在交通管理、化工管路和容器、大型或特种机械设备上进行标识，指示道路交通，引起人们警觉，避免危险事故发生，保障人们的安全。有些公用设施，如医院、消防车、救护车、邮局等，也常用这类色彩的涂料来标识，方便人们辨识。另外，它还有广告标识作用，以引起人们注意。图7-5所示为停车场提示标志牌。

（4）特殊作用　涂层除了赋予上述几种常见功能外，还有其他特殊功能。

1）力学功能，如耐磨涂料、润滑涂料、阻尼涂料等。

2）热功能，如示温涂料、耐高温涂料、防火阻燃涂料等。

3）电磁学功能，如导电涂料、防静电涂料、电磁波吸收涂料等。

图 7-4　巨轮壳体涂装后的外表形貌

图 7-5　停车场提示标志牌

4）光学功能，如发光涂料、荧光涂料、反光涂料等。

5）生物功能，如防污涂料、防霉涂料等。

6）化学功能，如耐酸、耐碱等耐化学介质涂料。

图 7-6 所示为化工耐酸储藏罐。

图 7-6　化工耐酸储藏罐

2. 涂料涂层的特点

汽车涂装的目的是使汽车具有优良的外观和装饰性、保光保色性、耐蚀性，以延长其使用年限，因而汽车涂料涂层具有以下鲜明的特点：

（1）保护性　汽车涂装属于高级保护性涂装，所得涂层必须具有极优良的耐蚀性、耐候性、耐酸耐碱性，以及耐杂物等的侵蚀作用，有广泛的适应性。涂膜可以保护汽车不受腐蚀，具有高耐划伤性能、弹性、耐污染性等。

（2）美观性　汽车涂装（主要是汽车车身的涂装）也属于高级装饰性涂装，必须进行精心的涂装设计和具备良好的涂装环境及条件，才能使涂层具有良好的装饰性。汽车的装饰性主要靠涂装，取决于涂装质量，并直接影响汽车的商品价值。

（3）价值性　汽车诞生方便了人类的日常生活，但人类对汽车颜色的要求不断攀升，价值观念也在不断增强，众多油漆品牌的出现促进了涂装工艺的大改进。同样的车型油漆品种不一样，价位也有所变动，除此以外还要看汽车品牌价值。汽车涂装是最为典型的工业涂装，必须选用合理和高效的前处理方法、干燥方法及工艺准备。

（4）识别性　汽车车身涂层的颜色、品种体现了不同的用途，国际上选用色彩来区别事物，如军车、工程车、消防车等车身涂层的颜色就不同。

7.2.5　涂料涂层的应用

1. 蒙皮涂层

蒙皮涂层能防护铝合金不受高速飞行时风沙和雨水的冲蚀，不受海水和航空燃料的腐蚀并能改善空气动力学性能，应经得住 200℃左右的瞬间温度变化和强烈的日光辐照。飞机体积很大，烘烤条件受到限制，必须选用自干固化涂料，如丙烯酸或聚氨酯涂料。图 7-7 所示为飞机机翼蒙皮板涂层。

2. 发动机涂层

整台发动机，从风扇到尾喷管的主要部件都使用涂层。发动机涂层按用途分为抗氧化耐腐蚀涂层、隔热涂层、耐磨涂层和封严涂层。图 7-8 所示为航空发动机高温叶片涂层。

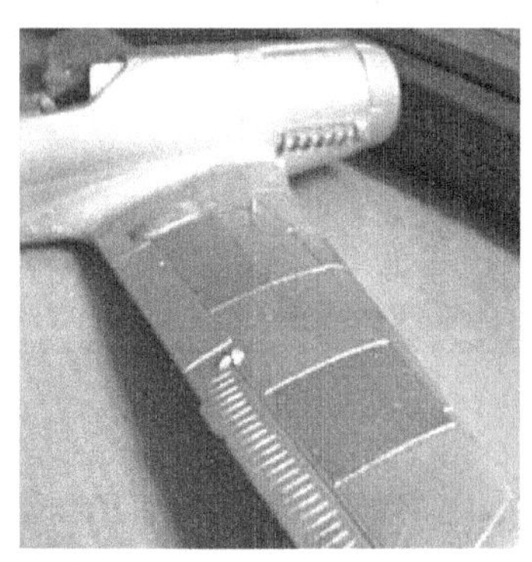

图 7-7　飞机机翼蒙皮板涂层

图 7-8　航空发动机高温叶片涂层

3. 温控涂层

航天器在太空的热环境十分恶劣，背阳面温度可低至 -100℃，向阳面可达 120℃左右。为保证航天员的生命安全和仪器设备的正常运转，在航天器表面涂覆温控涂层可以平衡与空间的热交换，维持舱内的正常温度。已经获得应用的温控涂层包括有机硅氧化锌、硅酸钾氧化锆和氧化铝涂层。图 7-9 所示为航天器表面涂覆温控涂层。

4. 伪装涂层

伪装涂层用以隐蔽军事目标。现代侦察仪器探测能力已大大提高，伪装涂料不仅要求颜色和外形与背景协调，而且要有与背景接近的光谱反射性能。伪装涂层按适用的波段分为反紫外、反可见光、反近红外、反中红外、反无线电波以及发展中的反多光谱照相伪装涂料。飞行器可用单色保护迷彩伪装，为使轮廓在复杂背景地区更难辨别，常采用变形迷彩。图 7-10所示为战场伪装坦克涂层。

图 7-9　航天器表面涂覆温控涂层

图 7-10　战场伪装坦克涂层

5. 组织涂层

组织涂层是一种均匀涂布于织物表面的高分子类化合物。它通过黏合作用在织物表面形成一层或多层薄膜，不仅能改善织物的外观和风格，而且能增加织物的功能，使织物具有防水、耐水压、通气透湿、阻燃防污以及遮光反射等特殊功能。图 7-11 所示为透明超疏水材料耐油耐脏纳米织物涂层。

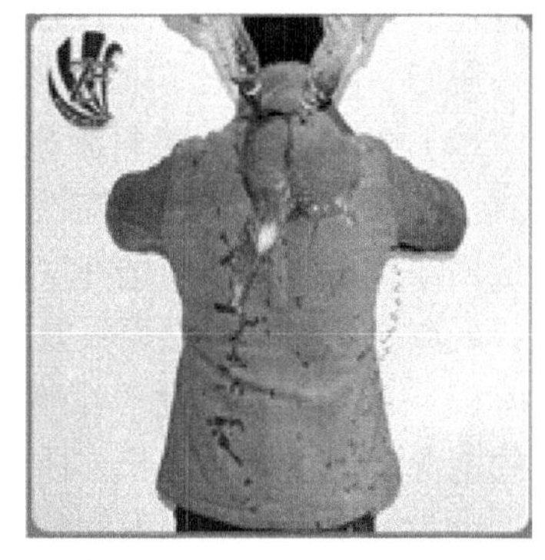

图 7-11　透明超疏水材料耐油耐脏纳米织物涂层

6. 刀具涂层

刀具涂层技术通常可分为化学气相沉积（CVD）技术和物理气相沉积（PVD）技术两大类。随着高速切削加工时代的到来，高速工具钢刀具应用比例逐渐下降，硬质合金刀具和陶瓷刀具应用比例上升已成必然趋势，因此，工业发达国家自 20 世纪 90 年代初就开始致力于硬质合金刀具 PVD 涂层技术的研究，至 90 年代中期取得了突破性进展。PVD 涂层技术已普遍应用于硬质合金立铣刀、钻头、阶梯钻、油孔钻、铰刀、丝锥、可转位铣刀片、异形刀具、焊接刀具等的涂层处理。图 7-12 所示为 PVD 涂层刀具。

硬质合金刀具性能的两个关键指标是硬度和强度，两者之间总存在着矛盾，硬度高的材料强度低，而提高强度往往是以硬度的降低为代价。为了解决硬质合金材料中存在的这种矛盾，更好地提高刀具的切削性能，比较有效的一种方法是采用各种涂层技术在硬质合金基体上涂覆一层或多层具有高硬度、高耐磨性的材料。硬质合金刀具表面上的涂层作为一个化学屏障和热屏障，减少了硬质合金刀具的磨损，可以显著提高加工效率和加工精度，延长刀具使用寿命，降低加工成本。图 7-13 所示为硬质合金刀具涂层。

图 7-12　PVD 涂层刀具

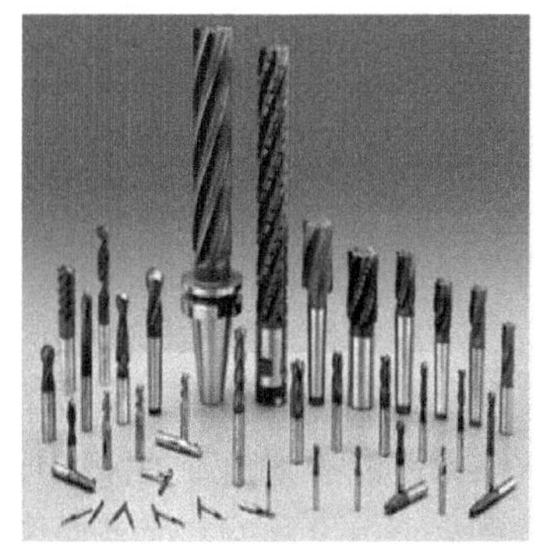

图 7-13　硬质合金刀具涂层

7.3　涂装工艺

1. 涂装工艺简介

涂装要根据工件的材质、形状、使用要求、涂料的性能、涂装用工具、涂装时的环境、生产成本、施工要求、固化条件等加以合理选用。涂装工艺的一般工序：涂前表面预处理→涂料涂覆→涂膜干燥固化。

（1）涂前表面预处理　凡是进行涂装的材料，无论是金属或非金属都要进行表面预处理，目的是清除被涂工件表面的油脂、腐蚀产物、残留杂质等，并赋予表面一定的化学、物理特性，以增强涂层的附着力、保护性和装饰性。涂装前表面预处理的一般步骤为：表面整平→脱脂→除锈→化学处理。

（2）涂料涂覆　涂料涂覆时，要根据被涂件对涂层的质量要求来选择涂层组合和涂漆方式。一般来说，普通装饰性涂装一般仅涂双层面漆；普通防护、装饰性涂装应选择底漆加双层面漆；中级涂装应选择底漆、中涂及双层面漆或高质量的底漆加双层面漆；高级涂装则选择底漆、中涂、双层面漆及罩光。

（3）涂膜干燥固化　涂膜干燥固化的方法主要有自然干燥和人工干燥两种。自然干燥节约能源，但干燥时间长，质量不稳定，应用受到一定限制，因此有时采用人工干燥。人工干燥分为加热干燥和照射固化两种。工业中应用的涂料多采用加热干燥。

2. 涂装方法

（1）一般涂装方法　一般涂装方法有刷涂法、浸涂法、淋涂法、空气喷涂法、高压无气喷涂。

1）刷涂法是一种古老的手工涂覆方法，至今仍在广泛使用，具有操作简单、灵活性强等特点，但劳动强度大、生产率低，而且不宜采用挥发性涂料。此外，涂层的均匀性较差，易出现刷痕等缺陷。

2）浸涂法是将被涂件全部浸入涂料槽中，经一定时间后取出，干燥后在物体表面上布满一层均匀涂膜的方法。浸涂法生产率高，材料消耗少，多用于小型零件的大批量生产。但涂膜质量不高，容易形成流挂，溶剂的挥发量大，工作场所必须有严格的防火和通风措施。

3）淋涂法就是工件在运输带上移动，送入涂料的喷淋区。涂料经过喷头喷淋到工件上，然后送入烘干设备中进行烘干。喷淋法要求涂料在较长时间内与空气接触而不易氧化结皮干燥，要求加入一定量的润湿剂、抗氧化剂和消泡剂等。淋涂法能获得均匀的涂层，并且节约涂料。

4）空气喷涂法是利用压缩空气喷出的气流，造成储漆罐内外的压力差，将涂料从罐内压出来后，被喷枪喷出的气流雾化，并均匀地喷涂到被涂件的表面。空气喷涂使用的工具是喷枪。空气喷涂的特点是操作方法简单，形成的涂层均匀性好，适合于不同材质、不同形状产品的涂装，是车身维修涂装中常用的一种涂装方法。但空气喷涂的缺点是一次成膜太薄，需要多次喷涂才能达到预定的涂膜厚度；涂料的利用率低，仅为30%～40%；涂料微粒及溶剂飞散严重，污染环境，损害操作者的健康。

5）高压无气喷涂分为两种，即高压无空气喷涂法或厚浆涂料喷涂法。此法多用于喷涂高黏度的涂料，一次成膜厚度大，涂装效率高，最适合大面积涂装，如船舶、飞机、大型钢桥梁、机车车厢、化工设备和建筑物等。但是，此法对技术要求较高，清洗较麻烦。

（2）静电喷涂　静电喷涂是以接地工件作为阳极，以涂料雾化器作为阴极接负高压（60～100kV），此时在两极间形成高压静电场，在阴极上产生电晕放电。当涂料以一定的方式雾化喷出后，立即进入强电场中使涂料粒子带负电，带负电的涂料粒子迅速“奔向”被涂物体并吸附在物体表面，干燥后便形成一层牢固的涂膜。静电喷涂法的涂料利用率高，一般可达80%～90%，并且容易实现自动化。

（3）粉末涂装　粉末涂装是把粉末涂料涂布在工件表面形成均匀涂膜的一种涂装方法。粉末涂料属于完全不挥发的无溶剂涂料，品种有聚乙烯、聚氯乙烯、尼龙、氟树脂、氯化聚醚、环氧树脂、聚酯树脂、丙烯酸酯等。粉末涂装时，必须靠一定的温度使固体粉末涂料熔融成液态流平后固化成膜。粉末涂装一次形成的涂膜厚度一般达 60 ~ 100μm，涂膜均匀且附着力强，涂料可回收，利用率可达 95%，多用于一次成膜较厚的金属类零件。粉末涂装的方法很多，目前最普遍使用的是静电粉末喷涂法，其次是流化床浸涂法，还有空位喷涂法、真空吸引法、火焰喷涂法等。

7.4　电泳涂装技术

电泳涂装是将浸没于水溶性涂料中的待涂覆工件作为一个电极（阴极或阳极），另设一个相对应的电极，两极间通以直流电，在电场力的作用下，涂料带电粒子定向迁移到工件表面，放电沉积形成涂膜的一种涂装工艺方法。现在全世界汽车车身的涂装中已有 90% 以上采用阴极电泳涂装。

通常根据涂料的特性和被涂覆工件的极性对电泳涂装的方法进行分类。以工件为阳极，使用阴离子型涂料的电泳涂装称为阳极电泳涂装；而以工件为阴极，使用阳离子型涂料的涂装称为阴极电泳涂装。阳极电泳涂料价格较低，但其耐蚀性不及阴极电泳涂料。目前，各厂家基本上都采用阴极电泳涂装。电泳涂膜表面均匀，附着力好，适合形状复杂工件的涂装，内腔表面也可以沉积膜层；但设备复杂、投资大，涂料品种受限，目前仅限于水溶性涂料和水乳化漆。

7.4.1　电泳涂装的原理与过程

电泳涂装是一种非常复杂的电化学反应，无论是阴极电泳还是阳极电泳涂装，都包括电泳、电沉积、电渗和电解四个同时进行的典型过程。溶解并分散于水中的涂料离子化树脂离解成带电胶体粒子，在直流电场中通过电泳、电沉积、电渗和电解，迁移到工件表面放电形成绝缘性涂膜。

1. 电泳

在电场力的作用下，带电胶粒朝着极性相反的电极移动的过程就是电泳。电泳时，不带电的颜料和体质颜料粒子也可能吸附在带电胶粒上随之一起移动。一般情况下，涂料溶液的固体分和黏度越低，电泳的阻力越小。

2. 电沉积

带电胶粒到达极性相反的电极（工件），放电形成不溶性、绝缘涂膜的过程被称为电沉积。与电镀不同，电泳中的电沉积涂膜的导电性发生了变化，变成了绝缘性。电沉积首先发生在工件表面电力线集中的部位，随着绝缘涂膜厚度和面积的增加，电阻也明显升高。

3. 电渗

分散介质（如水）朝着与带电粒子运动方向相反的方向移动的过程称为电渗，电渗是电泳的逆过程。刚形成的涂膜是含水量较高的半渗透膜，在电场力和内渗力的作用下，涂膜中的水合离子会向电荷相反的电极移动，进入溶液。通常，电渗的脱水作用可使涂膜的水分减少5% ~15%。

4. 电解

在直流电场中的水会发生电解反应，在阴极和阳极分别放出氢气和氧气，从而导致阴极 pH 值上升，阳极 pH 值下降。溶液的导电性越高，电解反应越剧烈；电极上 pH 值的变化越大，气泡越多，涂膜针孔越多，涂膜越粗糙。

因此，电沉积是电泳的主要反应过程，电解是影响涂膜质量的重要因素。

虽然阳极电泳的设备投资和涂料价格低于阴极电泳，但其树脂稳定性和工作电压也较低。与阳极电泳涂膜相比，阴极电泳涂膜的防护能力提高了3～4倍，库仑效应提高1倍，泳透力提高1.2～1.4倍，故阴极电泳得到了较广泛的应用，阳极电泳则多用于要求不高的涂装场合。图7-14所示为电泳涂装原理。

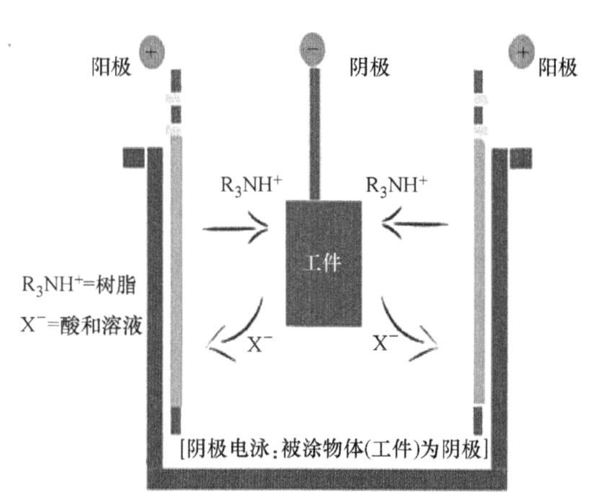

图7-14　电泳涂装原理

7.4.2　电泳涂装的特点

（1）易实现自动化、机械化　电泳涂装自动化程度高，涂装速度快，生产率高，如汽车底漆电泳涂装的工效可比浸漆工艺提高450%。

（2）涂膜厚度均匀性高　即使在边角、槽孔、焊缝凸起等不规则形状部位，都可以通过调整电压、控制电沉积过程得到厚度均匀的涂膜。

（3）涂膜质量高　涂膜平整、光滑、无流挂，烘干时平展性好，外观质量高，节约了打磨工时，降低了生产成本。涂膜还具有良好的耐水性和附着力。

（4）涂料利用率高　涂料的浓度低，黏度小，工件带出少，涂料的利用率可达95%以上。

（5）环境和工作条件好　涂料中助溶剂少，挥发产生的漆雾少，对环境的污染小；消除了中毒、火灾等隐患，操作人员的劳动条件得到了明显的改善。

（6）不足之处

1）投入大。设备投资较大，操作管理要求严格。

2）工艺限制多。受电泳工艺特征的制约，电泳涂膜颜色单一；多种金属工件不能同时涂装；塑料、木材等非导体不能进行电泳；底漆表面不能电泳面漆，且底漆的耐候性较差。

3）清理工作量大。为了保证与工件接触时的导电性，挂具必须经常认真地清理，工作量及劳动强度较大。

7.4.3　电泳涂装的设备

电泳涂装的设备由电泳槽、备用槽、循环过滤系统、超滤系统、电极装置、漆液温度调节装置、漆液补加装置、通风装置、直流电源、控制柜、电泳后水洗装置、储漆装置等组成。

1. 电泳槽

电泳槽是电泳涂装的核心设备，是完成电泳过程的容器，其尺寸根据待涂工件最大的外形尺寸而定，包括电泳槽、备用槽和溢流槽等。电泳涂装一般可分为连续通过式和间歇步进式两类，前者适用于大批量生产，电泳槽为船形；后者适用于中等批量的涂装生产，多采用矩形电泳槽。溢流槽通常安装在电泳槽的一侧或两侧，其作用是控制电泳槽漆液高度及排除液面泡沫。备用槽的作用是在电泳槽清理、维修时，临时存放漆液。图 7-15所示为船形电泳槽。

图 7-15　船形电泳槽

2. 循环过滤系统

循环过滤系统包括循环泵、管路、喷管等，通常采取过滤循环、过滤热交换循环和超滤循环组合的形式，作用是确保漆液的组成、浓度稳定且具有良好的分散性，颜料不发生沉淀。为了避免漆液的沉降，应保持一定的漆液流速和循环次数。

3. 电极装置

电极装置由极板、隔膜罩、辅助电极和去离子水装置等组成。阳极电泳可用钢板和不锈钢板制作阴极，阴极板与工件面积比一般为 1∶1。阴极电泳需要用不锈钢、石墨和钛合金板制作阳极，阳极板与工件面积比一般为 1∶4。隔膜罩通常是用半透膜制作的袋状物，里面注满去离子水，将极板装入其中，作用是阻止电解时产生的酸、碱电解质向漆液中扩散，稳定控制漆液的 pH 值。辅助电极的作用与电镀时相同，是为了使形状复杂的内壁、空穴等也能形成均匀的漆膜。

4. 漆液补加装置

漆液补加一般是在混合罐中进行的。用工作漆液稀释原漆液，搅拌、混合均匀后再加入电泳槽；或直接将混合器设在循环管路中，采取连续补加的形式补充漆液。

5. 电泳后水洗装置

工件经电泳成膜后，须立即利用循环超滤液、新鲜超滤液和去离子水反复冲洗，去除漆膜表面黏附的漆液，避免漆膜溶解减薄。

7.4.4　电泳涂装工艺及影响因素

电泳涂装工艺流程为：脱脂→冷水洗→热水洗→表面调整→磷化→冷水洗→钝化→去离子水洗→干燥→电泳涂装→超滤液清洗→去离子水洗→烘烤成膜→冷却。电泳涂装前对工件进行磷化处理是为了提高电泳涂膜的防护性能。

1. 漆液的固体分

漆液的固体分是影响漆液稳定性、泳透力、涂膜厚度和外观的重要因素。漆液固体分过低时，颜料沉淀严重，漆液的稳定性和泳透力降低，所得的漆膜薄且粗糙，膜面针孔多，防护性能很差。漆液固体分过高时，漆膜增厚，电渗过程难以进行，漆膜粗糙呈橘皮状；同时，固体分过高也会加大过滤、冲洗的负荷。通常将阳极电泳的固体分控制在 10% ~15% 之内，而阴极电泳固体分以 20% ±0.5% 为宜。

2. 温度

升高漆液的温度有利于电沉积过程，并能增加漆膜厚度。但漆液温度过高，助溶剂挥发加快，漆液稳定性下降，漆膜粗糙，出现流挂。温度过低则会导致漆液水溶性下降，电沉积阻力大，涂膜较薄，凹槽处甚至无法形成漆膜；同时，过低的漆膜温度会导致漆液黏度增加，阻碍气泡逸出，膜层表面粗糙、失光。因此，阳极和阴极电泳漆液的温度应分别控制在 20 ~25℃和 28 ~30℃。

3. pH 值

溶液的 pH 值直接影响了漆液的稳定性和电导率，须严格控制使其波动不超过 ±0.1。一般阳极和阴极电泳漆液的 pH 值应分别为 7.5 ~8.5 和 5.8 ~6.7。

阳极电泳漆液 pH 值偏高，会引起树脂分解，进而导致漆液的稳定性下降。阴极电泳漆液 pH 值偏低，会导致库仑力和泳透率降低，加重管路的腐蚀；pH 值偏高，则会降低漆液的稳定性。

4. 电导率

电导率随漆液中杂质含量的增加而增大，增大的电导率不仅加剧了电解作用，使漆膜粗糙多孔，也降低了漆液电压、泳透率和稳定性。一般情况下，阴极电泳漆的电导率为1000 ~2000μS/cm，阳极电泳漆的电导率则相对较高。

5. 电极与工件的距离

电极与工件的距离越大，漆液的电阻越大。电极与工件的距离过小时，工件凸凹处会出现厚度不同的漆膜；距离过大时，沉积效率差，漆膜很薄甚至无法形成漆膜。因此，电泳涂装的电极与工件的距离通常为 150 ~800mm。

7.5　喷涂技术

由于工程机械范围广、规格多、整机重、零部件大，一般采用喷涂方式进行涂装。喷涂工具有空气喷枪、高压无气喷枪、空气辅助式喷枪及手提式静电喷枪。空气喷枪喷涂效率低（30%左右），高压无气喷枪涂料利用率低，两者共同的特点是环境污染较严重，所以部分已被空气辅助式喷枪和手提式静电喷枪所取代。工程机械用涂装设备一般采用较为先进的水旋喷漆室。中小零部件也可采用水帘喷漆室或无泵喷漆室，前者具有先进的性能，后者经济实惠，方便实用。

7.5.1　空气喷涂

1. 喷涂原理

利用高速压缩空气，在喷枪的喷嘴附近产生负压。当涂料进入该处空间时，被高速气流冲击、混合，从而充分被雾化并被喷射到零件表面沉积成为涂膜的方法就是空气喷涂。图 7-16所示为空气喷涂法原理图。

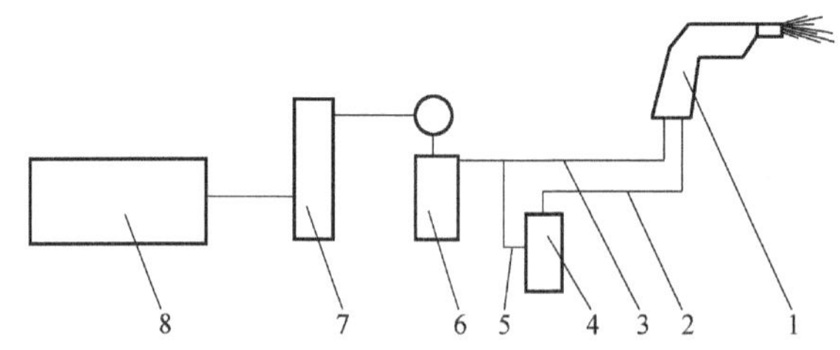

图 7-16　空气喷涂法原理图

1—喷枪　2—涂料输送管　3—压缩空气输送管　4—涂料储存罐
5—压缩空气输送管　6—压力表及压力控制器　7—油水分离器　8—空压机

2. 空气喷涂的特点

1）生产率高。喷涂量大，涂装效率为刷涂的 8 ~ 10 倍，可达到 150 ~ 200m^2/h。

2）涂膜质量好。涂膜光滑平整、厚度均匀、美观精致。

3）适应性强。可在各种不同材质、形状的基础上，使用各种涂料形成涂膜，尤其适用于快干性涂料的喷涂，是广泛应用的工艺方法之一。

4）涂料利用率低。喷涂时喷雾分散多，涂料的损耗可达 50% ~ 60%，小件甚至高达 70% ~ 85%。

5）压缩空气要求高。为了保证涂膜的质量，喷涂所用的压缩空气需要经过净化处理，除去水分、油污、尘埃等。另外，喷涂时压缩空气的消耗量也较大，导致生产成本上升。

6）操作环境较差。飞散的喷雾、稀释剂的挥发等对环境造成了较大的污染，操作人员的工作条件较差。

3. 空气喷涂装置

空气喷涂装置主要由喷枪、压缩空气及净化系统、输漆罐、空气胶管等组成。压缩空气及净化系统由空气压缩机、储气罐、油水分离器、输气管等组成，喷涂压力一般为0.35 ~ 0.60MPa。

密封的输漆罐包括增压泵、搅拌器、热交换器、压缩空气入口（即泄压装置）、涂料过滤及出口等，通过管道将涂料送达喷枪。输漆罐的容量一般为 20 ~ 120L，施加于涂料的压力为 0.15 ~ 0.30MPa。热交换器的主要作用是使涂料温度保持恒定，确保涂料的黏度不发生变化。喷枪的作用是雾化、喷射涂料，是空气喷涂装置中最重要、最关键的零部件，直接影响了涂膜的形成与质量等。按照压缩空气和涂料的混合方式，可将喷枪分为内部混合与外部混合两种。按照涂料的供给方式，可将喷枪分为吸上式、重力式和压送式三种。

4. 影响空气喷涂的因素

（1）涂料的雾化效果　被雾化涂料的颗粒越细，雾化效果、涂膜的外观及质量越好。

（2）涂料的喷出量　与喷枪的类型有关。使用较大口径的喷枪有利于提高喷出量，但若口径过大，会造成涂料雾化效果变差。

（3）喷涂幅度　随着空气压力的降低，喷涂图案的幅度减小，图案中心厚度增加。

（4）涂膜质量　涂料的黏度越大，雾化颗粒越粗，涂膜薄且粗糙无光；射程太近，涂膜不仅厚而流挂，在反冲气流的作用下还会产生橘皮现象。

7.5.2　高压无气喷涂

1. 喷涂原理

高压无气喷涂指的是，利用高压泵将涂料的压力增至 10 ~ 25MPa，然后以 100m/s 的高速从喷枪的狭窄小孔中喷射出，与空气发生剧烈的冲击，压力急剧下降，涂料被分散雾化并高速喷向零件表面形成涂膜。由于雾化时不需要压缩空气，故又称为无气喷涂。

高压无气喷涂尤其适宜喷涂防腐蚀涂料和高黏度涂料，可提高工作效率，如用于汽车底盘喷涂和车身密封时，涂膜厚 1 ~ 2mm 且不发生流挂，喷涂一辆车只需 5min 左右。

2. 高压无气喷涂的特点

1）涂装效率高。由于高压喷涂的涂料喷出量大，喷射速度快，其涂装效率是一般喷涂的几倍到几十倍。

2）涂膜质量好。雾化的涂料中没有压缩空气带来的水分、油类等，涂膜质量好，附着力高。

3）涂料适应性好。可在多种基体材料上喷涂高黏度或低黏度的涂料，为了减少喷涂次数，一次成形厚膜，可选择高黏度的涂料。

4）涂料损耗和环境污染小。喷雾分散少，稀释剂用量小，涂料的利用率高，对环境的污染减小，操作人员的劳动条件得到了改善。

5）可连续操作。采用不带涂料罐的喷枪，直接与大的涂料容器相连接，喷枪质量减小，操作便捷，可连续施工。

6）幅度和喷出量调节困难。除了更换喷嘴外，在喷涂时一般不能调节喷涂幅度和涂料喷出量。喷射速度较快，厚度不易控制，不适用于小件的涂装。

7）涂膜外观不理想。涂膜外观不如空气喷涂，尤其不适宜装饰性薄层的涂装。

3. 高压无气喷涂装置

高压无气喷涂装置由动力源、高压泵、蓄压器、过滤器、输漆管、涂料容器和喷枪等组成。按照动力源类型分，高压泵有气动、电动、液压和汽油机驱动等形式。高压泵又称柱塞泵，有单动型和复动型两种，前者以电动为主，后者有气压和液压驱动两种形式。蓄压器的主要作用是稳定压力，过滤器的作用是提高涂膜质量和过滤涂料，避免因堵塞而影响喷涂。图7-17所示为高压无气喷涂设备结构示意图。

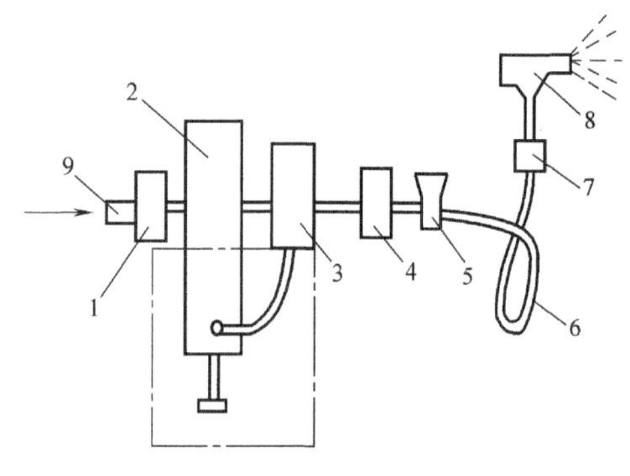

图7-17 高压无气喷涂设备结构示意图
1—调压阀 2—高压泵 3—蓄压器
4—过滤器 5—截止阀门 6—高压软管
7—旋转接头 8—喷枪 9—压缩空气入口

高压喷枪有普通式、长柄式和自动高压式等，由枪体、针阀、喷嘴、扳机等组成。喷嘴的口径和形状决定了雾化状态、喷涂幅度、涂料喷出量等，通常可根据涂装对象、工艺要求、涂料的种类及黏度等选择喷枪。

4. 涂料喷出量与喷嘴、喷涂压力的关系

一般情况下，涂料喷出量随喷涂压力的增加、喷枪口径的增大而提高。但过高的喷涂压力会导致设备发生严重的磨损，从而降低其使用寿命。因此，一般是通过更换口径较大的喷枪来增加涂料喷出量。与空气喷涂相比，为了改善涂装及涂膜的性能，也有多种改进型的高压喷涂，如空气辅助高压喷涂和加热高压喷涂等。

7.5.3 静电喷涂

1. 喷涂原理

静电喷涂是使喷枪带负的高压电，待喷涂工件带正电接地，二者之间形成一个高压静电场。升高电场强度，喷枪前端针状电极上的电子获得巨大的动能，冲击并使空气发生电离形成电子和离子。在电场的作用下，离子化气体向工件（正极）运动，产生电晕放电。从喷枪喷出的涂料液滴从电晕中获得140kV、0～200μA的负电，液滴之间强烈的斥力使得雾化充分进行，带电液滴沿着电力线的方向飞向工件，在表面形成了涂膜。图7-18所示为静电

喷涂原理图。

2. 静电喷涂的特点

1）涂料利用率高。带电涂料液滴在电场力的环抱作用、静电作用下，绝大部分被吸附到工件表面，涂料的利用率高达70%～80%。

2）生产率高。可实现自动化、流水线、大批量生产。

3）涂膜质量好。雾化充分，涂膜细致，外观良好，同时，在尖角、凸起、棱边等处也能形成较厚的涂膜。

4）污染小。喷雾飞散小，改善了劳动条件，减小了对环境的污染。

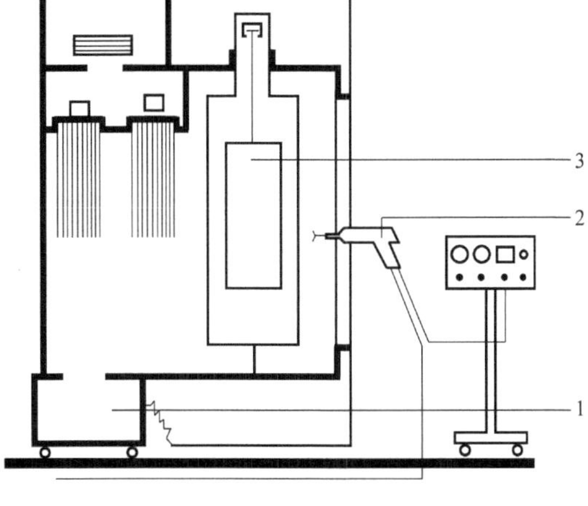

图7-18 静电喷涂原理图
1—蓄粉罐 2—喷枪 3—工件

5）屏蔽影响明显。由于尖端放电和静电屏蔽的影响，对凹槽、深孔等处的喷涂有特殊的要求。对木材和塑料等非导体，喷涂前需要经过一定的处理。

6）成本及安全性要求高。生产成本较高，操作人员需要采取安全保护措施，设备需要有可靠接地措施，以防发生火灾、触电事故等。

3. 静电喷涂装置

静电喷涂装置的关键设备是高压静电发生器和喷枪。高压静电发生器与喷枪可以是分离的或一体的，前者通过高压电缆实现连接；后者是将高压发生器直接装在喷枪上，或利用装在喷枪上的涡轮发电机使电极带上负高压电。静电喷枪的作用是使涂料雾化成液滴，使液滴携带负电荷。根据雾化方式不同，静电喷枪可分为离心力静电喷枪、空气静电喷枪和液压静电喷枪等。

1）离心力静电喷枪有盘式和旋杯式两种基本形式。利用高速旋转的旋盘或旋杯产生的离心力使涂料雾化，以尖锐的边作为放电极，产生电晕使液滴带电并进一步雾化，多用于自动静电喷涂。

2）空气静电喷枪通过压缩空气进行涂料的雾化，利用喷枪前端的高压电极进行电晕放电，使雾化液滴带电荷，飞向工件表面形成涂膜，一般用于手工涂装。

3）液压静电喷枪将高压喷涂与静电喷涂相结合进行喷涂。在10MPa的高压下，喷枪喷射出的涂料高速飞向工件，涂料喷出量较大，涂装效率较高，所得的涂膜较厚。

4. 影响静电喷涂的因素

（1）电压 在100kV以下，涂料液滴的荷电率和涂料附着率随电压的升高而明显增加。

（2）喷枪的距离和位置 喷枪与工件距离过近时，易引起火花放电；距离过远，又会降低涂料的附着率。故静电喷涂时，喷枪与工件之间的距离以250～350mm为宜，小件取下限值，大件取上限值。

（3）涂料的黏度和喷出量 为了提高雾化效果和喷雾沿电力线的环抱效应，静电喷涂使用的涂料黏度应低于空气喷涂；或采取加热的方式，提高涂料的允许使用黏度。涂料喷出量越大，涂装效率越高。

（4）空气压力与输漆压力　为了改善液滴荷电和雾化效果，静电喷涂所需的压力和漆压通常低于普通空气喷涂。

（5）旋杯尺寸　旋杯式静电喷枪的口径越大，喷雾越细，喷涂幅宽越大，图形的环边越薄。

（6）涂料的阻抗　阻抗大的涂料荷电率很低，雾化喷涂效果差；阻抗小的涂料易发生漏电，电荷消失很快，不仅静电压达不到要求，而且会造成很大的安全隐患。

7.6　粉末涂装技术

与其他涂装方法使用的溶剂型和水性涂料不同，粉末涂装使用的是粉末状无溶剂型涂料。粉末涂装是使用特定的工艺方法，使粉末涂料黏附到工件表面，经加热、烘烤后固化成膜。粉末涂料本身不能流动，只有在固化过程中才发生熔融流动。

1. 粉末涂装的特点

1）涂料利用率高。由于粉末涂料是100%的固体，因此其利用率可大于90%。

2）安全无害。粉末涂装无挥发，无溶剂毒雾产生，无“三废”排放污染环境的问题；而且粉末不易燃，储存、运输和使用时都有较大的安全性。

3）能耗低、效率高。与油漆喷涂相比，粉末涂装工序简单、能耗低；适用于自动化生产；可一次性形成所需的涂膜，生产率高。

4）可获得厚膜。一次涂装的涂膜厚度可达100～300μm。

5）涂膜性能好。涂装时无流挂现象，涂膜有良好的绝缘性和耐蚀性等。

6）操作方便，投资小。对喷枪、涂装室的清理工作比油漆容易，设备投资较小。

7）设备专用性强。涂装设备是专用的，换色困难。

8）涂膜易变色。由于烘烤温度较高，一般超过了200℃，故涂膜易变色。

9）附着力及外观不理想。涂膜的附着力较差，流平性及光泽不如溶剂型漆膜。

2. 粉末涂料的种类、组成及制备

（1）粉末涂料的种类　粉末涂料一般分为热固性粉末涂料和热塑性粉末涂料两大类，按照主要成膜物质又可将它们分为若干类。与热塑性粉末涂料相比，热固性粉末涂料的熔融温度及熔体黏度较低，涂膜的附着力和平整度较好。

（2）粉末涂料的组成　粉末涂料的组成与溶剂型和水性涂料大致相同，一般也是由树脂、颜料、填料和助剂组成。对热固性粉末涂料而言，还需要加入固化剂与树脂反应才能成膜，所以固化剂是热固性粉末涂料中必不可少的组分。

（3）粉末涂料的制备　粉末涂料的制备方法有多种，大致可分为干法和湿法两大类。目前，常用的粉末涂料制造方法是熔融挤出混合法，其步骤为：原料预混合→熔融挤出混合→冷却和造粒→破碎→细粉碎→分级过筛→包装入库。

将所有的原料倒入混料罐，充分搅拌，混合均匀，放出待用。将混好的原料倒入挤出机，把挤出机的温度设定在100～120℃，保证不发生固化，但可以熔融。开动挤出机、压片机、粗粉碎机。将挤出的物料充分熔融混合，并压成薄片，粗破碎。将经过破碎的颗粒状物料，倒入细磨粉机，磨成微米级的粉末状，经过不同的筛网进行分级过滤，对应不同的粒度包装入库。

3. 粉末静电涂装

粉末静电涂装是利用静电感应使工件和粉末分别带相反电荷，将粉末涂料吸附到工件表面，经过熔融流平、烘烤固化形成涂膜的工艺方法。

（1）粉末静电涂装的原理　粉末静电涂装根据原理分为高压静电粉末涂装法和摩擦静电粉末涂装法。

1）高压静电粉末涂装法是将喷枪与高压静电发生器相连，喷枪电极与工件（阳极）之间产生了高压静电场，在喷枪口形成电晕放电。当粉末从喷枪喷入电晕区时，就捕获负电荷成为带电微粒，在静电作用下飞向工件并吸附，经过熔融流平、固化后形成了平滑、均匀的涂膜。但由于静电屏蔽效应，粉末涂料不能在工件凹槽内表面处附着形成涂膜。

2）摩擦静电粉末涂装法是在压缩空气作用下，粉末涂料与摩擦喷枪内壁产生强烈的摩擦而携带正电荷，喷出枪口的荷电粉末在空气流和静电的作用下飞向带负电的工件并附着在表面，经固化后成膜。由于摩擦静电喷涂不需要外电场，不存在静电屏蔽效应，故可以在形状、结构复杂的工件表面形成涂膜。

（2）粉末静电涂装的特点

1）粉末品种全，几乎所有种类的粉末涂料都能使用。

2）膜厚可调，涂膜厚度可以在几十至几百微米调整，可以进行薄膜及厚膜的涂装。当涂膜厚度大于 150μm 后，需要将工件加热到涂料的熔融温度以上。

3）工件无须预热，只要预处理后即可涂装，多种材质、多种形状的工件都能形成涂膜。

4）涂料利用率高，粉末涂料可回收使用，利用率超过 98%。

5）设备投资大，需要专用的涂装和回收装置。

6）膜均匀性差，加热涂装时难以控制膜厚的均匀性，且厚膜易流挂。

（3）粉末静电涂装设备　粉末静电涂装的设备主要由供粉装置、高压静电发生器、静电粉末喷枪、喷粉室、压缩空气系统、粉末回收装置和烘烤炉等组成。

1）高压静电发生器由高频变压器和升压电路组成，功能是形成高压静电场，而且不发生火花放电现象。

2）静电粉末喷枪的作用是既要使粉末涂料带电，又要能够将荷电粉末涂料送到工件表面。

3）供粉装置通过粉桶、粉泵和送粉管等将粉末涂料供给喷枪，供粉量的控制精度直接影响了涂膜的外观和使用性能。

4）喷粉室是工件进行粉末涂装的工作间，主要作用是阻止粉末污染环境、起火或爆炸，保证涂膜质量及回收粉末等。

（4）粉末静电涂装工艺及影响因素　粉末静电涂装的工艺流程为：预处理→粉末静电涂装→熔融流平和交联固化→冷却→检验。涂装时，必须严格控制工艺参数，以获得良好的工艺性能和理想的涂膜。

1）静电电压和电流。电压与电流过低时，粉末带电量小、涂覆效率低；电压过高则会导致粉末反弹及涂层边缘出现麻点，电压和电流过高时都容易导致放电击穿涂层。

2）流速和雾化压力。涂层的厚度随流速压力加大而增加，厚度均匀性则随雾化压力的加大而提高，但两个压力值过大时都会加大喷枪的磨损量。过高的流速压力还会增加粉末用量，过低的雾化压力会堵塞送粉部件。

3）喷枪与工件的距离。距离过大，不仅会增加粉末用量，还会降低喷涂效率及减小涂层厚度；距离过小，易放电击穿膜层。

4）输送链速率。速率过低，生产率低；速率过高，粉末涂层厚度均匀性差。

5）粉末粒度。一般情况下，涂层厚度的上限值、粉末荷电数、受重力场和电场的影响程度都随粉末粒度的加大而增加。

6）粉末电阻率。粉末电阻率较低时，有利于荷电，但吸附到工件表面时容易失去电荷导致粉末散落。粉末电阻率较高时，虽然粉末荷电困难，上粉率低，但在工件表面却不易失去电荷，对后面的荷电粉末有明显的静电排斥作用，涂层不会太厚。

7）喷粉量。喷涂开始时，涂层厚度随喷粉量的加大而增加；到喷涂后期，喷粉量对厚度的影响明显减小，大的喷粉量还会降低上粉率。

8）烘干装置。应根据生产及工艺的需求选择合适的固化设备，以维持成膜所需的温度和时间。一般情况下，采取的加热方式有热风对流式和远红外辐射式等。固化设备通常采用烘道通过式和烘箱式等，以适应连续或间歇式生产。

第 8 章 热喷涂技术

【学习目标】

- 掌握热喷涂技术的一般原理、特点和分类，热喷涂材料的种类和特点。
- 掌握常用热喷涂工艺的原理和设备装置。
- 了解热喷涂技术的具体用途、发展前景，以及热喷涂层的选择和涂层系统的设计。

【导入案例】

上海东方明珠广播电视塔（见图 8-1）高 468m，塔身主体部分为预应力钢筋混凝土结构，顶部为钢结构桅杆天线。其中用于安装天线的钢结构桅杆采用热喷涂 AC 铝合金作为防护底层，厚度为 120μm，喷涂后用 842 环氧底漆封闭，然后以环氧聚酰胺铝粉为面漆，最后以丙烯酸清漆为罩光漆，总漆膜厚度为 260μm。上述处理后可满足 30 年的防腐要求。

图 8-1　上海东方明珠广播电视塔

8.1　热喷涂的原理和特点

20 世纪 70 年代，我国科技人员开始研究用等离子喷涂技术修复坦克上的薄壁零件，经过一系列科研攻关和试验取得了成功。使用等离子喷涂技术修复的坦克零件，耐磨性比原来提高了 1.4 ~ 8.3 倍，寿命延长了 3 倍以上，而修复成本却只有新零件的 1/8。图 8-2所示为我国 99 式主战坦克的早期型号车体结构。

热喷涂技术起始于 20 世纪初期。起初，只是将熔化的金属利用压缩空气使其形成液流，喷到被涂覆的基体表面上，形成一层膜状组织。其喷涂温度、熔滴对基体表面的冲击速度及形成涂层的材料的性能，构成了喷涂技术的核心。热喷涂技术的整个发展，基本上是沿着这三支主导线向前推进的。温度和冲击速度取决于不同的热源和设备结构。从某种意义上说，温度越高，速度越快，越有利于形成优异的涂层，这就导致了温度和冲击速度两种要素在整个技术发展过程中的竞争与协调的局面；繁多的喷涂材料是热喷涂技术的另一个优势，它可以使不同设备的工作面被“点铁成金、披盔戴甲”。正是这三种要素，使热喷涂成为真正具有叠加效果的独特技术，它可以设计出应用所需的各种各样性能的表面，获得从一般机械维修，直到航天和生物工程等高技术领域广泛的应用。图 8-3 所示为某企业石油管道用阀体零部件热喷涂生产现场。

图 8-2 我国 99 式主战坦克的早期型号车体结构

图 8-3 某企业石油管道用阀体零部件热喷涂生产现场

1. 热喷涂的原理

热喷涂是利用热源，将粉末状或丝状的金属或非金属涂层材料加热到熔融或半熔融状态，然后借助焰流本身的动力或外加的高速气流，使其雾化并以一定的速度喷射到经过预处理的基体材料表面，与基体材料结合形成具有各种性能的表面覆盖涂层的一种技术。其工艺过程包括喷涂材料加热熔化、熔滴的雾化阶段、粒子的飞行阶段、粒子喷涂阶段、涂层形成过程等。图 8-4 所示为热喷涂原理示意图。

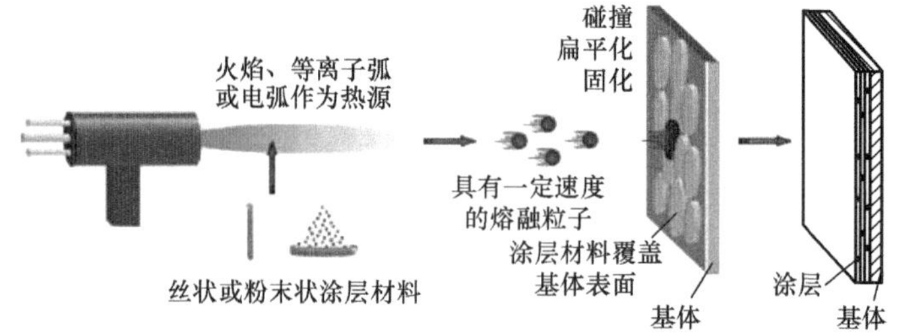

图 8-4 热喷涂原理示意图

热喷涂技术也包含喷焊工艺。喷焊是指用热源将喷涂层加热到熔化，使喷涂层的熔融合金与基材金属互溶、扩散，形成类似钎焊的冶金结合，这样所得到的涂层称为喷焊层。

热喷涂的目的是提高工件的耐蚀性、耐磨性、耐高温性等，修复因磨损或加工失误造成的尺寸超差的零部件。零件的热喷涂修复如图 8-5 所示。热喷涂应用广泛，材料涵盖金属材料，以及陶瓷、塑料等非金属材料。

（1）热喷涂层的形成过程　从喷涂材料进入热源到形成涂层，喷涂过程一般经历：喷涂材料被加热达到熔化或半熔化状态，喷涂材料熔滴雾化阶段，雾化的喷涂材料被气流或热

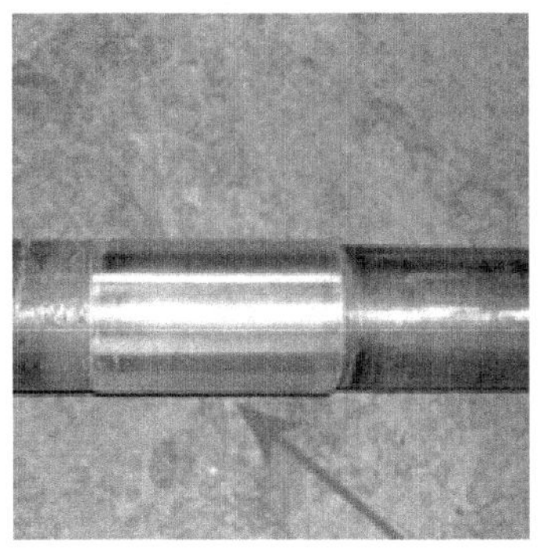

图 8-5　零件的热喷涂修复

源射流推动向前喷射的飞行阶段过程。

喷涂材料以一定的动能冲击基体表面，产生强烈碰撞展平成扁平状涂层并瞬间凝固。涂层中颗粒与基体表面之间的结合以及颗粒之间的结合机理目前尚无定论，通常认为有机械结合、冶金-化学结合和物理结合三种。图 8-6 所示为铆接-机械结合零部件和铝合金微弧氧化膜层与基体之间的冶金结合。

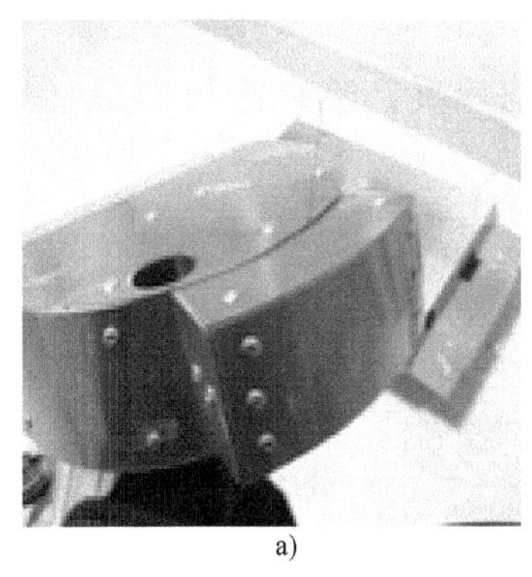
a)
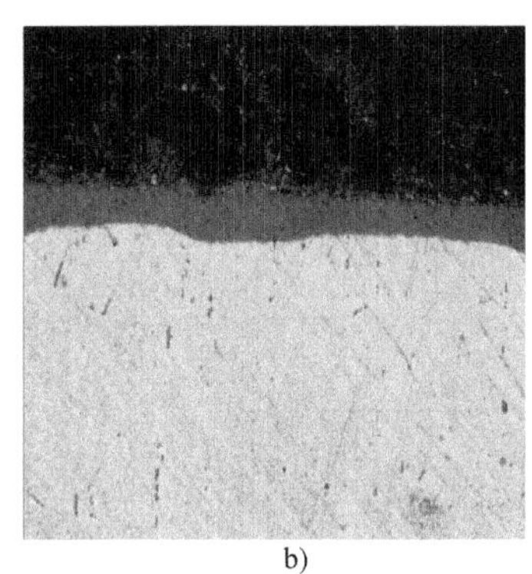
b)

图 8-6　铆接-机械结合零部件和铝合金微弧氧化膜层与基体之间的冶金结合

a）铆接-机械结合　b）铝合金微弧氧化膜层与基体之间的冶金结合

（2）热喷涂层的结构特点　热喷涂层的形成过程决定了涂层的结构。热喷涂层是由无数变形粒子互相交错呈波浪式堆叠在一起的层状组织结构，图 8-7 给出了典型的热喷涂层的金相组织照片。

涂层中颗粒与颗粒之间不可避免地存在部分孔隙或空洞，其孔隙率一般为 0.025% ~ 20%。涂层中还伴有氧化物夹杂和未熔融粒子，如图 8-8 所示。

由于涂层是层状结构，是一层一层堆积而成的，因此涂层的性能具有方向性，垂直和平行涂层方向上的性能是不一致的。涂层经适当处理后，结构会发生变化。如涂层经重熔处理，可消除涂层中的氧化物夹杂和孔隙，层状结构变成均质结构，与基体表面的结合状态也发生变化。

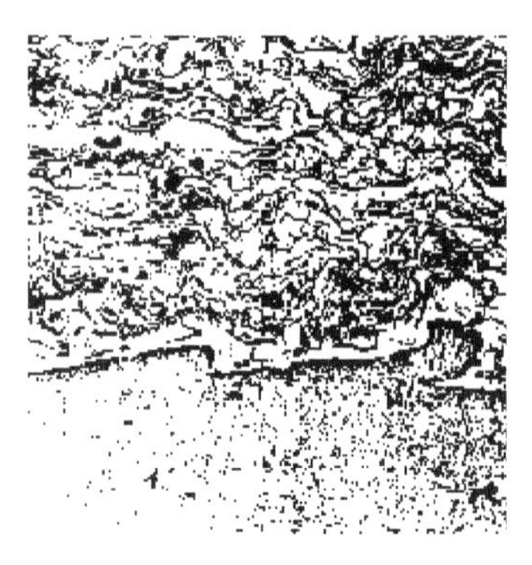

图 8-7　Ni-Cr-B-Si 火焰喷涂金相组织照片

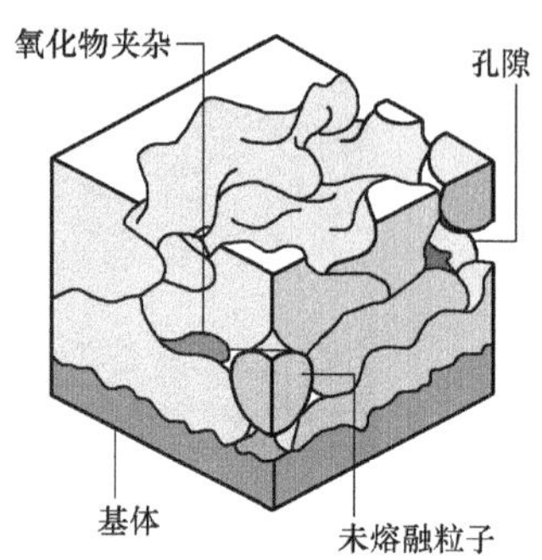

图 8-8　热喷涂层结构示意图

（3）热喷涂层中的残余应力　热喷涂层中的残余应力有以下特点：

1）残余应力是由于撞击基体表面的熔融态变形颗粒，在冷凝收缩时产生的微观应力的累积造成的。涂层的外层受拉应力，而基体或涂层的内侧受压应力。

2）应力大小与涂层的厚度成正比。当达到一定厚度后，涂层拉应力大于涂层与基体的结合强度，涂层会发生破坏。

3）由于残余应力的存在，限制了涂层的厚度，热喷涂层的最佳厚度一般不超过 0.5mm。图 8-9 所示为热喷涂层中的残余应力。

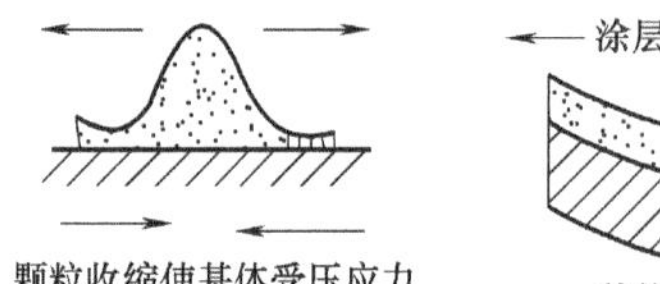

图 8-9　热喷涂层中的残余应力

2. 热喷涂的分类和特点

（1）热喷涂的分类　按照热源的不同，热喷涂的分类见表 8-1。

表 8-1　热喷涂的分类

热源	喷涂方法
火焰	线材火焰喷涂
	粉末火焰喷涂
	高速火焰喷涂
	爆炸喷涂
自由电弧	电弧喷涂
等离子弧	大气等离子弧喷涂（APS）
	低压等离子弧喷涂（LPPS）
	水稳等离子弧喷涂

（2）热喷涂技术的特点　热喷涂技术具有以下特点：

1）可喷涂材料广泛，几乎所有的金属、合金、陶瓷都可以作为喷涂材料，塑料、尼龙等有机高分子材料也可以作为喷涂材料。

2）基体不受限制，在金属、陶瓷器具、玻璃、石膏，甚至布、纸等固体上都可以进行喷涂。

3）工艺灵活，既可对大型设备进行大面积喷涂，也可对工件的局部进行喷涂；既可喷涂零件，又可对制成后的结构物进行喷涂。室内或露天均可进行喷涂，工序少，功效高，大多数工艺的生产率可达到每小时喷涂数千克喷涂材料，如对于同样厚度的膜层，热喷涂所用时间比电镀用的时间少得多。

4）工件受热温度可控，在喷涂过程中可使基体保持较低的温度，基材变形小，一般温度可控制在 30～200℃，从而保证基体不变形、不弱化。

5）涂层厚度容易控制。涂层厚度由几十微米到几毫米，涂层表面光滑，加工余量少。

6）成本低，经济效益显著。

8.2　热喷涂材料

8.2.1　热喷涂材料的特点

热喷涂技术的发展除了设备和工艺外，就是热喷涂材料的开发。热喷涂材料必须满足下列要求，才有实用价值：

1）稳定性好，应具有高温稳定性，在焰流的高温中不升华，不分解。

2）使用性能好。

3）润湿性好。涂层材料在熔融或半熔融状态下应和基体有较好的润湿性，以保证涂层和基体有良好的结合性能。

4）固体的流动性好。当涂层材料是粉末时，其尺寸分布应该比较合理，且要有好的流动性；当涂层材料是棒材或者丝材时，应有较好的成形性能，且尺寸也应均匀准确。

5）线胀系数合适。涂层材料和基体应有相近的线胀系数，以防在涂层形成过程中的急冷过程收缩不均匀，形成巨大的热应力，使涂层从基体上剥离或龟裂。

8.2.2　热喷涂材料的分类

随着热喷涂技术的快速发展，热喷涂材料也得到了快速发展，应用十分广泛，几乎涉及所有的固态工程材料领域。热喷涂材料可以从材料形状、成分和性质等不同角度进行分类。

1）根据热喷涂材料的形状，可以分为丝材、棒材、软线和粉末四类，其中丝材和粉末材料使用较多。

2）根据热喷涂材料的成分，可以分为金属、合金、陶瓷和塑料喷涂材料四大类。

3）按涂层结构，可以分为纳米涂层材料、合金涂层材料、非晶态涂层材料，以及由这些材料复合构成的复合涂层材料。

1. 热喷涂用金属及合金线材

热喷涂用金属及合金线材包括非复合喷涂线材和复合喷涂线材。

（1）非复合喷涂线材　非复合喷涂线材是指只用一种金属或合金制成的线材，这些线材是用普通的拉拔方法制造的，应用普遍的有以下几种：

1）碳钢及低合金钢丝。常用的是85优质碳素结构钢丝和T10A碳素工具钢丝。一般采用电弧喷涂，用于喷涂曲轴、柱塞、机床导轨等在常温下工作的机械零件滑动表面的耐磨涂层及修复磨损部位。

2）不锈钢丝。12Cr13、20Cr13、30Cr13等马氏体不锈钢丝主要用于强度和硬度较高、耐蚀性要求不太高的场合，其涂层不易开裂。10Cr17在氧化性酸、多数有机酸、有机酸盐水溶液中有良好的耐蚀性。06Cr18Ni11Ti等奥氏体不锈钢丝有良好的工艺性能，在多数氧化性介质和某些还原性介质中都有较好的耐蚀性，用于喷涂水泵轴等。由于不锈钢涂层收缩率大，易开裂，适于喷涂薄层。

3）铝及铝合金喷涂丝。铝和氧有很强的亲和力，室温下铝在大气中就能形成致密而坚固的Al_2O_3氧化膜，能防止铝进一步氧化。纯铝涂层除大量用于钢铁件保护涂层外，还可作为抗高温氧化涂层、导电涂层和改善电接触的涂层。一般铝丝纯度（质量分数）应大于99.7%。铝丝直径为2～3mm，喷涂时，表面不得有油污和氧化膜。

4）锌及锌合金喷涂丝。在钢铁件上，只要喷涂0.2mm的锌层，就可在大气、淡水、海水中保持几年至几十年不锈蚀。锌的纯度（质量分数）要求在99.85%以上。在锌中加铝可提高涂层的耐蚀性，铝的质量分数为30%时其耐蚀性最佳。锌喷涂广泛用于大型桥梁、铁路配件、钢窗、电视台天线、水闸门和容器等。

5）钼喷涂丝。钼与氢不发生反应，可用于氢气保护或真空条件下的高温涂层。钼是一种自黏结材料，可与碳钢、不锈钢、铸铁、蒙乃尔合金、镍及镍合金、镁及镁合金、铝及铝合金等形成牢固的结合。钼可在光滑的工件表面形成1μm的冶金结合层，常用作打底层材料。

6）锡及锡合金。锡涂层具有很高的耐蚀性，常用作食品器具的保护涂层，但锡中砷的质量分数不得大于0.015%。含锑和铝的锡合金丝具有摩擦因数低、韧性好、耐蚀性和导热性良好等特性，在机械工业中，广泛应用于轴承、轴瓦和其他滑动摩擦部件的耐磨涂层。此外，锡可在熟石膏等材料上喷涂制成低熔点模具。

7）铅及铅合金喷涂丝。铅具有很好的防X射线辐射的性能，在核能工业中广泛用于防辐射涂层。含锑和铜的铅合金丝材料的涂层具有耐磨和耐蚀等特性，用于轴承、轴瓦和其他滑动摩擦部件的耐磨涂层。但涂层较疏松，用于耐腐蚀时需要经封闭处理。由于铅蒸气对人体危害较大，喷涂时应加强防护措施。

8）铜及铜合金喷涂丝。铜主要用于电器开关的导电涂层、塑料和水泥等建筑表面的装饰涂层；黄铜涂层则用于修复磨损及超差的工件，如修补有铸造砂眼、气孔的黄铜铸件，也可作为装饰涂层。黄铜中加入质量分数为1%左右的锡，可改善耐海水腐蚀的性能。铝青铜的强度比一般黄铜高，耐海水、硫酸和盐酸的腐蚀，有良好的耐磨性和耐腐蚀疲劳性能，采用电弧喷涂时与基体结合强度高，可作为打底涂层，常用于水泵叶片、气闸活门、活塞及轴瓦等的喷涂。磷青铜涂层比其他青铜涂层更为致密，有良好的耐磨性，可用来修复轴类和轴承等的磨损部位，也可用于美术工艺品的装饰涂层。

9）镍及镍合金喷涂丝。镍及镍合金对氨水、海水、照相用药剂、酚醛、甲酚、汽油、矿物油、乙醇、碳酸盐水溶液及熔盐、脂肪酸以及其他有机酸的耐蚀性优良，对硫酸、乙酸、磷酸和干燥氯气等介质的耐蚀性较好；但不耐盐酸、硝酸、铬酸等介质的腐蚀。镍及镍合金常用于水泵轴、活塞轴、耐蚀容器的喷涂。

（2）复合喷涂线材　复合喷涂线材就是把两种或更多种材料复合而成的喷涂线材。复合喷涂线材中大部分是增效复合喷涂线材，即在喷涂过程中不同组元相互发生热反应生成化合物，反应热与火焰热相叠加，提高了熔滴温度，到达基体后会使基体局部熔化产生短时高温扩散，形成显微冶金结合，从而提高结合强度。

制造复合喷涂线材常用的复合方法有以下几种：

1）丝-丝复合法。将各种不同组分的丝绞、轧成一股。

2）丝-管复合法。将一种或多种金属丝穿入某种金属管中压轧而成。

3）粉-管复合法。将一种或多种粉末装入金属管中加工成丝。

4）粉-皮压结复合法。将粉末包在金属壳内加工成丝。

5）粉-黏结剂复合法。把多种粉末用黏结剂混合挤压成丝。

不锈钢、镍、铝等组成的复合喷涂丝，利用镍、铝的放热反应使涂层与多种基体（母材）金属结合牢固，而且因复合了多种强化元素，改善了涂层的综合性能，涂层致密，喷涂参数易于控制，便于火焰喷涂。因此，它是目前正在扩大使用的喷涂材料，主要用于液压泵转子、轴承、气缸衬里和机械导轨表面的喷涂，也可用于碳钢和耐蚀钢磨损件的修补。

2. 热喷涂用粉末

热喷涂材料应用最早的是一些线材，但是只有塑性好的材料才能做成线材，而粉末喷涂材料却可不受线材成形工艺的限制，成本低，来源广，组元间可按任意比例调配，组成各种组合粉、复合粉，以获得某些特殊性能。热喷涂用的粉末种类很多，可分为非复合喷涂粉末和复合喷涂粉末。

（1）非复合喷涂粉末

1）金属及合金粉末。喷涂合金粉末又称冷喷合金粉末，这种粉末不需或不能进行重熔处理。按其用途分为打底层粉末和工作层粉末。打底层粉末用来增加涂层与基体的结合强度，工作层粉末保证涂层具有所要求的使用性能。放热型自黏结复合粉末是最常用的打底层粉末。工作层粉末熔点要低，具有较高的伸长率，以避免涂层开裂。氧乙炔焰喷涂工作层粉末最常用的是镍包铝复合粉末与自熔性合金的混合粉末。喷熔合金粉末又称自熔性合金粉末。因合金中加入了强烈的脱氧元素，如 Si、B 等，在重熔过程中它们优先与合金粉末中的氧和工件表面的氧化物作用，生成低熔点的硼硅酸盐覆盖在表面，防止液态金属氧化，改善对基体的润湿能力，起到良好的自熔剂作用，所以称为自熔性合金粉末。喷熔用的自熔性合金粉末有镍基、钴基、铁基及碳化钨四种系列。

2）陶瓷材料粉末。陶瓷属于高温无机材料，是金属氧化物、碳化物、硼化物、硅化物等的总称，其硬度高、熔点高，但脆性大。常用的陶瓷粉末有：金属氧化物（如 Al_2O_3、TiO_2等）、碳化物（如 WC、SiC 等）、硼化物（如 ZrB_2、CrB_2 等）、硅化物（如 $MoSi_2$ 等）和氮化物（如 VN、TiN 等）。采用等离子弧喷涂可解决陶瓷材料熔点高的问题，几乎可以喷涂所有的陶瓷材料。用火焰喷涂也可获得某些陶瓷涂层。

（2）复合喷涂粉末　复合喷涂粉末由两种或更多种金属和非金属（陶瓷、塑料、非金属矿物）固体粉末混合而成，如图 8-10 所示。按照复合喷涂粉末的结构，一般分为包覆型、非包覆型和烧结型。包覆型复合喷涂粉末的芯核被包覆材料完整地包覆着。非包覆型复合喷涂粉末的芯核被包覆材料包覆的程度是不均匀和不完整的。

常用热喷涂材料的种类见表 8-2。

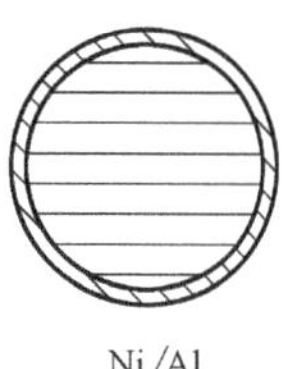

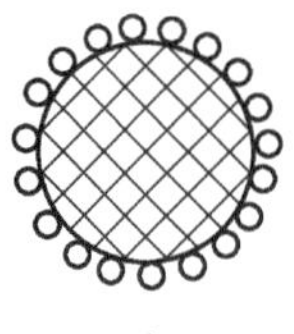

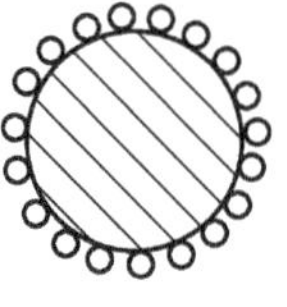

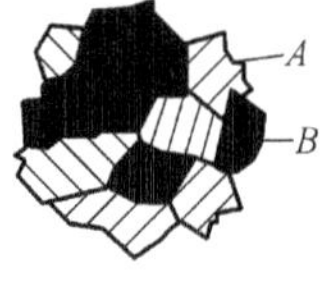

图 8-10　复合喷涂粉末结构示意图（Ni/Al 为镍包铝，余同）

表 8-2　常用热喷涂材料的种类

种类		热喷涂材料
丝材	纯金属丝材	Zn、Al、Cu、Ni、Mo 等
	合金丝材	Zn-Al-Pb-Sn、铜合金、巴氏合金、镍合金、碳钢、合金钢、不锈钢、耐热钢
	复合丝材	金属包金属（铝包镍、镍包铝合金）、金属包陶瓷（金属包碳化物、氧化物等）、塑料包覆（塑料包金属、陶瓷等）
	粉芯丝材	68Cr17、低碳马氏体等
棒材	陶瓷棒材	Al_2O_3、TiO_2、Cr_2O_3、Al_2O_3-MgO、Al_2O_3-SiO_2
粉末	纯金属粉	Sn、Pb、Zn、Ni、W、Mo、Ti
	合金粉	低碳钢、高碳钢、镍基合金、钴基合金、不锈钢、钛合金、铜基合金、铝合金、巴氏合金
	自熔性合金粉	镍基（NiCrBSi）、钴基（CoCrWB、CoCrWBNi）、铁基（FeNiCrBSi）、铜基
	陶瓷、金属陶瓷粉	金属氧化物（Al 系、Cr 系和 Ti 系）、金属碳化物及硼氮、硅化物等
	包覆粉	镍包铝、铝包镍、金属及合金、陶瓷、有机材料等
	复合粉	金属 + 合金、金属 + 自熔性合金、WC 或 WC-Co + 金属及合金、WC-Co + 自熔性合金 + 包覆粉、氧化物 + 金属及合金、氧化物 + 包覆粉、氧化物 + 氧化物、碳化物 + 自熔性合金、WC + Co 等
	塑料粉	热塑料粉末（聚乙烯、聚四氟乙烯、尼龙、聚苯硫醚）、热固性粉末（酚醛、环氧树脂）、树脂改性塑料（塑料粉中混入填料，如 MoS_2、WS_2、铝粉、铜粉、石墨粉、石英粉、云母粉、石棉粉、氟塑粉等）

8.3　热喷涂工艺及质量控制

8.3.1　热喷涂工艺

1. 工件表面预处理

热喷涂的表面预处理一般分成表面预加工、表面净化和喷砂粗化（或活化）三个步骤来进行。

（1）表面预加工　表面预加工的目的：一是使工件表面适合于涂层沉积，增加结合面积；二是有利于克服涂层的收缩应力。对工件的某些部位做相应预加工以分散涂层的局部应力，增加涂层的抗剪能力。常用的方法是切圆角和预制涂层槽。工件表面粗车螺纹也是常用的方法之一，尤其在喷涂大型工件时常用车削螺纹来增加结合面积。车削螺纹应注意两个问题：首先是螺纹截面要适于喷涂，矩形截面或半圆形截面不利于涂层的结合；此外，螺纹不宜过深，否则使涂层过厚，成本增加。也可对涂覆表面进行滚花或将车削螺纹和滚花结合

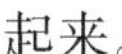

起来。

（2）表面净化　表面净化常采用溶剂清洗、碱液清洗和加热脱脂等方法，以除去表面的油污，保持清洁度。常用的清洗溶剂有：汽油、丙酮、四氯化碳和三氯乙烯。对大型修复工件常采用碱液清洗。碱液一般用氢氧化钠或碳酸钠等配制。

（3）喷砂粗化　喷砂可使清洁的表面形成均匀而凹凸不平的粗糙面，以利于涂层的机械结合。用干净的压缩空气驱动清洁的砂粒对工件表面喷射，可使基材表面产生压应力，去除表面氧化膜，使部分表面金属产生晶格畸变，有利于涂层产生物理结合。基材金属在喷砂后可获得干净、粗糙和高活性的表面。这是重要的预处理方法。

2. 工件表面热喷涂

（1）预热　工件喷涂前要进行预热。预热的作用有三个：一是提高工件表面与熔粒的接触温度，有利于熔粒的变形和相互咬合，并可提高沉积率；二是使基体产生适当的热膨胀，在喷涂后随涂层一起冷却，减少两者收缩量的差别，降低涂层的内应力；三是去除工件表面的水分。

（2）喷涂　工件表面处理好之后要在尽可能短的时间内进行喷涂。为增加涂层与基体的结合强度，一般在喷涂工件之前，先喷涂一层厚度为 0.10 ~ 0.15mm 的放热型镍包铝或铝包镍粉末作为打底层，打底层不宜过厚，如超过 0.2mm 不但不经济，而且会使结合强度下降。喷涂铝镍复合粉末时，应使用中性焰或轻微碳化焰，另外选用的粉末粒度在 180 ~ 250 目为宜，以避免产生大量烟雾导致结合强度下降。

3. 工件表面后处理

火焰喷涂层是有孔结构，这种结构对于耐磨性一般影响不大，但会对在腐蚀条件下工作的涂层性能产生不利影响，需要将孔隙密封，以防止腐蚀性介质渗入涂层，从而对基体造成腐蚀。常用的封孔剂有石蜡、酚醛树脂和环氧树脂等。密封石蜡应使用有明显熔点的微结晶石蜡，而不是没有明显熔点的普通石蜡。酚醛树脂封孔剂适用于密封金属及陶瓷涂层的孔隙，这种封孔剂具有良好的耐热性，在 200℃ 以下可连续工作，而且除强碱外，能耐大多数有机化学试剂的腐蚀。

8.3.2　热喷涂层缺陷及产生原因

热喷涂层的常见缺陷有：涂层碎裂、涂层脱壳、涂层分层、涂层不耐磨等。常见的热喷涂层缺陷及产生原因见表 8-3。应依据各种缺陷的产生原因采取相应的预防措施，以获得优质的喷涂层。

表 8-3　常见的热喷涂层缺陷及产生原因

缺陷	产生原因
涂层脱壳	1）表面粗糙程度不够或有灰土吸附，使涂层附着力降低 2）工件含有油脂，喷涂时油脂溢出，特别是球墨铸铁曲轴 3）压缩空气中有可见的油与水 4）喷枪离工件太远，当金属微粒达到工件前塑性降低 5）车削与拉毛、拉毛与喷涂各道工序相隔时间太久，致使表面氧化 6）磨削时采用氧化铝砂轮，致使涂层局部过热而膨胀 7）喷枪火花不集中，喷涂时火焰偏斜，致使金属微粒不能有力地黏附在工件表面 8）工件线速度和喷枪移动速度太慢，喷涂中夹杂物漂浮于表面，降低了附着强度

（续）

缺陷	产生原因
涂层分层	1）采用间歇喷涂时，没有一次喷完，停喷太久，涂层在磨光时会产生分层剥落现象 2）喷涂中压缩空气带出的油和水溅在工件表面上 3）喷涂场所不洁，每一层喷涂后有大量灰尘吸附到工件表面，使层与层有外来物隔离或部分隔离
涂层碎裂	1）喷涂时喷枪移动太慢，以致一次喷涂的涂层过厚，造成涂层过热 2）喷枪距离太近，促使涂层过热 3）喷涂材料收缩率过高或含有较多导致热裂冷碎的元素，如硫、磷等 4）电喷时，电流过高；气喷时，使用了氧化焰，涂层过分氧化 5）喷好后的工件过度急冷而碎裂 6）压缩空气中有水汽和油雾，降低了涂层结合强度 7）工件回转中心不准，喷涂火花偏斜在一面，使第二层涂层有厚有薄，收缩率不均
涂层不耐磨	1）喷涂时喷枪离工件太远，金属颗粒提早冷却，喷到工件上后成为疏松涂层，涂层工作时，颗粒部分脱落，擦伤摩擦面 2）磨削时有大量的砂轮屑嵌入涂层，擦伤表面 3）金属丝进给速度太快，颗粒呈片状 4）金属材料不合适，硬度不高，不耐磨（如钢丝的含碳量低，涂层太软） 5）空气压力太低，喷枪距离太远，致使结合强度降低

8.4　火焰喷涂技术

火焰喷涂包括线材火焰喷涂和粉末火焰喷涂，是目前国内常用的喷涂方法。在火焰喷涂中通常使用乙炔和氧组合燃烧而提供热量，也可以用甲基乙炔、丙二烯（MPS）、丙烷或天然气等。火焰喷涂典型特征参数见表8-4。

表8-4　火焰喷涂典型特征参数

喷涂方法	温度/℃	粒子速度/(m/s)	结合强度/MPa	气孔率(%)	喷涂效率/(kg/h)
火焰喷涂	3000	40	8~20	10~15	2~6

火焰喷涂可喷涂金属、陶瓷、塑料等材料，应用非常灵活，喷涂设备轻便简单，可移动，价格低于其他喷涂设备，经济性好，是目前喷涂技术中使用较广泛的一种方法。火焰喷涂也存在明显的不足，如喷出的颗粒速度较小，火焰温度较低，涂层的黏结强度及涂层本身的综合强度都比较低，且比其他方法得到的气孔率都高。此外，火焰中心为氧化气氛，所以对高熔点材料和易氧化材料，使用时应注意。图8-11所示为实际生产中的火焰喷涂。

图8-11　实际生产中的火焰喷涂

为了改善火焰喷涂的不足，提高结合强度及涂层密度，可采用压缩空气或气流加速装置来提高颗粒速度；也可以采用将压缩气流由空气改为惰性气体的办法来降低氧化程度，但这同时也增加了成本。

8.4.1　线材火焰喷涂法

线材火焰喷涂法是最早发明的热喷涂法。把金属线材以一定的速度送入喷枪中，使端部在高温火焰中熔化，随即用压缩空气把其雾化并吹走，沉积在经预处理过的工件表面上。

图 8-12 所示为线材火焰喷涂的基本原理。喷枪通过气阀引入燃气、氧气和雾化气（压缩空气），燃气和氧气混合后在喷嘴出口处产生燃烧火焰。金属丝穿过喷嘴中心，通过围绕喷嘴和气罩形成的环形火焰，金属丝的尖端连续地被加热到熔点。压缩空气通过气罩将熔化的金属丝雾化成喷射粒子，依靠空气流加速喷射到基体上，粒子与基体撞击时变平并黏结到基体表面上，随后而来的与基体撞击的粒子也变平并黏结到前期已黏结到基体的粒子上，从而堆积成涂层。图 8-13所示为线材火焰喷涂的典型装置示意图。

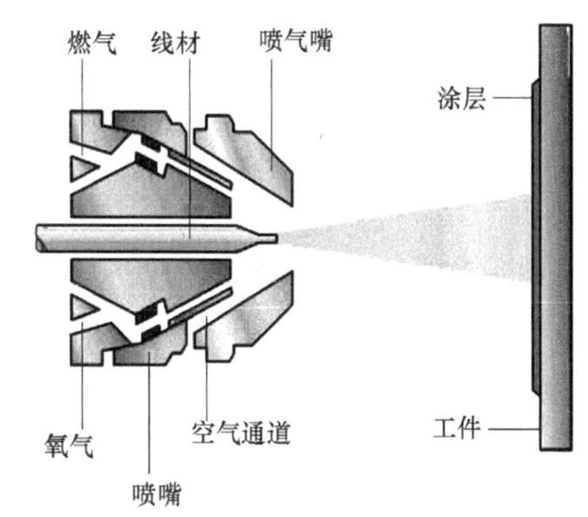

图 8-12　线材火焰喷涂的基本原理

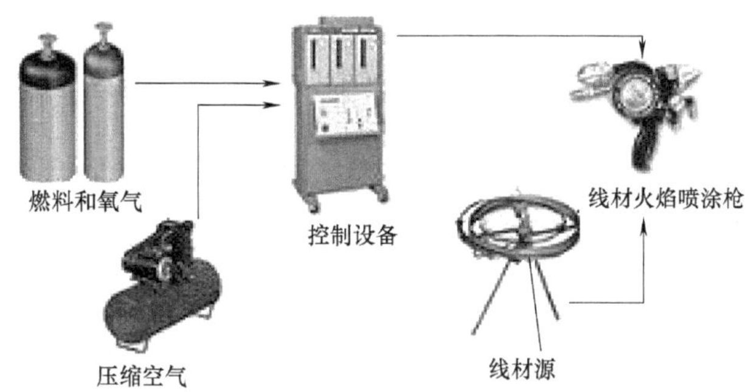

图 8-13　线材火焰喷涂的典型装置示意图

8.4.2　粉末火焰喷涂法

粉末火焰喷涂的基本原理如图 8-14 所示。喷枪通过气阀引入氧气和燃料气，氧气和燃料气混合后在环形或梅花形喷嘴出口处产生燃烧火焰。喷枪上设有粉斗和进粉管，利用送粉气流产生的负压抽吸粉末，粉末随气流进入火焰中，粉末被加热，粉末由表面向心部逐渐熔化，熔融的表面层在表面张力的作用下形成球状，喷涂在基体表面。

粉末火焰喷涂一般采用氧乙炔火焰。这种方法具有设备简单、便宜，工艺操作简便，应用广泛灵活，适应性强，噪声小等特点，因而是目前热喷涂技术中应用最广泛的一种。图 8-15所示为粉末火焰喷涂的典型装置。

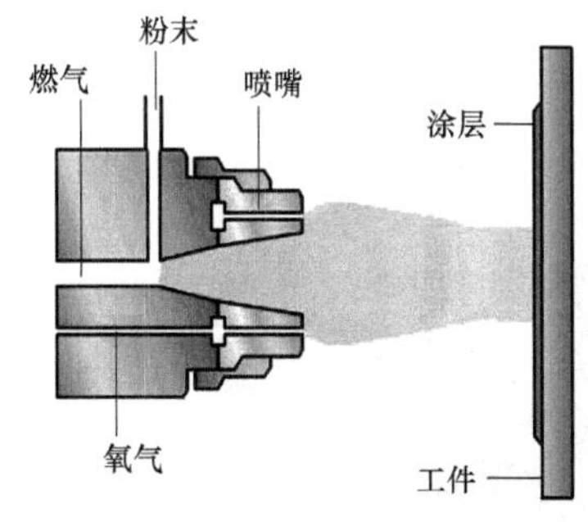

图 8-14　粉末火焰喷涂的基本原理

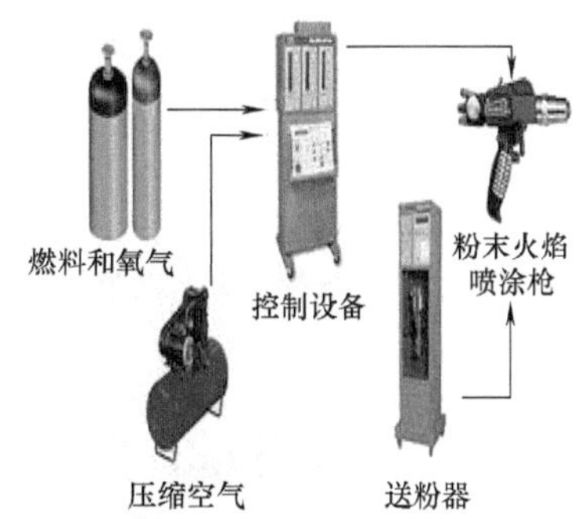

图 8-15　粉末火焰喷涂的典型装置

8.4.3 火焰喷涂工艺

火焰喷涂工艺流程为：工件表面预处理→预热→喷涂打底层→喷涂工作层→喷涂后处理。

（1）工件表面预处理　为使喷涂粒子很好地浸润工件表面并与微观的表面紧紧咬合，最终获得高结合强度的涂层，要求工件表面必须洁净、粗糙、新鲜。因此，表面预处理是一个十分重要的基础工序，具体包括表面清理及表面粗糙化两个工序。

1）表面清理方法是指脱脂、去污、除锈等，可使工件表面呈现金属光泽。一般采用酸洗或喷砂除锈、去氧化皮。采用有机溶剂或碱水脱脂、加温除去毛细孔内的油脂（修复旧件时常用）。

2）表面粗糙化的目的是增加涂层与基体的接触面，保证表面质量，提高结合强度和预留涂层厚度。

（2）预热　预热的作用有三个：一是提高工件表面与熔粒的接触温度，有利于熔粒的变形和相互咬合，并可提高沉积率；二是基体产生热膨胀，减少涂层与基体收缩量的差别；三是去除工件的水分。预热温度不宜过高，对于普通钢材一般控制在100～150℃为宜。最好将预热安排在表面预处理之前，以防止预热不当表面产生氧化膜，导致涂层结合强度降低。

（3）喷涂　工件表面处理好之后要在尽可能短的时间内进行喷涂。为增加涂层与基体的结合强度，一般在喷涂工作之前，先喷涂一层厚度为0.10～0.15mm的放热型的镍包铝或铝包镍粉末作为打底层，打底层不宜过厚，以免结合强度下降。喷涂镍铝复合粉末时应使用中性焰或轻微碳化焰。

（4）喷涂后处理　对于在腐蚀条件下工作的涂层和防腐涂层，需要进行喷涂后处理，一般方法为封孔处理。常用封孔剂有石蜡、酚醛树脂、环氧树脂等。

8.4.4 水闸门火焰喷涂工艺实例

水闸门是水电站、水库、水闸、船闸等水利工程控制水位的主要钢铁构件，它有一部分长期浸在水中。在开闭和涨潮或退潮时，水闸门表面经受干湿交替，特别在水线部分，水、气体、日光和微生物的侵蚀较严重，很容易锈蚀，严重威胁水利工程的安全。水闸门及其锈蚀情况如图8-16所示。

图8-16　水闸门及其锈蚀情况

水闸门喷涂锌的工艺如下：

（1）表面预处理 采用粒径为 0.5～2mm 的硅砂对水闸门的喷涂表面进行喷砂处理、去污、防锈，并且粗化水闸门表面。

（2）火焰喷涂 喷涂时使用 SQP-1 型火焰喷枪，用锌丝喷涂材料。为保证涂层质量及其与基体的结合强度，喷涂过程中，应严格控制氧和乙炔的比例和压力，使火焰为中性焰或稍偏碳化焰。

水闸门喷涂锌采用的工艺参数见表 8-5。喷涂时应采取多次喷涂法，使涂层累计总厚度达到 0.3mm，以防止涂层在喷涂过程中翘起脱落。

表 8-5 水闸门喷涂锌采用的工艺参数

喷涂材料	氧气压力/MPa	压缩空气压力/MPa	乙炔压力/MPa	喷涂距离/mm	喷涂角度/(°)
锌	0.392～0.490	0.392～0.490	0.490～0.637	150～200	25～30

（3）喷涂后处理 喷涂层质量经检验合格后，需要进行后处理。如果涂层中有气孔，一般选用沥青漆进行涂漆封孔处理。

8.5 电弧喷涂技术

8.5.1 电弧喷涂的原理与特点

1. 电弧喷涂的原理

电弧喷涂是将两根金属丝不断地送入喷枪，经接触产生电弧将金属丝熔化，并借助压缩空气把熔融的金属雾化成细小的微粒，以高速喷射到工件表面形成涂层，如图 8-17 所示。

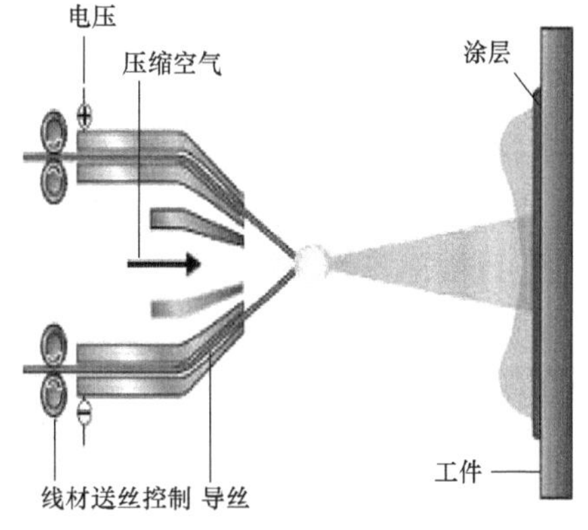

图 8-17 电弧喷涂原理图

电弧喷涂一般采用 18～40V 的直流电源，直流喷涂操作稳定，涂层组织致密，效率高。只要两根喷涂线材末端保持合适的距离，并使送丝速度保持恒定，即可得到稳定的电弧区，温度可达 4200℃。

2. 电弧喷涂的特点

电弧喷涂与线材火焰喷涂相比，具有以下特点：

1）热效率高。火焰喷涂时，燃烧火焰产生的热量大部分散失到空气中和冷却系统中，热能利用率只有 5%～15%；而电弧喷涂是将电能直接转化为热能来熔化金属，热能利用率高达 60%～70%。

2）涂层结合强度高。一般来说，电弧喷涂比火焰喷涂粉末粒子放热量更大一些，粒子飞行速度也较快。因此，熔融粒子打到基体上时，形成局部微冶金结合的可能性要大得多。涂层与基体结合强度比火焰喷涂高 1.5～2.0 倍。

3）可方便地制造合金涂层或“伪合金”涂层。通过使用两根不同成分的丝材和使用不同的进给速度，即可得到不同的合金成分。如铜-钢的合金具有较好的耐磨性和导热性，是制造制动车盘的理想材料。

4）喷涂效率高，成本低。电弧喷涂与火焰喷涂设备相似，同样具有成本低、一次性投资少、使用方便等优点，电弧喷涂成本比火焰喷涂可降低30%以上。由于是双根同时送丝，所以喷涂效率也较高，电弧喷涂的高效率使得它在喷涂铝、锌及不锈钢等大面积防腐应用方面成为首选工艺。

但是，电弧喷涂有明显的不足，喷涂材料必须是导电的焊丝，因此只能使用金属，而不能使用陶瓷，限制了电弧喷涂的应用。电弧喷涂可喷涂铝丝、锌丝、铜丝、不锈钢丝、粉芯不锈钢丝、镍及镍合金等金属丝材，其直径和成分应均匀。

近年来，为了进一步提高电弧喷涂涂层的性能，国外对设备和工艺进行了较大的改进。例如，将甲烷等加入到压缩空气中作为雾化气体，以降低涂层的含氧量。日本还将传统的圆形丝材改成方形，以改善喷涂速率，提高涂层的结合强度。

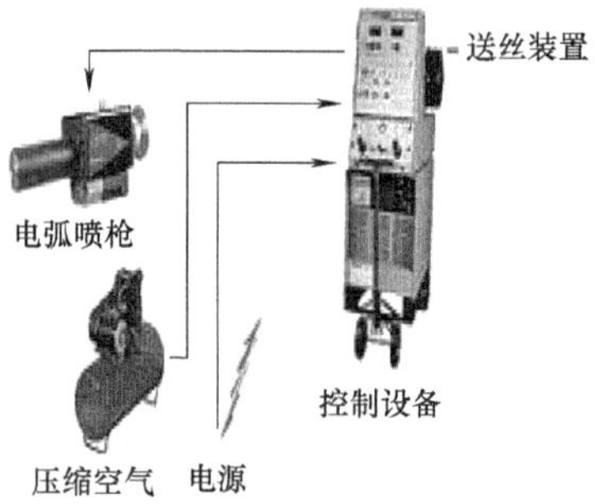

图8-18　电弧喷涂设备系统简图

8.5.2　电弧喷涂设备与工艺

电弧喷涂设备系统由电弧喷枪、控制设备、电源、送丝装置和压缩空气系统组成，如图8-18所示。

电弧喷涂的工艺参数包括线材直径、电弧电压、电弧电流、送丝速度、压缩空气压力及喷涂距离等，见表8-6。

表8-6　电弧喷涂的工艺参数

喷涂材料	线材直径/mm	电弧电压/V	电弧电流/A	送丝速度/(kg/h)
钢	1.6	35	185	8.5
锌	2.0	35	85	13

电弧喷涂所用丝材的直径一般为0.8～3.0mm，电弧电压一般不低于15V。电弧电压太低时，丝端部不能出现闪光；电压较高时，才可产生电弧，但过高会断弧。电弧电流一般为100～400A。为使电弧维持一定长度，电流调节一定要准确，以保证线材熔化速度及输送速度平衡。

压缩空气压力为0.4～0.7MPa，喷涂距离为100～250mm。为防止工件变形，工件温度一般应控制在150℃以下。涂层厚度通常为0.5～1.0mm。

8.5.3　发动机曲轴电弧喷涂工艺实例

曲轴是发动机的重要零件，发动机发出的功率通过曲轴传递到工作部件，它的转速很高并承担繁重的交变载荷。在使用中经常产生的缺陷是轴颈产生疲劳裂纹和轴颈表面磨损等，这些缺陷对发动机的工作和寿命有很大的影响。图8-19所示为热喷涂后的曲轴。

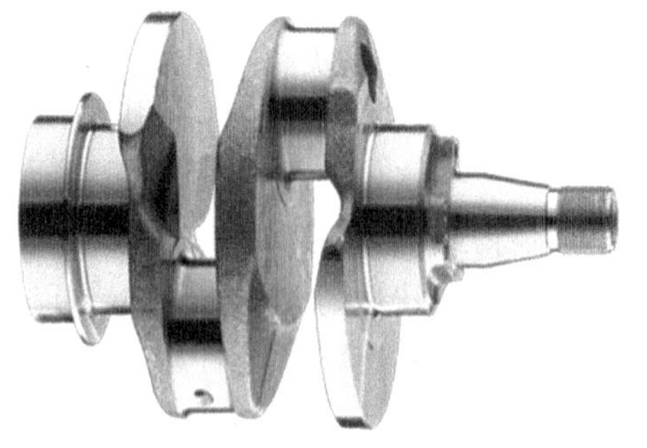

图8-19　热喷涂后的曲轴

(1) 焊前检查　曲轴在修复前应当检查轴颈和圆角的裂纹、轴颈的磨损等。喷涂修复曲轴只能恢复尺寸，不能恢复强度。有裂纹的曲轴只能用焊接的方法消除裂纹后，再用喷涂法修复。因此，曲轴在喷涂修复前必须采用无损检测法仔细检查是否有裂纹。圆角处有裂纹的曲轴不能修复；轴颈上长度不大于 30mm 且未延伸到圆角处的裂纹用手砂轮将裂纹磨掉，再用焊条堆焊将坡口堆满，车削后再进行喷涂。

（2）表面预处理　表面预处理包括表面除油与表面粗化。

1）将喷涂部位及周围表面的油渍彻底清洗干净。

2）用特制的加长刀杆车刀，车去轴径表面疲劳层 0.25mm。

3）用 60°螺纹刀在轴颈表面车螺纹。

（3）电弧喷涂　电弧喷涂是先用镍-铝复合丝喷涂打底层，再用 30Cr13 喷涂尺寸层及工作层，丝材直径为 3mm。发动机曲轴电弧喷涂工艺参数见表 8-7。为获得致密的涂层，在喷涂时要连续喷涂，中间不应有较长时间的停顿，否则会影响结合强度。喷涂厚度一般以留出 0.8～1mm 的加工余量为宜。

表 8-7　发动机曲轴电弧喷涂工艺参数

喷涂材料	喷涂电压/V	喷涂电流/A	空气压力/MPa	喷涂距离/mm
镍-铝复合丝(打底层)	40	120	0.7	200～250
30Cr13(工作层)	40	400	0.7	200～250

（4）喷涂层检验及机械加工　喷涂层检验及机械加工是喷涂后要检查喷涂层与轴颈基体是否结合紧密，如不够紧密，则除掉重喷；如检查合格，可对曲轴进行磨削加工。磨削进给量以 0.05～0.10mm 为宜。磨削后，用砂条对油道孔研磨，经清洗后将其浸入 80～100℃的润滑油中煮 8～10h，待润滑油充分渗入涂层后，即可装车使用。图 8-20所示为曲轴（轴颈部位）修复前后的对比照片。

a)

b)

图 8-20　曲轴（轴颈部位）修复前后的对比照片
a）曲轴拐位修复前　b）曲轴拐位修复后

8.6　等离子喷涂技术

等离子体被称为除气、液、固态外的第四态，即在高温下电离了的“气体”，在这种“气体”中正离子和电子的密度大致相等，故称为等离子体。

在自然界中，等离子体现象普遍存在。炽热的火焰、光辉夺目的闪电以及绚烂壮丽的极光等都是等离子体作用的结果。等离子体可分为高温等离子体和低温等离子体两种。等离子电视应用的是低温等离子体，焊接中应用的是高温等离子体。

不锈钢人工骨骼虽然有一定的强度，但生物相容性差，与肌肉组织结合在一起常有不适感。陶瓷材料虽与肌肉组织相容性好，但强度不高，特别是脆性大，此外，采用烧结陶瓷工艺又难以制成大型异型人造骨。为了综合以上两种材料的优点，克服它们各自的缺点，可采用不锈钢人工骨骼表面等离子喷涂一层氧化物陶瓷涂层。这种人工骨骼已在临床上得到广泛应用，效果令人满意。图 8-21 所示为在表面等离子喷涂一层氧化物陶瓷涂层的不锈钢人工骨骼。

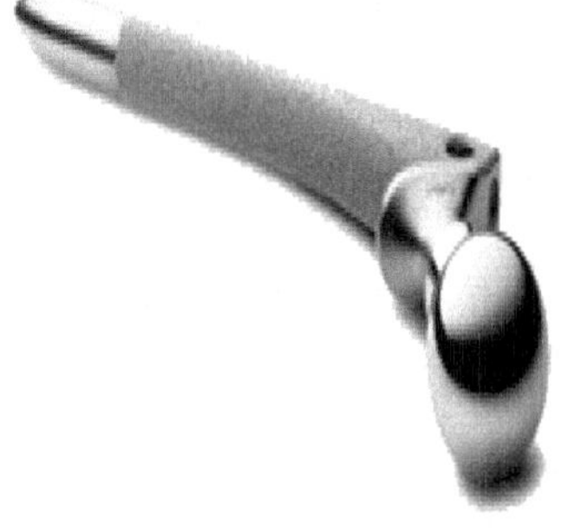

图 8-21　不锈钢人工骨骼

8.6.1　等离子喷涂的原理与特点

1. 等离子喷涂的原理

等离子喷涂是利用等离子弧作为热源，将金属或非金属粉末送入等离子焰中加热到熔化或熔融状态，并随同等离子弧焰流高速喷射、沉积在经过预处理的工件表面上，从而形成具有特殊性能的涂层。图8-22所示为等离子喷涂技术的原理。

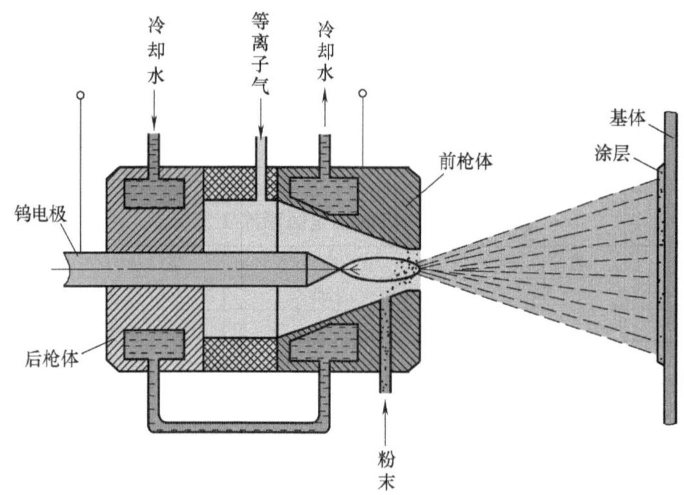

图8-22　等离子喷涂技术的原理

2. 等离子喷涂的特点

等离子喷涂可分为大气等离子喷涂、低压等离子喷涂、液稳等离子喷涂和超声速等离子喷涂等。等离子喷涂有以下特点：

1）温度高。等离子弧的最高温度可达30000K，距喷嘴2mm处温度也可达17000～18000K。因此，等离子喷涂可喷涂材料范围广，几乎所有固态工程材料都可以喷涂，尤其是便于进行高熔点材料的喷涂，是制备陶瓷涂层的最佳工艺。

2）涂层质量好。由于等离子焰流速大，熔融粒子速度可达300～400m/s，同时温度很高，所以所得涂层表面平整致密，与基体结合强度高，一般为40～70MPa。另外，等离子弧喷涂涂层可精确控制在几微米到1mm之间。

3）基体损伤小，无变形。由于使用惰性气体作为工作气体，所以喷涂材料不易氧化。同时工件在喷涂时受热少，表面温度不超过250℃，母材组织无变化，甚至可以用纸作为喷涂的基体。因此，对于一些高强度钢材以及薄壁零件、细长零件均可实施喷涂。

8.6.2　等离子喷涂设备与工艺

1. 等离子喷涂设备

等离子喷涂设备主要包括等离子喷枪、电源、粉末加料器、热交换器、供气系统、控制设备等，如图8-23所示。

（1）等离子喷枪　等离子喷枪是等离子弧喷涂设备中的核心装置，根据用途不同，可分为外圆喷枪和内圆喷枪两大类。等离子喷枪实际上是一个非转移弧等离子发生器，其上集

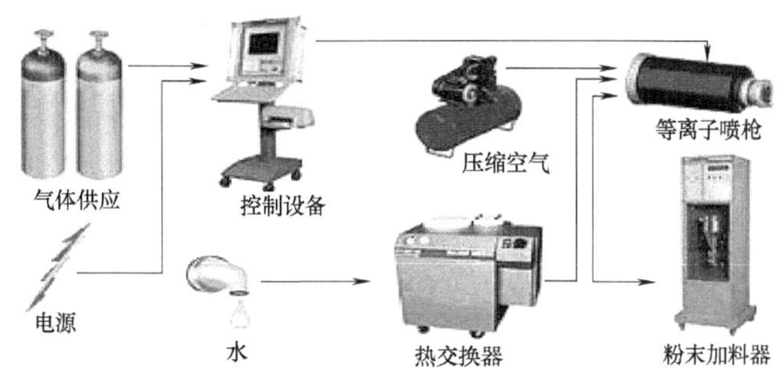

图 8-23 等离子喷涂设备

中了整个系统的电、气、粉、水等。其最关键的部件是喷嘴和阴极，其中喷嘴由高导热性的纯铜制造，阴极多采用铈钨极（氧化铈的质量分数为2%～3%）。

（2）电源 电源可以为喷枪供给直流电，通常为全波硅整流装置，其额定功率有 40kW、50kW 和 80kW 三种规格。

（3）粉末加料器 粉末加料器是用来储存喷涂粉末并按工艺要求向喷枪输送粉末的装置。对送粉系统的主要技术要求是送粉量准确度高，送粉调节方便，以及对粉末粒度的适应范围广。

（4）热交换器 热交换器主要用于使喷枪获得有效的冷却，达到延长喷嘴使用寿命的目的，通常采用水冷系统。

（5）供气系统 供气系统包括工作气和送粉气的供给系统。

（6）控制设备 控制设备用于对水、电、气、粉的调节和控制，它可对喷涂过程的动作程序和工艺参数进行调节和控制。

2. 等离子喷涂工艺

等离子喷涂工艺参数主要有：热源、工作气体种类及流量、送粉气种及流量、送粉量、喷涂距离和喷枪移动速度等。常用粉末包括：纯金属粉、合金粉末、自熔性合金粉末、陶瓷粉末、复合粉末和塑料粉末。热源参数包括：电弧电压、工作电流、电弧功率等（功率一定，尽量采用高电压低电流）。常用气体包括：氮气、氩气，气体纯度要求不低于 99.9%。常用的等离子喷涂工艺参数见表 8-8。

表 8-8 常用的等离子喷涂工艺参数

气体流量/(m^3/h)		常用功率/kW	工作电压/V	喷嘴距基体表面距离/mm	喷涂角度	喷枪移动速度/(m/min)
等离子气	送粉气	20～35	N_2+H_2,80～120	自熔性粉末 100～160，陶瓷粉末 50～100	等离子焰流与工件夹角为 40°～50°	5～15
1.8～3.0	0.36～0.84		Ar,50～90			

8.7 特种喷涂技术

1. 超声速喷涂

超声速喷涂是 20 世纪 60 年代由美国 Browning Engineering 公司研究并于 1983 年获得美国专利的一种新型热喷涂方法，目前较成熟，应用较广的有超声速粉末火焰喷涂和超声速等离子喷涂。

（1）超声速粉末火焰喷涂　喷涂时将燃料气体和助燃剂以一定的比例输入燃烧室，燃气和氧气在燃烧室爆炸或燃烧，产生高速热气流；同时由载气沿喷管中心套管将喷涂粉末送入高温射流，粉末加热熔化并加速。整个喷枪由循环水冷却，射流通过喷管时受到水冷壁的压缩，离开喷嘴后燃烧气体迅速膨胀，产生达两倍以上声速的超声速火焰，并将熔融微粒喷射到基体表面，形成涂层。

超声速粉末火焰喷涂在获得高质量的金属和碳化物涂层上显示出突出的优越性，但难以喷涂高熔点的陶瓷材料，因此其应用受到一定的限制。

（2）超声速等离子喷涂　高电压低电流方式会产生超声速等离子射流。大量的等离子气体从负极周围输入，在连接正负极的长筒形喷嘴管道内产生旋流，在喷嘴和电极间很高的空载电压下，通过高频引弧装置引燃电弧。电弧在强烈的旋流作用下向中心压缩，被引出喷嘴，电弧的阴极区落在喷嘴的出口上。由于这样的作用，弧柱被拉长到100mm以上，电弧电压高达400V，在电弧电流为500A情况下，电弧功率达200kW。这样长的电弧使等离子气体充分加热，当高温等离子气体离开喷嘴后，产生超声速等离子射流。

超声速等离子喷涂的主要特点是：涂层致密，孔隙率很小，结合强度高，涂层表面光滑，焰流温度高、速度大，可喷涂高熔点材料，熔粒与周围大气接触时间短，喷涂材料不受损害，涂层硬度高。

2. 激光喷涂

近年来，为了获得高功能性涂层，开发了以激光为热源的涂层技术。激光喷涂是采用激光为热源进行喷涂的方法。激光喷涂时，从激光发生器射出的激光束，经透镜聚焦，焦点落在喷枪出口的喷嘴旁，要喷涂的粉末或线材向焦点位置输送，被激光束熔融。压缩气体从环状喷嘴喷出，将熔融的材料雾化，喷射到基体上形成涂层。喷枪中的透镜通过保护气体保护。

3. 气体燃爆式喷涂

喷涂时先将一定比例的氧气和乙炔气送入喷枪内，然后再由另一个介入口用氮气与喷涂粉末混合输入。将喷枪内充入一定量的混合气体和粉末后，用电火花塞点火，使氧、乙炔混合气体发生爆炸，产生热量和压力波。喷涂粉末在获得加速的同时被加热，由枪口喷出，撞击在工件表面，形成致密的涂层，然后通入氮气清洗枪管，以此反复连续进行。

气体燃爆式喷涂时，由于喷涂粒子的飞行速度高，因此涂层质量高于同条件下的等离子喷涂。当喷头角度在60°~90°的范围内变化时，气体燃爆式喷涂层的质量几乎不受影响。

4. 特种等离子喷涂

等离子喷涂一般都是在大气中进行的，喷涂时等离子焰流要从周围环境中吸收大量空气，喷涂距离越大，吸入的空气量越多，焰流中吸收的空气使喷涂颗粒发生氧化并降低射流的能量，使喷涂颗粒的速度降低、加热不足。低压等离子喷涂和水下等离子喷涂可以克服这些缺陷。

（1）低压等离子喷涂　低压等离子喷涂是在一个密封的气室内，用惰性气体排除室内的空气，然后抽真空至0.005MPa，在保护气氛下的低真空环境里进行的等离子喷涂。

（2）水下等离子喷涂　近年来，以海底石油开采为中心的海洋技术迅速发展，同时为利用海洋能源、开发海洋牧场，建造海上机场等海洋结构的研究蓬勃发展，对海洋建筑物，

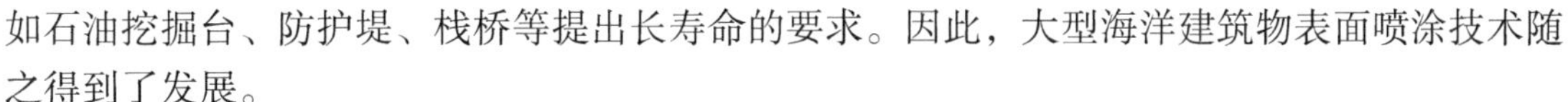

如石油挖掘台、防护堤、栈桥等提出长寿命的要求。因此，大型海洋建筑物表面喷涂技术随之得到了发展。

水下等离子喷涂产生于 1980 年，水下等离子喷涂与水下焊接相同，有湿式和干式两种。局部干式法是将喷涂部位与水隔离。

8.8　冷喷涂技术

8.8.1　冷喷涂的定义、原理及特点

1. 冷喷涂的定义

冷喷涂是一种金属、陶瓷喷涂工艺。冷喷涂不同于传统热喷涂（超声速火焰喷涂、等离子喷涂、爆炸喷涂等），它不需要将喷涂的金属粒子熔化，喷涂基体表面产生的温度不会超过 150℃。同时，陶瓷烧结温度在 1500℃以上。因此，冷喷涂可以将陶瓷涂层（如氧化铝）喷涂在几乎所有基体上。

2. 冷喷涂的原理

冷喷涂的理论基础是压缩空气使金属粒子加速到临界速度（超声速），金属粒子直击到基体表面后发生物理形变，金属粒子在基体表面撞扁并牢固附着。整个过程金属粒子没有被熔化，但如果金属粒子没有达到超声速则无法附着。金属粒子沉积过程如图 8-24 所示。

3. 冷喷涂的特点

冷喷涂具有以下特点：

1）冷喷涂材料的可选择范围广。凡具有塑性的金属、塑料以及含塑性变形成分的材料混合物，都可用于冷喷涂。

2）涂层致密和氧化物含量低。冷喷涂与电弧喷涂、等离子喷涂、超声速火焰喷涂相比，最明显的特点是涂层中的氧化物极少，甚至几乎没有，因而可以避免易氧化物涂层材料在喷涂过程中性能发生变化，也有利于制备高电导率、高热导率涂层。

图 8-24　金属粒子沉积过程

3）沉积效率高。可高速喂入粉末，以高的沉积速度和沉积效率形成涂层，生产率高。喷涂生产率可达 3kg/h，沉积效率为 70%。

4）对基材热影响小。粉末加热温度低，喷涂过程对基体的热影响小，可保留最初粉末和基材的性能，可喷涂热敏感材料。

5）操作条件宽、喷涂质量好。喷涂距离极短，微束宽度可调，涂层外形与基材紧密保持一致，可达到较低的表面粗糙度。

6）涂料粉末喷涂损失少。操作过程中基本不需要遮蔽，而且粉末可以收集和重复使用，粉末利用率高，节约资源。

7）可喷涂纳米涂层。喷涂过程中，晶粒生长速度极慢，故可用于喷涂纳米涂层。

8）操作条件好。冷喷涂在吸风除尘净化装置的隔音室中工作，其噪声远低于超声速火焰喷涂；无高温气体喷射，也无辐射或爆炸气体，安全性高。

冷喷涂的主要缺点是适用于喷涂的粒子直径范围比较小，而且不宜使用非塑性喷涂

材料。

8.8.2 冷喷涂设备系统和工艺参数

1. 冷喷涂设备系统

冷喷涂设备系统一般由喷枪、加热器、送粉气器、控制装置、喷涂机械手和其他辅助装置组成。

2. 冷喷涂的工艺参数

在冷气动力喷涂中，除临界速度外，影响喷涂工艺的主要因素有气体的性质和压力、气体温度、粉末材料粒度和喷涂距离。一般来说，气体的压力和预热温度越高，得到的粒子速度越高；不同的粉末材料和粒度，在不同的喷涂距离上，粉末粒子的飞行速度不同，因此应根据粉末情况确定喷涂距离。

在冷喷涂过程中，主要工艺参数一般控制如下：

1）冷喷涂中一般采用氮、氦、氩、空气和混合气，其稳态喷射压力通常为1.5～3.5MPa。

2）气体温度为373～873K（100～600℃）。

3）喷嘴马赫数为2～4。

4）喷嘴气流速度为300～1200m/s。

5）粉末粒度为10～50μm（一般在40μm以下）。

6）喷嘴距离为10～50mm（一般约为25mm）。

7）粉末喂入速度为5～15kg/h。

8）功率为5～25kW。

8.8.3 冷喷涂技术的应用

冷喷涂技术作为一种新的工艺受到广泛关注。冷喷涂技术制备的涂层具有氧化物含量低、热应力小、硬度高、结合强度好，可将喷涂材料的组织结构在不发生变化的条件下转移到基体表面等优点。

冷喷涂技术为制备纳米结构金属涂层及块体材料提供了有效方法，也为制备耐磨的金属陶瓷复合涂层，以及陶瓷功能涂层提供了工艺保证。鉴于目前对冷喷涂技术的研究，冷喷涂技术可以制备导电、导热、防腐、耐磨等涂层及功能涂层，且有望用于生产和修复许多工业零部件，如涡轮盘、气缸、阀门、密封件、套管等。冷喷涂技术的设计与研究正向工业化应用的方向转化，并涉及军事应用，同时也将在航空航天、石油化工、汽车、国防军工及其他工业领域等得到广泛的应用。

8.9 热喷涂层的设计、选择及功能和应用

8.9.1 热喷涂层的性能与设计

1. 热喷涂层的性能

（1）化学成分　涂层材料在熔化和喷射过程中，在高温下会与周围介质发生反应生成

氧化物、氮化物，以及在高温下会发生分解，因而涂层的成分与涂层材料的成分有一定的差异，并在一定程度上影响涂层的性能。如 MCrAlY（M = Co、Ni、Fe，Y = 稀土元素）氧化后会影响其耐蚀性，而 WC-Co 经氧化和高温分解后其耐磨性会降低。

通过喷涂方法的选择可以避免和减轻这一现象。如采用低压等离子喷涂可大大减少涂层材料的氧化，而高速火焰喷涂则可以防止碳化物的高温分解。

（2）孔隙率　热喷涂层中不可避免地存在着孔隙，孔隙率的大小与颗粒的温度、速度以及喷涂距离和喷涂角度等喷涂参数有关。温度及速度都低的火焰喷涂和电弧喷涂涂层的孔隙率都比较高，一般达到百分之几，甚至可达百分之十几。而高温等离子喷涂涂层及高速火焰喷涂涂层孔隙率较低，最低可达 0.5% 以下。

（3）硬度　热喷涂层在形成时受激冷和高速撞击，涂层晶粒细化，晶格产生畸变，使涂层得到强化，因而热喷涂层的硬度比一般材料的硬度要高一些，其大小也会因喷涂方法的不同而有所差异。

（4）结合强度　热喷涂层与基体的结合主要依靠与基体粗糙表面的机械咬合（抛锚效应）。基体表面的清洁程度、涂层材料的颗粒温度、颗粒撞击基体的速度以及涂层中残余应力的大小均会影响涂层与基体的结合强度，因而涂层的结合强度也与所采用的喷涂方法有关。

（5）热疲劳性能　对于一些在冷热循环状态下使用的工件，其涂层的热疲劳（或称热振）性能至关重要，如该涂层的热疲劳性能不好，则工件在使用过程中便会很快开裂甚至剥落。涂层热疲劳性能的好坏主要取决于涂层材料与基体材料的热胀系数差异的大小和涂层与基体材料结合的强弱。

2. 热喷涂层的设计

实际生产中，由于工件的形状、大小、材质、施工条件、使用环境及服役条件千差万别，因而对涂层性能的要求也不一样，所以在设计产品和修复零件时，就涉及如何正确选用热喷涂层、采用哪种工艺来实现等，这将关系到涂层的质量和使用效果。合理进行热喷涂层的设计，要做到以下几点：

1）明确工件材质和服役条件。

2）准确判定工件的失效原因。

3）了解工件表面的性能要求。

4）掌握热喷涂层的性能。

5）进行涂层的选择和系统的设计。

8.9.2　热喷涂材料与工艺的选择

1. 热喷涂材料的选择

热喷涂时，被喷涂材料的表面使用要求不同，采用的喷涂工艺不同，选择的热喷涂材料类型也不一样。

（1）热喷涂材料的选择原则

1）根据被喷涂工件的工作环境、使用要求和各种喷涂材料的已知性能，选择最适合功能要求的材料。

2）尽量使喷涂材料与工件材料的热胀系数相接近，以获得结合强度较高的优质喷涂层。

3）选用的热喷涂材料应与喷涂工艺方法及设备相适应。

4）喷涂材料应成本低，来源广。

（2）根据热喷涂工艺方法选用　热喷涂时，应根据不同的喷涂工艺及方法，针对不同喷涂材料的特性进行选择。各种热喷涂技术的典型特征参数见表8-9。

表8-9　各种热喷涂技术的典型特征参数

喷涂方法	温度/℃	粒子速度/(m/s)	结合强度/MPa	气孔率(%)	喷涂效率/(kg/h)	相对成本
火焰喷涂	3000	40	8～20	10～15	2～6	1
高速火焰喷涂	3000	800～1700	70～110	<0.5	1～5	2～3
爆炸喷涂	4000	800	>70	1～2	1	4
电弧喷涂	5000	100	12～25	10	10～25	2
等离子喷涂	>10000	200～400	60～80	<0.5	2～10	4

（3）根据被喷涂工件的使用要求选用　被喷涂工件表面要求耐磨的场合下，常用的喷涂材料有自熔性合金材料（镍基、钴基和铁基合金）和陶瓷材料，或者是二者的混合物。碳化物与镍基自熔性合金的混合物等喷涂材料适用于不要求耐高温而只要求耐磨的场合。通常碳化物喷涂层的工作温度应在480℃以下，超过此温度时，最好选用碳化钛、碳化铬或陶瓷材料。高碳钢、马氏体不锈钢、钼、镍铬合金等喷涂材料形成的喷涂层特别适合滑动磨损的工况。

被喷涂工件要求耐大气腐蚀时，常选用锌、铝、奥氏体不锈钢、铝青铜、钴基和镍基合金等材料，其中使用最广泛的则是锌和铝。耐腐蚀喷涂材料本身具有良好的耐蚀性，但是如果喷涂层存在孔隙，腐蚀介质就会渗透。因此，在喷涂时要保证致密度和一定的厚度，并要对喷涂层进行封孔处理。

喷涂时，为使喷涂工件和喷涂层之间形成良好的结合，有时可以黏结底层喷涂材料，使其在工件和喷涂层之间产生过渡作用。可作为这种黏结底层的喷涂材料有钼、镍铬复合材料和镍铝复合材料等，但是在选择底层喷涂材料时，主要应该考虑使用环境的腐蚀性和温度。

2. 热喷涂工艺的选择

涂层的设计和喷涂材料的选择主要依据工件的服役条件，但同时要考虑工艺性、经济性和实用性。如钴基合金性能优异，但国内资源较匮乏，因而应尽量少用；我国镍资源尽管较为丰富，但镍基合金价格较高，所以在满足性能要求的前提下也应尽量采用铁基合金。对于某些特殊工件的喷涂应以获得最优的涂层性能为准则，而对于大多数工件的喷涂则以获得最大经济效益为准则。

（1）以涂层性能为出发点的选择原则

1）对于承载低的耐磨涂层和提高工件耐蚀性的耐蚀涂层，涂层结合力要求不是很高。当喷涂材料的熔点不超过2500℃时，可采用设备简单、成本低的火焰喷涂，如一般工件尺寸修复和常规表面防护等。

2）对于涂层性能要求较高或较为贵重的工件，特别是喷涂高熔点陶瓷材料时，宜采用等离子喷涂。相对于氧-乙炔火焰喷涂来说，等离子喷涂的焰流温度高，具有非氧化性，涂层结合强度高，孔隙率低。

3）涂层要求具有高结合强度、极低空隙率时，对金属或金属陶瓷涂层，可选用高速火焰喷涂工艺；对氧化陶瓷涂层，可选用高速等离子喷涂工艺。如果喷涂易氧化的金属或金属

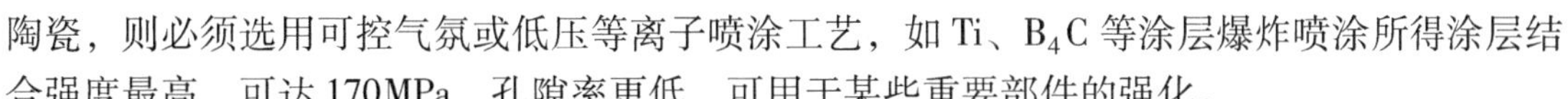

陶瓷，则必须选用可控气氛或低压等离子喷涂工艺，如 Ti、B_4C 等涂层爆炸喷涂所得涂层结合强度最高，可达 170MPa，孔隙率更低，可用于某些重要部件的强化。

（2）以喷涂材料类型为出发点的选择原则

1）喷涂金属或合金材料，可优先选择电弧喷涂工艺。

2）喷涂陶瓷材料，特别是氧化物陶瓷材料或熔点超过 3000℃ 的碳化物、氮氧化物陶瓷材料时，应选择等离子喷涂工艺。

3）喷涂氧化物涂层，特别是 WC-Co、Cr_3C_2-NiCr 类氮化物涂层，可选用高速火焰喷涂工艺，涂层可获得良好的综合性能。

4）喷涂生物涂层时，宜选用可控气氛或低压等离子喷涂工艺。

（3）以经济性为出发点的选择原则　在喷涂原料成本差别不大的条件下，在所有热喷涂工艺中，电弧喷涂的相对工艺成本最低，且该工艺具有喷涂效率高、涂层与基体结合强度较高、适合现场施工等优点，应尽可能选用电弧喷涂工艺。

对于批量大的工件，宜采用自动喷涂，自动喷涂机可以成套购买，也可以自行设计。

（4）以现场施工为出发点的选择原则　应首选电弧喷涂，其次是火焰喷涂，便捷式超声速火焰及小功率等离子喷涂设备也可以在现场进行喷涂施工。

目前还可将等离子喷涂设备安装在可移动的机动车上，形成可移动的喷涂车间，从而完成远距离现场喷涂作业。

8.9.3　热喷涂层的功能和应用

随着涂层新材料和新工艺的不断涌现，热喷涂层已在国民经济各个工业部门获得广泛的应用，目前应用面最广的仍是机械工业，包括石油化工、轻纺、能源、冶金、航空、汽车等领域。热喷涂技术能赋予各类机械产品，特别是关键零部件许多特种功能涂层，形成复合材料结构具有的综合作用，是材料科学表面技术发展的一个方向。

（1）钢铁长效防腐涂层　高压线输变电线是用钢铁材料做成牢固可靠的电线杆架起的，长期暴露于室外，受到大气污染的侵蚀，对表面有着严峻的考验，为保护其免受侵蚀，国外在钢铁构件上喷涂长效耐蚀涂层。图 8-25 所示为热喷涂后的输变电铁塔大型钢铁构件。

（2）汽车与造船工业中的应用　热喷涂技术在汽车、造船工业有了较大的发展。图 8-26所示为采用了热喷涂技术在海洋中航行的巨轮。

图 8-25　热喷涂后的输变电铁塔大型钢铁构件

图 8-26　采用了热喷涂技术在海洋中航行的巨轮

（3）航空、航天工业中的应用　热喷涂技术在航空、航天工业中应用历史久，范围广，涂层品种多，而且技术含量高。尽管航空、航天中飞机发动机、火箭等工作条件十分恶劣，对涂层可靠性要求非常苛刻，但当代航空发动机中一半以上的零件都有涂层，主要作用是耐磨、耐腐蚀、抗氧化、密封。图 8-27 所示为采用热喷涂技术处理的航空航天排气口风扇零部件。

（4）钢铁工业中的应用　热喷涂技术在钢铁工业的应用已有相当长的历史。从西方发达国家钢铁工业中热喷涂技术应用的对象来看，各式各样的辊子占全部热喷涂部件的 85%以上，取得了显著的技术经济效果。图 8-28 所示为采用热喷涂技术获得的耐磨涂层的轴。

图 8-27　采用热喷涂技术处理的航空航天排气口风扇零部件

图 8-28　采用热喷涂技术获得的耐磨涂层的轴

（5）印刷、造纸工业中的应用　随着科技的发展，对纸张的印刷技术要求越来越高，苛刻特殊的性能要求恰好是热喷涂层发挥其作用的领域。图 8-29 所示为喷涂并抛光为镜面的 316L 钢（相当于 022Cr17Ni12Mo2 钢）印刷机辊。

（6）能源工业中的应用　能源工业主要包括热能、水力、核能及太阳能等。热喷涂层在火力发电锅炉、水轮机、核反应堆、太阳能吸收和转换上均能发挥特殊作用。图 8-30 所示为火箭发动机喷管热障涂层。

图 8-29　喷涂并抛光为镜面的 316L 钢印刷机辊

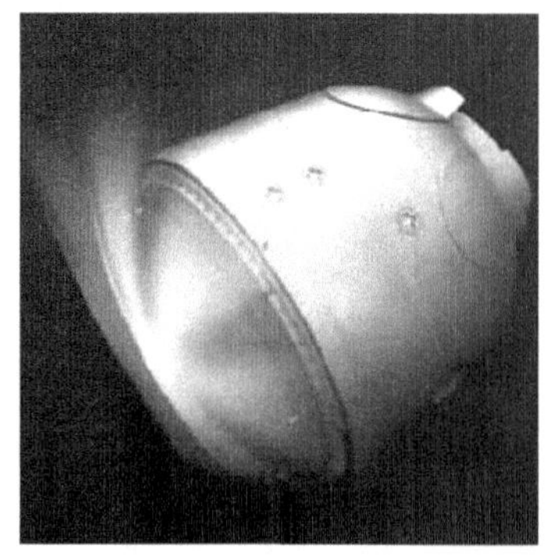

图 8-30　火箭发动机喷管热障涂层

（7）纺织、化纤工业中的应用　现代纺织机械特别是化纤机械，正向着高速、轻质、节能方向发展。许多耗能的高速运动零部件一般尽可能采用轻质合金基体（如铝）+表面强化及功能涂层复合制造。图 8-31 所示为热喷涂后的纺织机械配件。

(8) 电子工业的应用 金属-陶瓷复合材料是微电子工业基板的一种理想材料。在金属板（如可伐合金、铜、铝、钢）上热喷涂高介电常数的陶瓷涂层，具有高热导率的金属能将强电流所产生的热散发开，而陶瓷涂层则提供很好的介电绝缘性能。图 8-32 所示为热喷涂计算机键盘。

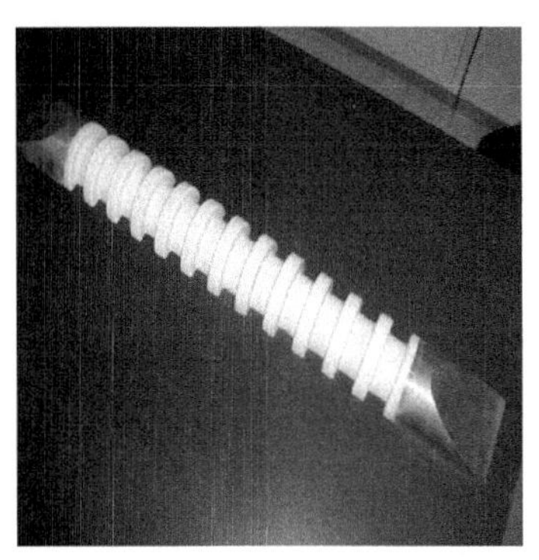

图 8-31 热喷涂后的纺织机械配件

图 8-32 热喷涂计算机键盘

(9) 化学工业中的应用 化学工业中最大的问题是腐蚀，各种材料在不同腐蚀介质、腐蚀环境、腐蚀温度中形成的腐蚀机理也是千差万别的。热喷涂层耐腐蚀的作用是：将耐蚀性优异的合金、陶瓷、塑料等材料在需要保护的基体上形成一定厚度的涂层或多重涂层，再对涂层的微孔采用合适的封孔剂（环氧树脂、硅树脂、聚氨酯等）进行封闭，用隔离形式保护基体免受腐蚀。图 8-33 所示为石油化工管道阀体部件。

(10) 生物医疗器件中的应用 随着人类生活质量的提高，人类平均寿命延长，对人工骨骼的需求量日益增长。图 8-34 所示为热喷涂后的人工骨骼。

图 8-33 石油化工管道阀体部件

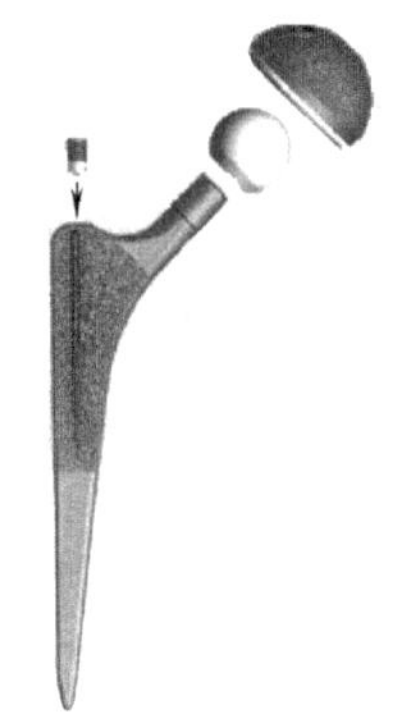

图 8-34 热喷涂后的人工骨骼

(11) 机械工业与其他方面的应用 热喷涂陶瓷和金属陶瓷涂层，不仅具有高的硬度、优异的耐磨性，而且摩擦因数低、能耗小，对密封填料的磨损小，涂层硬度和耐磨性不会因局部过热而降低。因此，在耐腐蚀磨损领域，热喷涂层正成为电镀硬铬技术强有力的竞争者和取代者。

蒸汽电熨斗是居民家庭常用的生活电器，可以根据不同衣物调节其工作温度，最高工作温度可达 200℃。为提高电熨斗的耐磨性、耐热性以及防粘连性，一般需在电熨斗底板热喷涂陶瓷或聚四氟乙烯涂层。在这种涂层中，陶瓷涂层的耐磨性和耐热性明显高于聚四氟乙烯涂层，使用寿命也高于后者，成为蒸汽电熨斗底板首选涂层。图 8-35 所示为热喷涂后的电熨斗。

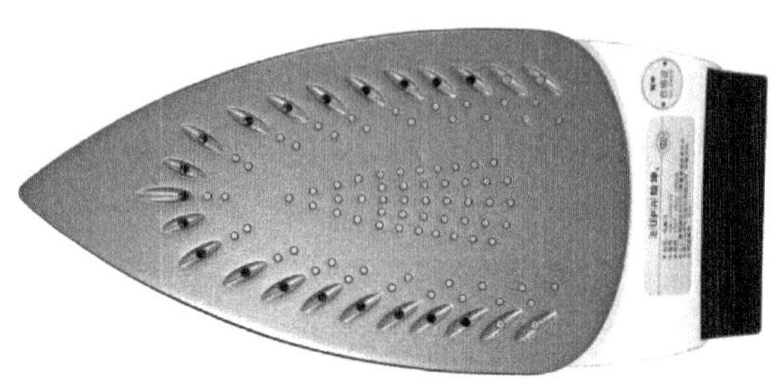

图 8-35　热喷涂后的电熨斗

8.9.4　热喷涂安全与防护

1. 热喷涂安全技术

（1）防火防爆　氧-乙炔火焰喷涂与氧-乙炔火焰焊接一样，也存在回火的问题。而且当喷涂空心工件时，工件上必须开通气孔。否则当工作喷涂加热时，内腔气体膨胀，其压强大于工件材质的强度时，会引起爆炸。特别是喷涂、喷焊薄壁空心件时，更应注意开通气孔。

氧和乙炔系统密封不严，出现气体泄漏于空气中，与其混合成一体，当浓度达到一定比例后，也会引起燃烧和爆炸的危险。特别是室内作业，当通风不好时，应事先做好密封检查，并采取通风措施。

（2）电器设备和机械设备的防护　热喷涂过程中，会出现合金粉末飞扬于空气中，这些合金粉末是良好的导体。但当这些合金粉末进入电器设备后，会造成短路的危险，易引起着火或爆炸，此时应采取相应的措施。在可能的情况下，尽量将电器设备远离现场，不能远离的应加强设备的防粉尘措施。热喷涂技术中所用的合金粉末绝大多数是优良的耐磨材料，工作过程中很容易进入设备内部，造成设备的严重磨损或腐蚀，影响机械设备的精度和寿命。特别是机械设备中的滑动部分和传动部分，必须采取相应的防护措施，例如可用蛇形管来保护液压或机械升降系统等。

（3）喷砂的安全技术

1）喷砂操作人员应戴上手套、帽子、口罩，穿上工作服和护腿等，以防止砂粒伤人。

2）喷砂应在喷砂室或柜内进行。必须在室外喷砂时，操作人员要穿戴带头盔的衣裤，头盔的后面通入经过滤清的空气，送入头盔的空气流量约为 200L/min，以操作人员有一种凉的感觉为宜。头盔带有涂敷橡胶的布质披肩和袖子，以便扎紧在腰部。

3）更换喷嘴时，必须先关闭喷砂枪的压缩空气开关。

4）喷砂机应有良好的排风除尘装置，喷砂前要先打开排风机和湿式除尘器的水开关，然后进行喷砂。

（4）乙炔发生器的使用安全技术

1）乙炔发生器可以安置在通风良好的房间内，也可以安置在室外，但必须离火源远一些（12m 以上）。严禁在乙炔发生器旁边引燃火焰或吸烟。晚间装电石时，不得用明火照明。

2）加入发生器的水必须清洁，不含油脂和杂质。

3）工作中，经常检查各接头处的密封性，并经常注意回火防止器的水位是否正常。

4）装入发生器的电石量，一般不能超过电石篮容积的一半。

5）在开始工作时，必须首先将发生器中的空气排出，然后才能向喷枪输送。如果发生器同时向两把以上的喷枪供给乙炔气，则每把喷枪必须设有单独的乙炔回火防止器。

6）发生器全天使用时，中间必须换水。用后应清洗干净。

7）正常工作时，发生器内的水温不应超过 60℃。工作环境温度低于 0℃时，应向发生器和回火防止器内注入温水，也可以将水中加入少量食盐，防止发生器冻结。当工作结束后，应将水全部放出。如果发生冻结，则必须用热水或蒸汽来解冻，严禁用火烘烤或用铁锤敲打。

8）停止工作时，不应在发生器内留有未分解的电石。固定式发生器中剩余压力不应超过 0.1atm。

9）发生器长期不使用时，应经过彻底清洗，将水全部放出并擦拭干净，注意维护。

10）发生器不得任意拆分，并按规定使用金属薄片（爆破薄膜片）。如果需要用焊接方法修补发生器及其附属设备时，补焊前必须进行多次清洗，核实无乙炔和电石渣后，再进行补焊。

（5）气瓶及减压器使用安全技术

1）氧气瓶未装减压器之前，应检查氧气瓶的出气口内是否清洁，以免脏物堵塞减压器。

2）气瓶阀与减压器连接螺纹的规格应相同，安装前应吹除连接处的脏物。减压器与气瓶相连要牢固。

3）氧气瓶与乙炔瓶所用的减压器，必须有符合要求的高压表和低压表。高、低压表的指针应动作灵敏，以便正确反映瓶内的气压。

4）气瓶减压器装好后，应先将减压器调节螺钉旋松，然后慢慢地打开氧气阀门，防止高压气体突然冲到低压气室，使弹簧膜装置和低压表损坏。此时操作者应该站在减压器侧面或后面，不允许站在氧-乙炔瓶出口正面。工作结束时，先将气瓶阀关紧，再将调节螺钉旋松。

5）搬运气瓶时，应将瓶口颈上的保护帽装好，放置在妥善可靠的地方后，才能将瓶口颈上的保护帽取下来。氧气瓶不能与其他可燃气瓶及油料等可燃物一起运输。

6）氧、乙炔的输气管路要涂色漆区别，如氧气导管涂成蓝色，乙炔导管涂成白色。各管路及接头处不得漏气。

7）乙炔瓶体表面的温度不应超过 30～40℃，因为温度过高会降低丙酮对乙炔的溶解度，使瓶内压力急剧增加。

（6）火焰喷涂的安全操作

1）喷枪与软管连接要牢固，不准漏气。枪体各接头及调节阀不准漏气。

2）点火前检查喷嘴，不准堵塞，必要时用通针疏通。

3）喷嘴尺寸选择要合适，与喷枪连接处要旋紧，不能松动。

4）喷枪点火前不准打开送粉阀，以防止堵塞送粉通道。

5）点火时先通入适量乙炔，后通入少量氧气，再点火。

6）不准在易燃材料旁边进行喷涂作业，更不准将喷枪对着装有气体的容器。

7）喷枪点火时，必须用摩擦点火器或用喷枪专用点火装置，以防止手被灼伤。供给喷枪的氧气和乙炔的压力及流量，应在规定的工作参数范围内连续调节，并能有参数指示和确保操作安全的装置。

8）当喷枪发生回火时，首先应立即关枪，迅速用手将氧气胶管折弯，切断氧气。待外部火焰熄灭后再开启喷枪开关，喷枪开关开启后把折弯的氧气管放开。此时，喷枪或管内若无燃气燃烧的吱吱响声，则说明回火发生在喷枪气路开关与枪口之间，回火已处理完毕。这时可立即打开气路开关，让气流吹出积炭和烟尘。如果喷枪或管内仍然发生燃气燃烧的吱吱声，则说明回火现象仍然存在，并未消除，而且回火已越过喷枪气路开关而进入胶管内部。这时应立即将氧气瓶上的阀门关闭，切断氧气来源，若三气管均使用快速接头时，可将氧气和乙炔气的快速接头迅速拔下，回火即可熄灭。

（7）电弧喷涂和等离子喷涂的安全操作

1）对操作人员进行必要的技术培训，使其熟悉设备的使用和维护。

2）对电源或手持喷枪的金属外壳，应进行接零和接地保护。

3）在没有切断整个系统的电源和气源的情况下，不能进行清洗或维修电源、控制柜和喷枪。

4）为了防止金属粉尘的堆积，应经常清理喷枪和电源，以防止集尘造成的短路。

5）与电弧喷涂设备连接的送丝装置，应该很好地接地或绝缘。

6）若等离子喷枪或电弧喷枪是悬挂的，则接钩应该绝缘或接地，喷枪停止工作时，喷枪上的两根线材要退出。

7）在等离子喷枪调整时，应尽可能缩短高频使用时间或减少使用次数，以防止高频对其他电气设备的损坏。等离子喷枪应和其支持架保持足够绝缘。

2. 热喷涂防护

热喷涂工艺过程以及热喷涂用材的生产过程中，均会产生一些有害物质，影响专业工作人员的健康。但只要采取相应的防护措施，可将其影响减少到最低限度，甚至有的可以避免。

（1）臭氧、氮氧化物和金属粉尘的防护

1）工作现场应宽敞，空气流通，最好配有通风装置。

2）安装封闭式防护通风罩，并隔离操作，以便有效地隔离有害因素与人体的接触。

3）机械化、自动化操作，可以使操作者实现远距离控制。尤其是定型产品，当热喷涂的工艺方法确定后，就可用专用设备进行机械化、自动化生产，操作者可以远距离监视和控制。有条件时，配有工业电视进行监视，效果更为理想。

4）现场工作人员应戴防尘口罩，最好是滤膜防尘口罩。

（2）火焰及弧光辐射的防护

1）人体裸露部分要严防等离子弧的照射。如不戴防护镜不得直接观察火焰及弧光。

2）氧-乙炔火焰喷涂操作者必须戴深色防护眼镜，为了反射热辐射，最好使用镀铬深色镜面的防护镜。

3）等离子喷涂操作者，最好使用有反射护目镜的面罩。一般的镜片以绿色和黄色吸收紫外线效果较好。

4）安装封闭式防护通风罩并隔离操作对防止光辐射、热辐射等效果最好。防护罩不仅可以将弧光遮挡，而且吸收了紫外线和红外线。工作情况可通过装有防护镜的观察窗口进行观察。

（3）噪声的防护

1）噪声不严重时可以采用戴隔音耳罩或在耳内塞棉花也能降低噪声 10～20dB。

2）采用机械化、自动化作业，实现隔离控制。

3）采用隔声室和机械化自动隔离操作是防护噪声最理想的措施，尤其当使用大功率的等离子喷涂时，更应该采取这种防护措施。

（4）高频电场的防护

1）高频发生器系统应设有屏蔽装置。

2）提高设备的引弧能力，缩短引弧时间。其措施主要有：一是提高和保证喷枪的加工精度，以便减少使用高频火花检查电极对中的次数和时间；二是火花间隙和钨极内缩短距离应调整在所要求范围内，尽可能减少使用高频的时间；三是在电器线路上要充分保证引弧后能立即切断高频电路；四是要实现微弱高频火花，且能瞬间引弧的方法。

（5）放射性防护

1）最好的办法是不采用钍钨电极，而是改用铈钨电极或钇钨电极。

2）钍钨棒必须集中管理、专人保管，有专门的存放处，用铅筒或厚壁铁皮制成容器储存。

3）打磨加工钍钨棒时，应注意个人防护，应戴口罩、手套和穿工作服、工作鞋等，并经常洗涤。每次工作后，必须用流动水和肥皂清洗手和面部。

4）加工钍钨棒时应对工作现场进行防护。打磨砂轮必须安装抽风、排尘、过滤、分离处理设备。经常进行湿式清扫，妥善处理粉尘。

第 9 章

堆焊技术

【学习目标】

- 了解堆焊技术的特点、分类和应用。
- 熟悉堆焊合金及材料的类型、特点和选用原则。
- 掌握常用堆焊方法的原理、工艺、装置、特点和应用。
- 能够根据工件的材质、服役条件和性能要求选择合适的堆焊工艺，并编制出工艺流程。

【导入案例】

轧辊作为轧钢机的关键备件，在轧钢过程中消耗量大，我国年产钢材已超过 6 亿 t，所消耗轧辊的价值在 170 亿元以上。因此，采用堆焊方法修补旧轧辊，延长轧辊的使用寿命已成为我国轧钢企业降低生产成本、提高经济效益的重要举措，当原轧辊使用到报废期限时，可以进行堆焊修复。经过堆焊修复的轧辊，具有成本低、寿命长、使用效果好等特点，受到轧钢企业普遍的欢迎，也符合我国节能降耗、清洁生产、循环经济的基本政策。图 9-1 所示为采用堆焊方法修补后的旧轧辊。

图 9-1　采用堆焊方法修补后的旧轧辊

9.1　堆焊技术简介

随着科学技术的日益进步，各种产品机械装备逐步向大型化、高效率、高参数方向发展，对产品的可靠性和使用性能要求越来越高。材料表面堆焊作为焊接技术的分支，是提高产品和设备性能、延长使用寿命的有效手段。除了金属和合金外，陶瓷、塑料、无机非金属及复合材料等可以作为堆焊合金材料。因此，通过堆焊技术可以使零件表面获得耐磨、耐热、耐蚀、耐高温、润滑、绝缘等各种特殊性能。目前，堆焊技术大量应用于机械制造、冶金、电力、矿山、建筑、石油化工等产业部门。

9.1.1 堆焊的特点与分类

1. 堆焊的特点

堆焊是采用焊接方法将具有一定性能的材料熔敷在工件表面的一种工艺过程。堆焊的目的与一般焊接方法不同，不是为了连接工件，而是对工件表面进行改性，以获得具有耐磨性、耐热性、耐蚀性等特殊性能的熔敷层，或恢复工件因磨损或加工失误造成的尺寸不足。这两方面的应用在表面工程学中称为修复与强化。图9-2所示为堆焊后的零部件表面。

图9-2 堆焊后的零部件表面

堆焊方法具有以下特点：

1）堆焊层与基体金属的结合是冶金结合，结合强度高，抗冲击性能好。

2）堆焊层金属的成分和性能调整方便，一般常用的焊条电弧焊堆焊焊条或药芯焊条调节配方很方便，可以设计出各种合金体系，以适应不同的工况要求。

3）堆焊层厚度大，一般堆焊层厚度可在2~30mm内调节，更适合严重磨损的工况。

4）节省成本，经济性好。当工件的基体采用普通材料制造，表面用高合金堆焊时，不仅降低了制造成本，而且节约了大量贵重金属。在工件维修过程中，合理选用堆焊合金，对受损工件的表面加以堆焊修补，可以大大延长工件使用寿命，延长维修周期，降低生产成本。

5）由于堆焊技术就是通过焊接的方法增加或恢复零部件尺寸，或使零部件表面获得具有特殊性能的合金层，所以对于能够熟练掌握焊接技术的人员而言，其难度不大，可操作性强。

2. 堆焊的分类

堆焊技术是熔焊技术的一种，凡属于熔焊的方法都可用于堆焊。常用堆焊方法的分类见表9-1。目前应用最为广泛的是焊条电弧堆焊和氧乙炔火焰堆焊。

表9-1 常用堆焊方法的分类

堆焊方法		稀释率(%)	熔敷速度/(kg/h)	最小堆焊厚度/mm	熔敷效率(%)
氧乙炔火焰堆焊	焊条送丝	1~10	0.5~1.8	0.8	100
	自动送丝	1~10	0.5~6.8	0.8	100
	粉末堆焊	1~10	0.5~1.8	0.2	85~95
焊条电弧堆焊		10~20	0.5~5.4	3.2	65

（续）

堆焊方法		稀释率(%)	熔敷速度/(kg/h)	最小堆焊厚度/mm	熔敷效率(%)
钨极氩弧堆焊		10～20	0.5～4.5	2.4	98～100
熔化极气体保护电弧堆焊		10～40	0.9～5.4	3.2	90～95
其中：自保护电弧堆焊		15～40	2.3～11.3	3.2	80～85
埋弧堆焊	单丝	30～60	4.5～11.3	3.2	95
	多丝	15～25	11.3～27.2	4.8	95
	串联电弧	10～25	11.3～15.9	4.8	95
	单带极	10～20	12～36	3.0	95
	多带极	8～15	22～68	4.0	95
等离子弧堆焊	自动送粉	5～15	0.5～6.8	0.25	85～95
	焊条送粉	5～15	1.5～3.6	2.4	98～100
	自动送丝	5～15	0.5～3.6	2.4	98～100
	双热丝	5～15	13～27	2.4	98～100
电渣堆焊		10～14	15～75	15	95～100

9.1.2　堆焊的用途

作为焊接领域中的一个分支，堆焊技术的应用范围非常广泛，堆焊技术的应用几乎遍及所有的制造业，如矿山机械、输送机械、冶金机械、动力机械、农业机械、汽车、石油设备、化工设备、建筑设备以及工具、模具及金属结构件的制造与维修中。通过堆焊可以修复外形不合格的金属零部件及产品，或制造双金属零部件。采用堆焊可以延长零部件的使用寿命，降低成本，改进产品设计，尤其对合理使用材料（特别是贵重金属）具有重要意义。

按用途和工件的工况条件，堆焊技术的应用主要表现在以下几个方面：

（1）恢复工件尺寸堆焊　由于磨损或加工失误造成工件尺寸不足，是厂矿企业经常遇到的问题。用堆焊方法修复上述工件是一种常用的工艺方法，修复后的工件不仅能正常使用，很多情况下还能超过原工件的使用寿命，因为将新工艺、新材料用于堆焊修复，可以大幅度提高原有零部件的性能，如冷轧辊、热轧辊及异型轧辊的表面堆焊修复，农用机械（拖拉机、农用车、插秧机、收割机等）磨损件的堆焊修复等。据统计，用于修复旧工件的堆焊合金量占堆焊合金总量的72.2%。图9-3所示为利用堆焊技术修复的冷轧辊，图9-4所示为利用堆焊技术修复的辊胎和辊皮。

图9-3　利用堆焊技术修复的冷轧辊

（2）耐磨损、耐腐蚀堆焊　磨损和腐蚀是造成金属材料失效的主要因素，为了提高金属工件表面的耐磨性和耐蚀性，以满足工作条件的要求，延长工件使用寿命，可以在工件表面堆焊一层或几层耐磨或耐蚀层。工件的基体与表面堆焊层选用具有不同性能的材料，能制造出双金属工件。由于只是工件表面层具有合乎要求的耐磨、耐蚀等方面的特殊性能，所以充分发挥了材料的作用与工作潜力，而且节约了大量的贵重金属。图9-5所示为在工件表面堆焊耐磨或耐蚀层。

（3）制造新零件　通过在金属基体上堆焊一种合金可以制成具有综合性能的双金属机器零件。这种零件的基体和堆焊合金层具有不同的性能，能够满足两者不同的性能要求。这

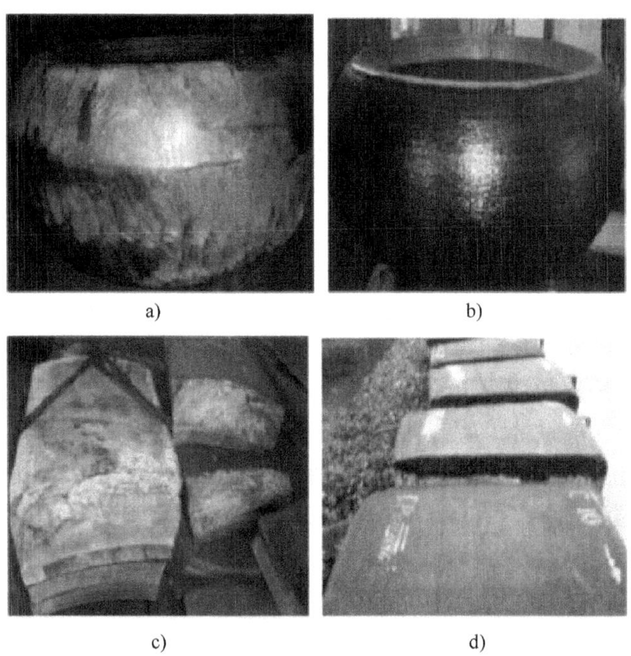

图 9-4　利用堆焊技术修复的辊胎和辊皮

a）ZGM113 辊胎修复前　b）ZGM113 辊胎修复后　c）Atox50 辊皮修复前　d）Atox50 辊皮修复后

图 9-5　工件表面堆焊耐磨或耐蚀层（一）

样能充分发挥材质的工作潜力。例如，水轮机的叶片，基体材料为碳素钢，在可能发生气蚀的部分（多在叶片背面下半段）堆焊一层不锈钢，使之成为耐气蚀的双金属叶片；在金属磨具的制造中，基体要求强韧，选用价格相对便宜的碳素钢、低合金钢制造，而刃模要求硬度高、耐磨，采用耐磨合金堆焊在模具刃模部位，可以节约大量贵重合金的消耗，大幅度延长模具的使用寿命。图 9-6 所示为工件表面堆焊耐磨或耐蚀层。

图 9-6　工件表面堆焊耐磨或耐蚀层（二）

9.1.3　堆焊层的形成和控制

堆焊层是采用堆焊的工艺方法在材料层表面对磨损和

崩裂的部位进行修复的堆敷层。为了有效地发挥堆焊层的作用，希望采用的堆焊方法有较小的母材稀释率、较高的熔敷速度和优良的堆焊层性能，即优质、高效、低稀释率的堆焊技术。

堆焊层的影响因素较多，控制好各影响因素才能得到优质的堆焊层性能。

（1）稀释率　在焊接热源的作用下，不仅堆焊金属会发生熔化，基材表面也会发生不同程度的熔化，将堆焊金属被基材稀释的程度称为稀释率，用基材的熔化面积占整个熔池面积的百分比来表示。

稀释率强烈影响堆焊层的成分和性能，高稀释率会降低堆焊层的性能，增加堆焊材料的消耗。为选择合适的填充材料和焊接方法，必须考虑各种焊接方法所获得的稀释率的大小。在堆焊方法和设备已选定的情况下，应从堆焊材料成分上补偿稀释率的影响，并从工艺参数上严格控制稀释率。一般选择堆焊工艺时，稀释率应低于20%。

（2）相容性　在堆焊过程中，堆焊层材料和基体材料的相容性非常重要，由于堆焊层材料与基体材料成分不同，在堆焊时必然会产生一层组织和性能与基体和堆焊层都不相同的过渡层，该过渡层如果是脆性的，将使堆焊层的性能恶化。

堆焊层材料和基体材料在冶金学上是否相容取决于它们液态和固态时的互溶性，以及在堆焊过程中是否产生金属间化合物。堆焊层材料和基体材料的物理相容性也很重要，即两者之间的熔化温度、热胀系数、热导率等物理性能差异应尽可能小，因为这些差异将影响堆焊的热循环过程和结晶条件，增加焊接应力，降低结合质量。

（3）热循环的影响　堆焊层经受的热循环比一般焊缝复杂得多，这使堆焊层的化学成分和金相组织很不均匀。在堆焊生产过程中，为了防止堆焊层开裂和剥离，主要采用预热、层间保温和焊后缓冷等措施。有些焊件在焊后需要进行去应力退火。

（4）内应力　堆焊应用得成功与否有时取决于内应力的大小。由于堆焊操作而产生的残余应力会与使用过程中产生的应力叠加或抵消，因而会加大或减少堆焊层开裂的倾向。

为减小残余应力，除了采取必要的预热、缓冷等工艺措施，还可通过减少堆焊金属与基材的热胀系数差、增设过渡层、改进堆焊金属的塑性来控制。

9.1.4 堆焊的应用现状及前景

（1）模具制造方面　用于塑料模表面的打毛，会增加美感和使用寿命；头盔塑料模具分型面堆焊修复；铝合金压铸模具分流锥表面强化；模具腔超差、磨损、划伤等的修复与强化。

（2）塑料橡胶方面　用于机械零部件修复，橡胶、塑料件用的模具超差、磨损与修补。

（3）航空航天方面　用于飞机发动机零部件、涡轮、涡轮轴修复或修补，火箭喷嘴表面强化修理，飞机外板部件修复，人造卫星外壳强化或修复，钛合金件的局部渗碳强化，铁基高温合金件的局部渗碳强化，镁合金的表面渗铝等防腐蚀涂层，镁合金件局部缺陷堆焊修补，镍基/钴基高温合金叶片工件局部堆焊修复。

（4）制造维修方面　汽车制造和维修工业中，用于凸轮、曲轴、活塞、气缸、制动盘，叶轮、轮毂、离合器、摩擦片、排气阀等的补差和修复，汽车车体的表面焊道缺陷补平与修正。

（5）船舶电力方面　曲轴、轴套、轴瓦、电气元件、电阻器等的修复，电气铁路机车

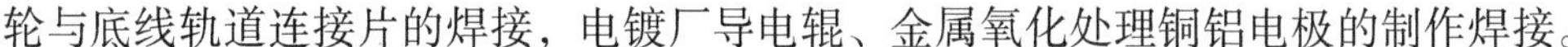

轮与底线轨道连接片的焊接，电镀厂导电辊、金属氧化处理铜铝电极的制作焊接。

（6）机械工业方面　修正超差工件和修复机床导轨、各种轴、凸轮、水压机与油压机柱塞、气缸壁、轴颈、轧辊、齿轮、带轮、弹簧成形用的心轴、塞规、环规、各类辊、杆、柱、锁、轴承等。

（7）铸造工业方面　铁、铜、铝铸件砂眼、气孔等缺陷的修补，铝模磨损修复。

零件的表面堆焊除了可修旧复新外，还可延长部分零件的使用寿命，通常寿命可延长30%～300%，成本降低25%～75%。但是，要充分发挥堆焊技术的优势必须解决好两方面的问题：一是必须正确选用堆焊合金，其中包括堆焊合金的成分和堆焊材料的形状，而堆焊合金的成分又取决于对堆焊合金使用性能的要求；二是选定合适的堆焊方法，制定相应的堆焊工艺。

9.1.5　堆焊操作技术要点

1. 清理母材金属

在堆焊前要对堆焊的零件表面仔细地进行脱脂和除锈，并用机械加工的方法把表面的各种缺陷，如腐蚀的麻坑、孔穴、表面裂纹和剥离层清除干净。脱脂和除锈可用化学清洗剂清洗和用砂布打磨。

如果堆焊母材金属表面在车削或刨削加工中发现有深孔或砂眼，则需用电钻将砂眼和深孔钻深、扩大，并且用焊条电弧焊焊补。必要时，在堆焊前对零件进行消除应力退火。

2. 母材金属预热

堆焊前对母材金属预热能减小堆焊层金属的冷却速度和结晶偏析，减少热应力，防止产生结晶裂纹。在生产中，常采用氧乙炔焰预热、电弧预热和加热炉预热等方法。

堆焊时的预热温度与零件的大小、堆焊的部位、母材金属的材质、堆焊填充材料的淬火倾向等因素有关。如果零件基体的碳含量较高，为防止堆焊零件的热影响区出现裂纹，焊前应当预热。

对于奥氏体不锈钢、高锰钢等塑性好的堆焊填充材料，一般可不必预热；若堆焊层硬度不太高，或硬度虽高但堆焊面积不大，以及在堆焊过程中产生的热量可以将整个零件加热的情况下，也可以不预热。

3. 确定堆焊参数

堆焊时，希望获得熔深浅、母材金属稀释率小的堆焊层，常采用“小电流、低电压、薄层多次”的堆焊方法。

需要确定的焊接工艺参数主要有：堆焊电流、电弧电压、堆焊材料直径、堆焊速度和堆焊焊缝节距。

所谓堆焊焊缝节距指相邻两条堆焊焊缝的重叠距离，堆焊焊缝节距大小，对堆焊层表面的平整度、堆焊层化学成分均匀性及母材金属稀释率都有显著影响。因此无论采取哪种堆焊方法，通常都是用减小堆焊焊缝节距、降低母材金属稀释率来提高堆焊质量。

4. 堆焊后的处理

（1）堆焊后缓冷　为防止堆焊层金属产生裂纹和剥离，堆焊后必须进行缓冷。缓冷方式可用石棉或草木灰、硅酸铝等覆盖堆焊层金属，也可随加热炉冷却。对于淬火倾向大的堆焊金属，如高铬铸铁焊条、碳化钨焊条、钴基焊条等，堆焊后要在600～700℃回火1h再缓冷，以防出现裂纹。而对于淬火倾向小的堆焊金属，如12Cr13、20Cr13堆焊阀门，焊后为获得较高的硬度，可采用空冷，机械加工后不再进行热处理。

（2）堆焊层外观检验和力学性能试验　堆焊后的堆焊层，可用肉眼检验是否有裂纹、气孔、砂眼。用卡尺检验外观尺寸是否符合技术条件要求。力学性能试验包括测定堆焊金属的硬度、抗拉强度、塑性和冲击韧度，以及堆焊层耐磨、耐热和耐蚀性。

（3）堆焊层的机械加工　将堆焊质量合格的堆焊金属按工艺要求进行机械加工。由于堆焊金属硬度很高，用一般车刀无法加工，可以采用磨削或电火花加工。

5. 保证堆焊质量采取的措施

（1）堆焊过渡层　堆焊过渡层的方法又称打底焊，即先用塑性好、强度不高的普通交流、直流焊条或不锈钢焊条进行打底焊。堆焊一层过渡层，其作用是把堆焊层与零件基体金属隔离开，起到减小应力和稀释率，防止裂纹和剥离的作用。当堆焊层硬度高、预热有困难时，常采用这种方法。

（2）尽量降低堆焊金属的稀释率　稀释率越低，则堆焊合金层的成分与堆焊填充材料的成分越接近，堆焊层受到基体金属的影响就越小，因而堆焊合金层的性能就越符合原设计要求。所以应尽量减少堆焊金属的稀释率。稀释率和堆焊方法有直接关系，此外严格控制堆焊参数、堆焊过渡层等，都是降低堆焊金属稀释率的有效措施。

（3）防止零件堆焊后变形的措施　对细长的轴类零件和直径大的薄壁圆筒形零件表面进行堆焊时，应尽可能用较小电流和较细焊条，并采用层间冷却的方法，以防止堆焊部位过热，可以减少变形和防止堆焊层裂纹和剥离，同时用对称焊法以及跳焊法等合理的堆焊顺序，以减少变形。对于要求较高的零件，可以在堆焊过程中设法测量变形，通过改变焊接顺序及时调整。采用夹具或在堆焊件上临时设置支撑铁，以增大零件的刚度。还可采用预先反变形法，以消除堆焊后的变形。

（4）防止堆焊层硬度不符合要求　堆焊层的硬度若不符合堆焊填充材料说明书上的数值，其原因之一可能是冷却速度不恰当。一般急冷则硬度偏高，慢冷则偏低。同时母材金属成分将会使堆焊层合金成分增加或减少，也将影响硬度。一般在堆焊的第一层中，堆焊金属的稀释率大，硬度常常偏低。其余各层硬度逐渐提高，在第三层以后硬度基本上不再变化。当采用较大的电流密度时，母材金属熔深大，堆焊层硬度常常不正常，所以在堆焊时，一般不采用过大的焊接电流。

9.2　堆焊材料的类型和选择

9.2.1　堆焊材料的种类

在实施堆焊前，有两个问题需要解决：一是堆焊材料的选择；二是堆焊工艺的制定。堆焊材料是堆焊时形成或参与形成堆焊合金层的材料，如所用的焊条、焊丝、焊剂和气体等。

每一种材料只有在特定的工作环境下，针对特定的焊接工艺才能表现出较高的使用性能，了解和正确选用堆焊材料对于能否达到堆焊的预期效果有着极其重要的意义。

（1）根据堆焊合金层的使用目的分类　根据堆焊合金层的使用目的可分为耐蚀堆焊、耐磨堆焊和隔离层堆焊。

1）耐蚀堆焊。耐蚀堆焊又称包层堆焊，是为了防止工件在运行过程中发生腐蚀而在其表面上熔覆一层具有一定厚度和耐蚀性的合金层的堆焊方法。

2）耐磨堆焊。耐磨堆焊是指为了防止工件在运行过程中表面产生磨损，使工件表面获得具有特殊性能的合金层，延长工件使用寿命的堆焊。

3）隔离层堆焊。焊接异种材料时，为了防止母材成分对焊缝金属化学成分产生不利的影响，以保证接头性能和质量，而预先在母材表面（或接头的坡口表面）熔敷一层含有一定成分的金属层（称隔离层）。熔敷隔离层的工艺过程，称为隔离层堆焊。

（2）根据堆焊合金的形状分类　堆焊合金按其形状分为丝状、带状、铸条状、粉粒状和块状等。

1）丝状和带状堆焊合金。此类合金由可轧制和拉拔的堆焊材料制成，可做成实心和药芯堆焊材料，有利于实现堆焊的机械化和自动化。丝状堆焊合金可用于气焊、埋弧堆焊、气体保护堆焊和电渣堆焊等；带状堆焊合金尺寸较大，主要用于埋弧堆焊等，熔敷效率高。

2）铸条状堆焊合金。当材料的轧制和拉拔加工性较差时，如钴基、镍基和合金铸铁等，一般做成铸条状，可直接供气焊、气体保护堆焊和等离子弧堆焊时用作熔敷金属材料。铸条、光焊丝和药芯焊丝等外涂药皮可制成堆焊焊条，供焊条电弧堆焊使用。这种堆焊焊条适应性强、灵活方便，可以全位置施焊，应用较为广泛。

3）粉粒状堆焊合金。将堆焊材料中所需的各种合金制成粉末，按一定配比混合成合金粉末，供等离子弧或氧乙炔火焰堆焊和喷熔使用。其最大的优点是可以方便地对堆焊层成分进行调整，拓宽了堆焊材料的使用范围。

4）块状堆焊合金。一般由粉料加黏结剂压制而成，可用于碳弧或其他热源进行熔化堆焊，堆焊层成分调整也比较方便。

（3）根据堆焊合金的主要成分分类　根据堆焊合金的主要成分可分为铁基堆焊合金、碳化钨堆焊合金、铜基堆焊合金、镍基堆焊合金和钴基堆焊合金。

1）铁基堆焊合金。铁基堆焊合金的性能变化范围广，韧性和耐磨性配合好，并且成本低，品种也多，所以使用十分广泛。铁基堆焊由于碳、合金元素的含量和冷却速度不同，堆焊层的金相组织可以是珠光体、奥氏体、马氏体和合金铸铁组织等几种基本类型。每一种材料对具体的磨损因素可能表现出不同的耐磨性或经济性，也可能具有同时抗两种以上磨损因素的性能。

碳是铁基堆焊合金中最重要的合金元素。Cr、Mo、W、Mn、V、Ni、Ti、B 等作为合金化元素，不但影响堆焊层中硬质相的形成，对基体组织的性能也有影响。合金元素 Cr、Mo、W、V 可以使堆焊层有较好的高温强度，在 480～650℃时发生二次硬化。Cr 还使堆焊层具有较好的抗氧化性，在 1090℃、$w_{Cr}=25\%$ 时能提供很好的保护作用。

2）碳化钨堆焊合金。碳化钨堆焊层由胎体材料和嵌在其中的碳化钨颗粒组成。胎体材料可由铁基、镍基、钴基和铜基合金构成。堆焊金属平均成分是 $w_W>45\%$，$w_C=1.5\%\sim2\%$。碳化钨由 WC 和 W_2C 组成（一般 $w_C=3.5\%\sim4.0\%$，$w_W=95\%\sim96\%$），有很高的硬度和熔点。$w_C=3.8\%$ 的碳化钨硬度达 2500HV，熔点接近 2600℃。

堆焊用的碳化钨有铸造碳化钨和以钴为黏结金属的粉末烧结成的烧结碳化钨两类，见表 9-2。碳化钨堆焊合金具有非常好的耐磨料磨损性，良好的耐热性、耐蚀性和抗低温冲击性。为了发挥碳化钨的耐磨性，应保持碳化钨颗粒的形状，避免其熔化。高频加热和火焰加热不易使碳化钨熔化，堆焊层耐磨性较好，但在电弧堆焊时，会使原始碳化钨颗粒大部分熔化，熔敷金属中重新析出硬度仅在1200HV左右的含钨复合碳化钨，导致耐磨性下降。这类合金脆性大，易产生裂纹，对结构复杂的零件应进行预热。

表9-2　碳化钨堆焊合金

碳化钨种类	组织和性能	制造方法
铸造碳化钨	$WC + W_2C$ 共晶，呈不规则粒状和球状。硬度高、耐磨性好，但脆性大，抗高温氧化性差	熔炼→浇注后破碎（呈不规则粒状）或熔炼→离心法分离（呈球状）
烧结碳化钨	呈不规则粒状和球状。硬度高、耐磨性好；脆性大小视黏结剂钴的多少，高钴型韧性好，低钴型脆性大，但抗高温氧化性好	混合→压块→烧结→破碎（呈不规则粒状）或混合→制球→烧结（呈球状）

3）铜基堆焊合金。堆焊用的铜基合金主要有青铜、纯铜、黄铜、白铜四大类。其中应用得比较多的是铝青铜和锡青铜。铝青铜强度高、耐腐蚀、耐金属间磨损，常用于堆焊轴承、齿轮、蜗轮及耐海水腐蚀工件，如水泵、阀门、船舶螺旋桨等。锡青铜有一定的强度，塑性好，能承受较大的冲击载荷，减摩性优良，常用于堆焊轴承、轴瓦、蜗轮、低压阀门及船舶螺旋桨等。

4）镍基堆焊合金。镍基堆焊合金分为含硼化物合金、含碳化物合金和含金属间化合物合金三大类。这类堆焊合金的耐金属间摩擦磨损性能最好，并具有很高的抗氧化性、耐蚀性和耐热性。此外，由于镍基合金易于熔化，有较好的工艺性能，所以尽管价格比较高，但应用仍广泛，常用于高温高压蒸汽阀门、化工阀门、泵柱塞的堆焊。

5）钴基堆焊合金。钴基堆焊合金又称司太立（Stellite）合金，以钴为主要成分，加入Cr、W、C等元素，堆焊层的金相组织是奥氏体+共晶组织。碳质量分数低时，堆焊层由呈树枝状晶的Co-Cr-W固溶体（奥氏体）和共晶体组成，随着碳质量分数的增加，奥氏体数量减少，共晶体增多，因此，改变碳和钨的含量可改变堆焊合金的硬度和韧性。

碳、钨质量分数较低的钴基合金，主要用于受冲击、高温腐蚀和磨料磨损的零件堆焊，如高温高压阀门、热锻模等。碳、钨质量分数较高的钴基合金，硬度高、耐磨性好，但抗冲击性能差，且不易加工，主要用于受冲击较小、承受强烈的磨料磨损、高温及腐蚀介质下工作的零部件。

钴基堆焊合金具有良好的耐各类磨损的性能。在各类堆焊合金中，钴基合金的综合性能最好，有很高的热硬性，抗磨料磨损、耐腐蚀、抗冲击、抗热疲劳、抗氧化和抗金属间磨损性能都很好。这类合金易形成冷裂纹或结晶裂纹。在电弧焊和气焊时应预热至200~500℃，对含碳较多的合金应选择较高的预热温度。等离子弧堆焊钴基合金时，一般不预热。尽管钴基堆焊合金价格很贵，但仍得到了广泛的应用。

常用的钴基堆焊合金见表9-3。

表9-3　常用的钴基堆焊合金

堆焊合金种类	碳含量	组　织
钴基1号	较低	由树枝状结晶的Co-Cr-W合金固溶体（奥氏体）初晶+该固溶体与Cr-W复合碳化物的共晶体组成
钴基2号		
钴基4号		
钴基3号	较高	过共晶组织，即由粗大的一次Cr-W复合碳化物+该碳化物与固溶体的共晶体组成

9.2.2　堆焊材料的选择

正确地选择堆焊合金是一项很复杂的工作。首先，要满足工件的工作条件和要求；其次，还要考虑经济性、母材的成分、工件的批量以及拟采用的堆焊方法。但在满足工作要求与堆焊合金性能之间并不存在简单的关系，如堆焊合金的硬度并不能直接反映堆焊金属的耐磨性，所以堆焊合金的选择在很大程度上要靠经验和试验来决定。对一般金属间磨损件表面强化与修复，可遵循等硬度原则来选择堆焊合金；对承受冲击载荷的磨损表面，应综合分析确定堆焊合金；对腐蚀磨损、高温磨损件表面强化或修复，应根据其工作条件与失效特点确定合适的堆焊合金。堆焊合金选择的一般原则见表 9-4。

表 9-4　堆焊合金选择的一般原则

工作条件	堆焊合金
高应力金属间磨损	钴基合金
低应力金属间磨损	低合金钢
金属间磨损 + 腐蚀或氧化	钴基、镍基合金
低应力磨料磨损、冲击浸蚀、磨料浸蚀	高合金铸铁
低应力严重磨料磨损，切割刃	碳化物
严重冲击	高合金锰钢
严重冲击 + 腐蚀 + 氧化	钴基合金
高温下金属间磨损	钴基合金
热稳定性，高温蠕变强度（540℃）	钴基、镍基合金

9.2.3　常用的堆焊材料

1. 堆焊焊条

（1）堆焊焊条分类和牌号的表示方法　堆焊焊条大部分采用 H08A 冷拔焊芯，药皮加合金的形式，也有采用管状芯、铸芯或合金冷拔焊芯的。我国堆焊焊条的牌号由字母 D + 三位数字组成，其中“D”为“堆”字汉语拼音首字母，表示堆焊焊条；牌号中的第一位数字，表示该焊条的用途、组织或熔敷金属主要成分；牌号中的第二个数字，表示同一用途、组织或熔敷金属主要成分中的不同编号，按 0、1、2、3、4、…、9 的顺序编号；牌号中的第三位数字，表示药皮类型和焊接电流的种类，如 2 为钛钙型，6 为低氢型，7 为低氢型、直流反接，8 为石墨型，如 D256 表示：

根据用途和成分，我国堆焊焊条共分为9种，见表9-5。

表9-5　我国堆焊焊条的牌号

序号	用途	牌号
1	不规定用途的堆焊焊条	D00×～D09×
2	不同硬度常温堆焊焊条	D10×～D24×
3	常温高锰钢堆焊焊条	D25×～D29×
4	刀具、工具堆焊焊条	D30×～D49×
5	阀门堆焊焊条	D50×～D59×
6	合金铸铁堆焊焊条	D60×～D69×
7	碳化钨堆焊焊条	D70×～D79×
8	钴基合金堆焊焊条	D80×～D89×
9	尚待发展的堆焊焊条	D90×～D99×

（2）堆焊焊条型号的编制方法　根据GB/T 984—2001《堆焊焊条》标准规定，堆焊焊条型号按熔敷金属化学成分及药皮类型划分。其编制方法如下：

1）型号最前列为英文字母“E”，表示焊条。

2）型号第二个字母“D”表示用于表面耐磨堆焊。

3）字母“D”后面用一个或两个字母、元素符号表示焊条熔敷金属化学成分分类代号，还可附加一些主要成分的元素符号；在基本型号内可用数字、字母进行细分类，细分类代号也可用短划“-”与前面分开。

4）型号中最后两位数字表示药皮类型和焊接电流种类，用短划“-”与前面分开。

堆焊焊条型号举例：EDPCrMo-Al-03

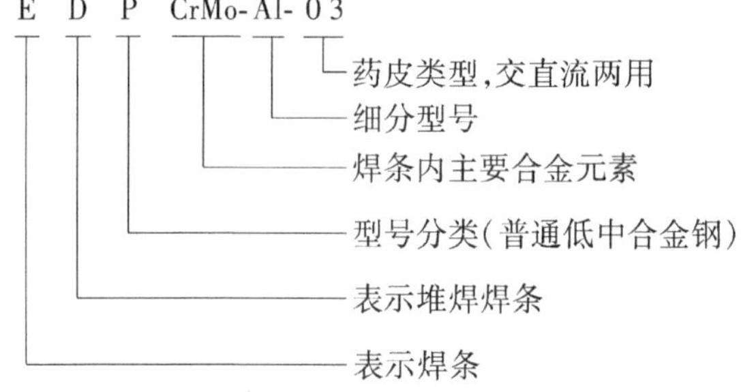

2. 堆焊焊丝

根据焊丝的结构形状，堆焊焊丝可分为实心焊丝和药芯焊丝，药芯焊丝又可分为有缝焊丝和无缝焊丝两种。图9-7所示为堆焊焊丝。

图9-7　堆焊焊丝

根据堆焊工艺方法分为气体保护焊焊丝、埋弧焊焊丝、火焰堆焊焊丝、等离子弧堆焊焊丝。

根据化学成分分为铁基堆焊用焊丝（马氏体堆焊焊丝、奥氏体堆焊焊丝、高铬合金铸铁堆焊焊丝、碳化钨类堆焊焊丝）和非铁基堆焊焊丝（钴基合金堆焊焊丝、镍基合金堆焊焊丝）。

碳素钢、低合金钢、不锈钢实心焊丝牌号与一般焊接用焊丝基本相同，如H08Mn2SiA；非铁金属及铸铁焊丝牌号由“HS+三位数字”组成，如HS221。

药芯焊丝牌号由“Y + 字母 + 数字”表示，字母“Y”表示药芯焊丝。第二个字母及其后面的第一、第二、第三位数字与焊条编制方法相同，牌号中“-”后面的数字表示焊接时的保护方法。药芯焊丝有特殊性能和用途时，在牌号后面加注其主要作用的元素或主要用途的字母（一般不超过两个）。例如：

3. 焊剂

焊剂在堆焊过程中起到隔离空气、保护堆焊层合金不受空气侵害和参与堆焊层合金冶金反应的作用，按制造方法可以分为熔炼焊剂和非熔炼焊剂两大类。

（1）熔炼焊剂　熔炼焊剂多用于埋弧堆焊低碳钢和低合金钢，对熔化金属只起到保护作用，不能进行合金过渡。牌号前“HJ”表示埋弧焊及电渣焊用熔炼焊剂。牌号第一位数字表示焊剂中氧化锰的含量，牌号第二位数字表示焊剂中二氧化硅、氟化钙的含量，牌号第三位数字表示同一类型焊剂的不同牌号，按 0、1、2、…、9 顺序排列。对同一牌号生产两种颗粒度时，在细颗粒焊剂牌号后面加“X”字样。

（2）非熔炼焊剂　把各种粉料按配方混合后加入黏结剂，制成一定尺寸的小颗粒，经烘熔或烧结后得到的焊剂，称为非熔炼焊剂。图 9-8 所示为非熔炼焊剂。制造非熔炼焊剂所采用的原材料与制造焊条所采用的原材料基本相同，对成分和颗粒大小有严格要求。按照给定配比配料，混合均匀后加入黏结剂（水玻璃）进行湿混合，然后送入造粒机造粒。造粒之后将颗粒状的焊剂送入干燥炉内固化、烘干、去除水分，加热温度一般为 150 ~ 200℃，最后送入烧结炉内烧结。根据烘焙温度不同，非熔炼焊剂可分为黏结焊剂和烧结焊剂。

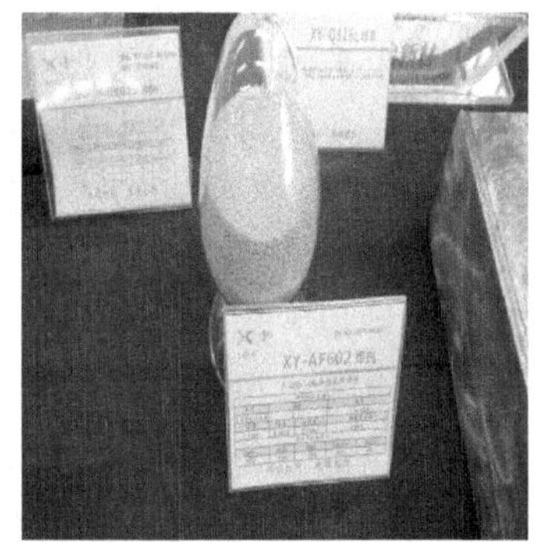

图 9-8　非熔炼焊剂（烧结焊剂）

1）黏结焊剂又称陶质焊剂或低温烧结焊剂，通常以水玻璃作为黏结剂，经 400 ~ 500℃ 低温烘焙或烧结得到。

2）烧结焊剂要在较高的温度（600 ~ 1000℃）烧结。经高温烧结后，焊剂的颗粒强度明显提高，吸潮性大大降低。

烧结焊剂的碱度可以在较大范围内调节而仍能保持良好的工艺性能，可以根据需要采用过渡合金元素；而且，烧结焊剂适应性强，制造简便，故近年来发展很快。

牌号前“SJ”表示埋弧焊用烧结焊剂。牌号第一位数字表示焊剂熔渣的渣系，牌号第二位、第三位数字表示同一渣系类型焊剂中的不同牌号的焊剂。

9.3 堆焊方法及工艺

熔焊、钎焊、喷涂等方法都可以应用于堆焊中，熔焊方法占的比例最大，选择应用怎样的堆焊方法，应考虑几个问题：一是堆焊层的性能和质量要求；二是堆焊件的结构特点；三是经济性。随着生产的发展，常规的焊接方法往往不能满足堆焊工艺的要求，因此，又出现了许多新的堆焊工艺方法。下面介绍几种常见的堆焊方法及特点。

9.3.1 焊条电弧堆焊及工艺

焊条电弧堆焊是目前应用最广泛的堆焊方法，它使用的设备简单，成本低，对形状不规则的工件表面及狭窄部位进行堆焊的适应性好，方便灵活。

焊条电弧堆焊在我国有一定的应用基础，我国生产的堆焊焊条有完整的产品系列，仅标准定型产品就有近百个品种，还有很多专用及非标准的堆焊焊条产品。

焊条电弧堆焊在冶金机械、矿山机械、石油化工机械、交通运输机械、模具及金属构件的制造和维修中得到了广泛的应用。

1. 焊条电弧堆焊的原理

焊条电弧堆焊是将焊条和工件分别接在电源的两极，通过电弧使焊条和工件表面熔化形成熔池，冷却后形成堆焊层的一种堆焊方法，如图9-9所示。

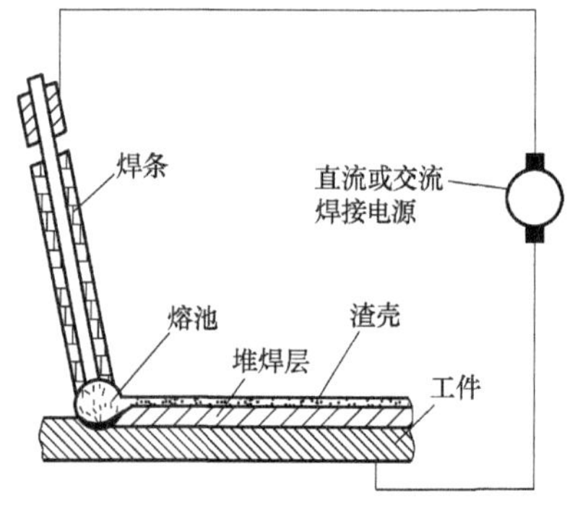

图9-9 焊条电弧堆焊示意图

2. 焊条电弧堆焊的特点

焊条电弧堆焊与一般焊条电弧焊的特点基本相同，设备简单、实用可靠、操作方便灵活、成本低，适用于现场堆焊，可以在任何位置焊接，特别是能通过堆焊焊条获得满意的堆焊合金。因此，焊条电弧堆焊是目前主要采用的堆焊方法之一。

焊条电弧堆焊的缺点是生产率低、劳动条件差、稀释率高。当工艺参数不稳定时，易造成堆焊层合金的化学成分和性能发生波动，同时不易获得薄而均匀的堆焊层。焊条电弧堆焊主要用于堆焊形状不规则或机械化堆焊可达性差的工件。

由于焊条电弧堆焊成本低、灵活性强，就其堆焊基体的材料种类而言，焊条电弧堆焊既可以在碳素钢工件上进行，又可以在低合金钢、不锈钢、铸铁、镍及镍合金、铜及铜合金等工件上进行。

3. 焊条电弧堆焊的设备

焊条电弧堆焊的设备和工具有：弧焊电源、焊钳、面罩、焊条保温筒，此外还有敲渣锤、钢丝刷及焊缝检验尺等辅助器具。弧焊电源即通常所说的电焊机，是最重要的设备。

（1）对弧焊电源的要求　在其他参数不变的情况下，弧焊电源输出电压与电流之间的关系，称为弧焊电源的外特性。弧焊电源的外特性可用曲线来表示，称为弧焊电源的外特性曲线，如图9-10所示。弧焊电源的外特性基本上有下降外特性、平外特性和上升外特性三种类型。由于焊条电弧堆焊的电弧静特性曲线的工作段在平外特性区，所以只有下降外特性曲线才与其有交点（见图 9-10 中的 A 点）。因此，下降外特性曲线电源能满足焊条电弧堆焊的要求。

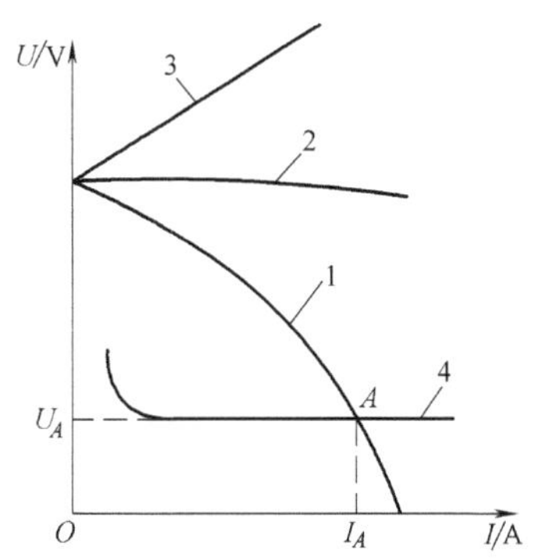

图 9-10 弧焊电源的外特性曲线
1—下降外特性 2—平外特性
3—上升外特性 4—电弧静特性

（2）对弧焊电源空载电压的要求 弧焊电源接通电网而焊接回路为开路时，弧焊电源输出端电压称为空载电压。为便于引弧，需要较高的空载电压，但空载电压过高，对焊工人身安全不利，制造成本也较高。一般交流弧焊电源空载电压为 55 ~ 70V，直流弧焊电源空载电压为 45 ~ 85V。

（3）对弧焊电源稳态短路电流的要求 弧焊电源稳态短路电流是弧焊电源所能稳定提供的最大电流，即输出端短路时的电流。稳态短路电流太大，焊条过热，易引起药皮脱落，并增加熔滴过渡时的飞溅；稳态短路电流太小，则会使引弧和焊条熔滴过渡困难。因此，对于下降外特性的弧焊电源，一般要求稳态短路电流为焊接电流的 1.25 ~ 2.0 倍。

（4）对弧焊电源调节特性的要求 在焊接中，根据焊接材料的性质、厚度、焊接接头的形式、位置及焊条直径等不同，需要选择不同的焊接电流，这就要求弧焊电源能在一定范围内，对焊接电流进行均匀、灵活的调节，以便于保证焊接接头的质量。焊条电弧堆焊焊接电流的调节，实质上是调节电源外特性。

（5）对弧焊电源动特性的要求 弧焊电源的动特性是指弧焊电源对焊接电弧的动态负载所输出的电流、电压对时间的关系，它表示弧焊电源对动态负载瞬间变化的反应能力。动特性合适时，引弧容易、电弧稳定、飞溅小、焊缝成形良好。弧焊电源动特性是衡量弧焊电源质量的一个重要指标。

4. 焊条电弧堆焊工艺

焊条电弧堆焊的堆焊规范对堆焊质量和生产率有重要影响，其中包括堆焊前工件表面是否需要清理及清理程度；焊条的选择及烘干；堆焊工艺参数的选择及必要的预热保温和层间温度的控制等。

（1）焊前准备 堆焊前工件表面进行粗车加工，并留出加工余量，以保证堆焊层加工后有 3mm 以上的高度。工件上待修复部位表面上的铁锈、水分、油污、氧化皮等，在堆焊修复时容易引起气孔、夹杂等缺陷，所以在焊接前必须清理干净。堆焊工件表面不得有气孔、夹渣、包砂、裂纹等缺陷，如有上述缺陷须经补焊清除，再粗车后方可堆焊。多层焊接修复时，必须使用钢丝刷等工具把每一层修复熔敷金属的焊渣清理干净。如果待修复部位表面有油和水分，可用气焊焊炬进行烘烤，并用钢丝刷清除。

（2）焊条选择及烘干 根据对工件的技术要求，如工作温度、压力等级、工件介质以及对堆焊层的使用要求，选择合适的焊条。有些焊条虽不属于堆焊焊条，但有时也可用作堆焊焊条，如碳钢焊条、低合金焊条、不锈钢焊条和铜合金焊条等。

为确保焊条电弧堆焊的质量，所用焊条在堆焊前应进行烘干，去除焊条药皮吸附的水分。焊条烘干一般不能超过 3 次，以免药皮变质或开裂影响堆焊质量。

（3）焊条直径和焊接电流 为提高生产率，希望采用较大直径的焊条和焊接电流。但是由于堆焊层厚度和堆焊质量的限制，必须把焊条直径和焊接电流控制在一定范围内。

堆焊焊条的直径主要取决于工件的尺寸和堆焊层的厚度。增大焊接电流可提高生产率，但电流过大，稀释率会增大，易造成堆焊合金成分偏析和堆焊过程中液态金属流失等缺陷。而焊接电流过小，容易产生未焊透、夹渣等缺陷，且电弧的稳定性差、生产率低。一般来说，在保证堆焊合金成分合格的条件下，尽量选用大的焊接电流，但不应在焊接过程中由于电流过大而使焊条发红、药皮开裂、脱落。

（4）堆焊层数　堆焊层数是以保证堆焊层厚度、满足设计要求为前提。对于较大构件需要堆焊多层。堆焊第一层时，为减小熔深，一般采用小电流；或者堆焊电流不变，通过提高堆焊速度，同样可以达到减少熔深的目的。

焊条直径、堆焊电流、堆焊层数与堆焊层厚度的关系见表9-6。

表9-6　焊条直径、堆焊电流、堆焊层数与堆焊层厚度的关系

堆焊层厚度/mm	<1.5	<5	≥5
焊条直径/mm	3.2	4～5	5～6
堆焊层数	1	1～2	>2
堆焊电流/A	80～100	140～200	180～240

（5）堆焊预热和缓冷　堆焊中最常碰到的问题是开裂，为了防止堆焊层和热影响区产生裂纹，减少零件变形，通常要对堆焊区域进行预热和焊后缓冷。

预热是焊接修复开始前对被堆焊部位局部进行适当加热的工艺措施，一般只对刚性大或焊接性差、容易开裂的结构件使用。预热可以减小修复后的冷却速度，避免产生淬硬组织，减小焊接应力及变形，防止产生裂纹。工件堆焊前的预热温度可视工件材料的碳当量而定，见表9-7。当某些大型工件不便在设备中预热时，可用氧乙炔火焰在修复部位预热；高锰钢及奥氏体不锈钢，可不预热；高合金钢预热温度大于400℃。

表9-7　不同碳当量时钢材堆焊的最低预热温度

碳当量 C_{ep}(%)	0.4	0.5	0.6	0.7	0.8
最低预热温度/℃	100	150	200	250	300

堆焊后的缓冷一般可在石棉灰坑中进行，也可适当补充加热，使其缓慢冷却。

5. 焊条电弧堆焊应用实例

阀门经常处于高温高压条件下工作，基体一般为ZG230-450、ZG270-500、20CrMo和15CrMoV材料。密封面是阀门的关键部位，工作条件差，极易损坏。

阀门密封面焊条电弧堆焊主要采用的焊条有马氏体高铬钢堆焊焊条（如D502、D507、D512、D517）、高铬镍钢堆焊焊条（如D547Mo）和钴基合金堆焊焊条（如D802、D812）等。常温低压阀门密封面也可堆焊铜基合金，中温低压阀门密封面可堆焊高铬不锈钢。

（1）焊前准备

1）焊前工件表面进行粗车或喷砂清除氧化皮，工件表面不允许有任何缺陷（裂纹、气孔、砂眼、疏松）及油污、铁锈等。

2）焊条使用前必须烘干。D502、D512等钛钙型药皮焊条，需经150～200℃预热，保温1h烘焙；D507、D517等低氢型药皮焊条，需经300～350℃预热，保温1h烘焙。

3）D502、D507等12Cr13型焊条，焊前一般不需要预热工件。采用D512、D517等20Cr13型焊条时，堆焊前工件一般要预热到300℃左右。

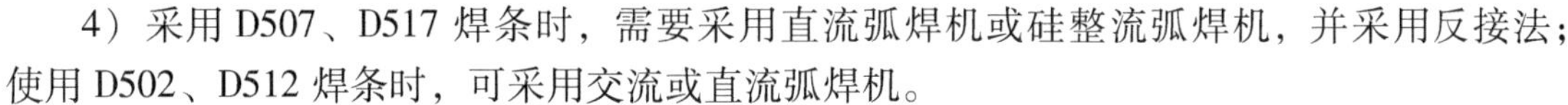

4）采用 D507、D517 焊条时，需要采用直流弧焊机或硅整流弧焊机，并采用反接法；使用 D502、D512 焊条时，可采用交流或直流弧焊机。

（2）操作要点

1）堆焊应尽量采用小电流、短弧焊，以减少熔深和合金元素的烧损。堆焊工件应保持在水平位置，尽量做到堆焊过程不中断，连续堆焊 3～5 层。

2）根据工件的材质、大小和不同的要求尽可能采用油冷、空冷或缓冷来获得不同的硬度。

（3）焊后处理

1）焊后一般都需要进行 680～750℃高温回火或 750～800℃退火处理，以使淬火组织得到改善，降低热影响区的硬度。

2）工件堆焊后如发现焊层有气孔、裂纹等缺陷或堆焊层高度不够，而此时工件已冷却到室温，在这种情况下不能进行局部补焊。因为马氏体高铬钢淬透性较高，局部补焊后会发生堆焊层硬度不均匀的现象，不能满足技术条件要求，而应采用重新堆焊的方法进行返修。

9.3.2　氧乙炔火焰堆焊及工艺

氧乙炔火焰堆焊是用氧气和乙炔混合燃烧产生的火焰作为热源的堆焊方法。

1. 氧乙炔火焰堆焊的特点

1）氧乙炔火焰是一种多用途的堆焊热源，火焰温度较低（3050～3100℃），而且可调整火焰能率，能获得非常小的稀释率（1%～10%）。

2）堆焊时熔深浅、母材熔化量少。

3）获得的堆焊层薄，表面平滑美观、质量良好。

4）氧乙炔火焰堆焊所用的设备简单，可随时移动，操作工艺简便、灵活、成本低，所以得到较为广泛的应用，尤其是堆焊需要较少热容量的中、小零件时，具有明显的优越性。

2. 氧乙炔火焰堆焊的设备和材料

氧乙炔火焰堆焊所用的装置主要有焊炬、氧气瓶、乙炔瓶或乙炔发生器、减压器、回火防止器、胶管等，与普通氧乙炔火焰焊接基本相同，如图 9-11 所示。

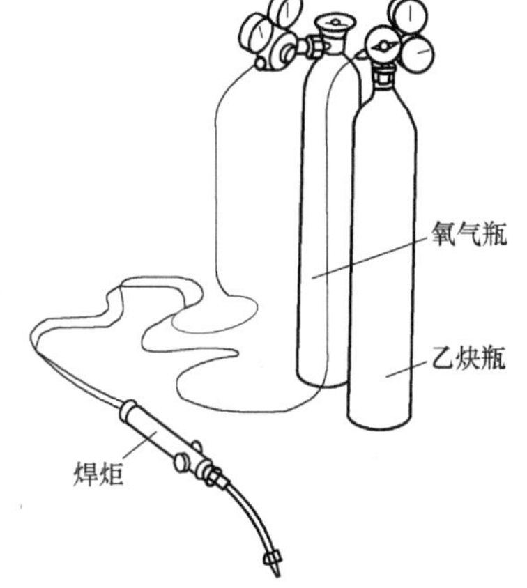

图 9-11　氧乙炔火焰堆焊的装置

氧乙炔火焰堆焊一般采用实心焊丝，几乎所有的堆焊材料都可使用，如硬质合金焊丝、铜及铜合金焊丝及合金粉末（也称氧乙炔火焰粉末喷焊）。

堆焊焊剂是氧乙炔火焰堆焊时的助熔剂，目的在于去除堆焊中的氧化物，改善润湿性能，促使工件表面获得致密的堆焊组织。

3. 氧乙炔火焰堆焊工艺

（1）焊前准备　为保证堆焊层质量，堆焊前应将焊丝及工件表面的氧化物、铁锈、油污等脏物清除干净，以免堆焊层产生夹杂渣、气孔等缺陷。

为防止堆焊合金或基体金属产生裂纹和减小变形，工件焊前还需要预热，具体的预热温度根据被焊基体材料和工件大小而定。

（2）氧乙炔火焰堆焊焊接参数　合理选择氧乙炔堆焊焊接参数是保证堆焊质量的重要条件。氧乙炔火焰堆焊焊接参数主要包括：火焰的性质、焊丝直径、火焰能率、堆焊速度、焊嘴与工件间的倾斜角度。

1）火焰的性质。根据氧和乙炔混合比例的不同，氧乙炔火焰可分为中性焰、碳化焰和氧化焰三种。各种火焰的性能和用途见表9-8。

表9-8　各种火焰的性能和用途

火焰性能	氧乙炔比例	最高温度/℃	性能	用途
碳化焰	<1.1	2700～3000	乙炔过剩，火焰中有游离碳和过多的氢，增加焊缝中的含氢量，焊接低碳钢有渗碳现象	适用于堆焊高碳钢、铸铁、高速工具钢、硬质合金、镍及镍合金、碳化钨和铝青铜
中性焰	1～1.1	3050～3150	氧-乙炔被完全燃烧，无过剩的游离碳或氧，具有还原性，能改善焊缝的力学性能	适用于堆焊低碳钢、低合金钢和非铁金属材料
氧化焰	>1.1	3100～3300	具有氧化性，若用来焊接钢，焊缝将会产生大量氧化物和气孔，并且使焊缝变脆	只适用于堆焊黄铜、锰黄铜、镀锌铁皮等

2）焊丝直径。焊丝直径主要依据焊件的厚度以及堆焊面积选择，过细过粗都不好。焊丝过细时，熔化较快，熔滴滴到焊缝上容易造成熔合不良和表面焊层高低不平，降低焊缝质量。焊丝过粗时，加热时间长，增加受热面积，容易造成过热组织，且会出现未焊透现象。

3）火焰能率。火焰能率是以每小时混合气体的消耗量来表示的，单位为L/h，与工件厚度、熔点有关。火焰能率由焊嘴来决定，焊嘴的孔径越大，火焰能率越大；焊嘴的孔径越小，火焰能率越小。

4）堆焊速度。堆焊速度太快，容易产生未熔合等缺陷；速度过慢，则容易过烧穿。

5）焊嘴的倾斜角度。焊嘴的倾斜角度根据焊件的厚度、焊嘴大小和金属材料的熔点或导热性、空间位置等因素来决定，如图9-12所示。堆焊厚度较大、熔点较高、导热性较好的焊件时，倾斜角度应大一些。在堆焊时，喷嘴的倾斜角度并非是不变的，而是应根据情况随时调整。

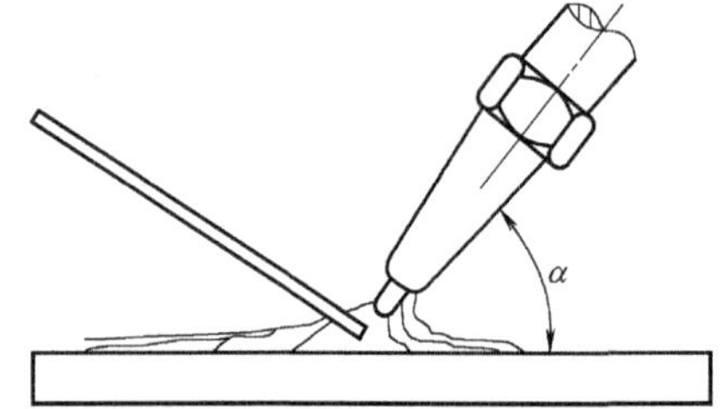

图9-12　焊嘴的倾斜角度

4. 氧乙炔火焰堆焊应用实例

图9-13所示为氧乙炔火焰堆焊滑动轴承合金。

（1）焊前准备

1）清理工件，用汽油及丙酮洗去轴瓦表面的油污，并用砂布轻擦表面，使之露出金属光泽。

2）制作焊丝，将合金锭熔铸成三角形金属细条，厚度以5mm为宜。

3）采用三号焊炬和焊嘴，氧气压力为0.05～0.15MPa，乙炔压力为0.03～0.05MPa。由于轴承合金大多是锡基和铅基的低熔点合金，所以必须严格控制火焰能率的强弱。外焰不可过大，不可使用乙炔过剩的碳化焰，以免大面积地增加砂眼。

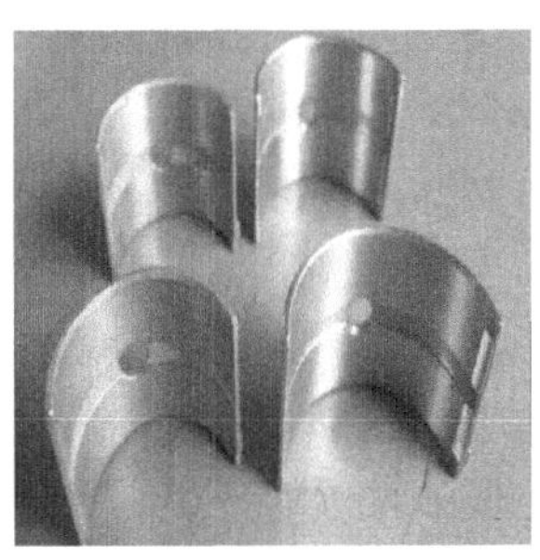

图9-13　氧乙炔火焰堆焊滑动轴承合金

（2）堆焊工艺

1）水平位置堆焊，才能获得外观整齐的焊波和质量良好的堆焊层。

2）为避免原合金层过热与轴瓦体脱离，宜将轴瓦背放在水中，露出合金层进行堆焊。

3）焊炬焰心以距底层合金面5～6mm为宜，焊炬角度与水平面为30°，焊丝与水平面角度在45°左右；采用左焊法为好，堆焊速度应稍快。

4）从焊件始端向内3mm处开始施焊，合金表面若发现起皱、发亮即可熔化焊丝。堆焊过程中，如发现熔池表面产生气泡，必须立即处理。

5）焊至终端时要调转焊炬方向往回施焊，以防金属溢流，若能采用金属靠模更好。要不断翻转轴瓦，使每道焊波都压住前一道焊波的1/2，以求整个焊波平整一致。

9.3.3　埋弧堆焊及工艺

1. 埋弧堆焊的原理

用埋弧焊的方法在零件表面堆敷一层具有特殊性能的金属材料的工艺过程称为埋弧堆焊，如图9-14所示。

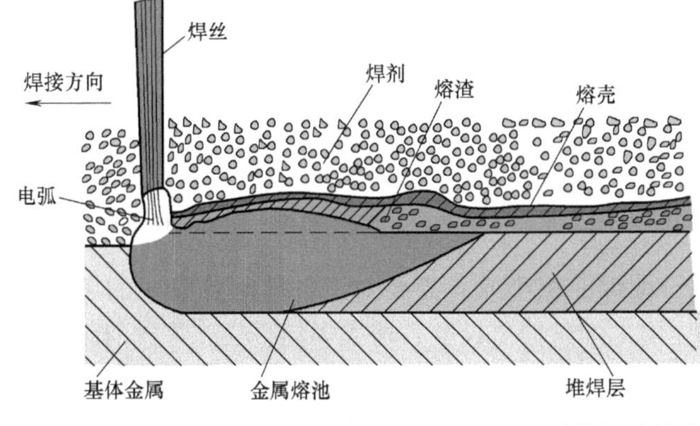

图9-14　埋弧堆焊过程示意图

2. 埋弧堆焊的特点

1）由于熔渣层对电弧空间的保护，减少了堆焊层的氮、氢、氧含量；同时由于熔渣层的保温作用，熔化金属与熔渣、气体的冶金反应比较充分，使堆焊层的化学成分和性能比较均匀，堆焊层表面光洁平整。由于焊剂中的合金元素对堆焊金属的过渡作用，工程技术人员能够根据工件的工作条件的需要，选用相应的焊丝和焊剂，获得满意的堆焊层。

2）埋弧堆焊在熔渣层下面进行，减少了金属飞溅，消除了弧光对工人的伤害，产生的有害气体少，从而改善了劳动条件。

3）埋弧堆焊层存在残余压应力，有利于提高修复零件的疲劳强度。

4）埋弧堆焊都是机械化、自动化生产，可采用比焊条电弧堆焊高得多的电流，因而生产率高，比焊条电弧堆焊或氧乙炔火焰堆焊的效率高 3 ~6 倍，特别是针对较大尺寸的工件，埋弧堆焊的优越性更加明显。

3. 埋弧堆焊的分类

为了降低稀释率，提高熔敷速度，埋弧堆焊有多种形式，具体有单丝埋弧堆焊、多丝埋弧堆焊、带极埋弧堆焊、串联电弧埋弧堆焊和粉末埋弧堆焊等，如图 9-15 所示。

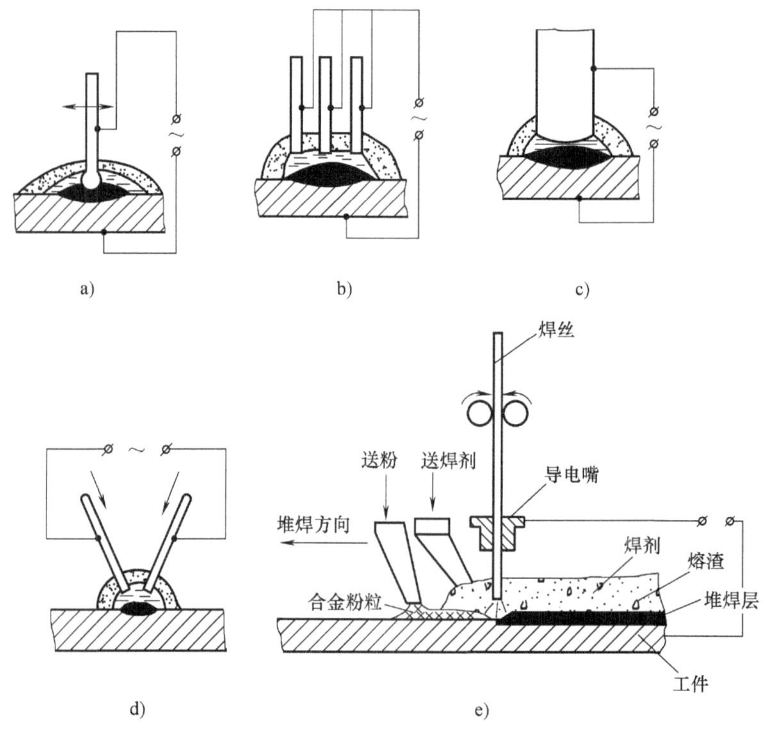

图 9-15 各种埋弧堆焊工艺示意图

a）单丝埋弧堆焊 b）多丝埋弧堆焊 c）带极埋弧堆焊 d）串联电弧埋弧堆焊 e）粉末埋弧堆焊

（1）单丝埋弧堆焊 该方法适用于堆焊面积小或者需要对工件限制热输入的场合。减小焊缝稀释率的措施有：采用下坡焊、增大焊丝伸出长度、增大焊丝直径、焊丝前倾、减小焊道间距以及摆动焊丝等。

（2）多丝埋弧堆焊 该方法一般采用横列双丝并联埋弧焊和横列双丝串联埋弧焊工艺。该方法能够获得比较低的稀释率和较浅的熔深。

（3）带极埋弧堆焊 该方法采用厚 0.4 ~0.8mm、宽 25 ~150mm 的带钢作为电极进行堆焊，其工作情况如图 9-15c 所示。带极埋弧堆焊具有熔敷率高、熔敷面积大、稀释率低、焊道平整、成形美观以及焊剂消耗少等优点，因此是当前大面积堆焊中应用最广的堆焊方法。

4. 埋弧堆焊的焊接参数

埋弧堆焊最主要的焊接参数是电源性质和极性、焊接电流、电弧电压、堆焊速度和焊丝直径，其次是焊丝伸出长度、焊剂粒度和堆高等。图9-16所示为堆焊小车。

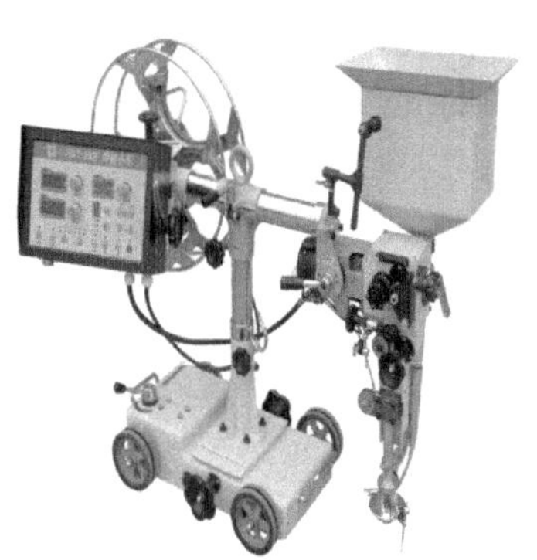

图9-16　堆焊小车

（1）电源性质和极性　埋弧堆焊时可用直流电源，也可采用交流电源。采用直流正接时，形成熔深大、熔宽较小的焊缝；直流反接时，形成扁平的焊缝，而且熔深小。从堆焊过程的稳定性和提高生产率考虑，多采用“直流反接”。

（2）焊丝直径和焊接电流　焊丝直径主要影响熔深，直径较细，焊丝的电流密度较大，电弧的吹力大，熔深大，易于引弧。焊丝越粗，允许采用的焊接电流就越大，生产率也越高。焊丝直径的选择应取决于焊件厚度和焊接电流值。

对于同一直径的焊丝来说，熔深与工作电流成正比，工作电流对熔池宽度的影响较小。若电流过大，容易产生咬边和成形不良，使热影响区增大，甚至造成烧穿；若电流过小，使熔深减小，容易产生未焊透，而且电弧的稳定性也差。

埋弧堆焊的工作电流与焊丝直径的关系如下：

$$I=(85\sim110)d$$

式中，I为工作电流（A）；d为焊丝直径（mm）。

（3）电弧电压　工作电压过低，引弧困难，堆焊中易熄弧，堆焊层结合强度不高；工作电压过高，引弧容易，但易出现堆焊层高低不平，脱渣困难，影响堆焊层质量。随着焊接电流的增加，电弧电压也要适当增加，二者之间存在一定的配合关系，以得到比较满意的堆焊焊缝形状。

（4）焊剂粒度和堆高　堆高就是焊剂的堆积高度。堆高要合适，堆高过大，电弧受到焊剂层压迫，透气性变差，使焊缝表面变得粗糙，成形不良。一般工件厚度较薄、焊接电流较小时，可采用颗粒度较小的焊剂。

（5）堆焊速度　堆焊速度一般为0.4～0.6m/min。堆焊轴类零件时，工件转速n（r/min）与工件直径D（mm）之间的关系可按下式计算：

$$n=(400\sim600)/\pi D$$

（6）送丝速度　埋弧堆焊的工作电流是由送丝速度来控制的，所以工作电流确定后，送丝速度就确定了。通常，送丝速度以调节到使堆焊时的工作电流达到预定值为宜。当焊丝直径为1.6～2.2mm时，送丝速度为1～3m/min。

（7）焊丝伸出长度　焊丝伸出焊嘴的长度称为焊丝伸出长度，影响熔深和成形。焊丝伸出过长，其电阻热增大，熔化速度快，使熔深减小。焊丝伸出长度大，焊丝易发生抖动，堆焊成形差。若焊丝伸出太短，焊嘴离工件太近，会干扰焊剂的埋弧，且易烧坏焊嘴。根据经验，焊丝伸出长度约为焊丝直径的8倍，一般为10～18mm。

（8）预热温度　预热的主要目的是降低堆焊过程中堆焊金属及热影响区的冷却速度，降低淬硬倾向并减少焊接应力，防止母材和堆焊金属在堆焊过程中发生相变导致裂纹产生。预热温度的确定需依据母材以及堆焊材料的碳质量分数和合金含量而定，碳和合金元素的质量分数越高，预热温度应越高。图9-17所示为预热温度与材料中碳质量分数的关系。

5. 埋弧堆焊实例

埋弧堆焊主要应用于中大型零件表面的强化和修复，如轧辊、车轮轮缘、曲轴、化工容器和核反应堆压力容器衬里等。其中，应用最多的是轧辊表面埋弧堆焊，如图9-18所示。

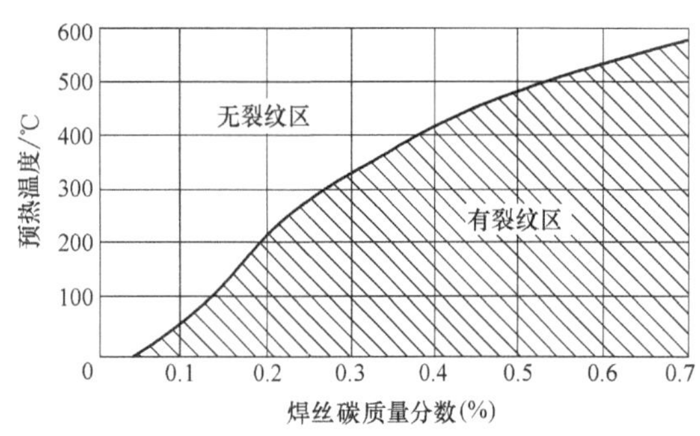

图9-17　预热温度与材料中碳质量分数的关系

图9-18　轧辊表面埋弧堆焊

轧辊是轧钢厂消耗量很大的关键备件，轧辊的质量和使用寿命不仅影响到钢坯（材）的产量和质量，还会影响到钢材的生产成本。目前，已从修复轧辊的磨损表面发展到堆焊各种耐磨合金，以提高使用寿命；也有用堆焊技术制造复合轧辊的，大大延长了使用寿命。图9-19所示为埋弧堆焊在轧辊修复上的应用。

图9-19　埋弧堆焊在轧辊修复上的应用

钢轧辊的埋弧堆焊工艺过程如下：

1）钢轧辊堆焊前必须进行表面清理。

2）经过表面清理的轧辊放入轧辊预热炉中经过一定时间的预热。

3）在轧辊达到一定的温度后进行钢轧辊的自动埋弧堆焊。

4）对轧辊进行缓冷。

5）对堆焊完成的轧辊进行堆焊层的外观质量检验。

6）轧辊在使用前进行车削加工。

轧辊表面的强化和修复一般都是采用单丝、多丝埋弧堆焊，针对大型轧辊的不同材质（50CrMo、70Cr3Mo、75CrMo）以及轧制的特性要求，可选用马氏体不锈钢或耐磨性、强韧性和热稳定性好的 Cr-Mo-V（或 Cr-Mo-W-V-Nb）合金工具钢成分的埋弧堆焊用药芯焊丝材料进行堆焊修复，如 H3Cr13、H3Cr2W8VA、H30CrMnSiA 等。所应用的焊剂有熔炼型焊剂，如 HJ431、HJ150、HJ260 等；也可应用烧结焊剂，如 SJ304、SJ102。

在堆焊过程中，当堆焊合金与轧辊基体金属相变温度差别较大时，会产生较大的应力，堆焊层容易产生裂纹。所以轧辊堆焊前应预热，堆焊后应缓冷。

合理确定轧辊堆焊参数的基本要求是电弧燃烧稳定、堆焊焊缝成形良好、电能消耗最少、生产率较高，总的原则是“小电流、低电压、薄层多次”。钢轧辊埋弧堆焊的焊接参数见表 9-9。

表 9-9　钢轧辊埋弧堆焊的焊接参数

焊丝（直径 3mm）	焊剂	预热温度/℃	堆焊电流/A	电弧电压/V	送丝速度/（m/min）	堆焊速度/（mm/min）	单层堆焊厚度/mm
H30CrMnSiA	HJ430	250～300	300～350	32～35	1.4～1.6	500～550	4～6
2Cr13、3Cr13	HJ150	250～300	280～300	28～30	1.5～1.8	600～650	4～6
3Cr2W8V	HJ260	300～350	280～320	30～32	1.5～1.8	600～650	4～6

大型水轮发电机主部件转轮室常年处于水下，叶轮在转轮室中高速运转，使得转轮室的内球面必须具有较高的耐磨性和耐蚀性。

在以往的生产中，转轮室的内球面大多使用镶焊不锈钢板制成，尽管能够保证质量，但是加工周期较长，使得生产任务较忙时生产计划的安排和实施有一定的难度，而使用埋弧堆焊不锈钢层，在保证产品质量的同时又大大提高了生产率。图 9-20 所示为埋弧堆焊在大型水轮发电机主部件转轮室上的应用。

图 9-20　埋弧堆焊在大型水轮发电机主部件转轮室上的应用

9.3.4　CO_2 气体保护堆焊及工艺

1. CO_2 气体保护堆焊的原理

CO_2 气体保护堆焊是以 CO_2 气体作为保护气体，依靠焊丝与焊件之间产生的电弧熔化金属形成堆焊层，图 9-21 所示 CO_2 气体保护堆焊原理图。

在堆焊过程中 CO_2 气体从喷嘴中吹向电弧区，把电弧、熔池与空气隔开形成一个气体保护层，防止空气对熔化金属的有害作用，从而获得高质量的堆焊层。

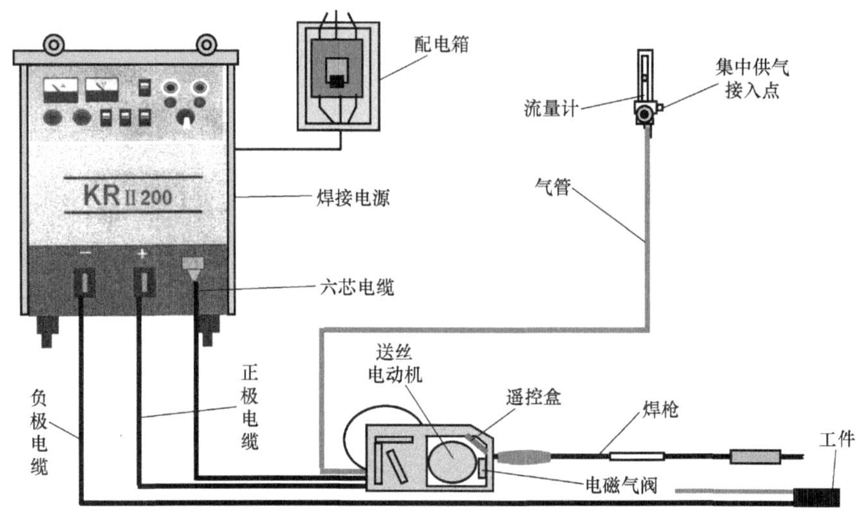

图9-21　CO_2 气体保护堆焊原理图

2. CO_2气体保护堆焊的特点

CO_2气体保护堆焊的优点是堆焊层质量好、耐腐蚀、抗裂性能强、堆焊层变形小、堆焊层硬度均匀、生产率高、成本低；其缺点是不便于调整堆焊层成分、稀释率高、飞溅大。

3. CO_2气体保护堆焊的焊接参数

CO_2气体保护堆焊的焊接参数有电源极性、焊丝及焊丝直径、焊接电流、电弧电压、堆焊螺距、电感、CO_2气体流量以及焊丝伸出长度等。

（1）电源极性　CO_2气体保护堆焊一般采用直流反接，电弧稳定，飞溅小，熔深大。堆焊也可采用直流正接，电弧热量比较高，焊丝熔化速度快，生产率高，熔深浅，焊道高度大。

（2）焊丝与焊接电流　CO_2气体保护堆焊常用焊丝有H10MnSi、H08Mn2Si、H08MnSiA等。目前堆焊使用的焊丝直径有$\phi1.6$mm、$\phi1.2$mm、$\phi2.0$mm等。生产实践表明，使用$\phi1.6$mm焊丝时，堆焊电流为140～180A，适宜的电压为20V；使用$\phi2.0$mm焊丝时，堆焊电流为190～210A，适宜的电压为21V。

（3）堆焊速度　堆焊速度影响焊道宽度及堆焊层的形成，对焊道高度影响不大。速度越快焊道越窄，相邻焊道之间的实际厚度越小。因此，选择堆焊速度时，要消除焊道间的明显沟纹。

（4）堆焊螺距　堆焊螺距增大，相邻焊道间距离增加，相互搭接部分尺寸减小，焊道间沟纹明显，焊后机械加工量大。堆焊螺距太小，会使母材熔深变小，焊层与母材结合不牢，甚至出现虚焊现象。

（5）电感　电感影响堆焊过程的稳定性和飞溅。电感过大，短路电流增长速度慢，短路次数少，出现大颗粒的飞溅和熄弧，并使引弧困难，易产生焊丝成段炸断。反之，电感太小，短路电流增长速度太快，会造成很细的颗粒飞溅，焊缝边缘不齐，成形不良。

4. CO_2气体保护堆焊实例

铁道车辆的上、下心盘是台车和车架的配合部位，整个车辆载荷就是通过上、下心盘传递给台车的。由于上、下心盘间存在很大的压力并在行车过程中不断相互摩擦，因而其接触部分很容易被磨损。图 9-22 所示为 C50 型铁路货车下心盘，其材质为 ZG230-450，当其直径磨耗过限时，必须进行堆焊修复。

图 9-22 C50 型铁路货车下心盘

（1）堆焊技术要求 采用 CO_2 气体保护堆焊修复下心盘的技术要求是：恢复原形尺寸并留出 2mm 加工余量，堆焊层不允许有裂纹、气孔及其他缺陷，焊后不致产生过大的翘曲变形，以免增加矫正工时；堆焊层应具有一定的耐磨性能，但其硬度不影响焊后机械加工，堆焊层厚度应尽可能均匀一致，以减少焊后的切削加工量。

（2）堆焊材料 焊丝采用直径 1.6～2.5mm 的 H08Mn2Si，保护气体采用纯度不低于 99.5% 的 CO_2，使用前经放水处理。

（3）堆焊参数 选择堆焊参数时，除应考虑采用直流反接、电压和电流合理匹配、输出电抗和气体流量以及焊丝伸出长度大小适当外，还应根据零件的修复尺寸，即所需堆焊层厚度决定堆焊层数，再根据每一层的堆高确定合适的堆焊速度。此外，堆焊螺距也是一个十分重要的规范参数，一般取焊道熔宽的一半。下心盘 CO_2 气体保护堆焊参数见表 9-10。

表 9-10 C50 型铁路货车下心盘 CO_2 气体保护堆焊参数

焊丝直径 /mm	焊接电流 /A	电弧电压 /V	堆焊速度 /(m/h)	气体流量 /(L/min)	焊丝伸出长度 /mm	堆焊螺距 /mm
1.6	180	23	19	15	24	4
2.0	210	24	20	18	25	4

（4）操作技术 堆焊顺序在工艺上虽无严格要求，但通常都是先焊圆平面，再焊外缘内侧面，最后焊中心销孔外圆面。一般由工件内向工件外堆焊。

在堆焊过程中，若焊枪至工件的距离发生变化，导致气体保护不良、堆焊过程不稳定、金属飞溅加剧，应及时通过焊枪位手柄对焊枪位置进行微调。

CO_2 气体保护堆焊的生产率比焊条电弧堆焊高 3.1 倍，焊后翘曲变形小，只有 2～3mm。H08Mn2Si 焊丝的焊层耐磨性比较好，因此提高了下心盘的使用寿命。

甘蔗压榨机的榨辊轴的轴颈部位承受载荷大、工作环境恶劣，跟随甘蔗汁一起溅入轴瓦和轴颈之间的泥沙等杂物，大大加剧了轴颈的磨损，使轴颈直径受损变小，并出现深浅不一的环形伤痕，造成整个榨辊轴不能使用，只能更换新辊。图 9-23 所示为甘蔗压榨机 CO_2 气体保护堆焊。

许多旧辊除轴颈严重磨损外，整体质量尚好，具备修复价值。榨辊轴的材质多为 40Cr

钢，通过对其焊接性进行分析，采用 CO_2 气体保护自动堆焊进行修复，焊丝选用 H08Mn2SiA，直径 0.8mm，焊接电流 100A，共堆焊两层，焊后保温 2h 空冷。修复后，榨辊轴运行正常，满足压榨工艺要求，节约了大量资金。图 9-24 所示为采用 CO_2 气体保护自动堆焊进行修复的榨辊轴。

图 9-23 甘蔗压榨机 CO_2 气体保护堆焊

图 9-24 采用 CO_2 气体保护自动堆焊进行修复的榨辊轴

9.3.5 电渣堆焊及工艺

1. 电渣堆焊的原理

电渣堆焊是利用电流通过液态熔渣产生的电阻热作为热源，将电极和焊件表面熔化，冷却后形成堆焊层的工艺方法。

2. 电渣堆焊的特点

电渣堆焊的特点是熔敷率很高，稀释率低，质量好；堆焊层和热影响区过热，堆焊后需要进行正火处理。电渣堆焊主要用于需要堆焊较厚堆焊层、堆焊表面形状简单的焊件。

3. 电渣堆焊的参数

（1）焊接电压　精确控制焊接电压对带极电渣堆焊具有重要意义，电压太低时，有带极粘连母材的倾向；电压太高时，电弧现象明显增加，熔池不稳定，飞溅也增大，推荐的焊接电压可在 20～30V 之间优选。

（2）焊接电流　焊接电流对带极电渣堆焊质量影响也较大。焊接电流增加，焊道的熔深、熔宽、堆高均随之增加，而稀释率略有下降，但电流过大，飞溅会增加。不同宽度的带极应选择不同的焊接电流，如对于 ϕ75mm×0.4mm 的带极，电流可在 1000～1300A 优选。

（3）焊接速度　随着焊接速度的增加，焊道的熔宽和堆高减小，熔深和稀释率增加，焊速过高，会使电弧发生率增加，为控制一定的稀释率，保证堆焊层性能，焊接速度一般控制在 15～425mm/min。

9.3.6 等离子弧堆焊及工艺

1. 等离子弧堆焊的原理

等离子弧堆焊是利用联合型或转移型等离子弧为热源，将焊丝或合金粉末送入等离子弧区进行堆焊的工艺方法。图 9-25 所示为等离子弧堆焊示意图。

2. 等离子弧堆焊的特点

与其他堆焊热源相比，等离子弧温度高，能量集中，燃烧稳定，能迅速而顺利地堆焊难熔材料，生产率高；熔深可以自由调节，稀释率很低，堆焊层的强度和质量高；是一种低稀释率和高熔敷率的堆焊方法。等离子弧堆焊的主要缺点是设备复杂、堆焊成本高，堆焊时有噪声、辐射和臭氧污染等。

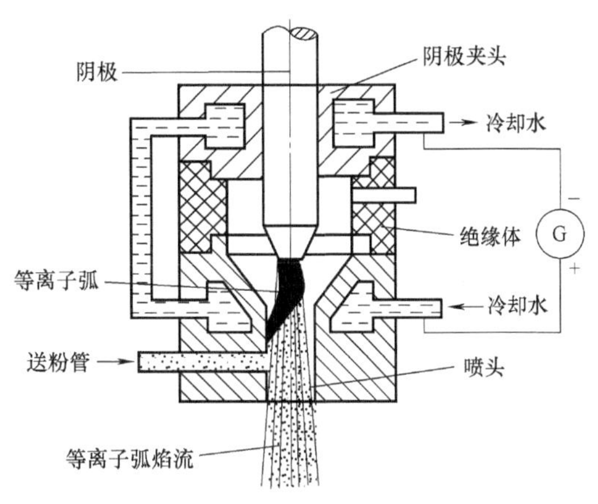

图9-25 等离子弧堆焊示意图

3. 等离子弧堆焊的工艺

等离子弧堆焊按堆焊材料的形状，可分为填丝等离子弧堆焊和粉末等离子弧堆焊两种。

(1) 填丝等离子弧堆焊 填丝等离子弧堆焊又分为冷丝、热丝、单丝、双丝等离子弧堆焊。

1) 冷丝等离子弧堆焊。以等离子弧作为热源，填充丝直接被送入焊接区进行堆焊。拔制的焊丝利用机械送入，铸造的填充棒用手工送入。这种方法比较简单，堆焊层质量也较稳定，但效率较低，目前已很少使用。

2) 热丝等离子弧堆焊。采用单独预热电源，利用电流通过焊丝产生的电阻热预热焊丝，再将其送入等离子弧区进行堆焊。焊丝利用机械送入，既可以是单热丝，也可以是双热丝，如图9-26所示。

图9-26 热丝等离子弧堆焊

由于填充丝预热，使熔敷率大大提高，而稀释率则降低很多，且可除去填充丝中的氢，大大减少了堆焊层中的气孔。

(2) 粉末等离子弧堆焊 粉末等离子弧堆焊是将合金粉末自动送入等离子弧区实现堆焊的方法，也称为喷焊。粉末等离子弧堆焊采用氩气作为电离气体，通过调节各种焊接参数，控制过渡到工件的热量，可获得熔深浅、稀释率低、成形平整光滑的优质涂层。

等离子弧堆焊一般采用两台具有陡降外特性的直流弧焊机作为电源，将两台焊机的负极并联在一起接至高频振荡器，再由电缆接至喷枪的铈钨极，其中一台焊机的正极接喷枪的喷嘴，用于产生非转移弧，另一台焊机的正极接工件，用于产生转移弧，氩气作离子气，通过电磁阀和转子流量计进入喷焊枪。接通电源后，借助高频火花引燃非转移弧，进而利用非转移弧射流在电极与工件间造成的导电通道，引燃转移弧。在建立转移弧的同时或之前，由送粉器向喷枪供粉，吹入电弧中，并喷射到工件上。转移弧一旦建立，就在工件上形成合金熔池，使合金粉末在工件上“熔融”，随着喷枪或工件的移动，液态合金逐渐凝固，最终形成合金堆焊层，如图9-27所示。

粉末等离子弧堆焊的特点是稀释率低，一般可控制在5%～15%，有利于充分保证合金材料的性能，如焊条电弧堆焊需要堆焊5mm，而等离子弧堆焊则只需堆焊2mm。等离子弧温度高，且能量集中，工艺稳定性好，指向性强，外界因素的干扰小，合金粉末熔化充分，飞溅少，熔池中熔渣和气体易于排除，从而使获得的熔敷层质量优异，熔敷层平整光滑，尺寸范围宽，且可精确控制，一次堆焊层宽度可控制在1～150mm，厚度为0.25～8mm，这是其他堆焊方法难以达到的。此外，粉末等离子弧堆焊生产率高，易于实现机械化和自动化操作，能减轻劳动强度。

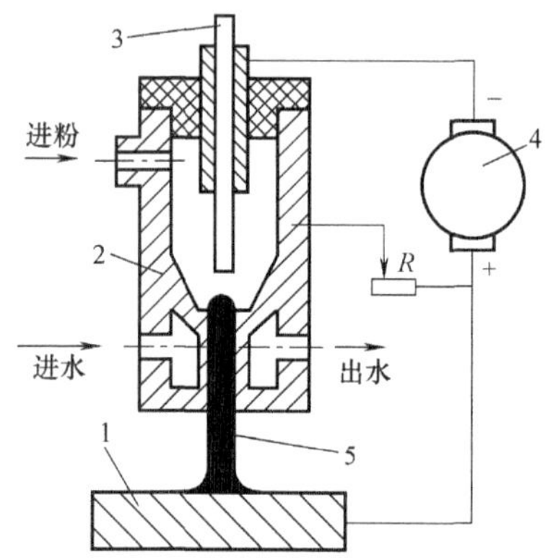

图9-27　粉末等离子弧堆焊示意图
1—工件　2—喷嘴　3—钨棒
4—电源　5—通道

粉末等离子弧堆焊主要用于阀门密封面、模具刃口、轴承、涡轮叶片等耐磨零部件的表面堆焊，以提高这些零件或工件的表面强度和耐磨性，是目前广泛应用的一种等离子弧堆焊方法。

我国是煤炭大国，采煤机截齿是落煤及碎煤的主要工具，也是采煤及巷道掘进机械中的易损件之一。为了解决截齿在采煤过程中的快速磨损失效问题，采用等离子弧自动堆焊方式在20CrMnTi或20CrMnMo钢截齿锥顶（硬质合金刀头）以下齿体部位沿圆周方向堆焊一个宽度20～30mm、厚2～3mm的环形Cr-Mo-V-Ti耐磨堆焊层。图9-28所示为用等离子弧自动堆焊方式形成的耐磨堆焊层。

图9-28　用等离子弧自动堆焊方式形成的耐磨堆焊层

采用等离子弧自动堆焊后进行刀头钎焊工艺，利用钎焊热循环对等离子弧堆焊层进行二次硬化处理，彻底解决钎焊过程对齿头造成的退火软化难题，延长硬质合金刀头的服役期。图9-29所示为等离子弧自动堆焊和钎焊的硬质合金刀头。

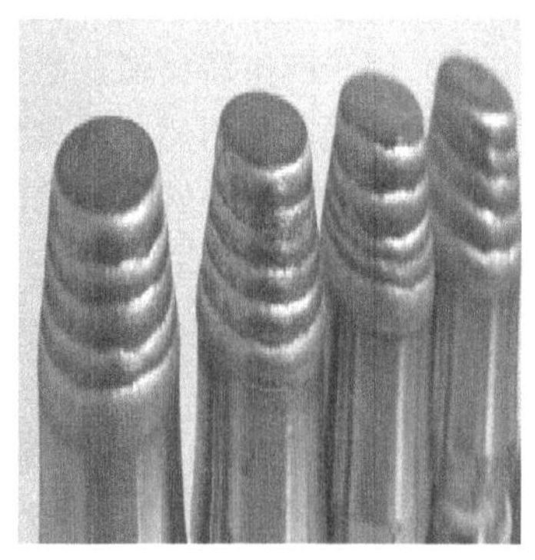
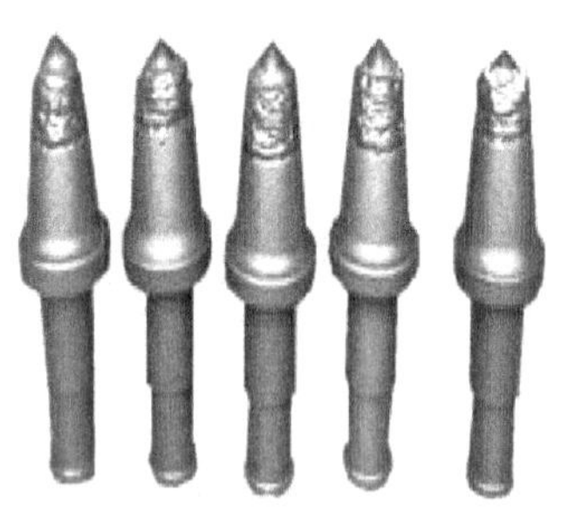

图9-29　等离子弧自动堆焊和钎焊的硬质合金刀头

9.3.7 振动电弧堆焊及工艺

1. 振动电弧堆焊的原理

振动电弧堆焊的工作原理是焊丝在送进的同时按一定频率振动，造成焊丝与工件周期性的短路、放电，使焊丝在 12 ~22V 的较低电压下熔化，并稳定地堆焊到工件表面。

2. 振动电弧堆焊的特点

振动电弧堆焊的优点是熔池浅、热影响区小、堆焊层薄而均匀、工件变形较小、生产率较高、劳动条件较好。其缺点是振动电弧堆焊时焊剂的保护作用差，氢、氧、氮易浸入电弧区和熔池，在堆焊层与基体的结合处易产生针眼状气孔；堆焊层氢含量高，易产生裂纹；堆焊层受热和冷却不均匀，易造成组织和硬度不均匀。为了防止焊丝和焊嘴熔化粘连或在焊嘴上结渣，需要向焊嘴供给少量冷却液。

3. 振动电弧堆焊的设备

振动电弧堆焊的设备主要由以下几部分组成：

1）堆焊机床。

2）堆焊机头。堆焊机头用以使焊丝按一定频率和振幅振动，并以一定速度送入堆焊处。按产生振动的方式不同可分为电磁式和机械式。

3）电源。一般采用直流电源。

4）电气控制柜和冷却液供给装置。

9.3.8 激光堆焊及工艺

激光堆焊可以获得高性能（如耐磨性、耐蚀性、抗氧化性能、热障性能、抗气蚀和冲蚀磨损等）的合金堆焊层而在工业应用上展现了广阔的应用前景。近年来，激光堆焊在材料的表面处理方面备受关注，主要原因是激光堆焊层与基体的结合为冶金结合，组织极细，覆层成分及稀释率可控，覆层厚度大，热变形小，易实现选区堆焊，工艺过程易实现自动化。激光堆焊技术已经在工业中广泛使用。

1. 特点

激光堆焊技术的特点是可以实现热输入的准确控制，焊接速度高，冷却速度快，热畸变小，厚度、成分和稀释率可控性好，可以获得组织致密、性能优越的堆焊层，可以节省高性能的材料，同时，可以实现在普通材料上覆盖高性能堆焊层，而且激光加热为无接触加工，无加工惯性，且焊接参数确定，焊接质量易于保证，焊接可靠性高，易于实现自动化，符合现代生产的发展趋势，在经济性和覆层质量上也优于传统的堆焊和热喷涂工艺，因而成为国内外学者的研究热点，近十几年来得到了迅速发展。

2. 激光堆焊焊层质量

（1）焊层质量指标　研究和应用激光堆焊技术时需要关注以下几个问题，这也是综合评价堆焊技术选择是否得当，堆焊工艺是否正确以及堆焊质量是否符合工况要求的重要指标：①稀释率；②熔合区的成分、组织与性能；③热循环的影响；④热应力。

（2）焊层主要缺陷及原因　激光堆焊层常见缺陷主要是裂纹、气孔、夹渣等。激光堆焊层缺陷主要以裂纹的形式出现，激光熔覆层的开裂主要与激光系统参数、工艺处理条件、覆层材料、基体状况四个方面有关。产生裂纹的主要原因是激光堆焊加热冷却速度快，熔池寿命短，熔池中存在的氧化物、硫化物及其他杂质来不及释放出来。它们在熔敷层中很容易成为裂纹源。另外，熔敷层瞬间凝固结晶，晶界位错、空位增多，相变应力大，原子排列极不规则，凝固缺陷增多，同时热脆性增大，塑性与韧性下降，开裂敏感性也就增大。总的来说，结晶裂纹和高温低塑性裂纹产生的充分条件是热应力的作用。裂纹产生的方向通常同扫描方向垂直。夹渣主要是因为扫描速度过快导致熔池保持液态时间过短，液态合金和熔渣来不及分离造成的，夹渣形成的原因是未用保护气体、试样表面未清洁干净。在显微镜下观察发现，随着功率增大，夹渣减少；随着扫描速度增大，裂纹增多。气孔产生的主要原因是熔池冷却快，气体在熔池中来不及逸出。

3. 激光堆焊发展趋势

（1）大量应用同步送粉法来进行激光堆焊　由于受送粉设备的限制，我国主要采用预制粉末法来进行激光堆焊，但生产率低，一次熔化堆焊的焊层薄，多层堆焊的堆焊工艺复杂，易出现裂纹气孔；而同步送粉法由于生产率高、易实现自动化控制，可显著提高金属陶瓷的抗开裂性能，国外主要采用该方法。随着送粉设备的研制，我国必然向同步送粉的方向发展。

（2）激光堆焊的智能化　随着计算机技术在材料工程中的广泛应用，激光堆焊智能化成为可能。激光堆焊过程控制的自动化，一直是在工业中追求的目标，激光堆焊过程自动化发展的标志是控制系统的智能化。智能化是柔性自动化的新发展和主要的组成部分，是将人工智能融入制造过程的各个环节，通过模拟专家的智能活动，系统能够监测其运行的状态，在受到外界或内部激励时，能自动调节其参数，以达到最佳状态，具备自组织能力是21世纪的先进制造技术。出于激光具有独特的性质，当激光传输到目标时，不会对环境产生各种干扰，除了电磁辐射外，这里没有电场、磁场和声音、热应力等，因此任何来自工艺的信号都能记录工艺的正确与否，这为智能控制提供了前提条件。人们最感兴趣的是激光堆焊过程中的模糊控制、神经网络控制，以及开发激光堆焊专家系统。

9.4　异种金属堆焊与堆焊层组织结构

1. 异种金属堆焊

堆焊时异种金属熔覆在一起，会出现以下几种情况：

1）由于焊层金属与基体金属的化学成分和晶格类型存在差别，过渡区不可避免地会引起晶格畸变等缺陷。

2）在熔合区的焊缝边界上形成化学成分介于基体金属与焊缝金属之间的过渡层，其厚度随焊接电流的增大而减小。

3）堆焊过程中，固态基体金属与液态金属相互作用，引起熔合区内某种程度的异扩散，其速度大小取决于温度、接触时间、浓度梯度和原子迁移率。

2. 堆焊层组织结构

由于熔池体积很小、冷速很快，焊缝的一次结晶组织以柱状晶为主，等轴晶较少。焊层金属在冷却过程中若有相变发生，则出现二次结晶。研究发现，两种金属尽管在合金化特性上差异很大，但是只要它们的晶格相同，熔化区就有相容性。而且，若熔合区内没有组织畸变，则金相组织类型相同的异种金属接头、晶界的吻合也是清晰的。

对于组织类型不同的钢，例如在珠光体钢上堆焊奥氏体钢，熔合区内出现从一种晶格过渡到另一种晶格的原子层，过渡层总是存在一定的应力，并且，堆焊产生的过渡层通常是高硬度的脆性马氏体，导致堆焊或焊后的使用过程中裂纹的形成。

堆焊时在熔合区中发生的异扩散，会使熔合线附近形成一个化学成分变化不定的扩散过渡层，这往往会损害焊层的性能。

9.5　熔结

熔结有许多方法，如氧乙炔焰喷焊、等离子弧堆焊、真空熔结、火焰喷涂后激光加热重熔等，其中用得较多的熔结方法是氧乙炔焰喷焊。最理想的喷熔材料是自熔性合金。

1. 自熔性合金

（1）自熔性合金的特点　自熔性合金于 1937 年研制成功，1950 年开始用于喷焊技术的，现已形成系列，广泛用于提高金属表面的耐磨性和耐蚀性。它有下列特点：

1）绝大多数的自熔性合金是在镍基、钴基、铁基合金中添加适量的硼、硅元素而制得的，并且通常为粉末状。

2）加热熔化时，硼、硅扩散到粉末表面，与氧反应生成硼、硅的氧化物，并与基体表面的金属氧化物结合生成硼硅酸盐，上浮后形成玻璃状熔渣，因而具有自行脱氧造渣的能力。

3）硼、硅与其他元素形成共晶组织，使合金熔点大幅度降低，其熔点一般为 900 ~ 1200℃，低于基体金属的熔点。

4）硼、硅的加入，使液相线与固相线之间的温度区域展宽，一般为 100 ~ 150℃，提高了熔融合金的流动性。

5）硼、硅具有脱氧作用，净化和活化基材表面，提高了涂层对基材的润湿性。

（2）自熔性合金的类型

1）镍基自熔性合金。以 Ni-B-Si 系、Ni-Cr-B-Si 系为多，显微组织为镍基固溶体和碳化物、硼化物、硅化物的共晶。具有良好的耐磨性、耐蚀性和较高的热硬性。

2）钴基自熔性合金。以钴为基，加入铬、钨、碳、硼、硅，有的还加镍、钼。显微组织为钴基固溶体，弥散分布着 Cr_7C_3 等碳化物。合金强度和硬度可保持到 800℃。由于价格高，这种合金只用于耐高温和要求具有较高热硬性的零部件。

3）铁基自熔性合金。该合金主要有两类：一是在不锈钢成分基础上加入硼、硅等元素，具有较高的硬度、耐热性、耐磨性、耐蚀性等性能；二是在高铬铸铁成分基础上加入硼和硅，组织中含有较多的碳化物和硼化物，具有高的硬度和耐磨性，但脆性大，适用于不受强烈冲击的耐磨零件。

4）弥散碳化钨型自熔性合金。它是在上述镍基、钴基、铁基自熔性合金粉末中加入适量的碳化钨而制成的，具有高的硬度、耐磨性、热硬性和抗氧化性。

2. 真空熔结

（1）真空条件下的表面冶金过程　真空熔结是在一定的真空条件下迅速加热金属表面的涂层，使之熔融并润湿基体表面，通过扩散互溶而在界面形成一条狭窄的互溶区，然后涂层与互溶区一起冷凝结晶，实现涂层与基体之间的冶金结合。

在表面冶金过程中，涂层能否很好地润湿基体表面，对熔结质量有很大的影响。润湿性除与涂层、基体成分以及温度等因素有关外，还与表面状态及环境介质有关。有些金属表面在空气中生成某些氧化物会降低润湿性，而在真空条件下因削弱氧化膜而使润湿性提高。但是有些金属，如含有 Al、Ti 的钢材，由于在低真空条件下仍会在表面形成较为致密稳定的 Al_2O_3、TiO_2 氧化膜，而现有的自熔性合金在熔结过程中都不能置换 Al_2O_3、TiO_2 中的 Al 和 Ti，难以润湿 Al_2O_3、TiO_2，因此往往需要预镀一层厚度为 3 ~ 5μm 的镀铁层。

熔结温度对扩散互溶过程有显著的影响。温度越高，互溶区越宽；对于有些金属表面还可能出现一些新相。例如，用 Ni-Cr-B-Si 系涂层合金熔结于 40Cr10Si2Mo 钢的基体上，经金相分析发现，当熔结温度达到 1130℃时，涂层因有大量的 Fe 元素从基体上扩散过来而生成一些恶化性能的针状相。因此，控制熔结温度也是重要的。

（2）真空熔结工艺　真空熔结包括以下几个工艺步骤：

1）调制料浆。料浆由涂层材料与有机黏结剂混合而成。涂层材料除了前述的几种自熔性合金粉末外，还可根据需要选用铜基合金粉（如 Cu-Sn、Cu-Al-Fe-Ni、Cu-Ni-Cr-Fe-Si-B 系，用于机床导轨、轴瓦等的摩擦部件）、锡基合金粉（如 Sn-Al 系，用于涡轮叶片榫部的防护）、抗高温氧化元素粉（如 Si-Cr-Ti、Si-Cr-Fe、Mo-Cr-Si、Mo-Si-B 系，用于铂基和铌基合金高温部件的抗氧化性能），以及元素粉或合金与金属间化合物的混合物（如在 NiCrBSi 合金粉中加入 WC 硬质化合物，以提高耐磨性等）。黏结剂常用的有汽油橡胶溶液、树脂、糊精或松香油等。

2）工件的表面清洗、去污与预加工。

3）涂覆和烘干，即把调制好的料浆涂覆在工件表面，在 80℃的烘箱中烘干，然后整修外形。

4）熔结。熔结主要在真空电阻炉中进行，真空度通常为 1 ~ 10Pa。如果粉料中含 Al、Ti 等活性元素，则真空度应更高。真空对涂层和基体有防氧化作用，同时能排除气体夹杂。另外，也可用感应加热、激光加热等进行熔结。

5）熔结后加工。

（3）真空熔结的应用

1）熔结涂层主要用于以下方面：

① 耐磨耐蚀涂层，应用广泛。

② 多孔润滑涂层。如在氦气保护下，用激光将 70Mo-18.8Cr_3C_2-5Ni-1.2Cr-5Si 合金熔结于活塞环工作面凹槽内，由于 Si 的挥发形成多孔润滑涂层，深部为碳化铬耐磨层。

③ 高比表面积涂层。如用真空炉熔法先在电极表面熔结 Co-Cr-W 合金涂层，再在较低温度下熔结一层铬含量较高而粗糙的 Ni-Cr-B-Si 涂层，使比表面积增加 3 倍以上。

④ 非晶态涂层。如在钢的表面上先涂覆和烧结一层 82.7Ni-7Cr-2.8B-4.5Si-3Fe 合金层，然后用激光法以 645cm/s 的速率扫描，以 8×10^6K/s 速度冷却，可得到耐磨、耐蚀、耐热的非晶态层。

2）熔结成形。先在耐火托板上或坩埚内用真空熔结法制成耐磨镶块，然后在较低温度下熔结焊接在工件的特定部位上。

3）其他应用，如熔结钎焊、熔结封孔、熔接修复等。

第 10 章

表面微细加工技术

【学习目标】

- 熟悉表面微细加工技术。
- 掌握微细电火花加工、超声波微细加工。
- 了解高能束微细加工、电解微细加工以及纳米电子技术。

【导入案例】

微型飞行器实际上是一套复杂的，可在空中飞行的高水平多功能微型机电系统。它可在山区、城市或室内等复杂环境下进行侦察、作战、跟踪尾随，还可在化学或辐射等有害环境下执行特殊任务。由于它具有价格低廉、便于携带、操作简单、隐蔽性强等特点，备受使用者青睐，有希望成为一种多用途军民两用装备。图 10-1 所示为爱普生公司采用表面微细加工技术开发出的一种微型飞行器，这种飞行器高 7cm，螺旋桨直径约 13cm，质量为 8.9g，由螺旋桨双翼反向旋转升空，可自行控制飞行姿势，前后左右移动自如，是集多个“世界之最”于一身的高精产品。

图 10-1　爱普生公司推出的微型飞行器

10.1　概述

所谓表面微细加工技术是一种加工尺寸从微米到纳米量级的微小尺寸元器件或薄膜图形的先进制造技术。从广义的角度来讲，微细加工包括各种传统精密加工方法和与传统精密加工方法完全不同的方法，如切削、磨料加工、电火花加工、电解加工、化学加工、超声波加工、微波加工、等离子体加工、外延生产、激光加工、电子束加工、粒子束加工、光刻加工、电铸加工等。从狭义的角度来讲，微细加工主要是指半导体集成电路制造技术，因为微细加工和超微细加工是在半导体集成电路制造技术的基础上发展的，特别是大规模集成电路和计算机技术的技术基础，是信息时代、微电子时代、光电子时代的关键技术之一。

表面微细加工技术是表面工程技术的一个重要组成部分。随着高新技术的不断涌现，大量先进产品对微细加工技术的要求越来越高，在精细化上已从微米级、亚微米级发展到纳米级。根据加工机理不同，表面微细加工技术可以分为以下三类：

（1）分离加工　分离加工是将材料的某一部分分离出去的加工方式，如切削、分解、刻蚀、蒸发、溅射、破碎等。它包括光刻、化学刻蚀、电子束加工、激光加工等方法。

（2）结合加工　结合加工是指同种或不同种材料的附加或相互结合的加工方式，如蒸镀、沉积、渗入、生长、粘接等。

（3）变形加工　变形加工是使材料形状发生变化的加工方式，如塑性变形加工、流体变形加工等。它包括热流表面加工、液流抛光、电磁成形等方法。

微小尺寸和一般尺寸加工的不同，主要表现在以下几个方面：

（1）精度的表示方法　在微小尺寸加工时，由于加工尺寸很小，精度就必须用尺寸的绝对值来表示，即用取出的一块材料的大小来表示，从而引入加工单位尺寸的概念。

（2）微观机理　以切削加工为例，从工件的角度来讲，一般加工和微细加工的最大区别是切屑的大小。一般的金属材料由微细的晶粒组成，晶粒直径为数微米到数百微米。一般加工时，吃刀量较大，可以忽略晶粒的大小，而作为一个连续体来看待，因此可见，一般加工和微细加工的机理是不同的。

（3）加工特征　微细加工和超微细加工以分离或结合原子、分子为加工对象，以电子束、激光束、粒子束为加工基础，采用沉积、刻蚀、溅射、蒸镀等手段进行各种处理。

10.2　微细加工方法

10.2.1　微细超声波加工

超声波加工是近几十年发展起来的一种加工方法，它弥补了电火花加工和电化学加工的不足。电火花加工和电化学加工一般只能应用于导电材料，不能加工不导电的非金属材料。而超声波加工不仅能加工硬脆金属材料，而且更适合加工不导电的硬脆非金属材料，如玻璃、陶瓷、半导体等。同时超声波还可以用于清洗、焊接、检测等。

1. 超声波的特性

超声波是声波的一部分，它可以在气体、液体和固体介质中传播，但由于超声波频率高、波长短、能量大，所以传播时方向性强，反射、折射、共振及损耗等现象更显著。超声波具有传递很强的能量，空化作用，反射、透射和折射现象，在一定条件下会产生波的干涉和共振现象等性质。

2. 超声波加工的基本原理

超声波加工是利用工具端面做超声频振动，通过磨料悬浮液加工脆硬材料的一种成形方法。超声波加工原理如图10-2所示。加工时，由超声波发生器产生的16000Hz以上的高频电流作用在超声波换能器振动系统上产生机械振动，经变幅杆放大后可在工具端面产生纵向振幅达0.01～0.10mm的超声波振动。工具的形状和尺寸取决于被加工面的形状和尺寸，常由韧性材料制成，如未淬火的碳素钢。工具与工件之间充满工作液，工作液通常是在水或煤油中混有碳化硼、氧化铝等磨料的悬浮液。加工时，由超声波换能器引起的工具端部的振动传送给工作液，使磨料获得巨大的加速度，猛烈撞击工件表面，再加上超声波工作液中的空化作用，来实现磨料对工件的冲击破碎，完成切削功能。通过选择不同工具的端部形状和不同的运动方法，可进行不同的微细加工。图 10-3 所示为超声波发生器。

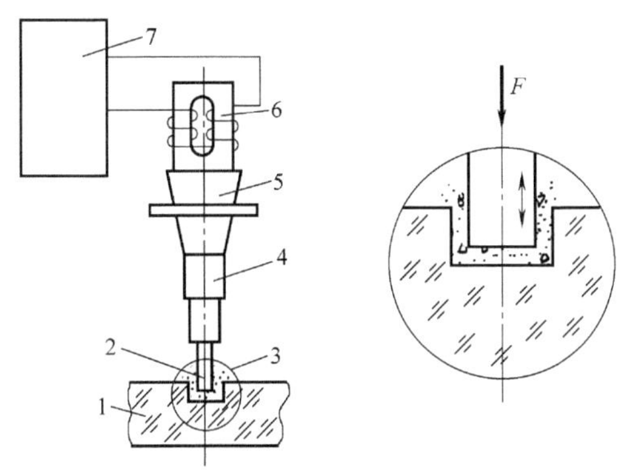

图 10-2 超声波加工原理

1—工件 2—工具 3—磨料悬浮液 4、5—变幅杆
6—超声波换能器 7—超声波发生器

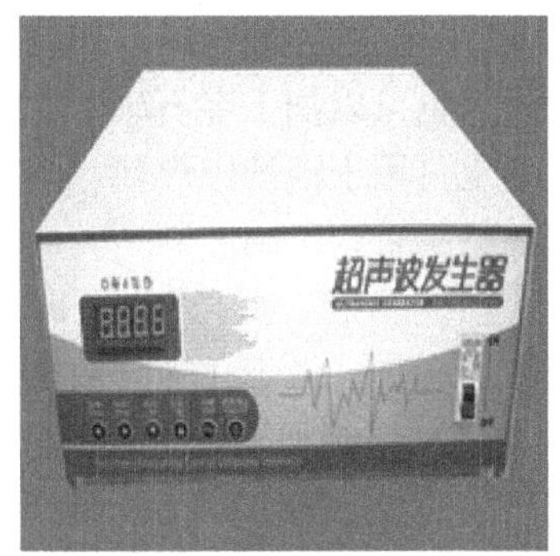

图 10-3 超声波发生器

由此可见，超声波加工是磨粒在超声波振动作用下的机械撞击和抛磨作用以及超声波空化作用的综合结果，其中磨粒的撞击作用是主要的。既然超声波加工是基于局部撞击作用，那么就不难理解，越是脆硬的材料，受撞击作用遭受的破坏越大，越易实现超声波加工。相反，脆性和硬度不大的韧性材料，由于它的缓冲作用而难以加工。根据这个原理，人们可以合理选择工具材料，使之既能撞击磨粒，又不致使自身受到破坏，例如用 45 钢作为工具即可满足上述要求。

3. 超声波加工的特点

1）适合加工各种硬脆材料，特别是不导电的非金属材料如玻璃、陶瓷（氧化铝、氮化硅等）、石英、锗、硅、石墨、玛瑙、宝石、金刚石等。对于导电的硬质金属材料如淬火钢、硬质合金、不锈钢、钛合金等，也能进行加工，但加工生产率较低。

2）由于工具可用较软的材料做成较复杂的形状，故不需要使工具和工件做比较复杂的相对运动，因此超声波加工机床的结构比较简单，只需一个方向轻压进给，操作、维修方便。但若需要加工尺寸较大、形状复杂而精密的三维结构的零件，仍需设计和制造三坐标数控超声波加工机床。

3）去除加工材料是靠极小磨料瞬时局部的撞击作用，故工件表面的宏观切削力很小，切削应力、切削热很小，不会引起变形及烧伤，表面粗糙度 Ra 值可达 0.08 ~0.63μm，尺寸精度可达 0.01 ~0.02mm，也适用于加工薄壁、窄缝、低刚度零件。

4）超声波加工设备的几何尺寸较小，设备成本低。

5）超声波加工的面积不够大，而且工具头磨损较大，故生产率较低。

6）圆柱形孔深度以工具直径的 5 倍为限。

7）工具的磨损使钻孔的圆角增加，尖角变成了圆角，这意味着为了钻削出精确的不通孔，更换工具是很重要的。

8）由于进入工具中心处的有效磨粒较少，因悬浮液的分布不适当，使型腔的底部往往不能加工得很平。有时由于工具横截面的形状，使重心不在中心线上而产生强烈的横向振动，故加工表面的精度有所降低。在这种情况下，唯一的解决办法是重新设计工具。

4. 超声波加工的应用

超声波加工的生产率虽然较低，但其加工精度、表面粗糙度都比较好，而且能加工半导体、非导体的脆硬材料，如玻璃、石英、宝石、玉石、钨及其合金、玛瑙、金刚石等，除此之外，也可以加工宝石轴承、拉丝模、喷丝头，还可以用于超声抛光、光整加工、复合加工，也可用于清洗、焊接、医疗、电镀、冶金等许多方面，随着科技的发展，超声波加工应用前景越来越广阔。

（1）型腔、型孔加工　超声波加工目前在各工业部门中主要用于脆硬材料圆孔、型孔、型腔、套料、微细孔等的加工。

（2）切割加工　用普通机械加工切割脆硬的半导体材料是很困难的，采用超声波切割则较为简单。图 10-4 所示为用超声波加工法切割单晶硅片。

（3）复合加工　在超声波加工硬质合金、耐热合金等硬质金属材料时，加工速度较低，工具损耗较大。为了提高加工速度及降低工具损耗，可以把超声波加工和其他加工方法相结合进行复合加工。例如，采用超声波与电化学或电火花加工相结合的方法来加工喷油嘴、喷丝板上的小孔或窄缝，可以大大提高加工速度和质量。

（4）超声波清洗　超声波清洗的原理主要是基于超声频振动在液体中产生的交变冲击波和空化作用。超声波在清洗液（汽油、乙醇、丙酮等）中传播时，液体分子往复高频振动，产生正负交变的冲击波。当声强达到一定值时，液体中急剧生长微小空化气泡并瞬时强烈闭合，产生的微冲击波使被清洗物表面的污物遭到破坏，并从被清洗表面上脱落下来。即使是被清洗物上的窄缝、细小深孔、弯孔中的污物，也很容易被清洗干净。虽然每个微气泡的作用并不大，但每秒钟有上亿个空化气泡在作用，就具有很好的清洗效果。图 10-5 所示为超声波清洗机。

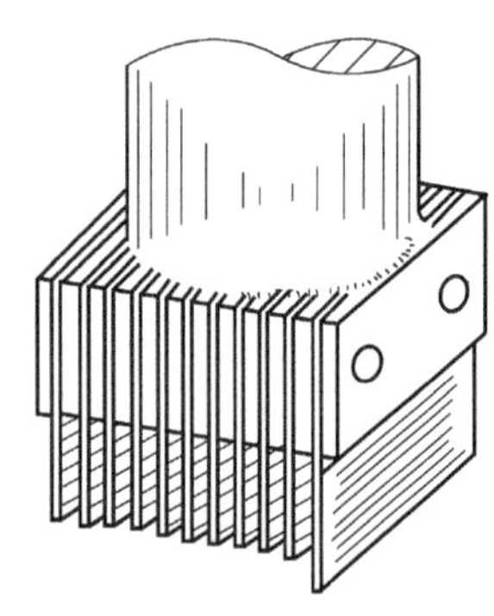

图 10-4　用超声波加工法切割单晶硅片

图 10-5　超声波清洗机

（5）超声波焊接　超声波焊接的原理是利用超声频振动作用，去除工件表面的氧化膜，显露出新的本体表面，在两个被焊工件表面分子的高速振动撞击下，摩擦发热并亲和粘接在一起。它不仅可以焊接尼龙、塑料以及表面易生成氧化膜的铝制品等，还可以在陶瓷等非金属表面挂锡、挂银、涂覆熔化的金属薄层等。

10.2.2 微细磨料加工

所谓精密和超精密磨料加工就是利用细粒度的磨粒和微粉对黑色金属、硬脆材料等进行加工，以得到高加工精度和低表面粗糙度。精密和超精密磨料加工可分为固结磨料和游离磨料加工两大类。固结磨料加工是将磨料或微粉与黏结剂黏合在一起，形成一定的形状并具有一定强度，再采用烧结、粘接、涂覆等方法形成砂轮、砂条、磨石、砂带等磨具；游离磨料加工中，磨料或微粉不是固结在一起，而是呈游离状态。

微型器件（如微型飞行器）的制造是在有限的材料（如硅基材料）上加工出二维和三维的结构，而且器件特征公差与器件尺寸的比值，即相对精度要低。现在对微型器件的需求日益增加，需要在多种不同类型的材料上加工出三维的微小特征；需要开发从纳米、微米到宏观尺度的多尺度新型加工技术。

微磨削就是一种能够实现纳米量级材料去除的加工工艺。微磨削能够实现特征尺寸从几微米到几百微米的三维机构的加工，所加工的零件具有较高的尺寸精度、表面质量及表层完整性。因此，微磨削加工常作为最终加工工序。微磨削能够加工的材料范围很广泛，如玻璃和锗、铁素体和石英、高硬金属和硬质合金、工程陶瓷等，常用于制造磁头、光学光子器件、模具、轴承齿轮、曲柄、凸轮等。微磨削加工包括了精密和超精密磨料加工，即利用细粒度的磨粒和微粉对黑色金属、硬脆材料等进行加工，以得到高加工精度和低表面粗糙度。

1. 固结磨具精密磨削机理

精密磨削是指加工精度为 1 ~0.1μm、表面粗糙度 *Ra* 值达到 0.01 ~0.2μm 的磨削方法。表面粗糙度 *Ra* 值达到 0.01μm 以下，表面光泽如镜的磨削方法，称为镜面磨削。

（1）微刃的微切削作用　在精密磨削中，通过较小的修整导程和修整深度来精细地修整砂轮，使磨粒具有较好的微刃性。这种砂轮磨削时，同时参加切削的刃口增多，深度减小，由于微刃的微切削作用形成了表面粗糙度值较小的表面。

（2）微刃的等高切削作用　微刃是由砂轮的精细修整形成的，分布在砂轮表层的同一深度上的微刃数量多、等高性好（即细而多的切削刃具有平坦的表面），使得加工表面的残留高度极小，因而形成了小的表面粗糙度值。

（3）微刃的滑挤、摩擦、抛光作用　砂轮修整后出现的微刃切削在开始阶段比较锐利，切削作用强，随着磨削时间的增加，微刃逐渐钝化，同时等高性得到改善。这时切削作用减弱，滑擦、挤压、抛光作用增强。磨削区的高温使金属软化，钝化微刃的滑擦和挤压将工件表面凸峰碾平，降低了表面粗糙度值。

2. 微磨削加工过程

以单颗磨粒加工过程为例解释超精密磨削机理。单颗磨粒的切入模型如图 10-6 所示。由该模型可见，磨粒以切入速度 v_g、切入角 θ_g 切入平面状工件。理想的磨削轨迹是从切入点开始接触至终点结束。但由于磨削系统刚性的影响，实际磨削轨迹变短，磨削深度减小。由该模型可以看出以下特征：

1）磨粒是一颗具有弹性支撑和大负前角切削刃的弹性体。弹性支撑是结合剂，磨粒虽有相当的硬度，本身受力变形极小，但实际上仍可被视为弹性体。

2）磨粒切刃的切入深度从零开始逐渐增大，达到最大值后再逐渐减小，最后到零。磨粒接触形态如图 10-7 所示，有以下几种。

① 接触全是弹性接触，如图 10-7a 所示。

② 弹性区域→塑性区域→塑、弹性区域，如图 10-7b 所示。

③ 弹性区域→塑性区域→切削→塑、弹性区域，如图 10-7c 所示。

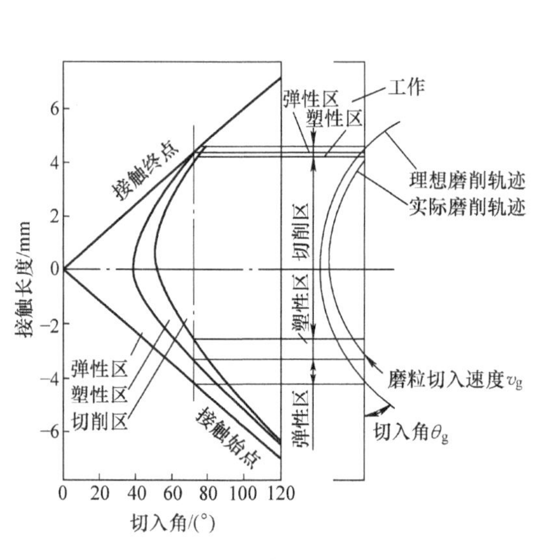

图 10-6　单颗磨粒的切入模型

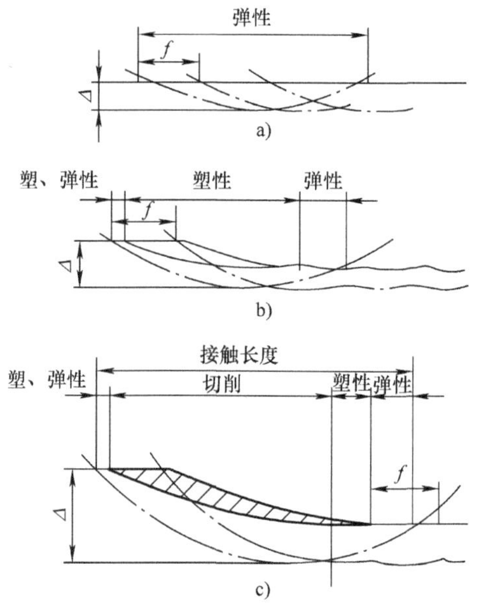

图 10-7　磨粒接触形态

在磨削加工中，不希望出现图 10-7a、b 两种接触形态。但是，在实际磨削加工中，磨粒切屑出现最大厚度 α_{gmax} 的可能性很小，而且从磨削系统的刚性来看，产生超微弹性位移的力是极小的。因此，磨粒可不切入工件而产生打滑。为了获得图 10-7c 的接触形态，必须提高磨削系统刚度。想要克服磨粒不切入工件而产生打滑这种缺陷，可增大磨粒切入角 θ_g 或者使速度比 K_v 增大。

3. 游离磨料加工技术

将游离状态下的细磨料或磨料微粉放在工件和工具之间进行研磨和抛光称为精密和超精密游离磨料加工。游离磨料加工技术是不切除或切除极薄的材料层，用以降低工件表面粗糙度值或强化加工表面的加工方法，多用于最终工序加工。近年来出现了许多新的游离磨料加工方法，如磁力研磨、弹性发射加工、磁流体抛光、磨料水射流技术、化学机械抛光等。

下面以磨料水射流技术为例，介绍游离磨料加工技术。

磨料水射流技术是一种利用高压水对材料进行冷态加工的方法。在 20 世纪 70 年代，高压纯水射流加工技术开始应用到工业领域，主要用于采矿、非金属软质材料的切割和金属材料的表面清洁，如内饰纺织材料、隔热材料等。在 20 世纪 80 年代，人们开始研究磨料水射流技术并将其应用到抛光加工领域，通过高压水与磨料混合，利用磨粒冲蚀角对材料表面进行冲击和去除，降低表面粗糙度，提高工件表面质量，达到表面光洁的作用。微细磨料水射流加工技术是基于传统射流加工技术，通过改变磨粒直径、小直径磨粒与射流混合液配置浓度、缩小喷嘴出口射流直径，对表面的不平整进行抛光改进的新型技术。

微细磨料水射流抛光是采用微细磨料与水配制混合液，经由结构精密的射流喷嘴形成射流束对材料表面进行抛光处理。其工作原理是由高速射流与各种类型颗粒磨料进行混合形成固液两相流，经过高速磨料粒子高频撞击和冲蚀的工件表面抛光效果远远好于纯水射流的高速水分子连续静压作用的工件表面。

微细磨料水射流的优点主要包括以下两方面：

1）微细磨料水射流喷嘴体积小、平动和旋转便捷，便于控制，在加工中不存在刀具磨损问题。对于一些复杂结构或异型曲面零件，如不规则型腔磨具、非线性自由曲面的叶片、飞机机翼、舰船螺旋桨等，不但要求精准的尺寸、形状等成形条件，还对表面质量提出很高要求。

2）不会产生传统抛光工艺易产生的热变形或热损伤。对复杂结构或异型曲面零件常采用抛光工艺来精准成型。常规抛光加工手段如电火花、砂轮磨削等处理表面时会存在表面热损伤等问题，相比之下磨料水射流抛光是利用磨料粒子与零件表面的碰撞，借助其冲击力将材料从表面去除。由于磨料粒子在冲蚀靶材的同时，水介质直接将热量内耗并带走，所以加工区域温度非常低，使材料在加工之后依然保持原始的表面物理化学属性，不会产生热变形或热损伤。因此，磨料水射流加工经常作为工程陶瓷、玻璃、复合材料、石材、合金等难加工材料的主要加工方式。

对于磨料水射流抛光加工工艺方面，针对具体的材料和形状，还在进一步研究，其焦点主要是工艺参数对被加工面抛光质量的影响，如抛光装置、抛光材料、复合加工制造工艺及工序等方面。

目前基于磨料射流抛光的形式有很多，主要类型有将原来磨料和水的混合液转换为纳米胶体或冰粒、将水溶液介质转换为气体介质、将高压供流式转换为负压吸流式、将其他辅助增强技术与水射流融合等，如图 10-8 所示。

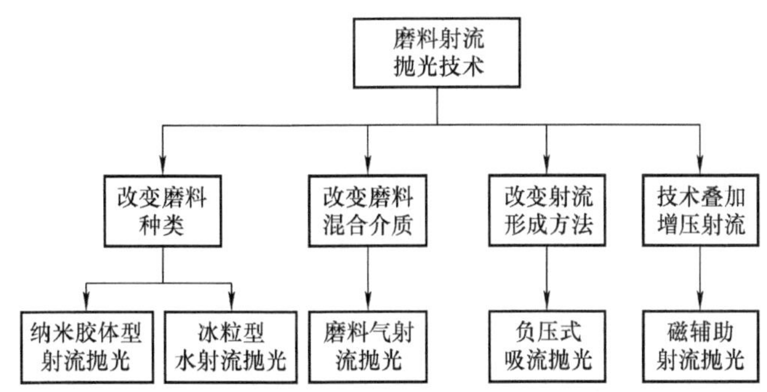

图 10-8　磨料射流抛光形式分类图

微细磨料水射流抛光加工装置总体结构主要包括：气液双作用增压系统、喷射系统、加工运动平台、磨料供给系统及回收装置等，如图 10-9 所示。

10.2.3　微细光刻加工

微细光刻加工是集成电路制作工艺中的关键技术，它是图像复印与化学腐蚀相结合的表面微细加工技术。光刻加工用照相感光来确定工件表面要蚀除的图形、线条，因此可以加工出非常精细的文字图案，目前已在工艺美术、机械工业和电子工业中获得了应用。

1. 光刻加工的原理

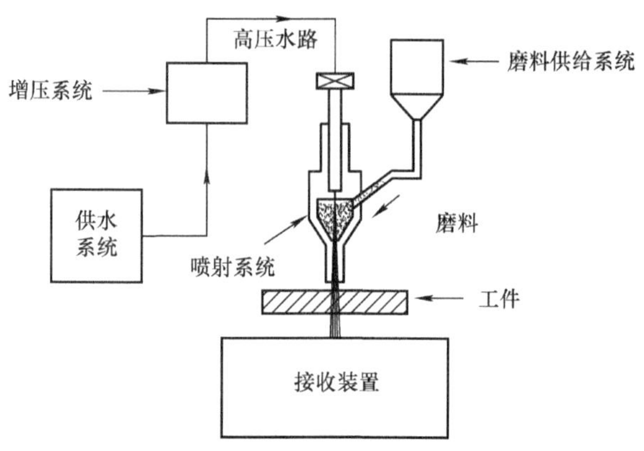

图 10-9　微细磨料水射流抛光加工装置结构

光刻加工原理是利用光致抗蚀剂（或称光刻胶）感光后因光化学反应，将掩膜板上的图形刻制到被加工表面上。光刻胶是由感光树脂、增感剂和溶剂三部分组成的对光敏感的混合液体。光刻胶主要用来将光刻掩膜板上的图形转移到元件上。根据光刻胶的化学反应机理和显影原理，可将其分为正性胶和负性胶。

正性光刻胶感光机理是受光照后，光刻胶发生光分解反应，退化为可溶性的物质，因原来光刻胶不能被溶解，显影后感光部分能被适当的溶剂溶除，未感光部分留下，所得的图形与掩膜图形相同。

负性光刻胶感光机理是受光照后，光刻胶发生光聚合反应，硬化成不可溶的物质，因原来的光刻胶能被溶解，显影后未感光部分被适当的溶剂溶除，而感光部分留下，所得的图形与掩膜图形相反。负性光刻胶在光刻工艺上应用最早，成本低，产量高，但由于它吸收显影液后会膨胀，导致其分辨率不如正性光刻胶，因此对于亚微米小尺寸加工技术，主要使用正性光刻胶作为光刻胶。

2. 光刻加工工艺

光刻加工工艺流程如图 10-10 所示，其步骤如下：

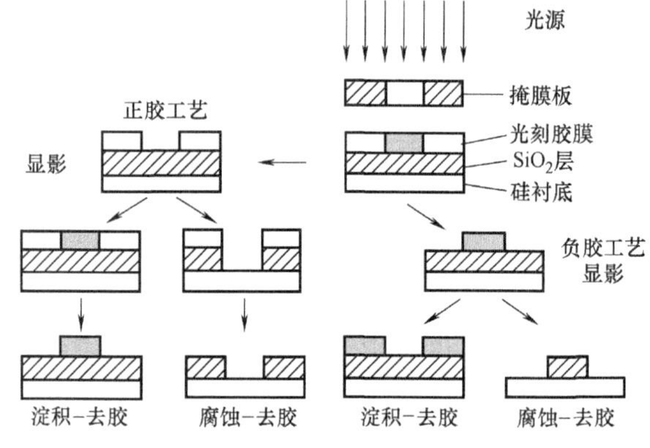

图 10-10　光刻加工工艺流程

（1）底膜处理　底膜处理是光刻工艺的第一步，其主要目的是对底膜表面进行处理，以增强其与光刻胶之间的黏附性。

（2）涂胶　底膜处理后，便可进行涂胶，即在底膜上涂一层黏附良好、厚度适当、均匀的光刻胶。一般采用旋转法进行涂胶，其原理是利用底膜转动时产生的离心力，将滴于膜上的胶液甩开。在光刻胶表面张力和旋转离心力的共同作用下，最终形成光刻胶膜。

（3）前烘　前烘又称软烘，就是在一定的温度下，使光刻胶膜里面的溶剂缓慢、充分地逸出来，使光刻胶膜干燥。

（4）曝光　曝光就是对涂有光刻胶的基片进行选择性的光化学反应，使接受光照的光刻胶的光学特性发生改变。光刻对准曝光系统（光刻机）的发展经历了三个阶段，早期使用的是接触式曝光，后来发展为接近式曝光，目前的主流是投射式曝光。

（5）显影　显影就是用显影液溶解掉不需要的光刻胶，将光刻掩膜板上的图形转移到光刻胶上。显影液的选择原则：对需要去除的那部分光刻胶膜溶解得快，溶解度大；对需要保留的那部分光刻胶膜溶解度极小。

（6）坚膜　坚膜也是一个热处理步骤。坚膜的目的就是使残留的光刻胶溶剂全部挥发，提高光刻胶与衬底之间的黏附性以及光刻胶的耐蚀能力。

（7）刻蚀　刻蚀就是将涂胶前所沉积的薄膜中没有被光刻胶覆盖和保护的那部分去除掉，达到将光刻胶上的图形转移到其下层材料上的目的。

（8）去胶　当刻蚀完成后，光刻胶膜已经不再有用，需要将其彻底去除，完成这一过程的工序就是去胶。此外，刻蚀过程中残留的各种试剂也要清除掉。去胶结束，整个光刻流程也就结束了。主要去胶方法有溶剂去胶、氧化去胶和等离子去胶。

3. 先进的光刻技术

由于光刻技术已经发展到极限，用于替代光学光刻的下一代光刻技术（NGL）也处在大力的研发阶段，有的已经取得了重大突破。下一代光刻技术主要有紫外线光刻（EUVL）、X 射线光刻（XRL）、电子束光刻（EBL）、离子束光刻（IBL）等。纳米压印技术是加工聚合物结构最常用的方法，它采用高分辨率电子束等方法将结构复杂的纳米结构图案制在印章上，然后用预先图案化的印章使聚合物材料变形而在聚合物上形成结构团。纳米科技现在已成为备受人们关注、最为活跃的前沿学科领域，其发展将带来一场工业革命。纳米光刻技术可用于纳米材料制作、纳米器件加工、纳米长度测量、纳米物质的物理特性研究等方面，适用于复杂器件的制造。

10.2.4　微细电解加工

微细电解加工是指在电解液中，利用阳极金属的电化学溶解原理来去除材料的制造技术。例如，图 10-11 所示为电化学反应原理图，其中的 NaCl 溶液即为离子导体，溶液中含有正离子 Na^+ 和负离子 Cl^-，还有少量的 H^+ 和 OH^-。当两类导体构成通路时，在金属片（电极）和溶液的界面上，必定有交换电子的反应，即电化学反应。这种以电化学作用为基础对金属进行加工的方法称为电解微细加工。

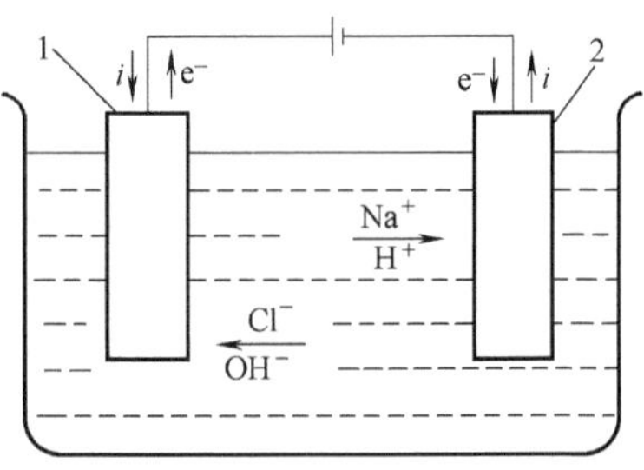

图 10-11　电化学反应原理图

1—阳极　2—阴极

电解液通常为 NaCl、$NaNO_3$、NaF、NaOH 等溶液，需根据加工的材料来选择。电解微细加工时，阳极金属材料是以离子状态被溶解掉，通过控制电流的大小和电流通过的时间，来控制工件的去除速度和去除量，从而得到高精度、尺寸微小的零件。

10.2.5　微细电火花加工

作为微细加工技术的一个重要分支，微细电火花加工技术具有设备简单、可控性好、无切削力、适用性强等一系列优点，因此在微小尺寸零件的加工中获得了大量应用。

1. 微细电火花加工的原理

电火花加工（EDM）是指在绝缘介质中，通过工具电极和工件之间脉冲性火花放电时的电蚀现象对工件材料进行蚀除，以达到一定的形状尺寸和表面粗糙度要求的一种加工方法。微细电火花加工的原理与普通电火花加工并无本质区别。电火花加工中电极材料的蚀除过程是火花放电时的电场力、磁力、热力、流体动力、电化学及胶体化学等综合作用的过程。图10-12所示为线电极电火花磨削示意图。

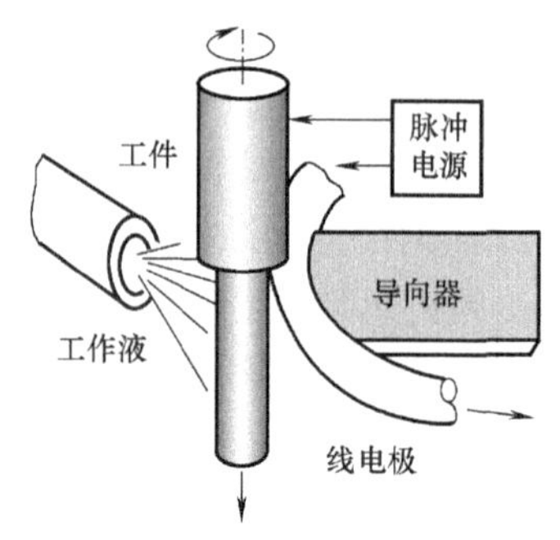

图10-12　线电极电火花磨削示意图

2. 微细电火花加工的优点

从原理上讲，微细电火花加工具有非接触、可操控性强、加工性能与材料硬度和强度无关、无切削力等优点。对几何形体加工适用性而言，微细电火花加工不仅可以加工出平面和回转体，还可以加工出三维复杂自由曲面。微细电火花加工方法具有设备简单、可实施性强、具有三维加工能力等优点。同时，这种方法所处理的材料非常广泛，不仅可以加工各种性能优良的金属、合金，还可加工陶瓷以及硅等半导体材料。微细电火花加工技术具有强大的微尺度制造潜能，在微小尺度零件的加工中有着不可替代的优越性。

3. 微细电火花加工的关键技术

微细电火花加工一般是指用棒状电极电火花加工或用线电极电火花磨削加工微孔、微槽、窄缝、各种复杂形状及微细轴类零件的技术。由于微细电火花加工与常规电火花成形加工的基本原理并无本质区别，但因涉及微细加工尺寸范围的差异，使其又具有自身独特的技术特点。微细电火花加工的关键技术归纳如下：

（1）高精度的微进给伺服系统　提高脉冲利用率是提高微细电火花加工效率的有效途径，要求有相应的微细电火花加工伺服系统，执行机构要有很高的响应速度和控制灵敏度。

（2）高精度的加工系统　加工系统的精度包括定位精度和运动精度。微米级的电火花加工要保证工具电极与工件之间的精确定位，加工系统还要具备相当高的运动精度。

（3）放电状态的实时检测　微细电火花加工过程的准确控制是通过对放电状态的检测、跟踪、反馈和调整来实现的，是实现加工过程稳定控制的重要前提条件。

（4）放电状态的在线预测　在微细电火花的实际加工过程中，放电状态序列往往呈现出非平稳性、非线性，此时依靠放电状态检测来对加工过程进行实时、准确控制已表现出明显的滞后性和不稳定性，因此必须对放电状态序列进行有效的预测，才能真正实现控制的实时性和精准性。

（5）脉冲电源　在微细及小孔电火花加工中，为了克服放电面积很小（面积效应）的影响，同时也是微细及小孔零件结构要素、尺寸和精度的要求，必须使每一个单脉冲的放电痕迹能够控制在很小的尺寸范围内。为此须研制微小能量的脉冲电源，并要求波形符合要求。

（6）电极制备　微细电火花加工属于成形复制加工，电极的制造关系到加工能否实现。微细及小孔电火花加工的尺寸决定了工具电极本身尺寸的微小化，并且电极截面直径的大小至少要比所加工的尺寸缩小两个放电间隙的距离。

（7）工作液及其循环系统　在微细及小孔电火花加工时，由于工具电极与工件之间的间隙很小，有可能影响工作液的正常循环流动；并且微小的扰动都会影响电极加工精度，因此一般慎用强制冲液的方法进行冷却排屑，而常选用低黏度工作液，并采取电极旋转等措施帮助工作液流动，有利于排屑。

10.2.6　电子束加工

1. 电子束加工的原理

电子束加工是在真空条件下，利用聚焦后能量密度极高（$10^6 \sim 10^9 W/cm^2$）的电子束，以极高的速度冲击工件表面的被加工部位，在极短的时间（几分之一微秒）内，其能量的大部分转变为热能，使被冲击部分的工件材料达到几千摄氏度以上的高温，从而引起材料的局部熔化，被真空系统抽走。

电子束加工的基本原理：在真空中从灼热的灯丝阴极发射出的电子，在高电压（30～200kV）作用下被加速到很高的速度，通过电磁透镜会聚成一束高功率密度（$10^5 \sim 10^9 W/cm^2$）的电子束。当冲击到工件时，电子束的动能立即转变为热能，产生出极高的温度，足以使任何材料瞬时熔化、汽化，从而可进行焊接、穿孔、刻槽和切割等加工。由于电子束和气体分子碰撞时会产生能量损失和散射，因此，加工一般在真空中进行。图 10-13 所示为电子束加工的原理。

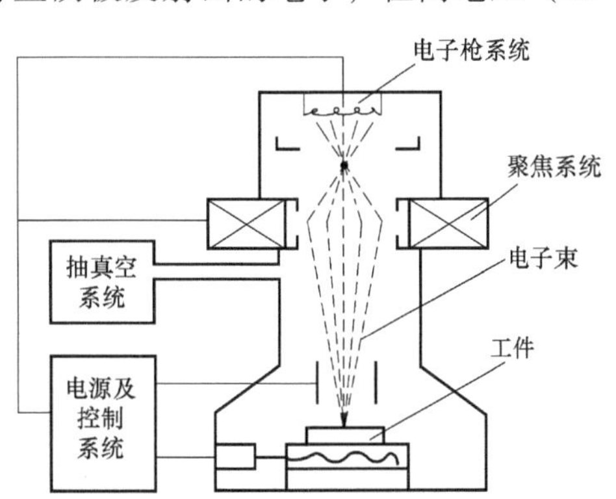

图 10-13　电子束加工的原理

2. 电子束加工的优点和缺点

（1）电子束加工的主要优点

1）电子束能聚焦成很小的斑点（直径一般为 0.01～0.05mm），且可控，可以用于精密加工，适合加工微小的圆孔、异形孔或槽。

2）功率密度高，能加工高熔点和难加工材料，如钨、钼、不锈钢、金刚石、蓝宝石、水晶、玻璃、陶瓷和半导体材料等。

3）无机械接触作用，无工具损耗问题。

4）加工速度快，如在 0.1mm 厚的不锈钢板上穿微小孔每秒可达 3000 个，切割 1mm 厚的钢板速度可达 240mm/min。

5）设备的使用具有高度灵活性，并可使用同一台设备进行电子束焊接、表面改善处理和其他电子束加工。

6）电子束加工是在真空状态下进行的，对环境几乎没有污染。

7）对于各种不同的被处理材料，其效率可高达 75%～98%，而所需的功率则较低。

8）能量的发生和供应源可精确地灵活移动，并具有高的加工生产率。

9）可方便地控制能量束，实现加工自动化。

（2）电子束加工的主要缺点

1）由于使用高电压，会产生较强的 X 射线，必须采取相应的安全措施。

2）需要在真空装置中进行加工。

3）设备造价高。电子束加工对设备和系统的真空度要求较高，使得电子束加工价格昂贵，一定程度上限制了其在生产中的应用。

图 10-14 所示为采用三束电子束同时焊接齿轮的实例，结果表明，与单束电子束焊接相比，此种方式可以明显减小齿轮焊接变形，而且大大提高了加工效率。

10.2.7 微细激光加工

激光加工是指利用激光束投射到材料表面产生的热效应来完成加工的过程，包括激光焊接、激光切割、表面改性、激光打标、激光钻孔和微加工等。用激光束对材料进行各种加工，如打孔、切割、划片、焊接、热处理等。激光能适应任何材料的加工制造，尤其在一些有特殊精度要求、特别的场合和特种材料的加工制造方面起着无可替代的作用。

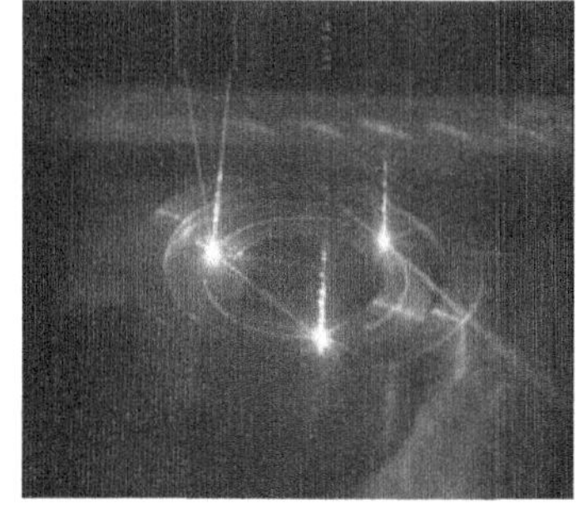
图 10-14 三束电子束同时焊接齿轮

1. 激光加工的原理

激光加工是将激光束照射到工件的表面，以激光的高能量来切除、熔化材料以及改变物体表面性能。由于激光加工是无接触式加工，工具不会与工件的表面直接摩擦产生阻力，所以激光加工的速度极快、加工对象受热影响的范围较小而且不会产生噪声。由于激光束的能量和光束的移动速度均可调节，因此激光加工可应用到不同层面和范围上。

2. 激光加工的特点

激光具有的宝贵特性决定了激光在加工领域有以下独特的优势：

1）由于它是无接触加工，并且高能量激光束的能量及其移动速度均可调，因此可以实现多种加工目的。

2）它可以加工多种金属和非金属，特别是能加工具有高硬度、高脆性及高熔点的材料。

3）激光加工过程中无“刀具”磨损，无“切削力”作用于工件。

4）激光加工过程中，激光束能量密度高，加工速度快，并且是局部加工，对非激光照射部位没有影响或影响极小。因此，其热影响区小，工件热变形小，后续加工量小。

5）它可以通过透明介质对密闭容器内的工件进行各种加工。

6）由于激光束易于导向、聚集，实现各方向变换，极易与数控系统配合，对复杂工件进行加工，因此是一种极为灵活的加工方法。

7）使用激光加工，生产率高，质量可靠，经济效益好。

3. 激光打孔

采用脉冲激光器可进行打孔，脉冲宽度为0.1~1ms，特别适于打微孔和异形孔，孔径为0.005~1mm。激光打孔已广泛用于钟表和仪表的宝石轴承、金刚石拉丝模、化纤喷丝头等工件的加工。

4. 激光切割、划片与刻字

在造船、汽车制造等工业中，常使用百瓦至万瓦级的连续CO_2激光器对大工件进行切割，既能保证精确的空间曲线形状，又有较高的加工效率。对小工件的切割，常用中、小功率固体激光器或CO_2激光器。在微电子学中，常用激光切划硅片或切窄缝，速度快、热影响区小。用激光可对流水线上的工件刻字或打标记，并不影响流水线的速度，刻划出的字符可永久保持。图 10-15 所示为激光加工图。

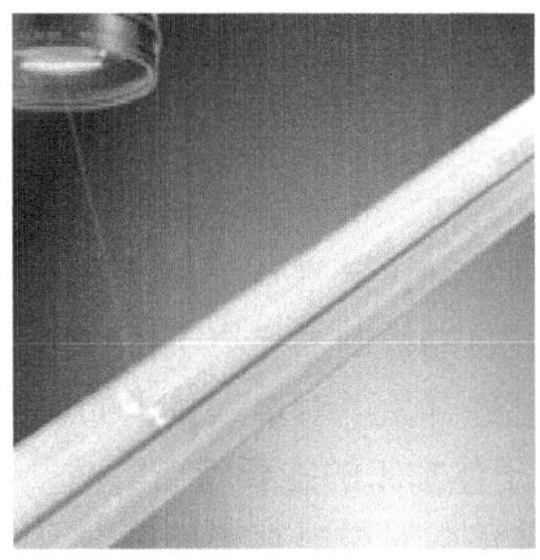

图 10-15　激光加工图

5. 激光微调

采用中、小功率激光器除去电子元器件上的部分材料，以达到改变电参数（如电阻值、电容量和谐振频率等）的目的。激光微调精度高、速度快，适于大规模生产。利用类似原理可以修复有缺陷的集成电路的掩膜，修补集成电路存储器以提高成品率，还可以对陀螺进行精确的动平衡调节。

6. 激光焊接

激光焊接强度高、热变形小、密封性好，可以焊接尺寸和性质悬殊，以及熔点很高（如陶瓷）和易氧化的材料。激光焊接的心脏起搏器，其密封性好、寿命长，而且体积小。激光热处理是用激光照射材料，选择适当的波长和控制照射时间、功率密度，可使材料表面熔化和再结晶，达到淬火或退火的目的。激光热处理的优点是可以控制热处理的深度，可以选择和控制热处理部位，工件变形小，可处理形状复杂的零件和部件，可对不通孔和深孔的内壁进行处理。例如，气缸活塞经激光热处理后可延长寿命；用激光热处理可恢复离子轰击所引起损伤的硅材料。

7. 强化处理

激光表面强化技术基于激光束的高能量密度加热和工件快速自冷却两个过程，在金属材料激光表面强化中，当激光束能量密度处于低端时可用于金属材料的表面相变强化，当激光束能量密度处于高端时，工件表面光斑处相当于一个移动的坩埚，可完成一系列的冶金过程，包括表面重熔、表层增碳、表层合金化和表层熔覆。这些功能在实际应用中引发的材料替代技术，将给制造业带来巨大的经济效益。图10-16所示为激光强化处理工件。

图 10-16　激光强化处理工件

10.2.8　微细等离子体加工

1. 微细等离子体加工的基本原理

微细等离子体加工又称为微细等离子弧加工，是利用电弧放电使气体电离成过热的等离子气体流束，靠局部熔化及气体去除材料。等离子体被称为物质的第四种状态。等离子体是高温电离的气体，它由气体原子或分子在高温下获得能量电离之后，离解成带正电荷的离子和带负电荷的自由电子，整体的正负离子数目和正负电荷仍相等，因此称为等离子体，具有极高的能量密度。

采用这种方法可以进行大面积平面抛光、局部抛光、非球面的成形和抛光等。采用此方法进行光学零件的加工，可以避免亚表面损伤层的出现，提高光学零件表面加工等级，实现高精密加工，该项技术包括真空等离子抛光和常压（大气压）下等离子抛光。等离子体加工涉及光学加工、自动控制、等离子体物理、化学气相反应以及流体动力学等学科的相关内容，日本、美国已经开始了对该项技术的应用展开基础研究，并取得了初步的研究成果。

2. 微细等离子体加工的主要特点

由于等离子体电弧对材料直接加热，因而比用等离子体射流对材料的加热效果好得多。因此，等离子体射流主要用于各种材料的喷镀及热处理等方面；等离子体电弧则用于金属材料的加工、切割以及焊接等。等离子弧不但具有温度高、能量密度大的优点，而且焰流可以控制。适当地调节功率大小、气体类型、气体流量、进给速度、火焰角度以及喷射距离，可以利用一个电极加工不同厚度和不同材质的材料。

10.3　纳米电子技术

纳米电子技术是20世纪80年代初迅速发展起来的新的前沿科研领域。纳米技术的兴起将人们的目光延伸到纳米尺度的微观世界，不仅使得人们能看到分子、原子，而且能够能动地操纵分子原子对其进行剪裁加工，在纳米尺度上进行信息写入、读出，功能可达到惊人的程度，一个具体的例子是利用纳米技术，可在针尖大小的面积上刻写《红楼梦》全书的内容。

纳米材料的制备和研究是整个纳米科技的基础，纳米材料广义上是三维空间中至少有一维处于纳米尺度范围的物质为基本结构单元所构成材料的总称。纳米材料的分类有多种方式。按维度可分为零维、一维、二维和三维材料。当材料的尺度在三维空间受限，即在空间三维尺度均为纳米尺度时，则称为零维纳米材料，包括纳米颗粒和原子团簇等。

纳米材料具有与宏观物质截然不同的表面效应，如表面效应、小尺寸效应、宏观量子隧道效应和量子限域效应。

1. 纳米加工

纳米（nm）是一个长度单位，$1\text{nm}=10^{-9}\text{m}$。纳米级精度的加工和纳米级表层的加工，即原子和分子的去除、搬迁和重组，是纳米技术的主要内容之一。纳米加工的实质就是要切断原子间的结合，实现原子或分子的去除，切断原子间结合所需要的能量，必然要求超过该物质的原子间结合能。

2. 纳米加工技术的分类

按加工方式，纳米级加工可分为切削加工、磨料加工（分为固结磨料和游离磨料）、特种加工和复合加工四类。纳米级加工还可分为传统加工、非传统加工和复合加工。传统加工是指刀具切削加工、固结磨料和游离磨料加工；非传统加工是指利用各种能量对材料进行加工和处理；复合加工是采用多种加工方法的复合作用。纳米级加工技术也可以分为机械加工、化学腐蚀、能量束加工、复合加工、隧道扫描显微技术加工等多种方法。机械加工方法有单晶金刚石刀具的超精密切削，金刚石砂轮和立方氮化硼（CBN）砂轮的超精密磨削和镜面磨削，砂带抛光等固定磨料工具的加工，研磨、抛光等自由磨料的加工等。能量束加工可以对被加工对象进行去除、添加和表面改性等工艺，例如，用激光进行切割、钻孔和表面硬化改性处理；用电子束进行光刻、焊接、微米级和纳米级钻孔、切削加工，离子和等离子体刻蚀等。属于能量束的加工方法还包括电火花加工、电化学加工、电解射流加工、分子束外延等。

3. 纳米加工对机床的要求

纳米加工要求机床具有高精度、高刚度和高稳定性。

（1）高精度　要求机床有高精度进给系统，实现无爬行的纳米级进给；有回转运动时，需要保证有纳米级回转精度。

（2）高刚度　要求机床有足够高的刚度，保证工件和工具之间相对位置不受外力作用而改变。

（3）高稳定性　要求设备在使用过程中应能长时间保持高精度、抗干扰、抗振动和高耐磨性。

经过多年的发展，纳米科技领域大量原创性成果不断涌现，纳米科技与传统产业相结合，在纳米材料、纳米加工观测手段、纳米器件研究与商业化的过程中取得了长足发展。纳米科技正成为推动世界各国经济发展的主要驱动力之一。

4. 微纳加工技术

微纳加工技术是指加工形成的部件或结构本身的尺寸在微米或纳米量级。微纳加工技术的开展促进了集成电路的开展，著名的“摩尔定律”曾就此指出：集成电路的集成度以每 18 ~24 个月翻一番的速度提高。微纳加工技术往往牵涉材料的原子级尺度的加工。

微纳加工技术首先离不开纳米科学与技术，这是 20 世纪 80 年代开始逐步发展起来的交叉前沿学科，纳米尺度上多学科交叉以及由此产生的科学技术问题拓展了人们对客观世界的认识。人们开始在原子、分子尺度和水平上制造材料及器件，带来信息、材料、能源、环境、医疗卫生、生物、纺织、轻工等领域的技术革命。

随着科学技术的发展及消费者需求的不断提高，微纳器件涉及面增加，从民用、医学，到国防、空间，涉及众多领域。例如，智能手机中的加速度计、陀螺仪，可监控用户健康状况并与手机同步的智能腕带，航空航天飞行器中的传感器，核研究中的微量泵，新型碳纳米管存储器等。这些产品共同的特点是特征尺寸“微纳”。

“微纳”的迷人之处更多在于使多功能的结构高度集成，因此，微纳制造技术代表的不仅仅是一项科学技术，而是一个国家最先进的制造水平。

实现微纳米结构与器件的方法有很多种，在 2004 年的国际微纳米年会上，曾经有人总结出 60 多种微纳加工方法。总的来说，微纳加工中的图形成像工艺过程通常分为三种类型：平面图形化工艺、探针图形化工艺和模型图形化工艺。

（1）平面图形化工艺　平面图形化工艺的核心是平行成像特性。先将一层光敏物质感光，通过显影使受到辐射的部分或者未受到辐射的部分留在衬底材料上，再通过多层曝光、腐蚀或者沉积就可以形成复杂的微纳米结构。多层曝光不仅可以通过光学曝光，还可以通过电子束、离子束和 X 射线等进行曝光。其中，光学曝光是平面图形化工艺的主流成像方法，即所谓的“光刻”方法。

光刻技术支撑着超大规模集成电路（VLSI）的实现与发展。集成电路的持续发展与微系统技术的兴起，已成为现代高技术产业的主要支柱。集成电路已经深入现代生活的各个领域，尤其是在3C领域（计算机类、通信类、消费类电子产品），3C电子产品消耗了全世界80%以上的集成电路芯片。集成电路加工虽然是平面微纳加工技术最主要的应用，但近年来微系统加工与微米加工技术中也大量应用平面工艺制作各种微纳米机械、微纳米流体和微纳米电子器件。

平面图形化工艺不同于传统机械加工的原因有：

1）微纳米结构由曝光方法形成，而不是加工工具与材料的直接相互作用。所以限制加工结构尺寸的不是加工工具本身的尺寸，而是成像系统的分辨率，例如光波的波长，激光束、电子束或离子束直径。

2）平面图形化工艺一般只能形成二维平面物理结构，或准三维结构，而不是真正的三维系统。平面图形化工艺形成的三维结构是通过多层二维结构叠加而成的。

3）平面图形化工艺形成的是整个系统，而不是单个部件。由于每个部件如此之小，根本无法按传统的先加工分立部件然后装配成系统的途径。所以系统中的每个部件以及它们之间的关系是在平面加工过程中形成的。

（2）探针图形化工艺　探针图形化工艺是指采用各种微纳米尺寸的探针来代替传统的刀具，是传统机械加工的延伸。各种微纳米尺寸的探针取代了传统的机械切削工具。这些微纳米探针不仅包括扫描隧道显微镜探针、原子力显微镜探针等固态形式的工具，也包括激光束、电子束、聚焦离子束和火花放电微探针等非固态形式的探针。高度聚焦的离子束、激光束可以直接进行微纳米结构的加工，如聚焦离子铣削技术、飞秒激光加工技术。图10-17所示为飞秒激光双光子聚合微纳加工示意图。

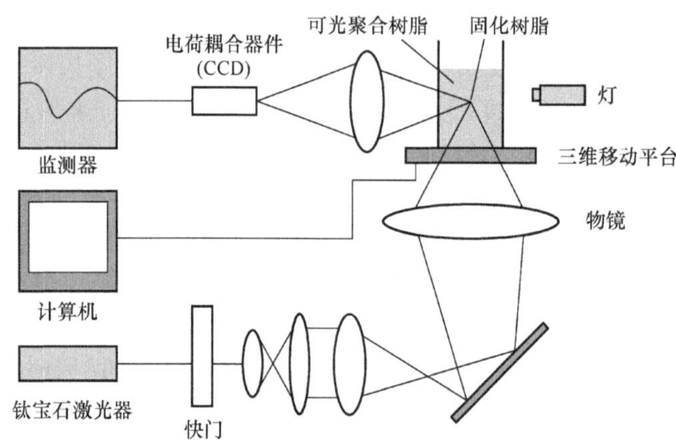

图10-17　飞秒激光双光子聚合微纳加工示意图

飞秒激光是一种以脉冲形式运转的激光，持续时间非常短，只有几个飞秒。

飞秒激光的特点有：①飞秒激光是我们人类目前在实验条件下能够获得的最短脉冲，它的精确度是±5μm；②飞秒激光有非常高的瞬间功率，它的瞬间功率可达百万亿瓦，比目前全世界的发电总功率还要多出上百倍；③物质在飞秒激光的作用下会产生非常奇特的现象，气态、液态、固态的物质瞬间都会变成等离子；④飞秒激光具有精确的靶向聚焦定位特点，能够聚焦到比头发的直径还要小得多的超细微空间区域。

飞秒激光加工属于高能束流加工中的一种。飞秒激光具有飞秒级的脉冲宽度和超高的峰值功率。因此，飞秒与物质相互作用时避免了激光的线性吸收、能量转移和扩散，这样就会使飞秒激光加工具有超高的精度和分辨率。

飞秒激光加工的优点有：① 与传统的激光加工相比，飞秒激光加工可直接写入结构；② 飞秒激光加工可获得小于 1μm 的空间分辨率；③ 飞秒激光加工无热效应且加工表面平滑。

飞秒激光非常适用于微纳加工，可以对陶瓷、玻璃、石英、塑料、树脂、聚合物等多种材料进行微纳尺度的穿孔、开槽、切割和三维立体造型。

飞秒激光微纳加工通常可以分为飞秒激光烧蚀微纳加工和飞秒激光双光子聚合微纳加工。

飞秒激光烧蚀微纳加工可使加工的材料瞬间蒸发，而不经历熔化的过程，加工机理较为复杂。

飞秒激光微纳加工技术中，飞秒激光双光子聚合加工是最为成熟的一种技术，它是基于飞秒激光在聚焦点上发生的双光子聚合效应。飞秒激光双光子聚合微纳加工的示意图如图 10-17 所示，将飞秒激光的焦点聚集在液体树脂上，由于双光子聚合反应，液体树脂变成固体树脂，因此若将飞秒激光的焦点按照三维轨迹移动，一个三维结构则会在液体树脂内被制造出来。飞秒激光双光子聚合加工技术是一种真正的三维微纳结构制造方法，被认为可以加工出任意的三维复杂结构。图 10-18 所示为飞秒激光在不锈钢薄片上作用形成的深孔。

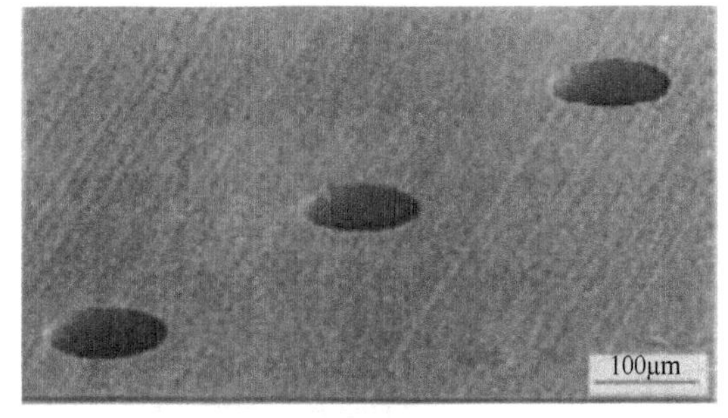

图 10-18 飞秒激光在不锈钢薄片上作用形成的深孔

（3）模型图形化工艺 模型图形化工艺是利用微纳米尺寸的模具复制相应的微纳米结构。在大多数情况下，复制得到的成像材料的微纳米结构需要进行图形转移加工，才能得到真正有用的微纳米结构，因此将这种复制技术归类于图形成像工艺。

典型的模型图形化工艺是纳米压印技术，纳米压印是利用绘有纳米图形的印模压印到软化的聚合物层上，之所以称为纳米压印是因为复制的图形尺寸一般在微米量级以下。纳米压印模上所有图形可以一次复制到平面衬套成像材料上，纳米压印技术可低成本、大量复制纳米图形。纳米压印还有多种派生技术，如紫外光固化纳米压印技术和软印模接触印刷技术。模型工艺还包括塑料模压技术和模铸技术，无论模压还是模铸都是传统加工技术向微纳米领域的延伸。

微米加工与纳米加工的差别体现在被加工结构的尺度上，一般大于 100nm 的结构加工仍习惯称为微细加工或微米加工，有时也将 1μm 尺寸以下结构的加工称为纳米加工，但制作 100nm 以下结构才是真正意义上的纳米加工。

微纳加工技术的核心技术是以各种光刻技术和刻蚀技术为主。光刻技术包括光学曝光技术、电子束曝光技术、聚焦离子束加工技术、扫描探针加工技术及复制技术。刻蚀技术是为了实现图形转移，主要应用沉积法图形转移和刻蚀法图形转移的技术。沉积法包括薄膜剥离与电镀方法、喷墨打印与印刷方法，刻蚀法包括湿法刻蚀技术与干法刻蚀技术。微纳加工技术受限于所使用的加工设备，在设备条件不具备纳米加工能力的情况下，可采用间接加工方法实现纳米加工。

5. 原子操纵加工技术

原子操纵加工技术或分子操纵技术，是一种纳米级微细加工技术，是一种从物质的微观入手并以此为基础构造微结构、制作微机械的方法。

扫描隧道显微镜（STM）和原子力显微镜（AFM）最初是用来检测试样表面的纳米级形貌，在实际应用中发现，这些扫描探针显微镜不仅可以观察物质表面的原子结构，甚至可以操纵单个原子和分子。

目前，利用STM已经实现了操纵试样表面的单个原子和分子、移动搬迁原子（分子）、从试样表面提取去除原子（分子）、将原子（分子）添加放置到试样表面。图10-19所示为STM搬移原子所形成的图形。

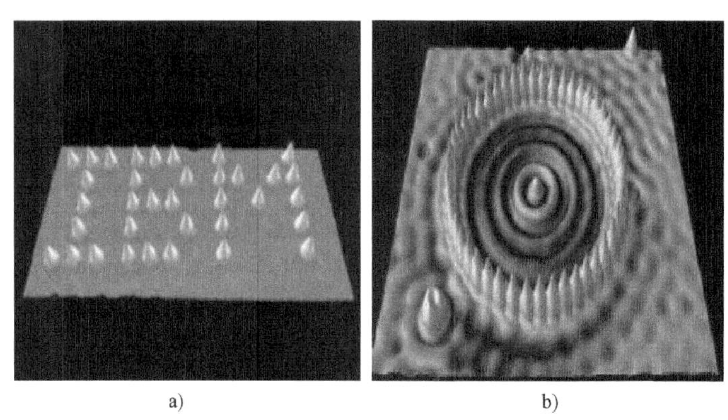

a)　b)

图10-19　STM搬移原子所形成的图形

a）搬迁氙原子显示“IBM”字样　b）搬迁吸附在铜表面的铁原子形成量子围栅

总之，STM的出现为人类认识和改造微观世界提供了一个极其重要的新型工具。随着理论和实验技术的日益完善，它必将在单原子操纵和纳米技术等诸多研究领域中得到越来越广泛的应用。

第 11 章

金属表面再制造技术

【学习目标】

- 了解再制造工程的概念、研究对象及关键技术。
- 掌握装备再制造技术、微纳米表面工程技术、材料制备与成形一体化技术、再制造快速成形技术、修复热处理技术、自修复技术等。
- 理解装备再制造工程的应用、装甲装备再制造及旧机床再制造等。

【导入案例】

汽轮机是发电厂的核心设备，由于特殊情况，轴类零部件的磨损不可避免，电厂或电站必须每隔 4 ~6 个月对汽轮机进行检查或修复。同时，汽轮机造价高昂（达 100 万 ~200 万元），制造周期长（1 ~2 个月），对这些轴类零件进行修复再制造，不仅对安全生产具有重要意义，而且可以节省消耗和时间成本，创造巨大的经济效益。汽轮机转子叶片轴颈再制造的解决方法之一是采用激光熔覆技术进行再造修复，经过修复，获得了良好的使用效果。图 11-1 所示为叶片损伤已修复区域实物图。

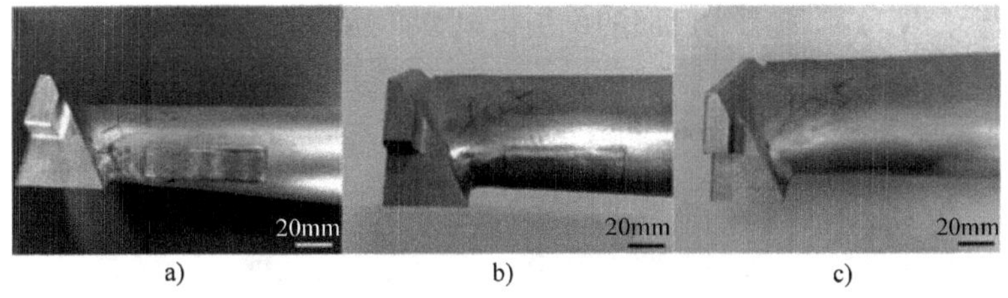

a) b) c)

图 11-1　叶片损伤已修复区域实物图

a）修复后机械加工前　b）机械加工后　c）表面打磨后

11.1　概述

1. 再制造工程概述

再制造产业在国际上已有 50 多年的历史，我国历来也十分重视修旧利废。在进入 21 世纪后，人口、资源、环境协调发展的任务更加突出，为建设节约型社会、环境友好型社会和发展循环经济，对再制造的需求更加迫切。随着科学技术的迅速发展，人们对再制造工程的认识进一步深化，再制造工程的内涵也进一步拓展。

再制造工程是以机电产品全寿命周期设计和管理为指导，以废旧机电产品实现性能跨越式提升为目标，以优质、高效、节能、节材、环保为准则，以先进技术和产业化为手段，对废旧机电产品进行修复和改造的一系列技术措施或工程活动的总称。简而言之，再制造就是废旧机电产品高技术维修的产业化。再制造的显著特征是再制造产品的质量和性能要达到或超过新品，成本却仅是新品的50%左右，节能60%，对保护环境贡献显著。再制造工程在国家可持续发展战略和科学发展观指导下，已经成为发展循环经济、构建节约型社会的重要组成部分。图 11-2 所示为废旧的轴类产品。

图 11-2　废旧的轴类产品

2. 再制造工程的研究对象

再制造工程的研究对象是广义的，它既可以是设备、系统、设施，也可以是其零部件；既包括硬件，也包括软件。再制造工程包括再制造加工和过时产品性能升级两个主要部分。

再制造工程根据旧机用途可分为民用产品和武器装备两类。民用产品更新换代快、报废数量大，因此民用产品再制造的主要对象是报废的机电产品，其效果是具有与原产品的新品一样的质量和保质期。而武器装备更新换代相对较慢，但是作战需求变化快，因此武器装备再制造的对象是现役装备，包括有故障的、不适应作战需求的、战伤损坏的，以及达到使用寿命的现役装备，武器装备再制造的效果是使装备性能恢复并通过技能改造使装备的功能提升。

再制造工程的研究对象是性能降低、功能不适应使用要求的服役装备。装备再制造是针对有各种缺陷的装备，通过先进技术手段进行系统加工的过程。再制造工程不但能提高产品的使用寿命，而且可以影响、反馈到产品的设计环节，最终达到多寿命周期费用最小，保证产生最高的效益。图 11-3 所示为废旧的民用机电类产品和废旧的武器装备枪支。

a)

b)

图 11-3　废旧的民用机电类产品和废旧的武器装备枪支

a）废旧的民用机电类产品　b）废旧的武器装备枪支

再制造与制造的重要区别在于毛坯不同。再制造的毛坯是已经加工成形并经过服役的零部件，针对这种毛坯，恢复甚至提高其使用性能有很大的难度和特殊的约束条件。在这种情况下，只有依靠科技进步才能克服再制造加工中的困难。再制造是一个对旧机型升级改造的过程。以旧机型为基础，不断吸纳先进技术、先进部件，可以使旧产品的某些重要性能大幅度提升，具有投入少、见效快的特点。图 11-4 所示为轴类再制造的毛坯和轴类制造的毛坯。

a)

b)

图 11-4　轴类再制造的毛坯和轴类制造的毛坯

a）轴类再制造的毛坯　b）轴类制造的毛坯

3. 再制造工程的关键技术

装备再制造工程是通过各种高新技术来实现的。在这些再制造技术中，有很多是与最新科学技术成果相接轨的，如先进表面技术和复合表面技术，主要用来修复和强化废旧零件的失效表面。由于废旧零部件的磨损和腐蚀等失效主要发生在表面，因而各种各样的表面涂覆技术应用最多。微纳米涂层及微纳米减摩自修复技术是以微纳米材料为基础，通过特定涂覆工艺对表面进行高性能强化和改性，或应用摩擦化学等理论在摩擦损伤表面原位形成自修复膜层，使性能大幅度提高。装备性能升级技术不仅包括通过再制造使产品强化、延寿的各种方法，而且包括装备的改装设计，特别是引进高新技术或嵌入先进的部件使装备性能获得升级的各种方法。除上述特色技术外，通用的机械加工和特种加工技术也经常使用。

11.2　装备再制造技术

在装备再制造诸多技术中，每种技术各有优长，也各有应用的局限性，有些技术应用面很广，而且技术已经很成熟，如堆焊技术、普通镀液电刷镀技术、普通丝材高速电弧喷涂技术、修复热处理技术、自修复技术等；有些技术是近期发展的高新技术，如微纳米表面工程技术、材料制备与成形一体化技术、再制造快速成形技术等。

11.2.1　微纳米表面工程技术

微纳米表面工程技术是在材料或零部件表面获得微纳米结构或微纳米复合结构膜层的各种表面技术的统称。与传统表面工程技术相比，微纳米表面工程技术具有以下几方面显著的优越性：

1）赋予表面新的服役性能。纳米材料的奇异特性保证了纳米表面工程涂覆层的优异性能，包括：①涂覆层本身性能的提升，如涂覆层的硬度、强度、耐磨性和抗接触疲劳性能等大幅度提高；②涂覆层的功能提升，如高性能的声、光、电、磁等纳米结构功能膜及超硬膜的制备。

2）使零件设计时的选材发生重要变化。微纳米表面工程中，在许多情况下，传统意义上的基体材料只起载体作用，而纳米表面涂覆层成为实现其功能或性能的主体，如高速工具钢刀具可以改用强度、韧性高的传统材质，而通过在切削刃表面沉积纳米超硬膜来提高其切削性能，耐蚀材料和抗高温材料也可以选用普通材质，通过把与介质接触的表面进行纳米化处理而提高材料的耐蚀、抗高温性能。

3）为表面技术的复合提供新途径。微纳米表面工程为表面工程技术的复合提供了一条全新的途径，具有广阔的应用前景。例如，表面纳米化技术与离子渗氮技术相结合，使渗氮工艺由原来的500℃条件下处理24h转变为300℃条件下处理9h。

1. 微纳米表面工程技术的分类

微纳米表面工程技术可以在材料表面制备出纳米结构或纳米/微米复合结构的表层，根据获得表面微纳米膜层的途径不同，有微纳米表面工程纳米化和表面复合纳米化，当前已经开发出了多种实用的纳米表面工程技术。

（1）纳米复合电刷镀技术　电刷镀技术是表面工程的重要组成部分，已被广泛应用于机械零件表面修复与强化。近年来，由于纳米颗粒材料在电刷镀技术中的应用，产生了纳米复合电刷镀技术，促进了复合电刷镀技术在高温耐磨及抗接触疲劳载荷等更广阔领域中的应用。在电刷镀镀液中添加纳米颗粒所制备的复合镀层使摩擦学性能有较大改善。在快速镍镀层中分别添加Al_2O_3、SiC、金刚石纳米颗粒，并对纳米颗粒表面进行改性处理，有效地提高了纳米颗粒在镍基复合镀层中的共沉积量和均匀分布程度。

（2）纳米热喷涂技术　热喷涂技术是表面工程领域中应用十分广泛的技术，在各种新型热喷涂技术不断涌现的同时，纳米热喷涂技术已成为热喷涂技术新的发展方向。热喷涂纳米涂层组成可分为三类：单一纳米材料涂层体系；两种（或多种）纳米材料构成的复合涂层体系；添加纳米颗粒材料的复合体系，特别是陶瓷或金属陶瓷颗粒复合体系具有重要作用。例如，美国纳米材料公司通过特殊黏结处理制成专用热喷涂纳米颗粒，用等离子喷涂方法获得了Al_2O_3/TiO_2纳米结构的涂层，该涂层致密度达95%～98%，结合强度比传统喷涂粉末涂层提高2～3倍，耐磨性提高3倍。

（3）纳米涂装技术　纳米复合材料是指将纳米颗粒用于传统涂料中，得到具有抗辐射、耐老化与剥离强度高的新型材料。例如，50～120nm球状TiO_2对衰减300～400nm的紫外线有明显效果，衰减长波、短波紫外线时，分别起散射和吸收作用；纳米SiO_2具有极强的紫外线反射能力，对波长在400nm以内的紫外线反射率达70%以上，是一种极好的抗老化添加剂；60nm的ZnO吸收300～400nm紫外线能力强。

（4）纳米减摩自修复添加剂技术　机械零部件的磨损主要发生在边界润滑和混合润滑状态下。而润滑油添加剂，特别是摩擦改进剂是降低其摩擦磨损最有效的途径之一，也是表面工程的重要发展方向之一。在润滑油中加入特定的纳米颗粒后，在一定温度、压力、摩擦力作用下，摩擦副表面产生剧烈摩擦和塑性变形，纳米颗粒在膜层表面沉积，并与摩擦表面作用，填补表面微观沟谷，从而形成一层具有耐磨、减摩作用的自修复膜。通过发动机台架试验，可使整车的动力性、经济性以及尾气排放都得到改善，燃油消耗率可以降低5%～10%。

（5）纳米固体润滑干膜技术 固体润滑技术是将固态物质涂于摩擦界面，以降低摩擦、减少磨损的技术。与常用的液体润滑相比，固体润滑技术不需要相应的润滑设备和装置，不存在泄漏问题。固体润滑技术不仅扩充了润滑油、润滑脂的应用范围，而且弥补了润滑油、润滑脂的缺陷。例如，加入纳米 Al_2O_3 颗粒，使固体润滑干膜的膜层系数增大，耐磨性提高。某重载车辆平面弹子滚道部位，采用纳米固体润滑干膜对其进行处理后，涂层能有效地隔绝腐蚀介质，同时涂层起到较好的减摩润滑作用。该技术可用于特殊情况下贵重零部件的减摩、耐磨。

（6）纳米粘涂技术 表面粘涂与胶黏技术是指以高分子聚合物与一些特殊功能填料（如石墨、二硫化钼、金属粉末、陶瓷粉末和纤维）组成的复合材料涂覆于零件表面，实现特定用途（如耐磨、耐蚀、绝缘、导电、保温、防辐射等）的一种表面工程技术。例如，含金刚石的纳米胶黏剂具有优异的耐磨性和很高的胶接强度。实验表明，随着纳米级金刚石粉在胶黏剂中加入量的增加，涂层的耐磨性提高，当加入量为 8% 时，耐磨性是未添加时的 2.2 倍，抗拉强度可达 50MPa，比未添加时提高了 27.5%。

（7）纳米薄膜制备技术 薄膜技术是通过某些特定工艺过程（常用溅射法），在物体表面沉积、附着一层或者多层与基体材料材质不同的薄膜，使物体表面具有与机体材料不同性能的技术。按薄膜的用途，可以将其分为功能性薄膜和保护性薄膜两大类。两大类中又有纳米多层膜和纳米复合膜之分。纳米多层膜一般是由两种厚度在纳米尺度上的不同材料层交替排列而成的涂层体系。由于膜层在纳米量级上排列的周期性，即两种材料具有一个基本固定的超点阵周期，双层厚度为 5～10nm。纳米复合膜是由两相或两相以上的固态物质组成的薄膜材料，其中至少有一相是纳米晶，其他相可以是纳米晶，也可以是非晶态。

（8）金属表面纳米化 金属表面纳米化是指采用某种能量手段作用于金属表面，使得表层晶粒细化至纳米尺度，从而获得纳米晶构成的表面层。金属表面纳米化可以通过不同方法实现。例如，应用超声冲子冲击工艺，可在铁或不锈钢表面获得晶粒平均尺寸为 10～20nm 的表面层。该技术的优点之一是可以在复杂零部件表面获得纳米晶表面层。该技术将为整体材料的纳米晶化处理提供一个基本途径，此项工作具有重大创新意义。

2. 纳米复合电刷镀技术

纳米复合电刷镀技术利用电刷镀技术在装备维修中的技术优势，把具有特定性能的纳米颗粒加入电刷镀液中，获得纳米颗粒弥散分布的复合电刷镀涂层，提高装备零件的表面性能。纳米复合电刷镀技术的根本原理与普通电刷镀技术相似，该技术采用专用的直流电源设备，电源的正极接镀笔，作为刷镀时的阳极，电源的负极接工件，作为刷镀时的阴极。镀笔通常采用高纯细石墨块作为阳极材料，石墨块外面包裹上棉花和耐磨的涤棉套，刷镀时使浸满复合镀液的镀笔以一定的相对运动速度在工件表面移动，并保持适当的压力。

（1）纳米复合电刷镀技术的特点 纳米复合电刷镀技术具有普通电刷镀技术的一般特点，同时又具有不同于普通电刷镀技术的独特特点。这主要表现在电刷镀液、镀层组织和性能方面。纳米复合电刷镀溶液是以普通常用电刷镀溶液为基液，与不溶性固体纳米颗粒、表面活性剂、分散剂等添加材料复配而成。

（2）纳米复合电刷镀工艺 纳米复合电刷镀技术的工艺过程与普通电刷镀基本相同，见表 11-1。在实际刷镀时，根据工件的材料、尺寸、表面热处理状态、技术要求、镀层厚度及工件条件等因素，正确选择纳米复合镀液体系及镀件极性、电压（电流）大小、相对运动速度等工艺参数，合理安排工序。

表 11-1 纳米复合电刷镀技术的工艺过程

工序	工序名称	工序内容和目的	备注
1	表面准备	去除工件表面油污、修磨表面、保护非镀表面	机械或化学方法
2	电净	电化学除油	镀笔接正极
3	强活化	电解刻蚀表面，除锈、除疲劳层	镀笔接负极
4	弱活化	电解刻蚀表面，去除碳钢表面炭黑	镀笔接负极
5	镀底层	提高界面结合强度	镀笔接正极
6	镀尺寸厚	快速恢复尺寸	镀笔接正极，使用纳米镀液
7	镀工作层	满足尺寸精度和表面性能	镀笔接正极，使用纳米镀液
8	后处理	吹干、烘干、涂油、去应力、打磨、抛光等	依据应用要求选定

电刷镀过程中，根据实际工件材料、形状、损伤程度、热处理状况等情况，可在一般工艺过程的基础上，增加或减少相应的工序。大量实践证明，采用 35 ~ 100A 的刷镀电源在小型钢铁零件表面制备镍基纳米复合电刷镀层时，常用的工艺参数见表 11-2。

表 11-2 制备镍基纳米复合电刷镀层常用的工艺参数

电源极性	工作电压/V	镀笔与工件的相对运动速度/(m/min)	复合电刷镀液温度/℃
正接	10 ~ 14	6 ~ 10	15 ~ 20

（3）纳米复合电刷镀技术的应用　纳米复合电刷镀技术是表面处理新技术，也是一项先进的零件再制造技术。由于纳米复合电刷镀层具有较高的硬度、优良的耐磨性、优异的抗接触疲劳性能及抗高温性能，因此可以大大提高传统电刷镀技术维修或再制造零部件的性能，或者修复原来传统电刷镀技术无法修复的服役性能要求较高的装备零部件。该技术拓宽了传统电刷镀技术的应用范围，主要表现在以下几个方面：①提高零件表面的耐磨性；②降低零件表面摩擦因数；③提高零件表面的高温耐磨性；④提高零件表面的疲劳性能；⑤改善有色金属表面的使用性能；⑥实现零件的再制造并提升性能。

纳米复合电刷镀技术应用实例：纳米复合颗粒电刷镀技术已经在我国 59 式主战坦克磨损失效部分零件再制造中得到了应用。某坦克修理大队采用纳米复合电刷镀技术对 59 式坦克的一些重要的零件进行了修复，包括大制动鼓密封盖 ϕ230mm 密封环配合表面、带衬套主动轴密封盖 ϕ74mm 滚柱配合表面、侧减速从动轴 ϕ160mm 外圆自压油档配合表面、内垂直轴 ϕ24mm 衬套配合表面等，最快仅用 1h 的时间便完成了单件修复。图 11-5 所示为我国 59 式主战坦克。

图 11-5 我国 59 式主战坦克

11.2.2 材料制备与成形一体化技术

材料制备与成形一体化技术是针对装备零部件再制造，实现零件修复部位成形和修复材料制备两个过程同时完成的各种再制造工程的先进技术。应用于装备再制造的材料制备与成形一体化技术主要包含热喷涂技术、高能束快速成形技术、堆焊技术和电化学沉积技术等多种具体的再制造技术。本节重点介绍高速电弧喷涂和激光再制造技术等。

1. 高速电弧喷涂技术

（1）喷涂原理　电弧喷涂是以电弧为热源，将熔化的金属丝用高速气流雾化，并高速喷射到工件表面形成涂层的一种工艺。喷涂时，两根丝状喷涂材料经送丝机构均匀、连续地送进喷枪的两个导电嘴内，导电嘴分别接喷涂电源的正、负极，并保证两根丝材端部接触前的绝缘性。当两根丝材端部接触时，由于短路产生电弧。高压空气将电弧熔化的金属雾化成微熔滴，并将微熔滴加速喷射到工件表面，经冷却、沉积过程形成涂层。图 11-6 所示为电弧喷涂原理。

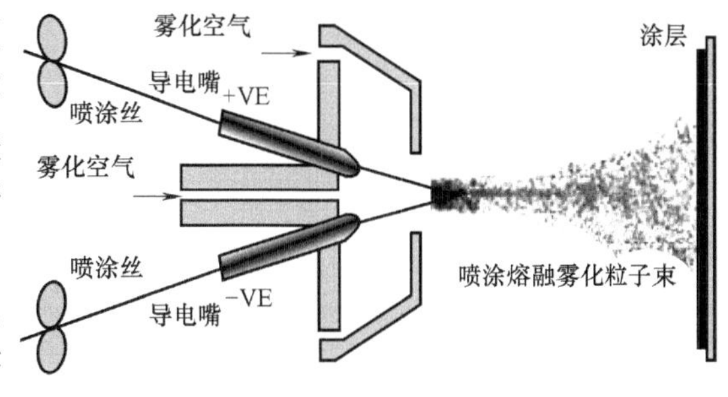

图 11-6　电弧喷涂原理

（2）电弧喷涂的技术特点　新型高速电弧喷涂与普通电弧喷涂相比，具有以下显著的优点：

1）熔滴速度显著提高，雾化效果明显改善。在距喷涂枪喷嘴轴向 80mm 范围内的气流速度达 600m/s，而普通电弧喷涂枪仅为 200～375m/s；最高熔滴速度达到 350m/s，且熔滴平均直径为普通喷枪雾化粒子的 1/8～1/3。

2）涂层的结合强度显著提高。高速电弧喷涂防腐用 Al 涂层和耐磨用 30Cr13 涂层的结合强度分别达到 35MPa 和 43MPa，是普通电弧喷涂层的 2.2 倍和 1.5 倍。

3）涂层的孔隙率低。高速电弧喷涂 30Cr13 涂层孔隙率小于 2%，而相应的普通电弧喷涂层孔隙率大于 5%。

（3）高速电弧喷涂工艺　高速电弧喷涂工艺包括工件表面的预处理、喷涂、喷后处理等几个步骤。工件表面预处理包括以下内容：

1）表面清洗。表面预处理的第一道工序是对待喷涂表面及相邻近的区域进行除油、去污、除锈等清洗工作。可以采用丙酮、乙醇等清洗油污，对轴类零件等要进行火焰烘烤除油，以免材料内部的残油渗出，影响涂层与基体的结合。

2）表面预加工。对工件进行表面清理，除去待修工件表面的各种损伤（如疲劳层和腐蚀层等）和原喷涂层、淬火层、渗碳层、渗氮层等，以及修正不均匀的磨损表面，使喷涂层的厚度均匀。同时，对工件表面进行粗糙化处理，以提高喷涂层与工件的结合强度。对于结合强度要求高的轴类零件等，需要车螺纹以增加接触面积，提高涂层结合强度。

3）表面粗糙化。表面粗糙化最常用的方法是进行喷砂处理。喷砂处理能除去工件表面的氧化膜，显露出“新鲜”金属，并使表面粗糙化，即“净化、活化和粗化”作用，同时还能使表面产生一定的残余压应力，对提高喷涂后的疲劳强度有利。

图 11-7　高速电弧喷涂

图 11-7 所示为对预处理后的工件进行高速电弧喷涂。

高速电弧喷涂工艺实践表明，喷涂电流一般不超过 200A。喷涂电流一定时，电弧电压越高，输入的电功率增加，金属丝材熔化加快，熔融粒子温度升高，粒子氧化严重，继续增加电压，由于送丝速度不变，容易造成电弧熄灭，不能进行正常喷涂，所以喷涂电压一般不高于36V。常用材料的高速电弧喷涂工艺规范及主要用途见表11-3。

表11-3　常用材料的高速电弧喷涂工艺规范及主要用途

喷涂材料	喷涂电压/V	喷涂电流/A	主要用途
Al、Al-Re合金 Al-Mg-Re合金 Al-Si-Re合金	30～32	160～180	钢铁构件长效防腐；船舰防腐；化工容器防腐
Zn	30～32	160～170	钢铁构件长效防腐；船舰防腐；化工容器防腐
Cu	30～34	170～185	电器触点；表面装饰
铝青铜、黄铜、巴氏合金	32～34	170～185	轴承衬套和轴瓦的修复、造纸烘缸的强化
12Cr13、20Cr13、30Cr13	34～36	180～200	轴类零件和柱塞的修复
68Cr17	32～34	180～190	磨损件的修复
低碳马氏体	32～34	180～200	黏结底层、耐磨涂层
Zn-Al伪合金	30～32	160～180	防腐
SL30	30～36	180～200	锅炉管道水冷壁耐热腐蚀防护
Fe-Cr-Al合金	30～36	180～200	锅炉管道水冷壁耐热腐蚀防护；抗高温氧化涂层

2. 激光熔覆再制造技术

激光熔覆，又称为激光涂覆，是指在被涂覆基体表面上，以不同的添料方式放置选择的涂层材料，经激光辐照使之和基体表面薄层同时熔化，快速凝固后形成稀释度极低、与基体金属呈冶金结合的涂层，从而显著改善基体材料表面的耐磨、耐蚀、耐热、抗氧化等性能的工艺方法。它是一种经济效益较高的表面改性技术和废旧零部件维修与再制造技术，可以在低性能廉价钢材上制备出高性能的合金表面，以降低材料成本，节约贵重稀有金属材料。

（1）激光熔覆技术工艺及特点　按照激光束工作方式不同，激光熔覆技术可以分为脉冲激光熔覆和连续激光熔覆。脉冲激光熔覆一般采用YAG脉冲激光器，连续激光熔覆多采用CO_2激光器。表11-4列出了两种激光熔覆技术的特点。

表11-4　脉冲激光熔覆和连续激光熔覆的特点

工艺种类	控制的主要技术工艺参数	技术特点
脉冲激光熔覆	激光束的能量、脉冲宽度、脉冲频率、光斑几何形状及工件移动速度（或激光束扫描速度）	1）加热速度和冷却速度极快，温度梯度大 2）可以在相当大的范围内调节合金元素在基体中的饱和程度 3）生产率低，表面易出现鳞片状宏观组织
连续激光熔覆	光束形状、扫描速度、功率密度、保护气种类及其流向和流量、熔覆材料成分及其供给量和供给方式、熔敷层稀释度	1）生产率高 2）容易处理任何形状的表面 3）层深均匀一致

针对工业中广泛应用的CO_2激光器熔覆处理工艺，需要优化和控制的激光熔覆工艺参数主要包括激光输出功率、光斑尺寸及扫描速度等。

熔覆材料供给方式主要分为预置法和同步法等。表11-5列出了激光熔覆常用的几种材料供给方式，并比较了其特点。

（2）激光熔覆材料　熔覆材料主要指形成熔覆层所用的原材料。熔覆材料的状态一般有粉末状、丝状、片状及膏状等。其中，粉末状材料应用最为广泛。目前，激光熔覆粉末材料一般是借用热喷涂用粉末材料和自行设计开发粉末材料，主要包括自熔合金粉末、金属与陶瓷复合粉末及各应用单位自行设计开发的合金粉末等。所用的合金粉末主要包括镍基、钴基、铁基及铜基等。表 11-6 列出了激光熔覆常用的部分基体与熔覆材料。

表 11-5 激光熔覆材料供给方式及其特点比较

方法		特点
预置法	涂覆法	先用手工涂覆、热喷涂、电镀、蒸镀等方法将熔覆材料预置在工件表面，然后进行激光扫描熔覆处理。手工涂覆方法简单、便宜，但生产率低，厚度及均匀性难以控制
	预置片法	将熔覆材料粉末与少量黏结剂压制成预置片，放置在工件表面待熔覆部位，然后进行激光扫描熔覆处理。该方法粉末利用率高、熔覆层质量稳定，适宜深孔或小孔径工件
同步法	同步送粉法	在激光扫描处理过程中，将熔覆粉末材料同步送入熔池。此方法中，激光吸收率大，热效率高，可以获得厚度较大的熔覆层，易于实现自动化，实际生产中采用较多
	同步送丝法	把熔覆材料预先加工成丝材，在激光扫描过程中同步送到激光束斑下。此方法可以保证熔覆层成分均匀。但是，激光利用率低，丝材制造复杂、成本高，较难推广

表 11-6 激光熔覆常用的部分基体与熔覆材料

基体材料	熔覆材料	应用范围
碳钢、铸铁、不锈钢、合金钢、铝合金、铜合金、镍基合金、钛基合金等	纯金属及其合金，如 Cr、Co、Ni、Fe 基合金等	提高工件表面的耐热性、耐磨性、耐蚀性等
	氧化物陶瓷，如 Al_2O_3、ZrO_2、SiO_2、Y_2O_3 等	提高工件表面绝热、耐高温、抗氧化及耐磨性等
	金属、类金属与 C、N、B、Si 等元素组成的化合物，如 TiC、WC、SiC、B_4C、TiN 等，并以 Ni 或 Co 基材料为黏结金属	提高硬度、耐磨性、耐蚀性等

11.2.3 再制造快速成形技术

1. 金属直接快速成形技术及其在制造业中的应用

直接制造致密的金属功能零件一直是快速成形技术的研究方向之一，较典型的直接成形工艺主要有：以激光为热源的选择性激光烧结工艺和激光近净成形工艺；以电子束为热源的熔融成形工艺；喷射成形的三维打印工艺；分层实体制造工艺等。

(1) 选择性激光烧结 (SLS) 工艺　选择性激光烧结工艺的成形原理如图 11-8 所示。加工时，首先将粉末预热到稍低于其熔点的温度，然后在刮平滚轮的作用下将粉末铺平；CO_2激光束在计算机控制下根据分层截面信息进行有选择的烧结，一层完成后再进行下一层烧结，全部烧结完成后去掉多余的粉末，则可以得到烧结好的零件。

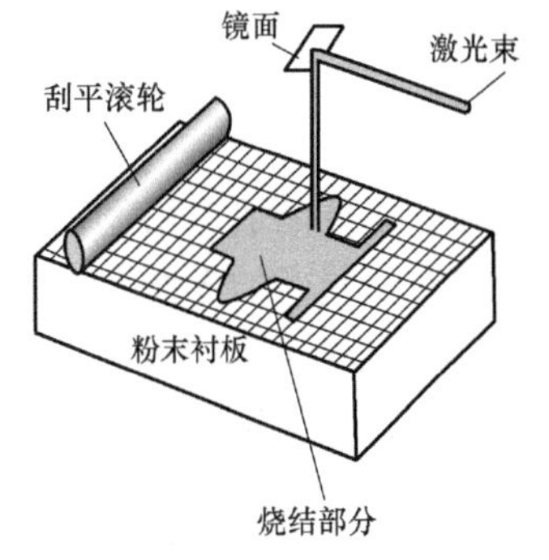

图 11-8　选择性激光烧结工艺的成形原理

(2) 激光近净成形 (LENS) 工艺　激光近净成形工艺也称激光生成工艺。该工艺使用聚焦的 Nd:YAG 激光在金属基体上熔化一个局部区域，同时喷嘴将金属粉末喷射到熔池中，基体置于工作台上，工作台由固定的喷嘴下的 X/Y 轴控制，在移动工作台时，系统能够挤出一层新金属，一层沉积后，系统控制喷嘴抬升一个分层厚度，新金属就可沉积，如此层层叠加制作金属原型零件。金属粉末是从一个固定于机械顶部的料仓内送到喷嘴的，成形仓内充满了氩气以阻止熔融金属氧化。基于这种技术已经制作出不锈钢、工具钢、钛合金等零件。通过混合粉末供应系统中的各种不同金属粉末可制作出镍基超合金零件、不锈钢零件等。该工艺的制作密度及力学性能较选择性激光烧结工艺有很大提高，但仍有约 5% 的孔隙率。

（3）电子束熔融成形工艺　该工艺首先将厚度为 0.1mm 的金属粉末平铺在基体上，首先利用功率为 4kW 的电子束在低电流及高扫描速度条件下将其预热，然后再增加电流或减小扫描速度将粉末熔化成形，并逐层累积。预热的目的在于将粉末稍微烧结并预固定在基体上，同时可减小基体与成形件的温度梯度。该成形方法熔化金属的速度较低，只能达到 0.2～0.3m/s，同时必须在高真空条件下进行，虽然这有利于避免成形材料的污染和雾化，但真空环境不利于散热并降低了其可操作性，连续的热输入会导致熔融金属的过热流淌以及成形后零件的整体收缩变形，其成形件的精度较低。目前，可用于此工艺的金属材料有：钛及钛合金、钨、铌、钽、钯、锆、铱、镍及镍合金。

（4）分层实体制造（LOM）工艺　该工艺采用激光切割箔材，箔材之间靠热熔胶在热压辊的压力和传热作用下熔化并粘接，一层层叠加制造原型。分层实体制造工艺成形的金属零件的优点是无须制作支撑，激光只进行轮廓扫描，无须填充扫描，成形效率高，运行成本低，在成形过程中无相变，残余应力小，适合加工尺寸较大的零件。缺点是材料利用率低，表面粗糙度较高，层间连接工艺比较复杂，并容易产生变形、翘曲等问题。

2. 微束等离子快速成形

（1）微束等离子快速成形的概念及特点　微束等离子快速成形技术借鉴了快速成形技术中“离散、堆积”的思想，与激光快速成形技术的基本原理相似。首先在计算机中生成待成形工件的三维 CAD 模型，然后将模型按一定的厚度切片分层，即将零件的三维信息转换成一系列二维轮廓信息，随后在计算机的控制下，用微束等离子分层堆焊的方法将粉末材料或焊丝按照二维轮廓信息逐层堆积，最终形成三维实体零件。

对于受损零部件，采用微束等离子快速成形技术修复具有以下显著特点：

1）热输入量小，工件的变形小、热影响组织变化小，最大限度地保证受损工件的力学性能指标。

2）微束等离子堆焊成形时，堆焊稀释率低，极大地提高了堆焊质量和堆焊合金成分的稳定。

3）工件的成形精度高，成形后加工余量小。

4）修复后的零件力学性能接近原产品。由于微束等离子快速成形为 100% 的冶金结合，修复区与基体结合强度高，不会出现修复层脱落、剥离等现象。

5）设备简单可靠，成形效率高。不需要复杂的控制设备和庞大的冷却设备，容易实现低成本、高效化的生产方式。

（2）微束等离子快速成形系统的构成　微束等离子快速成形系统包括变位机、三维焊枪运动机构、微束等离子电源、送丝系统、离子气体与保护气体供气系统、控制计算机等，如图 11-9 所示。控制计算机将需要成形的 CAD 图形按照一定的厚度切片，将其转化为一系列二维的平面图形。在计算机的控制下，微束等离子弧沿切片的二维图形轮廓进行扫描堆焊，形成该切片的二维图形平面，逐次堆积所成形二维平面，最终得到工件的实体。焊枪运动与夹持机构和变位机互相配合，在计算机的控制下完成快速成形所需的堆焊路径，最终生成所形成的工件。

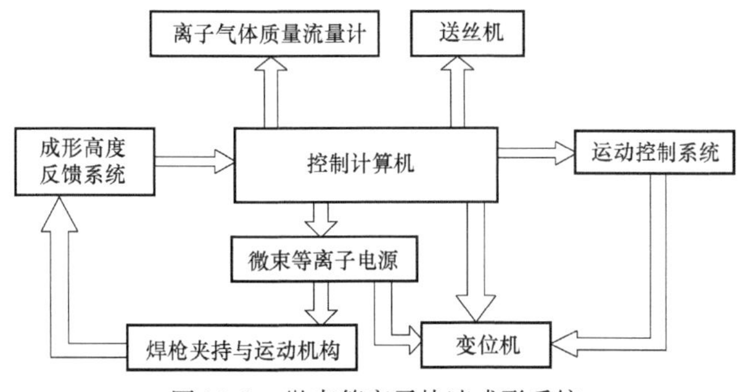

图 11-9　微束等离子快速成形系统

11.2.4　修复热处理技术

1. 修复热处理技术概述

长期运转的成套发电设备（包括锅炉、汽轮机、电动机、水轮机等）、大型运载设备（机车、舰船、重载车辆、坦克、飞机）或工作机械（机床、起重机、矿山机械）等，在整个使用过程中常需进行相当次数的大修，更换较易失效的零件，以便恢复这些机械设备原有的性能。这些较易失效的零件，如汽轮机叶片、锅炉过热管、各种转子等，大都是极为昂贵的。除了使用高级优质合金钢为原材料以外，它们的制造过程（包括铸造或锻造成形、预备及最终热处理、机械加工、必要的表面处理等）也需要大量工时与加工设备，因而也是耗资巨大的。这些更换下来的数以吨计的较易失效的零件，往往由于形状尺寸的特殊性而很难改作他用，不得不返回冶金部门作为炼钢废料。修复热处理是实现这些贵重机械零部件再制造的有效途径之一。

修复热处理再制造技术的主要研究内容可分为以下三个方面：

1）重要零件（锅炉过热管、汽轮机叶片、高温螺栓）在高温下长期使用过程中显微组织结构及力学性能变化规律的实验研究，包括硬度、冲击、高温强度、蠕变抗力等的测试，以及碳化物成分结构分析、晶界杂质偏聚的俄歇分析、透射电子显微镜（TEM）组织分析、SEM 端口分析等。

2）修复热处理工艺的研究与制订，包括重新奥氏体化（温度、时间）及随后的冷却制度（炉、空、油、水），以及必要的回火工艺。

3）按最佳修复热处理工艺处理一批拆换下来的零件，辅以必要的表面修复及机械加工，使内部组织及外观形状尺寸完全达到零件的原始要求。有计划地安装使用这些零件，并在使用后跟踪分析这些零件组织性能变化的规律。

以成套发电设备典型零件的修复热处理再制造为例，每吨零件估计可节约原材料及加工费用至少 5000 元，更换可修复热处理零件 1000 吨，便可获 500 万元的经济效益。在发电设备行业普遍推广应用修复热处理再制造技术，其经济效益将是十分可观的。若能将修复热处理再制造技术推广到其他行业，那么经济效益更不可估量。

2. 修复热处理的原理

对金属的任何加工（热加工、变形等）都会引起损伤的发展，即形成微孔和微裂纹。无论在工艺准备阶段，还是在使用阶段都会出现微孔和微裂纹。此外，在使用过程中，金属内一定深处会发生组织转变和应力-变形状态的变化，这将改变形成显微不连续的动力学。应当着重指出，形成的缺陷就是金属材料破坏的直接原因。

目前以各种处理方法，尤其是热处理，能够部分或全部地消除显微缺陷。在使用阶段或使用后进行热处理，恢复零件的使用性能和延长寿命，被称为修复热处理。

在修复热处理时，金属材料发生三种类型的变化：修复损伤、恢复组织和改变应力-变形状态。由于损伤的发展速度决定着金属零部件的寿命，所以修复损伤（显微缺陷）是主要的研究热点。显微缺陷聚集的数量、尺寸以及金属内发生的组织变化程度（如必须转移到固溶体中的第二相类型），决定了修复热处理的规范。

3. 蠕变损伤材料的修复热处理

蠕变损伤的材料经修复热处理后可使性能恢复。例如，火力发电厂主蒸汽管的失效按微孔特征判断，当微孔直径达 1 ~3μm 且体积率达 0.2% 时，主蒸汽管就应更换；但热强度显著下降的主蒸汽管经修复热处理后可以得到修理。下面介绍蠕变损伤的 12Cr1MoV 钢的修复热处理研究。

（1）修复热处理工艺　试样取自使用 13.7×10^{4}h 并发生严重蠕变损伤的火力发电厂主蒸汽管弯管。选 12Cr1MoV 材料，修复热处理前后检查试样的损伤率。修复热处理按以下三种规范进行。

1）1000℃正火 +730℃回火 3h（简称工艺 1）。

2）1050℃正火 +730℃回火 3h（简称工艺 2）。

3）循环修复热处理，试样封入石英管（压力为 0.013Pa），按 1050℃ ⇌ 室温反复进行（简称工艺 3）。

此外，还分别在 980℃、1000℃、1050℃保温后炉冷，研究修复热处理加热时微孔熔结的效果。

（2）修复热处理对钢的组织和性能的影响　钢的金相组织及碳化物成分经修复热处理后可以完全恢复，与损伤率无关，只取决于修复热处理的工艺参数。升高正火温度、延长保温时间，合金元素重新充分固溶可发挥固溶强化作用；高温回火时碳化物弥散析出得到弥散强化。采用工艺 1 和工艺 2 两种规范的修复热处理，12Cr1MoV 钢的金相组织为铁素体 + 贝氏体 + 珠光体。贝氏体使钢的热强度和组织稳定性增加。使用后钢中碳化物发生聚集并可产生 M_6C 碳化物，正火温度采用 1050℃（可再增加保温时间）效果较好。

原始管经“装罐退火”持久塑性 δ 较高，但使用后最低持久塑性降到 10.3%。工艺 1 处理的最低 δ 值只有 7.9%，工艺 2 为 16.4%。修复热处理后的持久塑性均可满足大于 3% ~5% 的要求。沿晶空洞的消除或减少对 δ 值影响是次要的，主要是析出相与碳化物重熔的作用。12Cr1MoV 钢修复热处理的正火温度超过标准规定的上限（1020℃），由于晶内进一步强化及晶界附近无沉淀带变窄使 δ 值下降。只要控制正火冷却速度使贝氏体含量不超过 20% 就可保证有高的持久塑性。

（3）修复热处理时机的确定　主蒸汽管发生超温引起材料严重老化后，可经修复热处理延长寿命，但没有明显超温时，材料老化失效是很缓慢的，主蒸汽管失效主要是蠕变断裂失效。这样，修复热处理的时机就应由蠕变断裂损伤确定。选择修复热处理时机要使微孔完全消除是无意义的。等效恢复系数足够高就可以充分发挥修复热处理后钢的热强度。主蒸汽管及其弯管在损伤率达 0.1% 之前做修复热处理，这时可以有很高的等效恢复系数。

4. 疲劳损伤材料的修复热处理

用热处理方法恢复金属材料疲劳损伤是一个引人注目的问题。许多科技工作者在金属材料疲劳损伤恢复方面做了大量的工作，但长期以来有三个方面的问题一直没有得到很好的解决：一是缺乏对金属材料疲劳损伤过程物理本质的认识；二是采用热处理恢复金属零件疲劳损伤引起的变形问题；三是缺乏行之有效的热处理技术规范。

下面通过对 45 钢材料疲劳损伤发展过程的物理本质、热处理恢复金属零件疲劳损伤引起变形等问题的试验研究，探讨适合工程实际应用的热处理恢复金属材料疲劳损伤的技术规范。

试验用 45 钢经 830℃水淬 +600℃回火处理。试样采用漏斗形光滑标准原试样，在旋转弯曲疲劳试验机上做旋转弯曲疲劳试验，转速为 5000r/min。试验在室温、空气介质条件下进行。取 45 钢常幅应力 σ_a = 388MPa，疲劳失效寿命 N_f = 236700；取常幅应力 σ_a = 489MPa，疲劳失效寿命 N_f = 64400。当旋转弯曲疲劳试验分别循环至其疲劳寿命的 10%、20%、30%、40%、50%、60%、70%、80%、90%、95% 时中止试验，在扫描电镜下观察其微观组织结构变化。

采用低温修复热处理（低于 A_1 温度）对 45 钢试样疲劳损伤进行恢复。在疲劳循环至 $0.5N_f$ 时，分别选取 400℃、500℃、600℃、700℃对试样进行中途回火，回火时间为 60min，观察中途回火温度对积累疲劳失效寿命的影响。并分别采取空气介质炉和盐浴介质炉对试样进行中途回火，比较不同热处理技术规范对疲劳损伤恢复的影响。对 45 钢试样疲劳断口分析发现，约有 90% 的试样疲劳源在表面形成，10% 的试样疲劳源在亚表面形成。

5. 工具钢的修复热处理

修复热处理能够提高使用中的工具钢的工作能力和寿命。采用低温修复热处理方法，针对现实生产条件下冲压用凸模和各种规格尺寸铣刀的不同使用阶段，恢复 W18Cr4V 高钨工具钢和 8Cr4W2Si2MoVNiAlTi 低钨工具钢的使用性能。

低温修复热处理不能显著影响金属材料的密度变化，但能改变组成合金的相成分及其形态。除此之外，借助低温修复热处理，对使用时产生的一系列结构变化的金属是有效的。换言之，可将使用过程纳入工具钢的强化工艺循环，从而提高其疲劳强度。

为进行低温修复热处理，必须确定低温修复热处理的最佳规范和必须进行此处理的最佳使用阶段。低温修复热处理是在工作时间循环（以振幅 σ_u = −2300 ~ 300MPa 的不对称力作用循环）300 次后，在 200℃、400℃和 500℃保温 1h 时进行的。

为了确定按已选取温度进行低温修复热处理的最佳时刻，热处理是在工作时间循环 150、300、500 和 1000 次后进行的。低温修复热处理的最适合时刻是在生产中重磨刀具时。一般，在刀具破坏前时间（或循环次数）的 2% ~30% 时进行（对凸模为 2% ~5%，对铣刀、铰刀为 5% ~30%）。为实现这最简化的低温修复热处理工艺工序，无须附加的产生冲压循环或铣削循环的装备，也无须附加的热处理设备。它可在生产工段实现，即在工具重新开始使用前进行热处理。

6. 金属材料内部裂纹高温愈合

对于钢的内部损伤愈合的研究发现，金属在热加工条件下，损伤的发展会受到某种机制的抑制，其结果是在微裂纹扩展的同时，可能存在一个可逆的愈合过程。俄罗斯学者通过分析金属材料损伤的发展，明确指出在金属材料使用阶段或使用后，采用修复热处理方法消除金属材料内部损伤，从而达到恢复使用性能和延长寿命的目的；并根据处理条件的不同，对修复热处理方法做了较为系统的分类，认为必须使用高温修复热处理才可能明显降低金属的损伤程度，减少缺陷并最终完成恢复组织。

通过高温处理及在高静水压力、大塑性变形和有动态再结晶条件下的试验研究证实20MnMo钢在一定条件（可无塑性变形）下，内部裂纹的萌生与扩展是一个可逆过程，认为内部裂纹愈合过程主要受控于基体金属内的原子扩散，并将愈合过程分为空洞填充与晶粒长大两个阶段。在初步总结20MnMo钢内部裂纹愈合规律的基础上，对实际生产中经超声检测证实已报废的大型锻件进行了较为成功的愈合试验，取得了显著的社会效益和经济效益。对20MnMo钢进行了内部裂纹的高温修复试验研究，认为当裂纹宽度小于1.3μm时，可以仅通过高温处理将其修复，而对超过此尺寸的裂纹，则必须辅以加压条件才能修复。

11.2.5 金属增材制造修复技术

金属增材制造修复技术是指金属借助于增材制造的方法实现制造修复的一种技术。金属增材制造修复技术以缩短生产时间、降低材料消耗量和多材料一体成形为特点，可以不受限于结构的复杂性，再制造复杂结构零件或者薄壁零件，能够快速、高效、优质、经济地增材修复出三维实体模型。金属增材制造修复技术的智能化、柔性化制造优势使复杂零件的再制造拥有了无限的潜力。金属增材制造修复技术的原理是对三维数字模型进行切片，得到每层切片的截面数据，规划扫描路径传输给控制系统，同时刮刀预先铺粉，Z轴向下移动一个层厚，系统控制热源按照待加工层扫描路径快速扫描，材料熔化与已成形层形成冶金状态的结合，循环逐层沉积，成形CAD模型的实体，热源主要分为激光束、电子束和电弧等。

1. 电弧增材制造（WAAM）

WAAM是在电弧焊的基础上发展的新型加工技术。电弧焊是一种堆焊，金属丝材熔化层层累加，凝固堆积成形。丝材加工过程中热量集中不容易发散，熔池大小不易控制，热影响区较大，对成形件的尺寸精度和表面质量影响较大，会降低成品质量，甚至无法满足使用要求。WAAM通常选取金属丝材为原材料，适合大尺寸复杂零件的高效、快速、经济加工，在高性能、高附加值成形件方面有较多的成功案例。WAAM的热源是电弧，对金属材料的光反射率不敏感，可以加工铜合金、铝合金等高反射率的金属材料。

2. 电子束选区熔化（EBSM）再制造

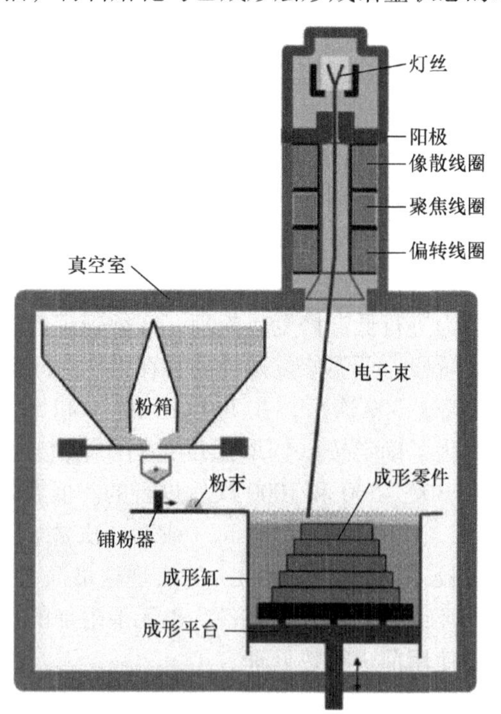

图11-10 电子束选区熔化成形示意图

图11-10所示为电子束选区熔化成形示意图，电子束选区熔化技术依靠电磁线圈控制电子束精确、快速偏转，按照截面轮廓规划的路

径扫描，利用电子束熔化预铺设的金属粉末，循环层层累加，加工出三维零件。EBSM 电子束能量密度高，加工高效快速，加工精度高，成形件力学性能好，表面质量高，适合钛合金、钛铝基合金等难熔金属的小批量、小尺寸、结构复杂及高附加值零件的加工。EBSM 在结构复杂件的制造中能充分发挥高精度制造的优势，但 EBSM 技术需要一整套配套设备，要求在真空环境下操作，前期准备成本较高，故更适合单件或小批量样品的快速加工，能快速响应产品的设计，缩短产品研发周期。

3. 激光近净成形（LENS）再制造

激光近净成形是热源和粉末材料同轴或者旁轴输送，热源熔化粉材，逐层固化黏结累加实现三维模型成形的新型加工技术。图 11-11 所示为金属激光近净成形示意图，金属粉末是旁轴输送，其加工原理是三维模型进行分层切片，确定每层的运动路径信息，系统控制热源和送粉喷嘴按照每层截面的运动路径以一定的速率在 *XY* 平面运动，热源熔化材料形成熔池并快速冷却，堆积成形，层间结合具备冶金效果。获得的实体零件致密度可达到 99%，可承载力学载荷；材料利用率高，几乎不会浪费材料；但激光束直径较大，加工成形精度较低（毫米级），适用于大尺寸毛坯件的加工成形，一般还需要后续加工处理才能获得所需精度的零件。同时，加工过程中，加工成形区温度分布不均匀形成温度梯度，成形件热应力集中，容易发生边缘翘曲，降低成形件的成形质量和成品率，增加制造成本和时间。

4. 激光选区熔化（SLM）成形再制造

SLM 的原理与 LENS 相似，但不同于 LENS 的同轴或旁轴送粉，SLM 需要预铺粉，铺设粉末依靠图 11-12 所示刮刀往复运动。铺粉装置在工作平台铺设一层高度为预设层厚的金属粉末，激光束按照当前层的运动路径对工作平面进行快速扫描熔化粉末，逐层累加加工零件。通过调节激光束功率、扫描宽度、扫描速度、扫描间隙等工艺参数可以加工同种材料的匀质件及异质材料的过渡功能或梯度功能零件。所使用的激光功率较小，一般在 200～1000W，激光束直径小，成形精度高，成形件表面质量较其他增材技术高，但成形效率较低，适合小尺寸复杂结构零件的加工制造、模具设计制造，可以有效地缩短设计周期，加速产品研发。对于复杂结构件，变截面以及异形构件的加工，SLM 加工技术具有独特优势。同时，加工过程中由于层厚小，金属粉末经历了完全的熔化和快速凝固过程，成形件致密度高，可达到 100%，同时兼具了高精度和优良性能的制造要求。因此，SLM 加工技术被认为是金属增材制造领域最具发展潜力、最有发展前景的加工技术之一。

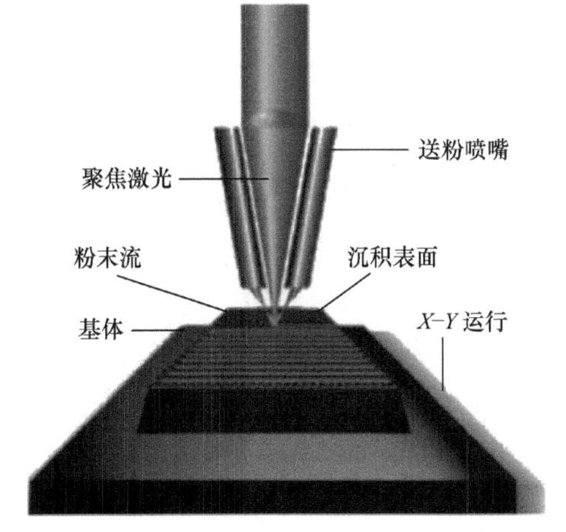

图 11-11　金属激光近净成形示意图

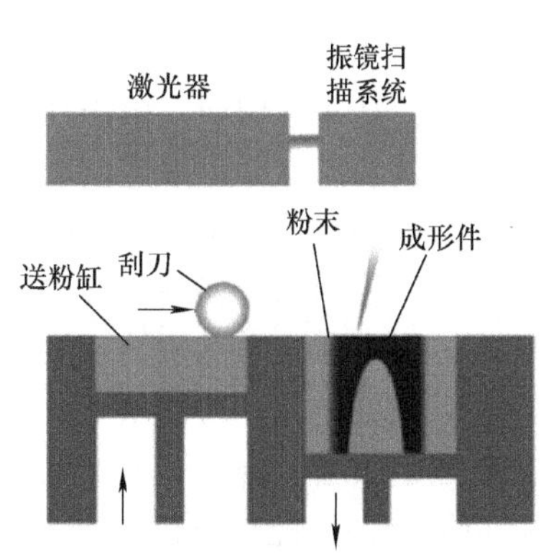

图 11-12　激光选区熔化成形示意图

11.3 自修复技术

现代装备日趋大型化、高速化、自动化和智能化。现代装备一旦发生故障可能导致重大事故，故障停机检修也会造成巨大的经济损失。装备的磨损、腐蚀、疲劳、老化等失效是制约装备效能和战斗力发挥的基础性因素。机械装备的智能仿生自修复性能将是装备技术保障工程的重要内容。对现役装备或废旧装备及其重要部件综合运用信息技术、微纳米技术和生物技术再制造，赋予其智能自修复性能是提升传统制造业和促进装备跨越式发展的必然手段和趋势，是提高装备性能、可靠性和寿命的有效途径。该技术将对未来装备的性能提高起到巨大的推动作用，同时对提高装备的技术保障水平具有重要的意义。

根据目前国内外自修复技术的研究状况，具体介绍我国在自修复领域开展的以下三方面研究：埋伏型自修复技术、微纳米摩擦损伤自修复技术和矿物微粉摩擦磨损自修复技术。

1. 埋伏型自修复技术

（1）微胶囊自修复技术　微胶囊自修复技术是一种采用成膜材料将固体、液体或者气体包覆形成微小粒子的技术，所形成的胶囊直径为1～5000μm。该技术日趋成熟，已经广泛应用于无碳复写纸、医药、农药、化妆品、食品等领域。

制备微胶囊的过程称为材料的微囊化。目前，微囊化制备方法主要有相分离法、物理机械法和聚合反应法三大类，其中聚合反应法包括界面聚合法、原位聚合法和悬浮交联法。制备密封性好的微胶囊一般选用原位聚合法，采用脲醛树脂作为囊壁材料。

胶囊是采用原位聚合法在水包油的体系中制备的。室温下，将去离子水200mL和2.5%的（乙烯/马来酸酐）共聚物水溶液50mL倒入容量1000mL烧瓶中，烧瓶用水浴加热。向烧瓶中加入脲5.00g、氯化铵0.50g、间苯二酚0.50g，搅拌直至溶解。用氢氧化钠和盐酸溶液调整pH值至2.60～3.50。慢慢加入芯材环戊二烯二聚苯，乳化10min。体系稳定后，加入37%的甲醛水溶液12.67g，甲醛和脲的物质的量比达到1.9∶1，体系加热速度为1℃/min，至55℃为止。反应2h后过滤、真空干燥，即得产品。

（2）空心纤维自修复技术　最早的埋伏型自修复技术是对动物血管网络的简单模拟。例如，1994年美国伊利诺伊大学的Carolyn Dry将空心玻璃纤维埋入混凝土中，纤维内注入缩醛高分子溶液作为黏结剂。在外力作用下基体开裂，黏结剂流出并进入裂纹面，固化后把裂纹面黏结在一起，阻止裂纹进一步扩展。

自20世纪90年代中期，国内外先后开展了功能型和智能型水泥基材料的研究，并取得了一些有价值的成果。如相继出现的损伤自诊断水泥基复合材料，自动调节环境温度、湿度的水泥基复合材料等。但是如何实时快速地愈合混凝土材料内部的损伤，以及对自愈合混凝土的机理研究，目前只有美国、日本等少数国家处于实验室探索阶段，尚未取得实质性的进展。在日本，以东北大学三桥博三教授为首的日本学者将内含黏结剂的玻璃纤维掺入混凝土材料中，一旦混凝土在外力作用下发生开裂，空心纤维破裂，黏结液流出渗入裂缝，黏结液可使混凝土裂缝重新愈合。

（3）可利用的智能填充材料——形状记忆合金（SMA）　在复合材料结构中，仅靠胶液自然流出至损伤处对损伤进行修补难以得到良好的修复效果。在研究中，采用SMA丝作为复合材料构件的增强材料及驱动器，SMA 是一种具有独特形状记忆效应的工程合金，它通过内部组织结构的变化将热能转化为机械能。如将在高温下定形的 SMA 在常温下拉伸至一定的塑性变形，当将它重新加热到一定温度时，它将恢复变形前的状态。把这样的 SMA 经表面处理后埋入复合材料结构，当对它激励时，它将在结构内部产生较大的回复应力。对含有一定体积比的 SMA 丝试件在施加一定载荷的情况下进行了试验，结果表明，当 SMA 被激励时将在一定范围内在结构中产生压应变。这样，当结构内发生开裂、分层、脱胶等损伤时，适当布置的 SMA 将使结构恢复原有形状。这将有利于提高对结构的修复质量。其次，SMA 在激励时将一方面产生压应力，另一方面产生热量，这些都会使胶液轻易流出。最后，当微胶囊内所含环氧树脂和固化剂流到损伤处后，SMA 激励时所产生的热量，将大大提高固化的质量，使自修复工程完成得更好。

2. 微纳米摩擦损伤自修复技术

磨损是机械零件失效的三大原因（磨损、腐蚀、断裂）之一。机械零件的磨损一般起始于早期的轻度磨损，摩擦磨损的自适应、自修复是材料学和摩擦学设计的最终目标，这既是提高性能的要求，又是仿生化和环境友好化的要求。为减少或消除磨损，除进行合理的摩擦学设计外，可通过以下三条途径来实现：

1）减少或控制造成磨损的条件（如腐蚀、疲劳、浸蚀、黏着转移、磨粒磨损等），如利用各种功能的润滑添加剂。

2）提高摩擦副的耐磨性，如表面合金化、渗硫、渗硼等。

3）通过自修复润滑油品设计和有效利用摩擦产生的物理化学作用形成新的补偿修复层来弥补磨损。

目前进行的工作大多数集中在前两条途径上，使摩擦表面达到少磨损、零磨损的目的，而第三条途径能够实现摩擦磨损表面的自修复，通过自修复补偿摩擦表面的磨损或其他损伤。

微纳米摩擦损伤自修复技术是指在不停机、不解体的情况下，将纳米颗粒添加剂添加到润滑油中，纳米颗粒随润滑油分散于各个摩擦副接触面，在一定温度、压力、摩擦力的作用下，摩擦副表面产生剧烈摩擦和塑性变形，发生摩擦化学作用，添加剂中的纳米颗粒会在摩擦表面沉积，并与表面作用，填补表面微观沟谷，从而形成一层具有耐磨、减摩作用的固态自修复膜，利用添加剂中微纳米颗粒的独特作用，通过摩擦化学的方法在磨损表面原位生成一层具有超强润滑作用的固体（或液体）自修复膜，以补偿所产生的磨损，从而达到磨损和修复的动态平衡，具备损伤表面自修复效应的一种新技术。此种技术不仅可以减少装备摩擦副表面的摩擦磨损，提高机械效率，而且可以实现零部件磨损表面的自修复，从而达到延长装备的使用寿命、减少维修次数、降低运行和维修费用的目的。在战时或紧急情况下，通过使用纳米减摩自修复添加剂可以实现车辆的短时无油行驶，对主战装备的战场应急抢修具有重要的意义。用于润滑油的纳米颗粒添加剂种类见表 11-7。

表 11-7 用于润滑油的纳米颗粒添加剂种类

分 类	种 类
层状无机纳米材料	石墨、MoS_2、WS_2、PTFE 等
无机纳米硼酸盐材料	硼酸铜、钛、镍、镁、锌、铝、亚铁盐等
软金属纳米材料	铜、锡、镍、锌、铅、铋、铝、银等
纳米金属氧化物、氢氧化物	氧化铝、氧化锡、氧化钛、氧化硅、氧化锌、氧化锆、氢氧化钴、氢氧化锰等

（续）

分　　类	种　　类
含活性元素的纳米化合物	硫化铜、硫化铅、硫化锌、硫化锰等
纳米稀土化合物	稀土氧化物、稀土氢氧化物、稀土硼酸盐、稀土氟化物等
纳米陶瓷材料	碳化硅、硅酸盐等
其他无机纳米化合物材料	碳酸钙、C_{60}、C_{70}、金刚石
高分子纳米材料/复合材料	PS 纳米聚合物、PS/PMMA、Al_2O_3/PTFE、Cu/POM、ZrO_2/PEEK 等

3. 矿物微粉摩擦损伤自修复技术

矿物微粉摩擦损伤自修复技术是指在摩擦过程中，一定条件下摩擦副之间产生的摩擦机械作用、摩擦化学作用、摩擦电化学作用等发生交互作用，摩擦副材料与润滑油、矿物微粉添加剂之间产生复杂的物质交换和能量交换，从而在摩擦表面上动态地形成一定厚度的、成分和结构呈梯度变化的强化自修复耐磨保护层（简称“ART 层”），“自动”补偿摩擦表面因磨损与腐蚀造成的损耗，形成具有硬化特性的金属陶瓷修复层。

20 世纪 90 年代后期，俄罗斯在一深井钻探中意外发现在某一深度，钻头的磨损程度非常小，研究发现这一深度层的矿石含有摩擦磨损修复功能的矿物质，经过多年研究发现，形成了矿物微粉摩擦磨损修复技术。据文献报道，俄罗斯和乌克兰研发出的硅酸盐矿物微粉添加剂具有较强的自修复功能，可恢复内燃机的气缸压力、提高空气压缩机的压力、降低摩擦因数和延长机器使用寿命。该材料主要成分由蛇纹石［$Mg_6(Si_4O_{10})(OH)_8$］、软石［$Ca(MgFe)_5(Si_4O_{11})(OH)_2$］、次石墨和少量其他添加剂组成，其常用的组分为粒度为0.1～20μm 的白色粉体，白色粉体对生态无污染，对人体和环境无害，常温下化学性质十分稳定。

4. 自修复技术的应用实例

原位动态纳米减摩自修复添加剂，具有优异的耐磨、减摩性能和较好的自修复功能。国内某铁路局将金属磨损自修复材料在内燃机车上进行试验，使机车内燃机的中修期由原来的 30 万千米延长至 60 万千米，免除辅修和小修。另外，该自修复材料在公交车上的应用效果显著。试验的 17 辆公交车运行了 4 个月后，试验车辆的气缸压力平均上升了 20%，基本恢复了标准值，尾气平均值下降 50%，节油率为 7% 左右。

未来自修复技术主要集中在以下几个方面：

1）具有自适应、自补偿、自愈合性能的先进自修复材料制备技术。

2）智能自修复机械系统的结构设计和控制技术。

3）微纳米动态减摩自修复添加剂技术。

11.4　装备再制造的工程应用

11.4.1　装备车辆发动机再制造

1. 发动机再制造的意义

发动机再制造是将旧发动机按照再制造标准，经严格的再制造工艺，恢复成各项性能指标达到或超过新机标准的再加工过程。新发动机制造是从新的原材料开始，而发动机再制造则以旧发动机为“毛坯”，以可修复件为加工对象，充分挖掘了旧机的潜在价值；而发动机大修大多是以单机为作业对象，采用手工作业方式，修理周期过长，生产率及修复质量受到了很大局限。再制造汽车发动机则采用了专业化、大批量的流水作业线生产，保证了产品质量和性能。

我国军队的装备车辆主要包括各类军用汽车、装甲车辆及特殊装备运输车辆等，这些装备在保障军队的机动性、促进部队建设及形成装备战斗力方面发挥着至关重要的作用。所有车辆的动力核心是发动机，车辆的类型不同，所拥有的发动机功率不同，大小也不同，而且价值从数百元到几十万元。同时，因车辆工作环境的不同又对发动机的使用提出了不同的要求。针对我国军队装备车辆发动机的现状，为了提高发动机性能，保证装备在战场上的可靠性，已经开展了部分装备车辆发动机的再制造试验及应用。再制造发动机在保持不低于新品质量的情况下，不但可以使原机 85% 的价值得到循环应用，节约有限的资源和能源，而且价格仅为新品的 1/3 ~ 1/2，可以节约大量保障费用，减少装备保障时间。图 11-13 所示为废旧装甲车发动机。

图 11-13 废旧装甲车发动机

2. 发动机再制造的工艺流程

发动机再制造工艺流程为对旧发动机要进行全面拆解，拆解过程中直接淘汰发动机中的活塞总成、主轴瓦、油封、橡胶管、气缸垫等易损零件。一般易损零件因磨损、老化等原因不可再制造或者没有再制造价值，装配时直接用新品替换；清洗拆解后保留的零件，根据零件的用途、材料选择不同的清洗方法：高温分解、化学清洗、超声波清洗、振动研磨、液体喷砂、干式喷砂等；对清洗后的零件进行严格的检测鉴定，并对检测后的零件进行分类；对失效零件的再制造加工可以采用多种方法和技术，如利用先进表面技术进行表面尺寸恢复，使表面性能优于原来的零件；严格按照新发动机技术标准将全部检验合格的零部件与加入的新零件装配成再制造发动机；按照新机的标准对再制造发动机进行整机性能指标测试。

装备车辆发动机再制造的主要工序是拆解、分类清洗、再制造加工和组装，如图 11-14 所示。

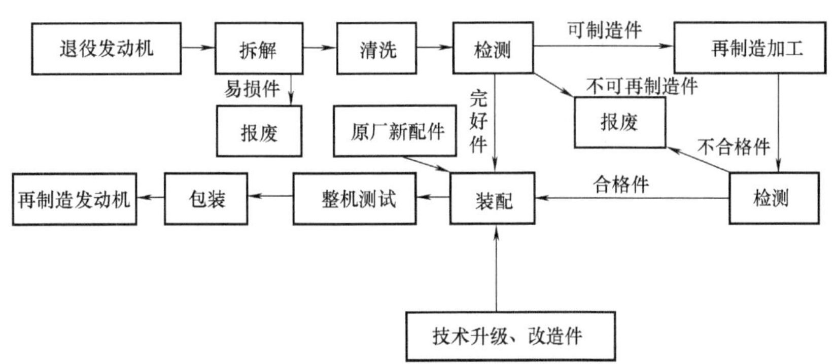

图 11-14 发动机再制造的工艺流程图

3. 表面工程技术在发动机再制造中的应用

发动机在再制造过程中如何将因磨损、腐蚀、划伤而失效的零件“重新制造”成具有新品性能的零件，是提高旧件利用率、降低了生产成本的关键。再制造技术得到实际应用，大大提高了发动机旧件的利用率，降低了生产成本，取得了客观的经济效益；同时，也在节能、降耗、减少环境污染方面取得了良好的社会效益。下面介绍几个典型的应用实例。

（1）采用高速电弧喷涂技术修复缸体主轴承孔　发动机缸体是发动机最重要的部件，价值较高。缸体损坏的主要形式是气缸孔磨损、水套腐蚀、主轴承孔变形或划伤。其中缸体主轴承孔在工作状态下承受交变应力及瞬间冲击，容易导致主轴承孔变形。对主轴承孔已发生变形或划伤的缸体，以前一般采取直接报废，给用户造成很大的损失。高速电弧喷涂技术以其致密的涂层组织、较高的结合强度、方便快捷的操作和高性价比，应用于缸体主轴承孔修复具有明显的优势，采用后取得显著的效果。涂层硬度为280～308HV，喷涂层与基体的结合强度值为27.6～28.1MPa，实际生产中压力为0.6～0.65MPa。

（2）采用电刷镀技术修复凸轮轴轴颈　发动机凸轮轴轴颈的主要失效方式是磨损或划伤，过去凸轮轴轴颈出现磨损或划伤一般采取直接报废，或者采用加厚轴瓦的办法磨削轴颈后使用，给用户的维修带来很大的麻烦。电刷镀技术具有设备简单、操作方便、安全可靠、镀积速度快的特点，用于修复凸轮轴轴颈，获得晶粒细密、表面光亮的镀层。

11.4.2　装甲装备再制造

1. 装甲车辆再制造工艺过程

随着装甲装备的类别、型号、再制造方式（恢复性再制造、升级性再制造等）、生产条件和组织等不同，其再制造的工艺过程有着较大的差别。下面主要以中型主战坦克为代表，介绍其恢复性再制造的一般工艺过程。图11-15所示为以车体加工为流水线的坦克恢复性再制造的一般工艺过程。

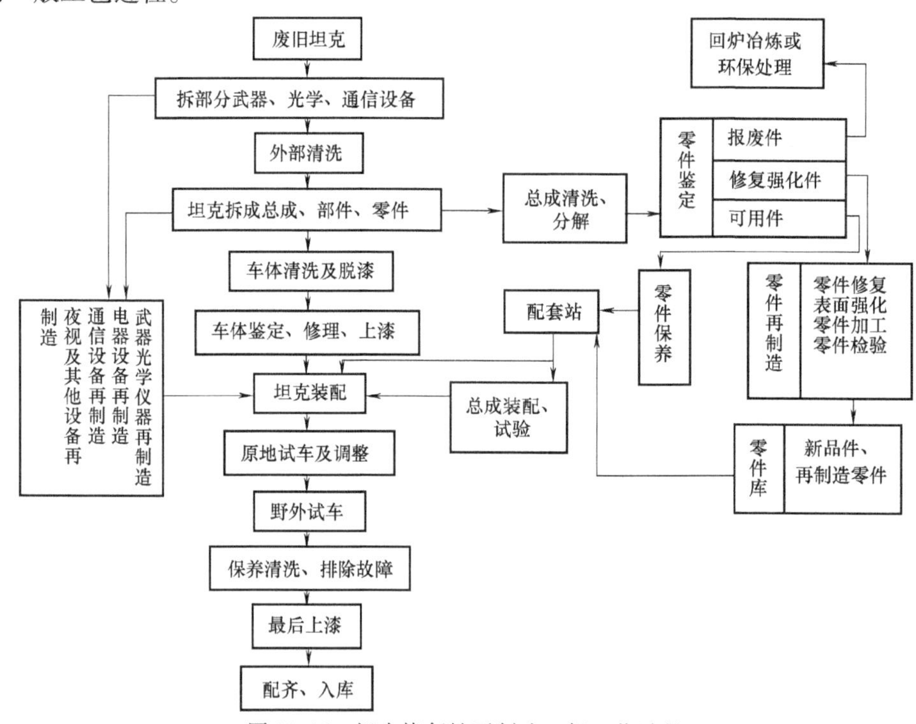

图11-15　坦克恢复性再制造一般工艺过程

对废旧坦克先进行外部清洗，然后拆解成总成、部件及零件，零件经清洗、检测、鉴定后分为可用的、需修复强化的及报废的三种类型。可用零件按规定工艺保养后，入库待用或直接参加装配；需修复强化零件送入指定车间进行加工，按不低于新品零件标准检验合格后，待用或参与装配；报废零件经过配套后装配成总成，而后送到车体上进行总装。图 11-16所示为废旧的装甲车。

2. 坦克零件的再制造

零件的再制造即对失效零件的修复与强化，以及必要时对结构、材料、性能等改进。坦克再制造一般工艺过程中显示，零件修复强化在坦克再制造过程中占有极其重要的地位。装甲装备零件再制造具有很高的资源、环境、军事与经济效益。如用等离子喷涂法修复强化坦克转向机行星框架，其成本仅为新品的 10%，材料消耗（热喷涂粉末）不到毛坯用钢的 1%，而使用寿命却提高了 1 倍以上。图 11-17 所示为废旧的坦克零部件。

图 11-16　废旧的装甲车

图 11-17　废旧的坦克零部件

3. 坦克装甲车辆零件修复强化方法的选择

在坦克装甲车辆零件修复强化中，使用较多的是堆焊、热喷涂、槽镀、电刷镀等技术。表 11-8 列出了针对不同零件失效表面类型采用的修复强化方法。

表 11-8　针对不同零件失效表面类型采用的修复强化方法

零件失效表面类型	特点及举例	常用的修复强化方法
密封环配合面	中型坦克的传动部分零件带有这类表面的就有 10 项 14 件，全为内圆柱面。材料是中碳钢或中碳合金钢，硬度为 229～285HBW 和 255～302HBW。该类表面常因磨出沟槽造成甩油，严重时甚至烧坏零件。密封环配合面的壁体一般较薄，应注意防止变形	《零件表面强化（工艺规程）》中，明确选用热喷涂（氧乙炔焰喷涂、等离子喷涂）法；磨损量较小时可用电刷镀法；以前曾用尺寸修理法
自压油挡配合面和油封毡配合面	坦克行动部分的这类表面大多数用于润滑脂的密封，防止泥沙的进入。属于易损表面，多为低应力磨粒磨损，如曲臂 ϕ160mm 自压油挡配合面只能使用一个中修期	对于不怕变形的零件，如平衡肘、曲臂、侧减速器从动轴等可选用堆焊、喷熔、热喷涂及槽镀等方法；对于防变形要求较高的宜用槽镀、电刷镀、喷涂、粘涂等方法
轴承内外圈配合面	这类表面较多，表面损伤主要是拆装时的划伤及使用中的磨损，磨损量不大。与轴承外圈相配合的孔壁一般较薄，应防止变形	可选用槽镀、电刷镀、热喷涂、粘涂等方法
衬套或器体滑动配合面	中型坦克的传动、行动部分的这类表面与配副间的相对运动速度不高，且多在一定转角范围内做往复摆动，经常发生偏磨。如平衡轴上与铜套相配的 ϕ105mm、ϕ90mm 表面运行一个中修期后偏磨量可达 3mm。操纵装置中与衬套相配合的零件一般细而长，应防止变形	对于磨损量不大的（如减振器体、减振器叶片）或防变形要求较高的（如操纵部分的细长轴）可用等离子喷涂、电刷镀、槽镀、粘涂等方法；对于磨损量较大且对变形要求不高的可用焊条电弧堆焊、等离子堆焊、喷熔等方法；变速箱滑块一类的小零件可用低真空熔结或氧乙炔喷熔法

（续）

零件失效表面类型	特点及举例	常用的修复强化方法
环槽面	中型坦克零件的环槽面多与密封环侧面接触，其磨损后槽宽加大，修理较困难	与滑块相配的拨叉环内侧面可用热喷涂法；07、09组的活动盘可用镶套法（套与体之间采用过盈配合，端面点焊或黏结）；也可用尺寸修理法
箱体上的配合面	中型坦克的箱体类零件多用铝合金铸造，损坏部位有与轴承座配合的内孔，上、下箱体结合面等	变速箱等铝箱体主轴孔等可用电刷镀法（以前无法修复）；中型坦克车体后桥孔用电刷镀法效果良好
弹子轨道面	这类表面包括与弹子、滚柱、滚针接触的轨道面及弹子定位槽面，其中有些是渗碳表面	变速箱滚针衬套等渗碳表面，可用尺寸修理法；扭力轴头或扭力轴支座 ϕ90mm 内孔可用电弧堆焊法（选自强化合金焊条等）
键齿表面	中型坦克上的渗碳齿轮都是优质合金制造，损坏后因无法修复而报废；曲轴、变速箱主轴等传动轴上的花键磨损后也会造成整个零件报废。动力传动装置的键齿表面属修复难点	对磨损量不大的变速箱主轴花键等曾试验用电刷镀法；侧减速器主动轴齿轮曾试验用自强化合金堆焊修复，效果良好；无相对运动的连接齿套、连接齿轮齿面可用堆焊法

4. 装甲装备的升级性再制造

装甲装备的升级性再制造是武器装备再制造的一个极为重要的方面。武器装备的升级性再制造是对过时现役或退役装备通过再制造进行改进、升级，使其性能、质量超过原始装备。装备的改进包括为提高装备的功能、可靠性、维修性、安全性、经济性等指标而改变设计、制造工艺、材料、技术要求等方面。武器装备的改进升级由一定时期的发展战略、规划、计划所决定。主要依据于一定时期的安全环境、军事威胁、作战任务、科技发展和有关方针政策，此外还有其他多种诱因，包括设计定型及批量生产中遗留的问题、作战训练暴露的问题等。总的说来，在“需求牵引与技术推动”下，武器装备的改进升级以不同方式不断地进行着，已经取得了一定的成绩。

11.4.3　旧机床再制造

1. 旧机床再制造的背景

我国军队装备修理分队配备有大量的加工设备，几十年来，这些设备为装备的维修保障做出了突出的贡献。然而，由于这些加工设备中的大多数机床是20世纪60—80年代生产的，经过几十年的长期服役已经严重老化，机械系统因磨损、划伤，精度显著下降。另外，现有机床的电气系统和控制系统落后、自动化程度低、元器件老化而故障率高。使用这些机床对操作人员要求高，新战士难以掌握，加工零件的废品率高。这种状况使得维修部队承担装备维修加工和制配的能力下降，加工制配能力低直接影响装备的修理周期，在战场抢修时可能成为制约维修保障的瓶颈问题。新装备与现有旧装备相比，技术含量高、形状复杂、尺寸精度和表面粗糙度要求高的零件大量增加，对部队加工制配能力提出了新的要求。全部或部分购置新的数控机床需要巨额资金，成本太高，并将使原有机床进一步闲置而造成极大的浪费。因此，有必要探寻一条既经济又能有效提升维修部队加工制配能力的路线。图11-18所示为废旧的机床。

2. 旧机床再制造工艺

（1）旧机床再制造总的原则　在保证再制造机床工作精度及性能提升的同时，兼顾一定的经济性。具体来讲，就是从技术角度对老旧机床进行分析，考察其能否进行再制造，其次要看这些老旧机床是否值得再制造，再制造的成本有多高，如果再制造成本太高，就不宜进行。如果机床床身已经发生严重破坏，出现裂纹甚至发生断裂，这样的机床就不具备再制造的价值，必须回炉冶炼。机床主轴如果发生严重变形，主轴箱也已无法继续使用，则也不具备再制造的价值，虽然这类机床可通过现有的技术手段将其恢复，但再制造的成本较高，一般企业不会采用。

图 11-18　废旧的机床

（2）旧机床再制造工艺流程

1）再制造可行性评估。再制造可行性评估是从技术的角度对需要再制造的设备进行分析，分析设备失效的原因和关键零部件失效的原因。从零部件的材料、性能、受力情况等方面进行分析，提出关键零部件再制造可行性报告及整机再制造可行性报告。

2）再制造经济性分析。再制造经济性分析是在可行性分析的基础上，主要从经济角度进行分析，根据企业需要来确定再制造的目标。

3）再制造技术设计。根据再制造的目标，确定具体采用的技术手段，包括采用何种技术手段恢复机床工作精度，采用什么技术提高机床传动精度以及选用哪一类型的数控技术等，确定具体的技术指标，使得再制造产品在有限的经费内，在技术性能上比原设备有所提升。

4）再制造工艺设计。制订再制造工艺，包括对原有设备拆解、零件清洗、技术测量、鉴定、分类；对待修零件再制造，对由于技术提升不适用的零部件进行更换；设计、加工新零件对应的连接件等。

5）再制造质量控制与检验。采用先进的技术手段对再制造零部件进行再制造，严格遵守相应的技术操作规范，然后再进行组装，对整机进行检验，检验时按国家标准执行，与新出厂的产品要求一样，最后还要进行实际加工检验。

6）技术培训、配套服务。用户希望得到的除了再制造机床之外，还包括人员培训、机床质量保证、备件供应以及长期技术支持等在内的各种配套服务。

（3）旧机床再制造的内容　机床数控化再制造是一条符合国家产业政策且又可行的途径，近年来，我国已开始对机床数控化改造进行研究，并且已取得了十分显著的经济效益。

机床数控化再制造的实现，主要表现在以下三个方面：

1）机床机械精度的恢复与提升。随着机床服役时间的增加，机床主要零部件，包括导轨、小拖板、轴承座等部位都出现不同程度的磨损。为确保零件加工精度要求，需要对机床进行翻修来恢复机床的机械精度。

2）机床运动精度的恢复与提升。机床数控化对机床运动精度的要求与普通机床的大修是有区别的，整个机床运动精度的恢复与机械传动部分的改进，需要能够满足数控机床的结构特点和数控加工的要求。

3）机床控制精度的提升。目前，我国自行研制的经济型数控系统，大多采用步进电动机作为伺服系统，其步进脉冲当量多为 0.01mm，实际加工出的零件综合误差可以做到 ≤ 0.05mm，其控制精度比手工操作高得多，选择性价比合适的数控系统以及相应的伺服系统尤为重要。

第 12 章

先进特种表面处理技术

【学习目标】

● 熟悉物理气相沉积的概念、过程及特点；了解真空蒸发镀膜、磁控溅射和离子镀膜的原理及应用。

● 熟悉化学气相沉积的概念、原理、反应过程及应用。

● 掌握物理气相沉积和化学气相沉积方法的比较。

● 了解高能束表面改性技术，掌握激光表面合金化的原理及特点、激光熔覆修复技术。

【导入案例】

随着学业压力的增大，佩戴眼镜的学生越来越多。在选择眼镜的时候，导购员往往会推荐加膜镜片。一般来说加膜镜片有三种类型：一是耐磨损膜（硬膜），防止与灰尘或沙砾的摩擦；二是抗反射膜，减少光线的反射；三是抗污膜（顶膜），具有抗油污和抗水性能。而眼镜片上的这三种膜就是通过气相沉积技术镀上的。图 12-1 所示为配眼镜的学生和带有涂层的眼镜镜片。

图 12-1　配眼镜的学生和带有涂层的眼镜镜片

12.1　物理、化学气相沉积技术

12.1.1　物理气相沉积的过程及特点

气相沉积技术是指将含有沉积元素的气相物质，通过物理或化学的方法沉积在材料表面形成薄膜的一种新型镀膜技术。它不仅可以沉积金属膜、合金膜，还可以沉积各种化合物、非金属、半导体、陶瓷、塑料膜等。根据使用要求，几乎可在任何基体上沉积任何物质的薄膜。它们与包括光刻腐蚀、离子刻蚀、离子注入和离子束混合改性等在内的微细加工技术一起，成为微电子及信息产业的基础工艺，在促进电子电路小型化、功能高度集成化方面发挥着关键的作用。

根据成膜过程的原理不同，气相沉积技术可分为物理气相沉积和化学气相沉积两种。

物理气相沉积（PVD）是指在真空条件下，利用各种物理方法，将镀料汽化成原子、分子或使其电离成离子，直接沉积到基片（工件）表面形成固态薄膜的方法。物理气相沉积主要包括蒸发镀膜、溅射镀膜和离子镀膜技术。

1. 物理气相沉积的过程

物理气相沉积包括气相物质的产生、气相物质的输送和气相物质的沉积三个基本过程。

（1）气相物质的产生　产生气相物质的方法之一是使镀料加热蒸发，沉积到基片上，称为蒸发镀膜。另一种方法是用具有一定能量的离子轰击靶材（镀料），从靶材上击出的镀料原子沉积到基片上，称为溅射镀膜。

（2）气相物质的输送　气相物质的输送要求在真空中进行，这主要是为了避免与气体碰撞而妨碍气相镀料到达基片。在高真空度的情况下（真空度为 10^{-2}Pa），镀料原子很少与残余气体分子碰撞，基本上是从镀料源直线前进到达基片；在低真空度时（如真空度为 10Pa），镀料原子会与残余气体分子发生碰撞而绕射，但只要不过于降低镀膜速率，还是允许的；若真空度过低，镀料原子频繁碰撞会相互凝聚为微粒，则镀膜过程无法进行。

（3）气相物质的沉积　气相物质在基片上的沉积是一个凝聚过程。根据凝聚条件的不同，可以形成非晶态膜、多晶膜或单晶膜。镀料原子在沉积时，还可能与其他活性气体分子发生化学反应而形成化合物膜，称为反应膜。在镀料原子凝聚成膜的过程中，也可以同时用具有一定能量的离子轰击膜层，目的是改变膜层的结构和性能，这种镀膜技术称为离子镀。蒸发镀膜和溅射镀膜是物理气相沉积的两类基本镀膜技术。

2. 物理气相沉积的特点

物理气相沉积技术中最基本的两种方法就是蒸发法和溅射法。在薄膜沉积技术发展的最初阶段，由于蒸发法相对溅射法具有一些明显的优点，包括较高的沉积速度，相对较高的真空度，以及由此导致的较高的薄膜质量等，因此蒸发法受到了相对较大程度的重视。但另一方面，溅射法也具有自己的一些优势，包括在沉积多元合金薄膜时化学成分容易控制，沉积层对衬底的附着力较好等。同时，现代技术对于合金薄膜材料的需求也促进了各种高速溅射方法以及高纯靶材、高纯气体制备技术的发展，这些部位用溅射法制备的薄膜质量得到了很大的改善。如今，不仅上述两种物理气相沉积方法已经大量应用于各个技术领域之中，而且为了充分利用这两种方法各自的特点，还开发出了许多介于上述两种方法之间的新的薄膜沉积技术。

物理气相沉积技术的不足之处是设备较复杂，一次性投资大。但由于具备诸多优点，物理气相沉积法已成为制备集成电路、光学器件、太阳能设备、磁光存储元件、敏感元件等高科技产品的最佳技术手段。

物理气相沉积的优点如下：

1）镀膜材料来源广泛，镀膜材料可以是金属、合金、化合物等，无论导电或不导电，低熔点或高熔点，液相或固相，块状或粉末，都可以使用。

2）沉积温度低，工件一般无受热变形或材料变质的问题，如用离子镀制备 TiN 等硬质膜层，其工件温度可保持在550℃以下，这比化学气相沉积法制备同样膜层所需的1000℃要低得多。

3）膜层附着力强，膜层厚度均匀而致密，膜层纯度高。

4）工艺过程易于控制，主要通过电参数控制。

5）真空条件下沉积，无有害气体排出，对环境无污染。

6）涂层内部的应力状态是压应力，更适用于硬质合金精密复杂刀具的涂层。

7）随着纳米涂层的出现，PVD 涂层刀具质量显著提高，不仅具有结合强度高、硬度高和抗氧化性能好等优点，还能有效地控制精密刀具刃口形状及精度。

物理气相沉积的缺点如下：

1）涂层设备复杂、工艺要求高、涂层时间长，使得刀具的成本增加。

2）生产的刀具均匀性比 CVD 技术生产的刀具差，使用寿命也比 CVD 技术生产的刀具短。

3）涂层的刀具几何形状单一，使用领域受限。

4）易产生内应力和微裂纹，原因是涂层与基体在冷却时的收缩率不同。

12.1.2 真空蒸发镀膜

真空蒸镀是在真空环境中把材料加热熔化后蒸发（或升华），使其大量原子、分子、原子团离开熔体表面，凝结在衬底（被镀件）表面上形成镀膜。蒸发材料可以用金属、合金或化合物。真空蒸发制成的镀膜具有纯度高、多样、质量高等特点，在光学元件、微电子元件、防腐等方面得到广泛应用。其设备简单，沉积速度快，价格便宜，工艺容易掌握，可进行大规模生产。

1. 基本原理

图 12-2 所示为真空蒸镀设备示意图。真空蒸镀的基本过程：用真空抽气系统对密闭的钟罩进行抽气，当真空罩的气体压强足够低也就是真空度足够高时，通过蒸发源对膜料加热到一定温度，使膜料汽化后沉积于基体表面，形成薄膜。为了提高蒸发原子与基体的附着力，应对基体适当加热；为了使蒸发顺利进行，应具备一定的真空条件和膜材蒸发条件。

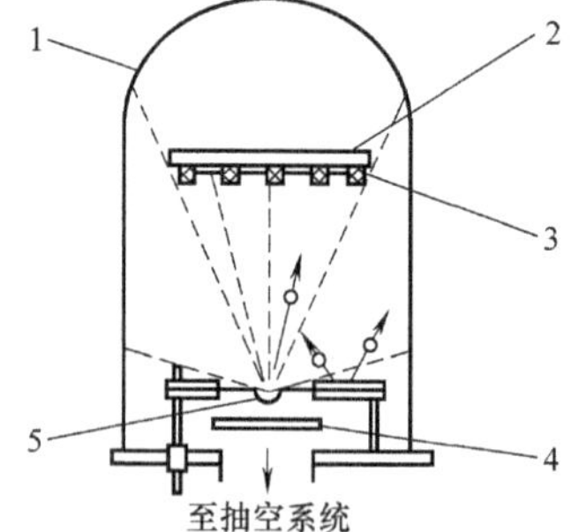

图 12-2　真空蒸镀设备示意图
1—真空罩　2—基片架和加热器　3—基片　4—挡板　5—蒸发源

（1）真空条件　真空蒸发镀膜常用的真空度为 2×10^{-4} ~ 1×10^{-2}Pa。若真空度达不到要求，镀膜材料将受到残余气体的污染，蒸发原子、分子在向基体沉积过程中，会与参与气体分子频繁碰撞冷却，在空间凝聚成小的团粒落到基体及真空室壁，使镀膜组织松散，表面粗糙。

在真空环境中，气体分子的平均自由程 L（cm）与气体压力 p（Pa）成反比，如近似为下式：

$$L = \frac{0.65}{p}$$

例如，在 1Pa 的气压下，气体分子平均自由程 $L = 0.65$cm；在 10^{-3}Pa 时，L 为 650cm。为了使蒸发的膜料原子在运动到基体的途中与残余气体分子的碰撞率小于 10%，L 通常需要大于蒸发源到基体距离的 10 倍。对于一般的真空蒸镀设备，蒸发源到基体的距离通常小于 65cm，因而蒸镀真空罩的气压大致在 $10^{-5} \sim 10^{-2}$Pa。蒸镀时高真空度是必要的，但并非真空度越高越好，因为真空度越高，设备投资和镀膜时间会相应增加。另外，当真空度超过 10^{-6}Pa 时，往往要对真空系统进行烘烤去气才能达到，可能会造成基体污染。

（2）膜材的蒸发条件　在真空条件下，材料的蒸发比在常压下容易得多，蒸发所需的温度大幅度下降。例如，铝在一个大气压下必须加热到 2400℃ 才能蒸发，而在 10^{-3}Pa 的真空下只要加热到 847℃ 就能大量蒸发。大多数金属是先达到熔点后从液相中蒸发，某些材料可以直接从固态升华到气态，如铁、镉、锌、钼、钛等金属。

膜材在汽化过程中所需要的热量随温度的升高而逐渐减少。汽化热除了用于克服膜材原子间的吸引力外，一部分转化为了逸出分子的动能（平均每个原子的动能为 $3/2KT$）。

在蒸气压为 p（Pa）时，单位时间在单位面积上，膜材的蒸发质量 G_m 可用下式表示：

$$G_m = 4.37 \times 10^{-3} (M/T)(1/2) p$$

式中，M 为膜材的相对分子质量；T 为热力学温度（K）；p 为气体压强；G_m 为位面积上膜材蒸发质量 [$kg/(m^2 \cdot s)$]。

蒸发合金时会出现分馏（成分的部分分离），易蒸发的组分先蒸发，使薄膜成分取决于合金中不同组分蒸气压的比值。蒸发合金时可采用单一成分的多元蒸发和细小合金颗粒的瞬时蒸发等方法加以控制。部分金属的蒸发特性见表 12-1，部分化合物的蒸发特性，见表 12-2。

表 12-1　部分金属的蒸发特性（饱和蒸气压为 1.33Pa）

元素	熔点/℃	蒸发温度/℃	蒸发源材料	
			丝、片	坩埚
Ag	961	1030	Ta、Mo、W	Mo、C
Al	660	1220	W	Mo、C
Au	1063	1400	W、Mo	Mo、C
Cr	1900	1400	W	C
Cu	1084	1260	Mo、Ta、Nb、W	Mo、C、Al_2O_3
Fe	1536	1480	W	BeO、Al_2O_3、ZrO_2
Mg	650	440	W、Ta、Mo、Ni、Fe	Fe、C、Al_2O_3
Ni	1450	1530	W	Al_2O_3、BeO
Ti	1700	1750	W、Ta	C、ThO_2
Pd	1550	1460	W（镀 Al_2O_3）	Al_2O_3

（续）

元素	熔点/℃	蒸发温度/℃	蒸发源材料	
			丝、片	坩埚
Zn	420	345	W	Al_2O_3、Fe、C、Mo
Pt	1770	2100	W	ThO_2、ZrO_2
Te	450	375	W、Ta、Mo	Mo、Ta、C、Al_2O_3
Rh	1966	2040	W	ThO_2、ZrO_2
Y	1477	1649	W	ThO_2、ZrO_2
Sb	630	530	镍铬合金、Ta、Ni	Al_2O_3、BN、金属
Zr	1850	2400	W	
Se	217	240	Mo、Fe、铬镍合金	金属、Al_2O_3
Si	1410	1350		Be、ZrO_2、ThO_2、C
Sn	232	1250	铬镍合金、Mo、Ta	Al_2O_3、C

表 12-2 部分化合物的蒸发特性（饱和蒸气压为 1.33Pa）

化合物	熔点/℃	蒸发温度/℃	蒸发源材料	观察到的蒸发种
Al_2O_3	2030	1800	W、Mo	Al、O、AlO、O、O_2、$(AlO)_2$
Bi_2O_3	817	1840	Pt	
CeO	1950		W	CeO、CeO_2
MoO_3	795	610	Mo、Pt	$(MoO_3)_3$
NiO	2090	1586	Al_2O_3	Ni、O_2、NiO、O
SiO		1025	Ta、Mo	SiO
SiO_2	1730	1250	Al_2O_3、Ta、Mo	SiO、O_2
TiO_2	1840			TiO、Ti、TiO_2、O_2
WO_2	1473	1140	Pt、W	$(WO_3)_3$、WO_3
ZnS	1830	1000	Mo、Ta	
MgF_2	1263	1130	Pt、Mo	MgF_2、$(MgF_2)_2$、$(MgF_2)_3$
AgCl	455	690	Mo	AgCl、$(AgCl)_3$

（3）膜层的沉积及生长　真空蒸镀时，镀材粒子从蒸发源逸出后到达基体的能量小于1eV。当沉积粒子间的凝聚力大于沉积原子和基体原子间的结合力时形成岛状晶核。单个沉积原子在机体表面滞留时间里做无规则运动，和其他原子相碰撞形成原子团。原子团的原子数超过某一临界值时，就形成了稳定的晶核，称为“均匀形核”。一般基体表面都不是绝对平滑的，含有许多缺陷和位错台阶，这造成机体的不同位置对入射原子吸附能力的差异。通常缺陷的吸附能大于正常表面，称为活性中心，有利于优先形核。当沉积原子与机体间的结合力大于沉积原子间的凝聚力或结合力与凝聚力程度相当时，形成层状结构。当核心形成后继续捕获入射原子而长大，逐渐形成遍布于基体表面的半球形岛状膜。各岛状原子集团一边长大，一边互相结合，成为更大的半球。当沉积原子在表面扩散充分时，沉积原子沉积速率小，且沉积来的原子团颗粒细小时，形成表面平滑的连续膜。而如果在表面扩散弱，沉积来的原子团颗粒大时，则表面半球形岛状晶核的形态继续存在。岛状的顶部对凹下部分产生强烈的遮蔽作用，即产生“阴影效应”。凸出于表面的部分更有利于捕捉沉积原子而优先生长，使表面凹凸程度越发增强，形成粗大的锥状晶或柱状晶。锥状晶间形成穿透性空隙，且表面粗糙。

2. 蒸发源

真空蒸发所采用的设备根据蒸发材料不同差别很大，在真空条件下，大多数金属材料都要求在 1000 ~ 2000℃ 的温度下进行蒸发。目前低熔点膜材多采用电阻加热蒸发，高熔点镀材则需选用电子束、激光束、高频感应和电弧加热等能量密度高的蒸发源。

(1) 电阻加热蒸发源　它是用丝状或片状的高熔点导电材料做成适当形状的蒸发源，将膜料放在其中，接通电源，电阻加热磨料使其蒸发。这种技术的特点是装置简单、成本低、功率密度小，主要用于蒸镀熔点较低的材料，如铝、银、氟化镁等。

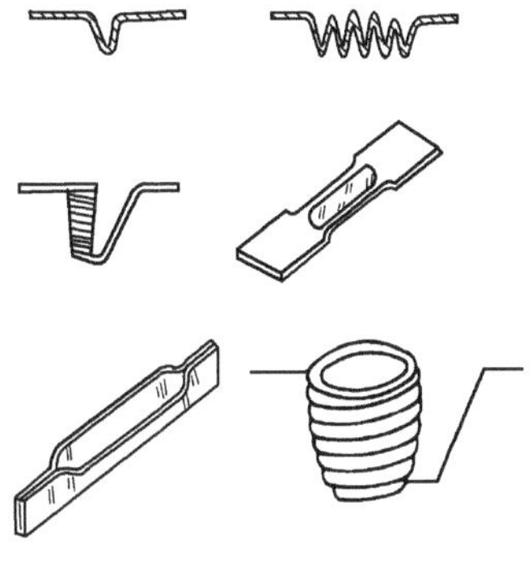

图 12-3　蒸发源的几种典型形状

蒸发源应具有的特点：高熔点、低蒸发压，在蒸发温度下不会与磨料发生化学反应或互溶，具有一定的机械强度。另外，电阻加热方式还要求蒸发源材料与磨料易润湿，以保证蒸发状态的稳定。常用的蒸发源材料有钨、钼、氮化硼等。而蒸发源材料应选择不会与镀膜材料形成合金的材料。常用金属蒸发特性及应用特点见表 12-3。电阻蒸发源的形状是根据蒸发要求和特性来确定的，一般加工成丝状或舟状，图 12-3 所示为蒸发源的几种典型形状。

表 12-3　常用金属蒸发特性及应用特点

元素	熔点/℃	在蒸气压为 1.33Pa 时相应的蒸发温度/℃	蒸发源选择	备　注
Al	660	1220	1) W、Ta 线电阻加热比用电子束加热 W 丝要粗一些 2) 氧化钍、氧化锆坩埚	1) 导电膜、电容器、电极、反射器 2) Al 镀于玻璃陶瓷，其附着性一般小于 Ti、Cr，但老化后附着性增加
Cr	1900	1400	1) W 丝或用电阻加热器 2) 把 Cr 先电镀在 W 丝上	1) Cr-Ni 电阻器 2) Cr 与玻璃、陶瓷之间附着性好，与 Ti 的附着性相近 3) 可作为附着性较差的金属的“附着剂”

(2) 电子束蒸发源　电子束加热即用电子束直接照射蒸镀材料，电子的动能转换成热能，使其蒸发。用这种方法可得到纯度高的镀层，常用于电子元件和半导体用的 Al 和 Al 合金。电子束加热法对于像 W、Mo、Ta 等高熔点金属的蒸发也是有效的方法。电子束蒸发源有直射式和环形，但以电子轨迹磁偏转 270°而形成的 e 型枪应用最广。图 12-4 所示为 e 型枪工作原理，其热能是由钨灯丝加热到 2800℃，并受到几千伏正极化电极加速所产生的电子轰击而获得的。为了防止产生电弧，灯丝要置于蒸发流之外。电子束加热和激光束加热可以使部分蒸发物质发生电离，也可当作一种激发蒸镀法。

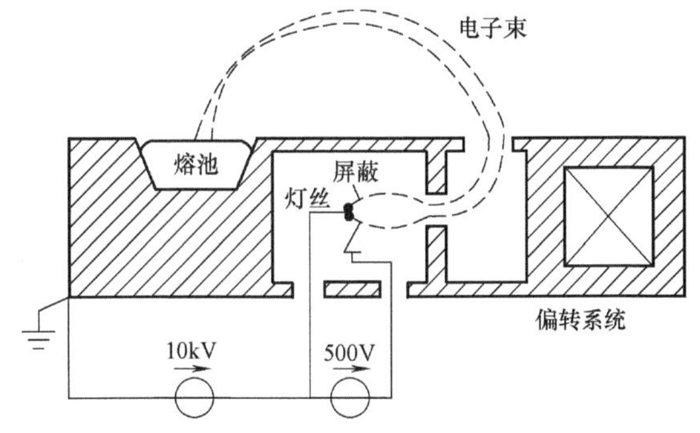

图 12-4　e 型枪工作原理

电子束蒸发技术的主要特点是功率密度大，可达 (10^4 ~ 10^9) W/cm^2，使膜料加热到 3000 ~ 6000℃，为蒸发难熔金属（如钨、钼、锗等）和非金属材料提供了较好的热源，并且热效率高，热传导和热辐射耗损少。另一个重要特点是，膜料放在水冷铜坩埚内，避免了容器材料的蒸发以及膜料与容器材料之间的反应，这对于半导体元件等镀膜来说是重要的。

（3）高频感应加热蒸发源　在高频感应线圈中放入氧化铝及石墨坩埚进行高频感应加热，使坩埚中蒸发材料蒸发，此法主要用于 Al 的大量蒸发。坩埚与高频感应线圈不接触，在线圈中通过高频电路可使蒸发材料中产生电流。如果蒸发料块小，感应线圈和蒸发料之间有效耦合所需的频率要高一些。如果蒸发料一块就有几克重，可用 10～500kHz 的频率；蒸发料一块只有几毫克重时，必须用几兆赫的频率。感应线圈通常用铜管制作，线圈进行水冷。图 12-5 所示为高频感应加热蒸发源原理。其优点是蒸发速率大，在铝膜厚度为 40mm 时，卷绕速度可达 270m/min（高频加热卷绕式高真空镀膜机），是电阻加热蒸发法的 10 倍左右；蒸发源温度均匀稳定，不易产生铝滴飞溅现象，成品率提高；可一次装填磨料，无须送丝机构，温控容易，操作简单；对磨料纯度要求较低，生产成本降低。

（4）激光加热蒸发源　它是用激光照射在膜料表面，使其加热蒸发，由于不同材料吸收激光的波段范围不同，因而需要选用相应的激光器。例如，SiO、ZnS、MgF_2、TiO_2 等膜料，宜采用二氧化碳连续激光；Cr、W、Ti 等膜料宜选用玻璃脉冲激光；Ge、GaAs 等膜料宜采用红宝石脉冲激光。这种方式聚焦后，功率密度可达 $10^6W/cm^2$，可蒸发任何能吸收激光光能的高熔点材料，蒸发速率极高，制得的膜成分几乎和料成分一致。图 12-6 所示为激光陶瓷蒸发示意图，采用 CO_2 激光发生器加热陶瓷材料使其蒸发，可在基材上蒸镀得到陶瓷层。

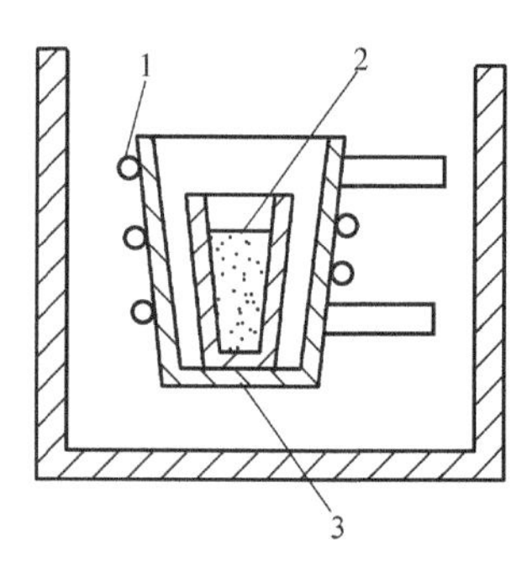

图 12-5　高频感应加热蒸发源原理

1—水冷感应线圈　2—蒸发料　3—双层坩埚

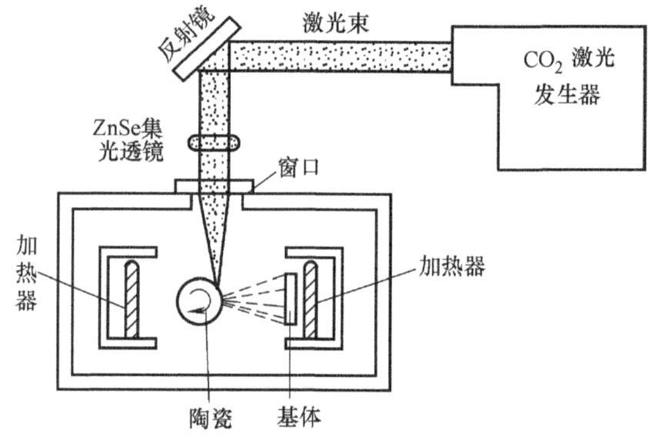

图 12-6　激光陶瓷蒸发示意图

（5）电弧加热蒸发技术　它是将膜料制成电极，在真空室中通电后依靠调节电极间距的方法来点燃电弧，瞬间的高温电弧使电弧端部产生蒸发，从而实现镀膜。控制电弧的点燃次数或时间就可沉积出一定厚度的薄膜。此技术的优点是加热温度高，适用于熔点高和具有导电性的难熔金属和石墨等的蒸发，并且装置较为简单和廉价；同时可以避免电阻加热材料或坩埚材料的污染。但是在电弧放电过程中易产生微米量级大小的电极颗粒，影响膜层质量。

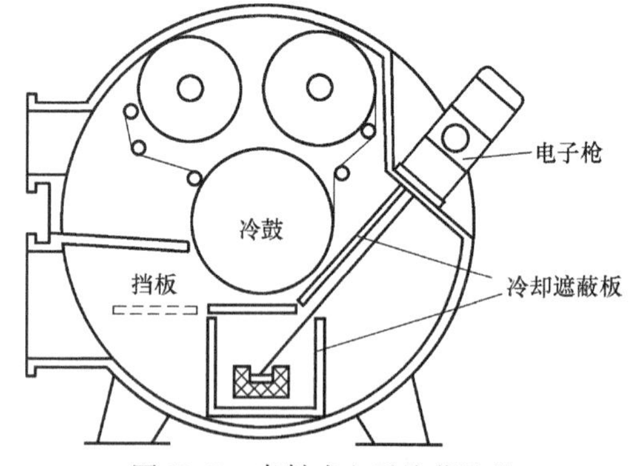

图 12-7　直射式电子枪蒸发的半连续卷筒式蒸发镀膜装置

（6）蒸发镀膜装置　蒸发镀膜装置根据工作特点可以分为间歇式、半连续式、连续式等。

图 12-7 所示为一种直射式电子枪蒸发的半连续卷筒式蒸发镀膜装置。该装置用于蒸镀铝等，其卷带宽 1m，蒸发器功率为 65kW，蒸发速率为 8kg/h，卷绕速率为 10m/s，膜厚为 50mm。

3. 不同材料的蒸发镀膜

（1）一般元素　蒸发源材料的熔点要高于镀膜材料的蒸发温度（即材料平衡蒸气压达到 1.3Pa 时的温度），最好选择那些当镀膜材料达到蒸发温度时，蒸气压低于 10^{-6}Pa 的材料作为蒸发源。蒸发源的材料不应在高温时与镀膜材料发生化学反应或扩散，以防影响蒸发速率，形成合金，使蒸发源熔点降低而熔化破坏。

（2）合金的蒸发　蒸发合金时会出现成分的分离即分流现象，为制作预定的合金，常常需要采用瞬间蒸发法（闪蒸蒸镀法）、双蒸发源蒸镀等方法。

瞬间蒸发法就是把合金做成粉末或者细的颗粒，放入高温蒸发源（如加热器、坩埚）中，使颗粒在一瞬间完全蒸发。图 12-8 所示为瞬间蒸镀的实际装置。装有镀膜材料的加料机和滑槽进行机械振动，粉末状的镀膜材料持续从加料机的孔中呈颗粒状地滑落到蒸发源上。

双蒸发源蒸镀就是在制作由两种元素组成的合金镀膜时，将两种元素分别装入各自的蒸发源中，然后独立控制各自蒸发源的蒸发，控制它们的蒸发速率，即可得到所需成分的合金。图 12-9 所示为双蒸发源蒸镀的具体装置，在此装置中，蒸发源相互独立工作，并能独立地控制蒸发速度，并且要设置好隔板，避免两种元素混淆。

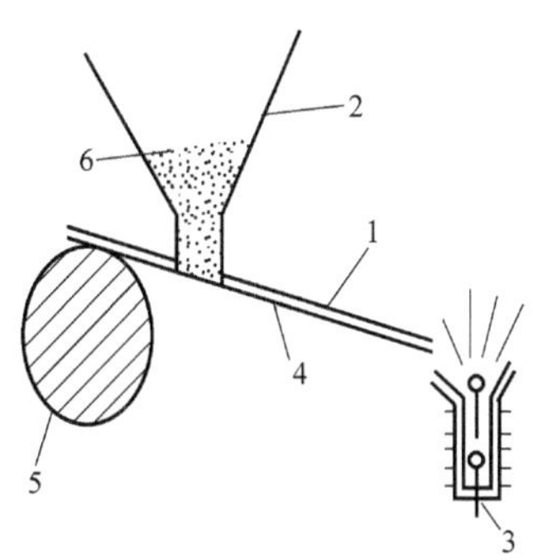

图 12-8　瞬间蒸镀的实际装置

1—基片　2—加料斗　3—蒸发源

4—滑槽　5—振动轮　6—薄膜材料

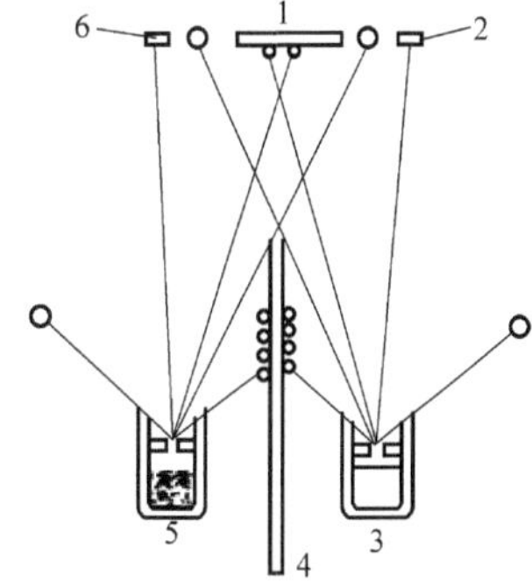

图 12-9　双蒸发源蒸镀的具体装置

1—基片　2、6—石英膜厚计

3、5—蒸发源　4—阀板

（3）化合物的蒸镀　大多数化合物蒸发时会发生分解或与加热器材料发生化学反应，因此蒸发时应采取适当的措施。化合物的蒸镀主要采取直接蒸镀法、反应蒸镀法、多蒸发源蒸镀法。直接蒸镀法主要适于蒸发时组成不发生变化的化合物，如 SiO 等；反应蒸镀法是在充满活性气体的条件下蒸发固体材料，使之在基片上进行反应以获得化合物薄膜的方法，通常用于镀制高熔点的化合物薄膜，如 Al_2O_3、Cr_2O_3、ZrN 等；多蒸发源蒸镀法（三温度法）主要用于制作单晶半导体化合物薄膜。

4. 真空蒸镀的应用

真空蒸镀广泛应用于镀制各种金属、合金及化合物薄膜，广泛应用于轻工、电子、光学、装饰、太阳能利用等领域。例如，利用电阻加热蒸镀铝代替传统化学方法镀银镜可以节省大量白银；在聚酯材料或聚丙烯材料上蒸镀铝膜，可用于装饰膜、压光膜、电容器膜、包装膜等；利用电子束蒸镀的 ZrO_2 热障涂层和 MCrAlY 耐腐蚀和高温氧化涂层已用于改善航空发动机叶片的性能。

12.1.3　溅射镀膜

1. 溅射镀膜的原理

当高能粒子（通常由电场加速的正离子）冲击固体表面时，高能粒子的动能转换成固体表面的原子、分子的动能，从而使其由固体表面飞溅出来，这种现象称为溅射。飞溅出的原子及其他粒子在随后的过程中沉积凝聚在衬底表面形成薄膜，称为溅射镀膜。

溅射镀膜具有很多优点，如可实现大面积沉积；几乎所有金属、化合物、介质均可制作成靶，在不同材料衬底上得到相应的材料薄膜；可以大规模连续生产。因此，溅射镀膜技术在电子学、机械、仪表等行业得到了广泛的应用。

被高能粒子轰击的材料称为靶。高能粒子的产生有两种方式：一是阴极辉光放电产生等离子体，称为内置式离子源，由于粒子易在电磁场中加速或偏转，所以高能粒子一般为离子，这种溅射称为离子溅射；二是高能离子束从独立的离子源引出，轰击置于高真空中的靶，产生溅射和薄膜沉积，这种溅射称为离子束溅射。

入射一个离子所溅射出的原子个数称为溅射产额，单位为原子个数/离子。影响溅射率的因素很多，主要有以下三个方面：

1）与入射离子有关。包括入射离子的能量、入射角、靶原子质量与入射离子质量之比、入射离子的种类等。入射离子的能量降低时，溅射率就会迅速下降；当低于某个值时，溅射率为零。此时的能量值称为溅射的阈值能量。对于大多数金属，溅射阈值在 20～40eV。当入射离子能量增至 150eV 时，溅射率与其平方成正比；当增至 150～400eV 时，溅射率与其成正比；当增至400～5000eV 时，溅射率与其平方根成正比，以后达到饱和；当增至数万电子伏时，溅射率开始降低，离子注入数量增多。

2）与靶有关。包括靶原子的原子序数（即相对原子质量以及在元素周期表中所处的位置）、靶表面原子的结合状态、结晶取向以及靶材所用材料。溅射率随靶材原子序数的变化表现出某种周期性，随靶材原子壳层电子填满程度的增加，溅射率变大，即 Cu、Ag、Au 等最高，而 Ti、Zr、W 等最低。

3）与温度有关。一般认为，在与升华能密切相关的某一温度内，溅射率几乎不随温度变化而变化；当温度超过这一范围时，溅射率有迅速增长的趋向。

目前，溅射机理仍不完善。对于 1～100keV 能量重离子垂直入射轰击非晶靶材料，由 Sigmund 提出的线性级联溅射机理应用较为广泛。图 12-10 所示为磁控溅射镀膜的原理。

入射离子轰击靶面，部分能量转化为表层晶格原子的动能，引起靶中原子运动。原子运动有多种方式：有些原子获得能量后从晶格处移位，并克服了表面势垒直接发生溅射；有些原子获得的能量不能脱离晶格的束缚能，而在原位做振动并传递给其他周围原子，致使其温度升高；有些获得的能量足够大而后反冲，碰撞邻近原子，进而继续反冲下去产生高次反冲，称为级联碰撞。级联碰撞的后果是部分反冲原子到达表面，克服势垒逸出，此为级联溅射，即溅射机理；部分反冲原子进入晶格间隙造成材料辐射损伤。当级联碰撞范围内反冲原子密度不高时，动态反冲原子彼此间碰撞可以忽略，称为线性级联碰撞，也就有了线性级联溅射。

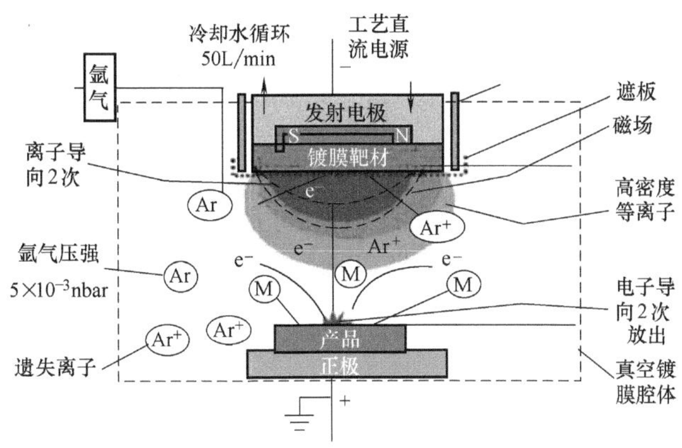

图 12-10　磁控溅射镀膜的原理

溅射现象可用溅射产额 Y 来定量描述。溅射产额可定义为每个入射离子溅射出的平均原子数。Sigmund 基于上述原子碰撞动力学原理，作一定简化假设后，通过解线性波尔兹曼方程，得到离子垂直入射轰击多晶靶材料产额表达式：

$$Y = 0.042 \frac{\alpha}{U_0} S_n(E)$$

式中，α 为产额因子；U_0 为靶表面束缚能，可用靶材料原子升华能表示；$S_n(E)$ 为靶材原子核阻止截面。

材料溅射产额与入射离子能量的关系如图 12-11 所示。图中，溅射产额为零时对应的能量为材料溅射阈值。不同材料的溅射阈值在 10～30eV，大约是其升华能的 4 倍。

2. 溅射方法

溅射技术的成膜方法最具代表性的有直流（二极、三极或四极）溅射、磁控溅射、射频溅射、离子束溅射等。最常用的是磁控溅射。

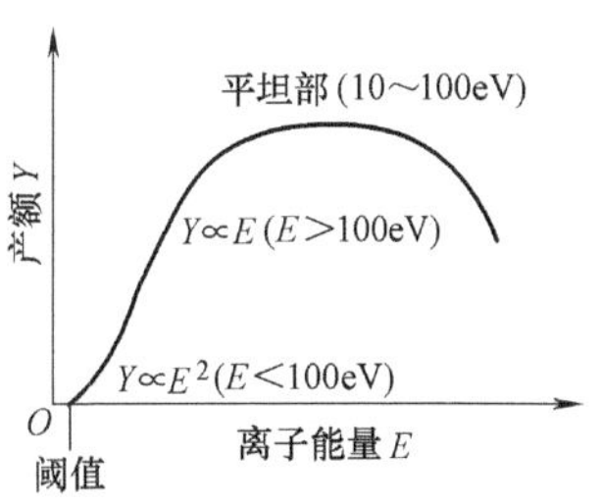

图 12-11　材料溅射产额与入射离子能量的关系

（1）三极溅射　在二极离子镀的基础上增加热阴极，发射热电子。热阴极接负偏压，热电子在电场的吸引下穿过靶与基板间的等离子体区，增加了电子的碰撞概率，提高了电流密度，放电气压可降至 10^{-1}～10Pa，从而提高了溅射速率，改善了膜层质量。

（2）射频溅射　射频溅射装置与二极溅射相似，在两极间施加频率为 13.56MHz（射频）的电压。在电压的正半周，等离子体中电子中和靶材周围的正电荷；在负半周，靶材受到离子的加速轰击，溅射出来的原子或分子在工件上沉积成膜。射频溅射可沉积导体、半导体和绝缘膜，沉积速率快、膜层致密、孔隙少、纯度高、膜的附着力好。

（3）磁控溅射　在与靶表面平行的方向施加磁场，磁场与电场正交，磁场方向与阴极表面平行。电子受正交电磁场洛伦兹力的作用，在靶面上做旋转运动，增加碰撞电离概率，使气体的离化率和靶得到的离子流密度大幅度提高，从而获得高的溅射速率和沉积速率。

（4）离子束溅射　这是从独立离子源中引出高能离子束轰击靶面形成溅射的镀膜工艺。由于离子源与沉积室隔开，故可以独立控制各溅射参数，膜层结构和性能也可调节和控制。沉积室真空度可达 10^{-8}～10^{-4}Pa，残余气体少，可得纯度高、结合力大的膜层，但等离子束密度小，成膜速率低，沉积大面积薄膜有困难。

3. 溅射镀膜的应用

（1）用于薄膜磁头耐磨损膜　图 12-12 所示为薄膜磁头结构示意图。磁头起落时要与硬盘表面产生滑动摩擦。这样的磁头现正向薄膜化方向发展。薄膜磁头由耐磨损膜、磁芯、线圈等构成。对耐磨损膜的要求：耐冲击性能好、耐磨性优良、适当的可加工性、变形小。

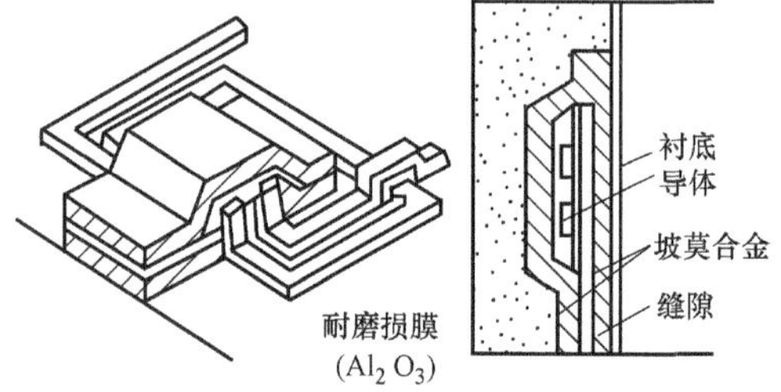

图 12-12　薄膜磁头结构示意图

磁头上的耐磨损膜可防止由于磁头起动、停止时的冲击而引起的磨损量增加；此外，在同一块衬底上做成的数十个元件，经分割后，在每一个元件侧面镀上 Al_2O_3膜，可防止由于加工缝隙时引起的端部变形；同时膜层具有保护元件的作用。通常 Al_2O_3涂覆的厚度为 20～40μm，可以由烧结的 Al_2O_3靶直接进行溅射，但为了避免在线圈部位或台阶部位出现 Al_2O_3异常生长，以获得均一的膜层，通常要采用反应溅射镀膜。

（2）用于硬质膜　广泛使用的硬质膜是水溶液电镀铬。电镀会使钢发生氢脆，电镀速度慢，而且会产生环境污染等问题。采用 Cr、Cr-CrN 等合金靶或镶嵌靶，在 N_2、CH_4等气氛中进行反应溅射镀膜，可以在各种工件上涂覆 Cr、CrC、CrN 等镀层。纯铬的显微硬度为 425～840HV，CrN 的显微硬度为 1000～3500HV，后者不仅硬度高，而且摩擦因数小，因此可代替水溶液电镀，用于旋转轴和其他运动部件。

（3）用于切削刀具和模具的超硬膜　用 TiN、TiC 等超硬度层涂覆的刀具、模具等表面摩擦因数小、化学性能稳定，具有优良的耐热、耐磨、抗氧化、耐冲击等功能，既可以提高刀具、模具等的工作特性，又可以延长使用寿命。采用普通的化学气相沉积技术，温度要在 1000℃左右，这已超过高速工具钢的回火温度（约为 550℃），因此对于高速工具钢要进行镀后热处理，既不方便，又会增加费用，且对硬质合金来说，既可能在镀层（如 TiC 镀层）和基体之间形成脆相，也可能使镀层（如 TiN 镀层）晶粒长大。

（4）用于耐蚀膜　TiN、TiC、Al_2O_3等膜层化学性能稳定，在许多介质中具有良好的耐蚀性，可以作为基体材料的保护膜。含有铬的非晶态合金，由于铬离子在钝化膜中浓缩，显示出极好的耐蚀性。当铬和钼同时存在时，效果更为显著。非晶态合金的制取方法有液态激冷法、溅射镀膜法等，以 Fe、Ni、Cr、P、B 等非晶态合金制取为例，液态激冷法和溅射镀膜法对比，所得镀层的成分几乎相同，腐蚀特性和电化学特性也没有什么差别，只是溅射法得到的非晶态膜阳极电流和氧化速率略大。

（5）用于固体润滑膜　在高温、低温、超高真空、射线辐照等特殊条件下工作的机械部件不能用润滑油，只能用软金属或层状物质等固体润滑剂。常用的固体润滑剂有以下四类：

1）软质金属，如 Au、Ag、Pb、Sn 等。

2）层状物质，如 MoS_2、WS_2、石墨、BN、CaF_2、云母等。

3）高分子材料，如尼龙、聚四氟乙烯、聚酰胺、聚乙烯等。

4）其他润滑剂，如 PbO、PbS 等。

其中，溅射法制取 MoS_2 膜及聚四氟乙烯膜十分有效。虽然 MoS_2膜可用化学反应镀膜法制取，但是溅射镀膜法得到的 MoS_2 膜致密性好，附着性优良。添加 Au（质量分数 5%）的 MoS_2 膜层，其致密性、附着性更好，摩擦因数小，而且运行中性能稳定。轴承采用 MoS_2 溅射膜，保持架中加入 MoS_2，轴承的寿命可延长到 5800h。固体润滑膜可以用于宇航设备、真空工业设备、核能工业等特殊环境的设备中，对于工作在高温、超低温等的机械设备也是必不可少的。Au、MoS_2、聚四氟乙烯等溅射膜在长时间放置后的性能变化不大。

12.1.4　离子镀膜

1. 离子镀的概念和特点

（1）离子镀的概念　离子镀是在真空条件下，利用气体放电使气体或被蒸发物质部分离化，在气体离子或被蒸发物质离子轰击作用的同时，把蒸发物质或其反应物质沉积在基体上。它兼具蒸发镀的沉积速度快和溅射镀的离子轰击清洁表面的特点，特别具有膜层附着力强、绕射性好、可镀材料广泛等优点，因此这一技术获得了迅速的发展。

实现离子镀，有两个必要的条件：一是造成一个气体放电的空间；二是将镀料原子（金属原子或非金属原子）引进放电空间，使其部分离化。

目前离子镀的种类多种多样。镀料的汽化方式以及汽化分子或原子的离化和激发方式也有许多类型；不同的蒸发源与不同的离化、激发方式又可以有许多种组合。实际上，从原理上看，许多溅射镀可归为离子镀，又称溅射离子镀，而一般的离子镀常指采用蒸发源的离子镀。两者镀层质量相当，但溅射离子镀的基体温度要显著低于采用蒸发源的离子镀。

一般采用蒸发源的离子镀，其沉积原理如图 12-13所示，可以简单描述如下：先将真空室抽到 $10^{-4} \sim 10^{-3}$ Pa，然后充入一定气体，使真空度达到 $10^{-1} \sim 1$ Pa，当基片（工件）相对蒸发源加上负高压后，基片与蒸发源之间形成一个等离子区；处于负高压的基片被等离子所包围，不断地受到等离子体的离子轰击，有效地清除基片表面所吸附的气体和油污，使成膜过程中的膜层始终保持清洁状态，同时膜料蒸气离子因受到等离子体中正离子和电子的碰撞而部分被电离成离子，这些正离子在负高压电场作用下，被吸引到基片上成膜。

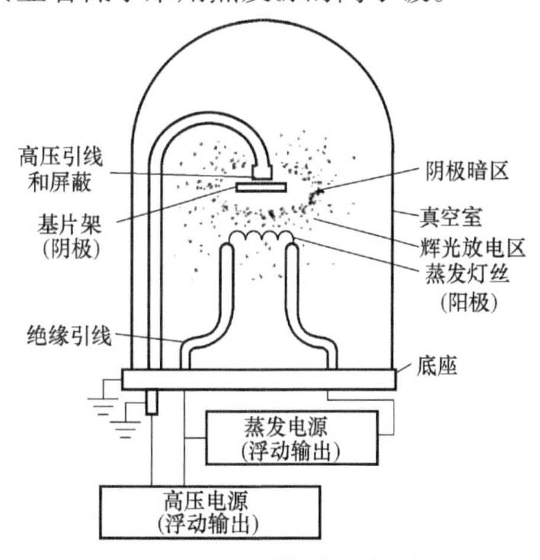

图 12-13　离子镀的沉积原理

（2）离子镀的特点　离子镀一个很重要的特征就是在基片上施加负高压，即负偏压，用来加速离子，增加沉积能量。而离子镀与真空蒸镀、溅射镀膜的本质区别在于前者施加负偏压，而后两者未施加。因此，前述的各种真空蒸镀和溅射镀膜中，若能在基片上施加一定的负偏压，就可成为蒸发离子镀和溅射离子镀，归为离子镀的范畴。离子镀在工业膜层的性质上具有以下特点：

1）膜层附着力好，这是因为在离子镀过程中存在着离子轰击，使基片受到清洗，增加表面粗糙度和加热效应。

2）膜层组织致密，这也与离子轰击有关。

3）绕射性能优良，其原因有两个，一是膜料蒸气粒子在等离子区内被部分离化为正离子，随电力线的方向而终止在基片的各部位；二是膜料粒子在真空度为 10^{-1} ~ 1Pa 的情况下经与气体分子多次碰撞后才能到达基片，沉积在基片表面各处。

4）沉积速率快，其通常高于其他镀膜方法。

5）可镀基材广泛，它可在金属、塑料、陶瓷、橡胶等各种材料上镀膜。

物理气相沉积的三种方法比较见表 12-4。

表 12-4　物理气相沉积的三种方法比较

比较项目		真空蒸镀	溅射镀膜	离子镀
沉积粒子能量	中性原子	0.1 ~ 1eV	1 ~ 10eV	1 ~ 10eV（此外还有高能中性原子）
	入射离子			数百至数千伏
沉积速率/$\mu m \cdot min^{-1}$		0.1 ~ 70	0.01 ~ 0.5（磁控溅射可接近真空蒸镀）	0.1 ~ 50
膜层特点	密度	低温时密度较小，但表面平滑	密度大	密度大
	气孔	低温时多	气孔少，但混入溅射气体较多	无气孔，但膜层缺陷较多
	附着力	不太好	较好	很好
	内应力	拉应力	压应力	依工艺条件而定
	绕射性	差	较好	好
被沉积物质的汽化方式		电阻加热、电子束加热、感应加热、激光加热等	镀料原子不是靠加热方式蒸发，而是依靠阴极溅射由靶材获得沉积原子	辉光放电型离子镀有蒸发式、溅射式和化学式，即进入辉光放电空间的原子分别由各种加热蒸发、阴极溅射和化学气体提供。另一类是弧光放电型离子镀，其中空心热阴极放电离子镀时利用空心阴极放电产生等离子电子束，产生热电子电弧；多弧离子镀则为非热电子电弧，冷阴极是蒸发、离化源
镀膜的原理及特点		工件不带电；在真空条件下金属加热蒸发沉积到工件表面，沉积粒子的能量和蒸发时的温度相对应	工件为阳极，靶为阴极，利用氩离子的溅射作用把靶材原子击出而沉积在工件表面上。沉积原子的能量由被溅射原子的能量分布决定	沉积过程是在低压气体放电等离子体中进行的，工件表面在受到离子轰击的同时，因有沉积蒸发物或其反应物而形成镀层

2. 常用的离子镀技术

离子镀的基本过程包括镀料蒸发、离化、离子加速、离子轰击工件表面、离子或原子之间的反应、离子的中和、成膜等过程，而且这些过程是在真空、气体放电的条件下完成的。不同类型的离子镀方法采用不同的真空度；镀料汽化采用不同的加热蒸发方式；蒸发粒子及反应气体采用不同的电离及激发方式等。有的在蒸发源与工件之间安装一个活化电极，增加粒子碰撞概率，称为活性反应离子镀。这里简略介绍几种常用的离子镀。

（1）气体放电等离子体离子镀　其设备与真空蒸镀设备基本相似，蒸发源与基材的距离为 20 ~ 40cm。工件架对地是绝缘的，可对工件架施加负偏压。向真空室充以氩气，当气压达到一定值，电压梯度适当时，在蒸发源与基材之间就会产生辉光放电，蒸发便在气体放电中进行，氩气离子和镀料离子加速飞向基材，即在离子轰击的同时凝结形成质量较高的膜。如果在充氩气时再充适量的 O_2、N_2 等气体，即通过反应离子镀形成各种化合物薄膜。在基材与蒸发源之间加一个加正电压的电极，即通过偏置反应激活离子镀沉积化合物膜。

（2）射频放电离子镀 图 12-14 所示为射频放电离子镀原理图。射频线圈为 7 圈，高为 7cm，用直径为 ϕ3mm 的铜丝绕制，安装在蒸发源和工件之间，工件和蒸发源的距离为 20cm，射频频率为 13.56MHz，功率多为 1～2kW，直流偏压多为 0～1500V。这种装置的内部主要分为以蒸发源为中心的蒸发区、以线圈为中心的离化区和以基材为中心的离子加速区。通过分别调节蒸发源功率、线圈的激励功率、基材偏压等，可以对上述三个区进行独立控制。

射频放电离子镀的放电状态稳定，在 10^{-3}～10^{-1}Pa 的较高真空度下也能稳定放电，而且离子化率较高（可达 10%），镀层质量好，基材温升低而且较易控制，还容易进行反应离子镀。缺点是真空度较高，绕射性较差，在射频电源与射频电极之间需接上匹配箱，并要根据镀膜参数变化随时调节，如果使用电子束蒸发源，还会与射频激励电流之间互相干扰。因此，要根据膜层的具体要求来确定最佳工艺参数。射频对人体有害，要设法屏蔽和防护。

（3）空心阴极离子镀 空心阴极离子镀（HCD）是利用空心热阴极产生等离子束，采用空心钽管作阴极，辅助阳极距阴极较近，两者为引燃弧光放电的两极。图 12-15 所示为空心阴极离子镀装置。

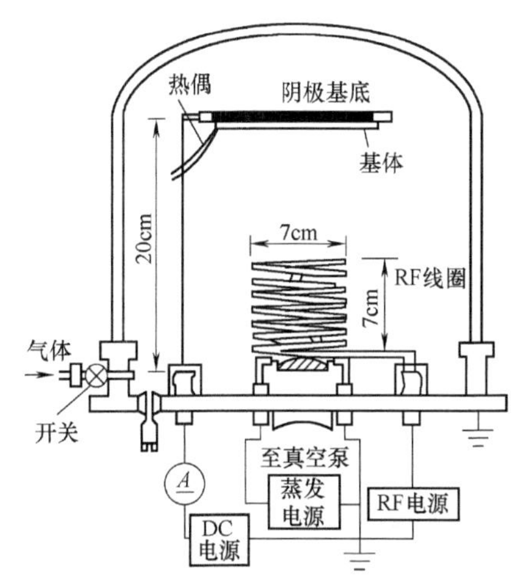

图 12-14 射频放电离子镀原理图

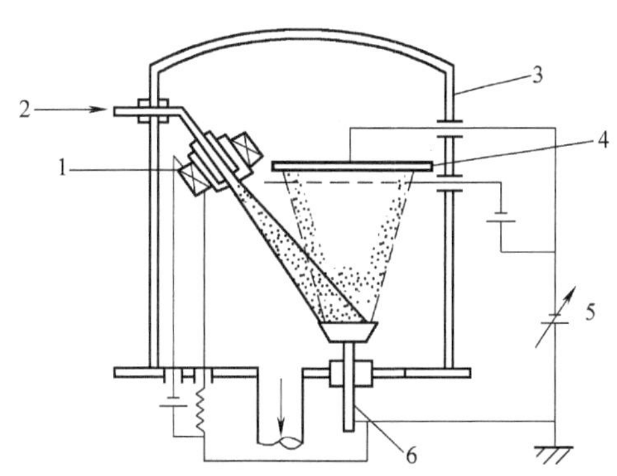

图 12-15 空心阴极离子镀装置

1—HCD 枪 2—氩气 3—钟罩

4—工件 5—高压电源 6—水冷铜坩埚

HCD 枪的引燃方式有以下两种，并由此产生等离子电子束：

1）在钽管处造成高频电场，引起由钽管通入的氩气电离，离子轰击处于负电位的钽管，使钽管受热，升温至热电子发射温度，从而产生等离子电子束。

2）在钽管阴极和辅助阳极之间用整流电流施加 300V 左右的直流电压，并同时由钽管向真空室内通入氩气，在氩气气氛下，阴极钽和辅助阳极之间发生反常辉光放电，中性低压氩气钽管内外不断地电离，氩离子又不断地轰击钽管表面，使钽管前端温度逐步上升，达 2300～2400K 时，就从钽管表面发射出大量的热电子，辉光放电转变为弧光放电，电压降至 30～60V，电流上升至数百安培，此时，在阴阳极之间接通主电源就能引出高密度的等离子电子束。等离子电子束经偏转聚焦到达水冷坩埚后，将膜料迅速蒸发，这些蒸发物质又在等离子体中被大量离化，在负偏压的作用下以较大的能量沉积在工件表面而形成牢固的膜层。

（4）阴极电弧离子镀　把真空弧光放电用于蒸发源的镀技术，也称真空弧光蒸镀法。由于蒸镀时阴极表面出现许多非常小的弧光辉点，又称为多弧离子镀。

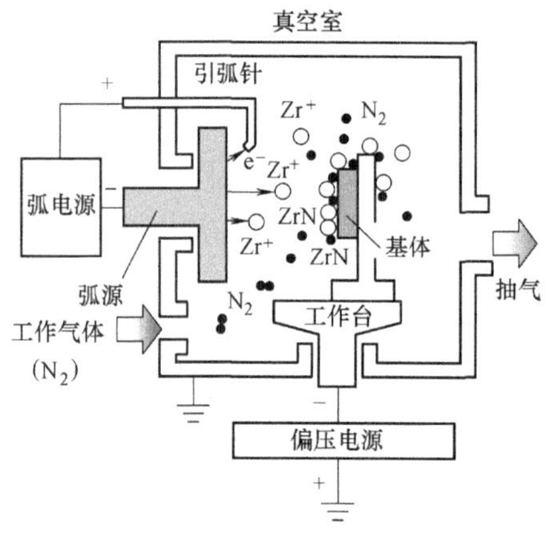

图 12-16　阴极电弧离子镀原理图

多弧离子镀与空心阴极放电的热电子电弧不同，它是一种非热电子电弧，它的电弧形式是在冷阴极表面上形成阴极电弧斑点。图 12-16 所示为阴极电弧离子镀原理图。真空室中有一个或多个作为蒸发离化源的阴极以及放置工件的阳极。蒸发离化源可以设计成由圆板状阴极、圆锥状阳极、引弧电极、电源引线极、固定阴极的座架、绝缘体等组成。阴极有自然冷却和强制冷却两种冷却方式。

多弧离子镀的特点如下：

1）从阴极直接产生等离子体，不用熔池，弧源可设在任意方位和多源布置。

2）设备结构较简单，可以拼装，适于镀各种形状的工件，弧源既是阴极材料的蒸发源，又是离子源、加热源和预轰击净化源。

3）离化率高，一般可达 60% ~80%，沉积速率高。

4）入射离子能量高，沉积膜的质量和附着性能好。

5）采用低电压电源工作，较为安全。

多弧离子镀虽然有许多优点，但也存在一些突出的问题，其中最主要的是“大颗粒”的污染：阴极弧源在发射大量电子及金属蒸气的同时，由于局部区域的过热而伴随着一些直径约为 10μm 的金属液滴的喷射，以及中性粒子团簇伴随着等离子体喷发出来，它们飞落到正在沉积生长的薄膜表面。这样的大颗粒会使镀层表面粗糙度增加，镀层附着力降低，并出现剥落现象和镀层严重不均匀等现象。这一缺点也使它不能用来制作高质量，尤其是纳米尺度的功能薄膜，严重限制了多弧离子镀技术的应用。因此，要尽可能消除这种大颗粒的污染。解决方法有两种：①抑制大颗粒的发射，消除污染源；②采用大颗粒过滤器，使大颗粒不混入镀层之中。减少或消除大颗粒发射，可采取多种措施，如降低弧电源电压、加强阴极冷却、增大反应气体分压、加快阴极弧斑运动速度和脉冲弧放电等。但是，这些措施要顾及正常工艺的实施，避免顾此失彼。

从阴极等离子流束中把颗粒分离出来的主要解决方法有：①高速旋转阴极靶体；②遮挡屏蔽，即在阴极弧源与基片中间安置挡板，使大颗粒不能到达基片，而大部分离子流束通过偏压的作用绕射到基片上；③磁过滤，采用弯曲型磁过滤方法是一种较为彻底的消除大颗粒污染的方法。

3. 离子镀的应用

（1）离子镀的应用概况　离子镀已经开发出电子束离子镀、活性反应离子镀、空心阴极离子镀、射频放电离子镀以及阴极电弧离子镀。其中，阴极电弧离子镀技术实用性强、应用范围广，尤其是作为硬质镀层在许多工模具上获得了重要应用。离子镀的部分应用情况见

表 12-5。

表 12-5　离子镀的部分应用情况

镀层材料	基体材料	功能	应用
Al、Zn、Cd	高强度、低碳钢螺栓	耐蚀	飞机、船舶、一般结构用件
Al、W、Ti、TiC	一般钢、特殊钢、不锈钢	耐热	排气管、枪炮、耐热金属材料
Au、Ag、TiN、TiC Al Cr、Cr-N、Cr-C	不锈钢、黄铜 塑料 型钢、低碳钢	装饰	手表、装饰物（着色） 模具、机器零件
TiN、TiC、TiCN、TiAlN、ZrN、Al_2O_3、Si_3N_4、BN、DLC	高速工具钢、硬质合金	耐磨	刀具、模具
Ni、Cu、Cr	ABS 树脂	装饰	汽车、电工、塑料、零件
Au、Ag、Cu、Ni W、Pt Cu Ni-Cr SiO_2、Al_2O_3 Be、Al、Ti、TiB_2 DLC Pt Au、Ag NbO、Ag In_2O_2-SnO_2 Al、In（Ca）	硅 铜合金 陶瓷、树脂 耐火陶瓷绕线管 金属 金属、塑料、树脂 固化丝绸、纸 硅 铁镍合金 石英 玻璃 Al/CaAs、Tn（Ca）/CdS	电极、导电模 触点材料 印制电路板 电阻 电容、二极管 扬声器振动膜 集成电路 导线架 陶瓷-金属焊接 液晶显示 半导体材料电接触	电子工业
SiO_2、TiO_2 玻璃 DLC	玻璃 塑料 硅、镍、玻璃	光学	镜片（耐磨保护层） 眼镜片 红外光学窗口（保护膜）
Al Mo、Nb Au	铀 ZrAl 合金 铜壳体	核防护	核反应堆 核聚变实验装置 加速器
MCrAlY	Ni/Co 基高温合金	抗氧化	航空航天高温部件
Pb、Au、Mg、MoS_2 Al、MoS_2、PbSn、石墨	金属 塑料	润滑	机械零部件

（2）应用实例

1）阴极电弧离子氮化钛（TiN）硬质膜。TiN 属于间隙化合物，具有美丽的金黄色光泽，化学稳定性好，熔点高达 3000℃，维氏显微硬度为 20GPa 左右，内部结构通常为面心立方 δ-TiN 和体心立方 ε-Ti_2N 两相共存。这两种相的颜色和硬度都相近，并且组成比可通过工艺调节。

2）离子镀各种硬质化合物膜层。离子镀特别适用于沉积质薄膜，除了 TiN 系之外，还有其他硬质化合物膜层。离子镀的主要硬质化合物膜层及其特性见表 12-6。基材包括高合金钢、高速工具钢、硬质合金等。镀层厚度一般为 2 ~ 5μm，镀膜产品包括各种工具、模具以及其他的耐磨件。

表 12-6　离子镀的主要硬质化合物膜层及其特性

膜层材料	膜层颜色	硬度 HV	耐温/℃	电阻率/ $\mu\Omega \cdot cm$	传热系数/ [W/ (cm² · K)]	摩擦因数 μ_k	层厚/ μm
TiN	金黄	2400 ± 400	550 ± 50	60 ± 20	8000 ± 1000	0. 65 ~ 0. 70	2 ~ 4
TiCN	红棕/灰	2800 ± 400	450 ± 50		8100 ± 1400	0. 40 ~ 0. 50	2 ~ 4
CrN	银灰	2400 ± 300	650 ± 50	640	8100 ± 2000	0. 50 ~ 0. 60	3 ~ 8
Cr_2N	深灰	3200 ± 300	650 ± 50	30 ± 10			2 ~ 6
ZrN	亮金	2200 ± 400	600 ± 50	4000 ~ 7000		0. 50 ~ 0. 60	2 ~ 4
AlTiN	黑	2800 ± 400	800 ± 50		7000 ± 400	0. 55 ~ 0. 65	2 ~ 4
AlN	蓝	1400 ± 200	550 ± 50				2 ~ 5
MnN	黑		650 ± 50				2 ~ 4
WC	黑	2300 ± 200	450 ± 50				1 ~ 4
DLC		3000 ± 400				0. 10 ~ 0. 20	1 ~ 2
纳米多层 TiN/AlN		4000					

12. 1. 5　化学气相沉积

化学气相沉积是与物理气相沉积相联系但又截然不同的一类薄膜沉积技术。顾名思义，化学气相沉积技术利用是气态的先驱反应物，通过原子、分子间化学反应的途径生成固态薄膜的技术。利用这种方法可以制备的薄膜种类范围也很广，包括固体电子器件所需的各种薄膜，轴承和工具的耐磨涂层，发动机或核反应堆部件的高温防护涂层等。特别值得一提的是，在高质量的半导体晶体外延技术以及各种绝缘材料薄膜的制备中大量使用了化学气相沉积技术。例如，在场效应管（MOS）中，应用化学气相沉积方法沉积的薄膜就包括多晶硅等。

1. 化学气相沉积的原理

利用含有薄膜元素的一种或几种气相化合物、单质气体，在衬底表面上令其进行化学反应生成固体薄膜，称为化学气相沉积薄膜。化学气相沉积技术的基本原理包括反应原理和热动力学原理。化学气相沉积技术的反应类型通常包含热分解反应、氧化还原反应沉积、化学合成反应沉积、化学输运反应沉积、等离子体增强反应沉积和其他能源增强反应沉积。所采用的化学反应类型有：

1）热分解。气相化合物与高温衬底表面接触时，化合物高温分解或热分解沉积而形成薄膜。

2）还原。最常用的还原气体为氢气，如金属卤化物。这种反应是可逆的，温度、氢与反应气体的浓度比、压力等都是很重要的参数。

3）氧化。含薄膜元素的化合物与氧气一同进入反应器，发生氧化反应在衬底上沉积薄膜，主要用于基材上制备氧化物薄膜。

4）水解反应。

5）生成氮化物反应。由氨分解、化合，可在衬底上生成氮化硅薄膜。

6）形成碳化物、氮化物薄膜。

除上述主要反应形式外，还有合成反应、综合反应等，生成不同金属或半导体薄膜。

2. 化学气相沉积的反应过程

在反应器内进行的化学气相沉积过程，其化学反应是不均匀的，可在衬底表面或衬底表面以外的空间进行。衬底表面的大致过程如下：

1）反应气体扩散到衬底表面。

2）反应气体分子被表面吸附。

3）在表面上进行化学反应、表面移动、成核及膜生长。

4）生成物从表面解吸。

5）生成物在表面扩散。

上述诸过程，进行速度最慢的一步限制了整体的反应速度。

化学气相沉积反应器内由于反应物、生成物浓度、分压、扩散、输运、温度等参数不同，可以产生多种化合物，其物理、化学过程较复杂，目前并不完全清楚。

3. 化学气相沉积技术的特点

化学气相沉积技术成膜的类型不受限制，既可以是金属薄膜又可以是非金属薄膜，还可以控制薄膜的掺杂；成膜的速率也较快；在同一个反应炉中能放置大量基板或底衬，能够同时形成均匀的薄膜；对基材的表面状况要求不高，即使基材表面复杂也能形成均匀的薄膜；薄膜的纯度高、致密性好、残余应力小；薄膜表面平滑。当需要对基片局部进行镀膜时，操作比较困难；反应后的气体和反应源可能易燃易爆，或者为有毒气体，需要进行相应的措施进行处理；反应的温度较高、能耗较大，在实际应用中会受到一定的限制。

高温化学气相沉积涂层的优点显著，具体如下：

1）其所需涂层源的制备相对容易。

2）可实现 TiC、TiNTiCN、TiB、Al_2O_3 等单层及多元复合涂层。

3）涂层与基体之间具有很高的结合强度，薄膜厚度可达 7～9pm。

4）涂层具有良好的耐磨性。

但该技术也有其不可避免的缺点，具体如下：

1）涂层是在 1000℃以上的温度下沉积而成，由于涂覆温度高，使涂层与基体之间容易产生一层脆性的脱碳层（η 相），导致刀具脆性破裂，抗弯强度大大下降。

2）涂层内部为拉应力状态，使用时容易产生微裂纹，影响刀具性能。

3）化学气相沉积工艺在涂覆过程中排放的废气、废液会造成环境污染，与国家所提倡的绿色制造、绿色工业相左，自 20 世纪 90 年代中后期以来，高温化学气相沉积技术的发展和应用受到了一定的制约。目前，顺应时代潮流，发展中低温的化学气相沉积涂层，其机理与高温化学气相沉积涂层的机理相同，只是前者的涂层比后者的涂覆温度低一些，仅为 700～900℃，趋于低温、高真空的方向发展。

中温化学气相沉积（MTCVD）涂层的优点：沉积速度快、涂层厚且均匀、涂层附着力高、内部残余应力小。

采用 MTCVD 技术获得的致密纤维状结晶形态结构的涂层具有极高的耐磨性、抗热震性及韧性。例如，用 MTCVD 技术沉积 TiCN，可得到较厚的细晶纤维状结构，涂层厚度可达 CVD 技术涂层厚度的 1.5 倍，且为半黏结状态，有效地改善了刀具在连续切削条件下的抗崩刃性。而且，MTCVD 技术沉积形成的单相显微晶相结构，一改传统氧化铝涂层表面不光滑、热稳定性差的弊端，其表面光滑、热稳定性好、抗扩散磨损好。但是，MTCVD 技术依旧存在环境污染问题，而且涂层内部为拉应力状态，使用时易产生微裂纹。CVD 技术具有涂层密实、涂层与基体结合强度高、附着力强、均匀性好等优点，即便是形状复杂的工件也能得到良好的镀层，且薄膜厚度可达 5 ~ 129μm，具有很好的耐磨性，目前广泛应用于各类硬质合金刀具。

4. 化学气相沉积的应用

化学气相沉积镀层可用于要求耐磨、抗氧化、耐腐蚀，以及特定的电学、光学和摩擦学性能的应用中。可以通过控制工艺参数和装置来改变镀层的特性，以满足应用的要求。在某些应用中，镀层的纯度是关键因素，因为杂质会明显地影响某些性能，如电学性能和光学性能。在这种情况下，为了沉积有用的镀层，必须使用高纯度气体和高真空设备（10^{-6} ~ 10^{-3}Pa）。在切削应用中，镀层的重要性能包括硬度、化学稳定性、耐磨性、低的摩擦因数、高的热导以及热稳定性。满足这些要求的镀层包括 TiC、TiN、Al_2O_3 以及它们的组合。其他的镀层如 TaC 和 TiB_2 也得到了应用。

5. 几种化学气相沉积技术介绍

（1）等离子体增强化学气相沉积（PECVD）技术　PECVD 技术是借助辉光放电等离子体使含有薄膜组成的气态物质发生化学反应，从而实现薄膜材料生长的一种新的制备技术。由于 PECVD 技术是通过反应气体放电来制备薄膜的，有效地利用了非平衡等离子体的反应特征，从根本上改变了反应体系的能量供给方式。一般说来，采用 PECVD 技术制备薄膜材料时，薄膜的生长主要包含以下三个基本过程：首先，在非平衡等离子体中，电子与反应气体发生初级反应，使得反应气体发生分解，形成离子和活性基团的混合物；其次，各种活性基团向薄膜生长表面和管壁扩散输运，同时发生各反应物之间的次级反应；最后，到达生长表面的各种初级反应和次级反应产物被吸附并与表面发生反应，同时伴随有气相分子物的再放出。

具体说来，基于辉光放电方法的 PECVD 技术，能够使得反应气体在外界电磁场的激励下实现电离并形成等离子体。在辉光放电的等离子体中，电子经外电场加速后，其动能通常可达 10eV 左右，甚至更高，足以破坏反应气体分子的化学键，因此，通过高能电子和反应气体分子的非弹性碰撞，就会使气体分子电离（离化）或者使其分解，产生中性原子和分子生成物。正离子受到离子层加速电场的加速与上电极碰撞，放置衬底的下电极附近也存在有一较小的离子层电场，所以衬底也受到某种程度的离子轰击。因而分解产生的中性物依靠扩散到达管壁和衬底。这些粒子和基团（这里把化学上是活性的中性原子和分子物都称之为基团）在漂移和扩散的过程中，由于平均自由程很短，所以都会发生离子-分子反应和基团-分子反应等过程。到达衬底并被吸附的化学活性物（主要是基团）的化学性质都很活泼，由它们之间的相互反应从而形成薄膜。PECVD 技术由于直接利用等离子体来促进反应发生，故优点显著：①可将涂覆温度控制在600℃以下（目前涂覆温度已降至180 ~200℃）；②低的涂覆温度使硬质合金基体与涂层材料之间不会发生扩散、相变或交换反应，从而使基体保持了原有的强韧性。所涂刀具在加工普通钢、合金钢、铣削时，显示出比采用普通化学气相沉积技术涂层的刀具更为优异的性能。此外，因其低温工艺不影响焊接部位的刀具性能，还可用于涂覆焊接硬质合金刀具，大大提高了刀具使用寿命，显示出了良好的使用性能。但 PECVD 技术也有其自身缺点：①设备投资大、成本高，对气体的纯度要求高；②涂覆过程中所产生的剧烈噪声、强光辐射、有害气体、金属蒸汽粉尘等对人体产生危害；③对小孔径内表面难以涂覆等。这些问题还亟待解决。PECVD 技术是获得硬质耐磨涂层的新工艺，所生产的高强度、高性能的涂层工艺，在高速、重载荷、难加工领域中有其特殊的作用。超深层表面改性技术可应用于绝大多数热处理件和表面处理件。可替代高频淬火、碳氮共渗、离子渗氮等工艺，得到更深的渗层、更高的耐磨性，产品寿命剧增，可产生突破性的功能变化。

（2）激光化学气相沉积（LCVD）技术　LCVD 是在常规 CVD 设备的基础上，增加了激光器、光路系统以及激光功率测量装置，利用激光光束能量来激发/促进前驱气体反应，可在衬底上实现选区或大面积薄膜沉积。几乎所有适用于常规 CVD 的材料都可采用 LCVD 方法制备，按激光作用机制，LCVD 被划分为热解 LCVD 和光解 LCVD，也有分光热混合 LCVD。

LCVD 方法利用激光激活化学反应的能量，降低了沉积的温度。热解 LCVD 首先选用合适波长的激光，在基材的局部进行加热，于是沉积在这一点上。这样可以通过控制激光束来决定沉积的区域。光解 LCVD 要求气相有较高的吸收截面，同时基体不吸收激光的能量。这种技术相比于其他 CVD 技术的沉积温度较低。LCVD 技术是一种极具发展潜力的新技术，它克服了常规 CVD 的反应温度高、PVD 的绕镀性差和 PECVD 杂质含量高等一系列缺点，成功应用于半导体、光学、高熔点材料等方面。随着激光技术的快速发展以及新型功能器件的层出不穷，LCVD 技术已从单材料沉积、单光源辅助向多材料复合、多光源协同制备的方向发展。但还存在着诸多问题有待更深入的研究：①缺乏完善的 LCVD 材料生长的理论体系；②缺乏适用于功能材料的低温 LCVD 制造系统。

尽管 LCVD 技术相对于传统 CVD 技术在材料沉积效率上得到了巨大的提升，依然存在难以大规模生产和商业化的问题，但其可以精准控制化学反应进程的优势是传统 CVD 技术不可比拟的。随着 LCVD 技术的不断发展，其在多层功能器件的制备上将必不可少。随着越来越多的研究人员进入该领域，相信该研究方向会有更加光明的未来。

（3）金属有机化学气相沉积（MOCVD）技术　MOCVD 是以低温下易挥发的金属有机化合物为前驱体，在预加热的衬底表面发生分解、氧化或还原反应而制成制品或薄膜的技术。与传统的 CVD 方法相比，MOCVD 的沉积温度相对较低，能沉积超薄层甚至原子层的特殊结构表面，可在不同的基体表面沉积不同的薄膜，现已在半导体器件、金属、金属氧化物、金属氮化物等薄膜材料的制备与研究方面得到广泛的应用。该技术于 20 世纪 60 年代发展起来，是制备半导体功能材料和薄膜材料的有效方法之一。

MOCVD 反应源物质（金属有机化合物前驱体）在一定温度下转变为气态并随载气（H_2、Ar）进入化学气相沉积反应器，进入反应器的一种或多种源物质通过气相边界层扩散到基体表面，在基体表面吸附并发生一步或多步的化学反应，外延生长成制品或薄膜，生成的气态反应物随载气排出反应系统，MOCVD 原理图如图 12-17 所示。MOCVD 反应是一种非平衡状态下的生长机制，其外延层的生长速率和组织成分等受到基体温度、反应室压力、金属有机前驱体浓度、反应时间、基体表面状况、气流性质等多种因素的影响，只有充分考虑各种因素的综合作用，了解各种参数对沉积物的组成、性能、结构的影响，才能在基体表面沉积出理想的材料。

采用 MOCVD 法制备的金属薄膜在催化剂和微电子喷镀方面越来越受到人们的关注，特别是在材料的涂覆制膜及包覆方面的应用优势十分明显，是目前国际上制膜的重要技术。

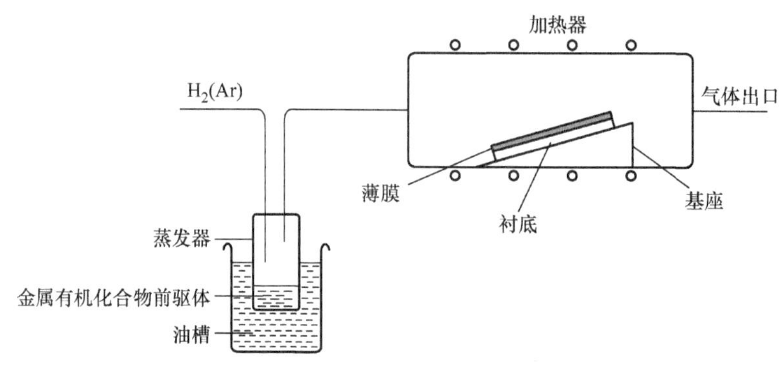

图 12-17　MOCVD 原理图

MOCVD 法在制备薄膜方面的特点主要表现为以下几点：

1）合成材料的成分比例可调。通过控制前驱体化合物的物质的量之比可以达到控制生长、调节薄膜成分的目的，且薄膜材料的成分比例可调节范围大。

2）沉积温度低，沉积薄膜厚度均匀、可调范围宽，可在异型材料表面进行均匀涂覆。

3）成膜面积大。由于膜的生长速度主要由表面的反应气体分子浓度和密度决定，基体表面均匀的压强和反应气体的快速输送，使得大面积成膜成为可能。

4）通过对气源的切换可沉积复合膜或梯度膜。

5）由于具有独特提纯技术，可沉积高纯度薄膜。

6）可制得亚稳态结构薄膜，也可制得一系列包覆膜复合材料及空心金属微球。

7）沉积膜的台阶覆盖好，沉积速度快，可实现大规模工业化生产。

（4）真空化学气相沉积技术　目前，已经研究出了超真空化学气相沉积技术。这种技术常用于制造半导体材料，其沉积温度较低，约为 425～600℃，但是真空度的要求很高。其主要的特点是能够实现多片生长，而且采用低压低温生长，与其他技术相比更容易实现操作。特别适合 SnSi、SiGe、SiC 等半导体材料。

（5）光化学气相沉积技术　高能光子有选择性地激发表面吸附分子或气体分子而导致键断裂，产生自由化学粒子形成膜或在相邻的基片上形成化合物。沉积过程依赖于入射波波长，可用激光或紫外光实现。其特点为沉积温度低、沉积速率快、偏离平衡条件可生成亚稳相、制备的薄膜质量好、薄膜与基片的结合力高。可制备各种金属、介电和绝缘体、半导体化合物、非晶和其他合金薄膜。

6. 化学气相沉积的发展趋势及应用

各种气相沉积是当前世界上著名研究机构和大学竞相开展的具有挑战性的研究课题。目前该技术在信息、计算机、半导体、光学仪器等产业及电子元器件、光电子器件、太阳能电池、传感器件等制造中应用十分广泛，在机械工业中，制作硬质耐磨镀层、耐腐蚀镀层、热障镀层及固体润滑镀层等方面也有较多的研究和应用，其中 TiN 等镀膜刀具的普及已引起切削领域的一场革命，金刚石薄膜、立方氮化硼薄膜的研究也十分火热，并已向实用化方面推进。在不同 PVD、CVD 工艺的基础上，通过发展和复合很多新的工艺和设备，如 IBAD、PCVD、空心阴极多弧复合离子镀膜装置、离子注入与油溅射镀或蒸镀的复合装置、等离子体浸没式离子注入装置等不断将该类技术推向新的高度。在制备难熔金属领域，未来将会寻求更低的沉积温度与能耗；寻求难熔金属合金的制备；寻求性能更加优异的难熔金属薄膜。

在制备新材料上，未来将会追求对于废旧材料的循环利用，形成具有新的优异性能的材料，同时具有耐高温，耐腐蚀，耐氧化等性能的复合材料。在制备工艺上，未来的技术将寻求高效、环保、可操作性强、实现条件简单等要求，还会利用多种学科的交叉实现新的诸如物理化学气相沉积技术、磁化学气相沉积技术、光化学气相沉积技术等。在半导体技术上，未来化学气相沉积技术形成的硅元件将能具有更小的尺寸而具有包含更多信息的能力，制备的超导体将能广泛运用于电力的输送。在光学上，制备出能充分吸收太阳能的薄膜层，从而节约能源。

与国外的发展相比，我国在上述方面虽研究较多，但水平有较大差异，在实用化方面差距更大。化学气相沉积技术主要应用在以下方面。

1）在机械零件表面作为保护涂层的应用。在硬质合金刀具的制备过程中，细化晶粒或者进行表面涂覆都能起到提高刀具性能和寿命的作用。其中硬质相一般为钨、钛等。CVD 技术在钨粉和钨合金的复合技术中起到了重要作用。对于钨粉的制备过程，氧化钨还原法对原材料的要求较高，工艺流线长，当采用 CVD 技术时，可以采用废弃的钨当作原材料。这样制得的产品纯度高、细度良好、工艺流程短，受到人们广泛的关注。

2）在超导技术中的应用。利用化学气相沉积技术制备 MgB 超导薄膜也具有相当多的研究。制备 MgB 超导薄膜的方法主要有脉冲激光沉积法、磁控溅射法、分子束外延法和真空蒸发法。而利用化学气相沉积技术制备 MgB 超导薄膜时具有如下特点：薄膜表面光滑且致密；晶粒粒度均匀且合适；薄膜的生长速度很快，且适合生产大尺寸薄膜；制备的薄膜超导性能优异。

3）在微电子技术的应用。发展超大规模集成电路技术在一定程度上代表了一个国家的科技、工业、教育领域的水平，反映了一个国家的综合实力。由于硅作为集成电路的重要原材料具有优越性能，而且其在自然界中的储量丰富，因此是半导体元件中最重要的物质。利用化学气相沉积制膜技术制备绝缘薄层在工业生产中已经得到了广泛的使用，主要有二氧化硅、磷硅酸盐玻璃（PSG）等。

4）化学气相沉积技术在晶须生产中的实践应用。晶须一直以来都是一种纤维状的单晶体，其在复合材料领域之中具有不可或缺的重要作用，可以在许多新型复合材料的制备与生产中所应用。化学气相沉积技术在晶须生产过程中的实践应用，主要是利用金属卤化物所具有的氢还原性质。该技术的合理应用不仅可以生产出各式各样的金属晶须，并且还可以生产出许多的化合物晶须，主要涉及碳化钛晶须、氧化铝以及金刚砂等。

5）化学气相沉积技术在核燃料制备中的实践应用。将化学气相沉积技术与化工流化床技术进行有机的结合，借助这一交叉耦合的措施，把二者的优势组合到一起能够在一些工业领域之内所运用，其中应用最为普遍的领域便属于先进核燃料领域。以高温气冷堆 TRISO 颗粒制备为例，作为第四代主要特性的先进核反应堆，由于其自身具有一定的安全性，所以获得了广泛的运用。这种包覆颗粒的核心芯主要以 UO2 核燃料颗粒为主，其直径通常为 0.5mm，并且外面包裹了四层包覆层，现阶段这一技术早就已经落实了商业化投产，同时架构了我国首个高温气冷核反应堆示范电站。然而必须高度重视，该材料自身具有较强的特殊性，所以在借助流化床-化学气相沉积技术进行生产时，必须对反应器规模化方法、温区控制以及连续化生产等一系列问题展开更深层次的分析，促使这一技术能够更具高效、稳定、可控制地完成生产工作。例如，在对粉体制备过程中出现的颗粒收集问题进行管控时，若是无法对纳米颗粒自身所拥有的易黏附性予以妥善处理，则纳米颗粒便会沉积在流化床管壁上，不能及时导出，从而对长时间稳定工作产生严重的负面影响，因此，便能够借助在线负压抽取的措施，对系统压力平衡所产生的影响进行深入的思考，并对流化床-化学气相沉积技术予以合理设计，以此确保生产更具稳定性。该技术是日后发展的关键，因此，对该技术的实践应用予以更深层次的研究与探讨具有一定的应用价值。

7. 物理气相沉积和化学气相沉积工艺方法比较

气相沉积技术的应用涉及多个领域，仅在改善机械零件的耐磨性与耐蚀性方面，其用途就非常广泛。如用上述方法制备的 TiN、TiC 等薄膜具有很高的硬度和耐磨性，在高速工具钢刀具上镀厚度为 1～3μm 的 TiN 膜就可使其使用寿命提高 3 倍以上。目前，在一些发达国家的不重磨刀具中有 30%～50% 加镀了耐磨层。其他金属氧化物、碳化物、氮化物、立方氮化硼、类金刚石等膜，以及各种复合膜也表现出优异的耐磨性。物理气相沉积和化学气相沉积法制备的 Ag、Cu、CuIn、AgPb 等软金属及合金膜，特别是用溅射等方法镀制的 MoS_2、WS_2 及聚四氟乙烯膜等，具有良好的润滑、减摩效果。气相沉积获得的 Al_2O_3、TiN 等薄膜耐蚀性好，可作为一些基体材料的保护膜。含有铬的非晶态膜的耐蚀性则更高。目前，离子镀 Al、Cu、Ti 等薄膜已部分代替电镀制品用于航空工业零件上。用真空镀膜制备的耐热腐蚀合金镀层及进而发展的热障镀层已有多种系列用于生产中。几种气相沉积工艺的特性参数、薄膜特点及各自的应用对比见表 12-7。

表 12-7 几种气相沉积工艺的特性参数、薄膜特点及各自的应用对比

特点		蒸发镀膜	溅射镀膜	离子镀膜	化学气相沉积
沉积工艺特点	薄膜材料汽化方式	热蒸发	离子溅射	蒸发溅射并电离	液、气相化合物、蒸气反应气体
	粒子激活方式	加热	离子动量传递，加热	等离子体激发、加热	加热、化学自由能
	沉积粒子及能量/eV	原子或分子：0.1左右	主要为原子：1～40	原子或大量离子：几至数百	原子：0.1 左右
	工作压力/Pa	2×10^{-2}以下	3 以下	1 以下	常压或 10～数百
	基体温度/℃	零下至数百	零下至数百	零下至数百	150～2000
	薄膜沉积率/(0.1nm/s)	1000～750000	25～15000	100～250000	500～250000
薄膜特点	表面粗糙度	好	好	好	好
	密度	一般	高	高	高
	膜-基体界面	突变界面	突变界面	准扩散界面	扩散界面
	附着情况	一般	良好	很好	很好
主要用途	电学	电阻、电容连线	电阻、电容连线、绝缘层、钝化层、扩散源	连线、绝缘层、电极、导电膜	绝缘膜、钝化膜、连线
	光学	透射膜、减反射膜、滤光片、掩膜、镀镜、集成光学、电致发光	透射膜、减反射膜、滤光片、镀镜、光盘、电致发光、建筑玻璃	透射膜、减反射膜、镀镜、光盘电致发光	

12.2 激光表面处理技术

1. 激光表面处理的基本原理

激光表面处理的基本原理是激光基于受激辐射光放大原理产生的相干辐射。激光作为一种光，除了具有光的特性，如反射性、折射性和吸收性等，还具有高度的方向性、单色性、高亮性和相干性。

激光表面处理技术是利用具有方向高度集中、能量高度集中的激光束作为热源，对材料进行表面改性或合金化的技术。

在材料表面施加能量密度极高的激光束，使之发生物理、化学变化，显著地提高材料的硬度、耐磨性、耐蚀性和高温性能等，从而大大提高产品的质量，成倍地延长产品的使用寿命，降低成本，提高经济效益。

激光表面处理技术的工艺大体上分为两类：一类不改变基体表面成分，包括激光相变硬化（激光淬火）、激光熔凝、激光冲击硬化等；另一类改变基体表面成分，包括激光熔覆、激光合金化及激光增强镀覆等，如图 12-18 所示。

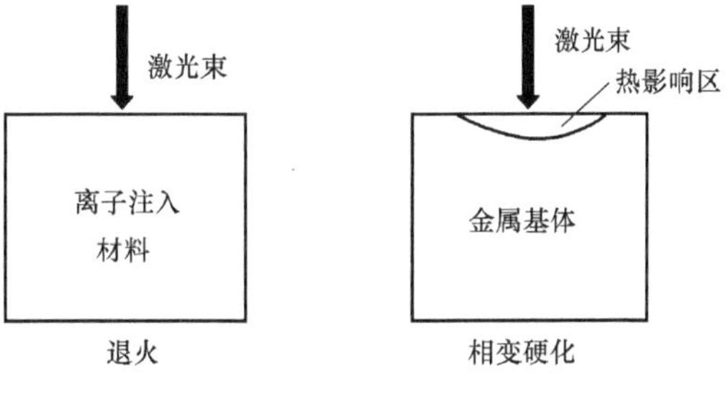

图 12-18 激光表面处理技术简图

2. 激光表面处理的特点

激光表面处理的突出特点是快速加热和随后的急速冷却，加热和冷却速度可达10^6～10^8℃/s，作用时间短，处理效率高。激光表面处理的深度取决于表面向内部热扩散的距离，其值很小，一般为0.01～5mm，且容易控制。激光光斑的功率密度大，可准确地引导至工件表面的不同部位，或在一定区域扫描。对工件表面进行局部处理，功率密度可准确控制，输入工件的能量小，工件变形小，处理后表面可不再进行机械加工或只需少量机械加工。此外，激光没有化学污染，易于传播、切换和自动控制。因此，激光表面处理被认为是一种应用广阔的新技术。激光表面处理的缺点是反射率高，转换率低，设备昂贵和不能大面积处理。

3. 激光表面合金化

激光表面合金化是利用各种工艺方法先在工件表面上形成所要求的含有合金元素的镀层、涂层、沉积层或薄膜，然后再用激光、电子束、电弧或其他加热方法使其快速熔化，形成一个符合要求的、经过改性的新的表面层。

激光表面合金化的功率密度一般为10^4～10^6W/cm^2，采用近于聚焦的光束。基体材料为碳素钢、铸铁及铝合金、钛合金、镍基合金等。与普通电弧表面硬化和等离子喷涂相比，激光表面合金化的主要优点：能准确地控制功率密度和控制加热深度，从而减小变形；激光能使难以接近的部位和局部合金化；在快速处理中能有效地利用能量，利用激光的深聚焦，在不规则的零件上可得到均匀的合金化深度。因而，在许多应用场合，用激光表面合金化可以代替常规的热喷涂技术，获得表面性能优异的材料。

激光合金化的工艺有三种：预置法、硬质粒子喷涂法和气相合金化法，下面仅介绍预置法。

预置法是采用电镀、气相沉积、离子注入、刷涂、渗层重熔、火焰及等离子弧喷涂、黏结剂涂覆等方法将所要求的合金粉末事先涂覆在需要合金化的材料表面，然后激光加热熔化，在表面形成新的合金层。这种方法在一些铁基表面进行合金化时普遍采用。激光表面合金化时，材料表面吸收的功率密度为 $10^5W/cm^2$，达到沸点时间仅需几毫秒。当功率密度大于 $10^6W/cm^2$ 时，基体材料会急剧蒸发。在激光合金化时，正是由于蒸发，蒸气压力和蒸气反作用力等能克服熔化金属表面张力以及液体金属静压力而形成“小孔”。形成的“小孔”类似于黑洞，有助于对光束能量的吸收。光束移动后，流动的熔融材料把孔填补。

激光合金化可有效地提高表面层的硬度和耐磨性，如对于钛合金，利用激光碳硼共渗和碳硅共渗的方法，实现了钛合金表面的硅合金化，硬度由 299 ~ 376HV 提高到 1430 ~ 2290HV，与硬质合金圆盘对磨时，合金化后的耐磨性可提高两个数量级。美国 AVCO 公司采用激光合金化工艺处理了汽车排气阀，使其耐磨性和抗冲击力得到提高。在 45 钢上进行的 $TiC-Al_2O_3-B_4C-Al$ 复合激光表面合金化，其耐磨性与 CrWMn 钢相比，是后者的 10 倍，用此工艺处理的磨床拖板比原本使用的 CrWMn 钢制拖板寿命提高了 3 ~4 倍。

4. 激光熔覆

激光熔覆是利用激光加热基体表面以形成一个较浅的熔池，同时送入预定成分的合金粉末一起熔化后迅速凝固，或者是将预先涂覆在基体表面的涂层与基体一起熔化后迅速凝固，得到一层新的熔覆层，此为激光熔覆。

激光熔覆的基体材料为碳素钢、铸铁、不锈钢和铝等，涂层材料是钴基合金、镍基合金、铁基合金、碳化物，以及 Al_2O_3、ZrO_2 等陶瓷材料。激光熔覆与喷涂、堆焊过程类似，但是具有稀释度小、组织致密、涂层与基体结合良好、适合熔覆材料多、粒度及含量变化大等特点，如图 12-19 所示。

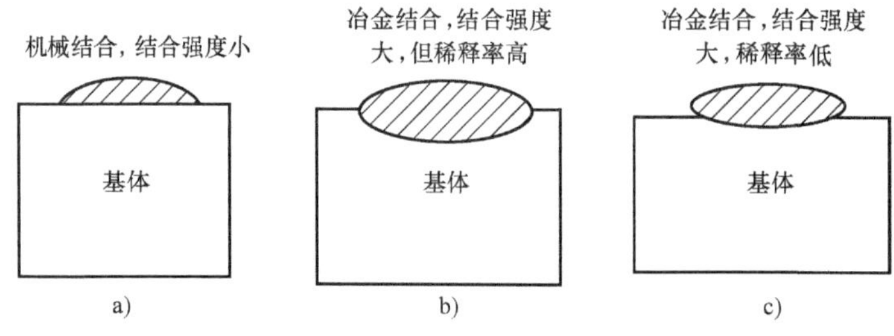

图 12-19 激光熔覆与喷涂、堆焊方法比较
a）喷涂 b）堆焊 c）激光熔覆

激光熔覆工艺可分为两种：一种是预熔覆-激光熔覆法，该法与激光合金化的预置法类似，即先通过黏结、喷涂、电镀、预置丝材或板材等方法把熔覆合金预置在待熔覆材料表面上，而后用激光束将其熔覆；另一种是气相送粉法，即在激光束照射基体材料表面产生熔池的同时，用惰性气体将涂层粉末直接喷到激光熔池内实现熔覆。

激光熔覆自 20 世纪 80 年代以来得到了迅速发展，在现代工业中已显现出明显的经济效益，广泛应用于机械制造与维修、钢铁、汽车制造、纺织机械、航空航天等领域。激光熔覆主要应用于以下两个方面：

1）表面改性。主要在燃气轮机叶片、轧辊、各种轴类、发电机转子、齿轮、模具等零件表面熔覆耐磨层或耐蚀层。对大型轧辊、发动机转子等关键零部件表面激光熔覆超耐磨耐蚀合金，可以在零部件表面不变性的情况下大大提高零部件使用寿命。对模具表面进行激光熔覆处理，不仅提高了模具的硬度，还可以降低 2/3 的制造成本，缩短 4/5 的制造周期。如对 60 钢进行碳化钨粉激光熔覆后，硬度最高达 2200HV，耐磨性为基体 60 钢的 20 倍左右。

2）产品的表面修复。采用激光熔覆修复后的零件强度可达到原强度的 90% 以上，其修复费用不到重置价格的 1/5，更重要的是缩短了维修时间，解决了大型企业重大成套设备连续可靠运行所必须解决的快速抢修难题。例如，激光熔覆修复长度为 5000mm、直径为 ϕ500mm 的大型不锈钢轧辊轴颈，修复后轧辊长轴直线度误差只有 0.03mm，激光熔覆修复几乎不引起工件变形。图 12-20 所示为激光熔覆修复无缝钢管的穿孔顶头。

图 12-20　激光熔覆修复无缝钢管的穿孔顶头

5. 激光表面处理技术应用

激光加工技术具有传统加工方法无可比拟的优点。围绕激光加工的特点，人们相继研究并开发出一些具有工业应用前景的激光表面处理技术，大体分为激光表面硬化、激光表面熔敷、激光表面合金化、激光冲击硬化和激光非晶化。

（1）激光表面处理技术在再制造装备市场的应用　激光再制造技术以激光熔覆及合金化、现代先进制造、快速原形制造等为技术基础。激光表面处理及再制造技术在信息领域、制造业、军事领域、智能化识别及医疗仪器等方面都具有重要应用，特别是激光微细加工向普通的微机械加工提出了巨大的挑战。随着激光技术的进一步发展和市场的不断扩大，激光表面处理及再制造技术将在汽车、医疗和环保领域得到更广泛的应用。目前，激光表面处理及再制造工艺已经在航空航天、汽车制造、石油工业的一些关键部件中得到实际应用。国内外激光表面处理及再制造工艺应用现状见表 12-8。

表 12-8　国内外激光表面处理及再制造工艺应用现状

工艺	应用领域	实例	特点	部门
激光冲击硬化	航空航天	2024-T3 铝合金	处理后其疲劳寿命是常规喷丸处理的 50 倍，可用于许多关键零部件以提高服役寿命，如喷气发动机的叶片	美国劳伦斯·利弗莫尔国家实验室
		7050T7451、7050T7451 航空结构材料	疲劳寿命提高到未处理的 4～5 倍	中国科学技术大学强激光技术研究所
激光熔覆	航空航天	航空涡轮发动机叶片修复	解决工件开裂，减少工时	英国劳斯莱斯公司
激光表面淬火	汽车制造	汽车转向器齿轮内表面	材料在无变形情况下，耐磨性得到极大的提高	英国通用公司

（续）

<table>
<tr><th>工艺</th><th>应用领域</th><th>实例</th><th>特点</th><th>部门</th></tr>
<tr><td>激光熔覆</td><td>汽车制造</td><td>发动机排气阀</td><td>表面耐磨剂腐蚀性得到极大提高</td><td>意大利菲亚特汽车公司</td></tr>
<tr><td rowspan="3">激光表面淬火</td><td>汽车制造</td><td>发动机气缸</td><td>发动机寿命提高一倍以上，行车距离超过 20 万 km，创造经济效益达 1324 万元/年</td><td>中国第一汽车集团有限公司</td></tr>
<tr><td>石油工业</td><td>抽油泵泵桶</td><td>使用寿命提高了一倍，变形甚微，耗电量仅为镀铬工艺的 12%</td><td>中国科学院金属研究所、玉门石油机械厂</td></tr>
<tr><td>模具加工</td><td>硅钢片模具</td><td>耐磨性得到极大提高，使用寿命提高了 10 倍</td><td>天津渤海无线电厂</td></tr>
</table>

从装备需求情况来看，涉及激光淬火、激光熔覆和激光清洗技术领域，购买方所分布的行业跨度大，有广播电视设备制造、激光、钢铁、航空航天、机械等；购买方所购买的设备包括激光表面处理及再制造装备产业链上游激光器、中游设备和产品；购买的设备主要应用于机械器件的修复、清洗等。从装备成交情况来看，激光表面处理及再制造装备产业链上游激光器、光学仪器等的购买方主要是大学和小型企业，购买的方式包括进口和国内生产，价格区间在 1 万 ~10 万元；激光表面处理及再制造装备产业链中游，涉及激光清洗和激光熔覆设备的购买方一般是博物馆、医院和大学等机构，购买方式基本是国内生产或是国内代购的国外设备，价格偏高，价格区间跨度大。在激光毛化方面，采用激光毛化技术不仅可以提高产品质量的档次，而且可以大大提高生产率。但是由于国外进口设备价格昂贵，制约了这类中小企业使用激光毛化技术。因此，开发高性价比的激光毛化设备将十分有利于国内中小钢铁及有色冶金冷轧薄板生产企业的发展。在激光清洗方面，其应用领域有不少属于国民经济的支柱产业，激光清洗技术渗入其中后产生的经济效益和社会效益是十分可观的。但激光清洗设备的成本较高，此外，传统清洗工艺（如喷砂机）已占有大规模的市场份额，激光清洗技术要想在现有市场占有一定份额，必须降低成本、提高清洗效率，才能赢得广大客户的青睐。在激光熔覆方面，激光再制造技术是符合国家循环经济和可持续发展战略的绿色制造技术，同时是国家重点支持的高新技术。此外，我国的再制造修复市场在不断扩大，为激光熔覆设备的应用和发展提供了广阔的市场前景。随着基础研究工作的不断深入，激光再制造技术的应用范围将不断扩大。我国有上万亿元的设备资产，每年因磨损和腐蚀而使设备停产、报废所造成的损失都超千亿元，这为激光再制造技术带来了广阔的市场应用前景。

（2）激光表面处理技术在重工业领域的应用　激光表面处理技术在众多行业特别是重工业领域得到广泛应用。

激光淬火由于具有热循环过程快、自激冷却的优点，不易使工件出现热变形、开裂等现象，非常适合深槽、尖角、盲孔、刀具刃部等对变形量要求小且结构复杂的零件。激光淬火后的零件可立即使用，无须进行二次加工。因此在模具、齿轮及轴类等的表面强化要求高的行业，激光淬火技术等到了深度的应用。与传统工艺相比，激光淬火可使零件表面硬度提高 6% ~11%，耐磨性可提高 2 ~5 倍。例如，激光淬火能够应用于发动机的活塞环、气缸、轮轴等关键零件，进而大幅度提高其使用性能。在经激光热处理后，可直接在装配线上进行安装，不需要再进行后续处理。例如，中国第一汽车集团有限公司等大型汽车企业配套激光热处理生产线，用于提高汽车关键零部件的使用寿命。

近年来，激光熔覆技术得到进一步发展，可以在不锈钢、镀铜、铝合金及钛合金等金属表面进行加工，而且激光具备能量密度高、受热范围小的优势，因此特别适用于模具修复。在汽车制造业里，汽车覆盖件如驾驶室、车身等部件都是通过冲压成形的，而机械冲压对模具的磨损和破坏性很大。模具一旦磨损，冲压出来的产品质量就会下降，为此必须更换新的模具，从而造成模具的浪费和消耗，如何提高模具的使用寿命成为该类企业降低生产成本、提高经济效益的重要途径和方法。此前，由于该类模具比较大，进行热处理比较困难，很多企业往往不进行热处理或采用火焰法进行处理，效果往往很不理想。应用激光熔覆技术，就可以很好地解决相关问题，减少企业相应的损失。与堆焊、喷涂、电镀和气相沉积相比，激光熔覆具有稀释度小、组织致密、涂层与基体结合好、适合熔覆材料多、粒度及含量变化大等特点，因此激光熔覆技术应用前景十分广阔。

激光冲击处理具有应变影响层深、冲击区域和压力可控、对表面粗糙度影响小、易于自动化、无热影响区和强化效果显著等突出优点。2004 年，美国激光冲击技术公司（LSPT）与美国空军研究实验室开展了 F/A-22 上 F119-PW-100 发动机钛合金损伤叶片激光冲击强化修复研究，对具有微裂纹、疲劳强度不够的损伤叶片，经过激光冲击处理后，疲劳强度为 413.7MPa，完全满足叶片使用的设计要求（379MPa），取得了巨大成功。此外，对叶片楔形根部进行激光冲击处理后，其微动疲劳寿命至少提高 25 倍以上。目前，激光冲击强化技术已大量用于 F119-PW-100 发动机整体叶盘等部件的生产。LSPT 还提出了对飞机蒙皮铆接结构强化的专利，应用可移动激光设备在飞机装配现场对铆接后的铆钉及其周围强化，强化效果明显。

（3）激光表面处理技术在石油机械中的应用　石油矿场的环境比较恶劣，在此工况下服役的金属零部件长期承受重载荷，并伴随有腐蚀、磨损、高温高压等因素，导致其过早发生失效破坏，使用寿命也因此缩短。若材料性能不能满足要求，频繁检修和更换零部件，既增加了生产成本，又使生产率受到影响；严重情况下，还会因零部件发生失效而产生安全隐患，造成重大事故，带来诸多损失。利用激光表面改性技术能充分挖掘材料潜力、节约材料和生产成本、提高生产率、成倍地提高零部件的使用寿命，达到零件低成本与工作表面高性能的最佳结合，为解决整体改性和表面改性的矛盾带来了可行性方案。目前，在石油工业中应用较多的激光表面处理技术有激光相变硬化和激光熔覆，而激光熔凝和激光合金化的应用较少，激光冲击强化在石油工业中的应用更少，目前还处于研究阶段。激光表面处理技术在石油工业中的应用未来必将越来越广泛。

（4）激光表面处理技术在硬质合金工具领域的应用　激光加工可应用于硬质合金刀具耐磨涂层涂覆前的预处理阶段，通过对硬质合金基体进行表面处理，可以提高涂层的附着力；尤其针对金刚石涂层的沉积，是解决涂层与基体间结合强度低、涂层易剥落问题的可行性手段。

当前针对硬质合金激光表面处理的研究多集中于理想的实验室因素下，相关的具体工程应用研究较少，所得结果多是试验数据，缺少实际的工程应用数据，仍有很大的研究空间。开展盾构刀具硬质合金激光表面处理的工程应用研究，对解决盾构掘进工程中出现的盾构刀具过早失效难题，降低工程损耗成本，保障整体工程的稳定进展具有重要的工程意义。盾构刀具硬质合金块尺寸较小，便于发挥激光加工灵活性、快捷性的优点。对于已出现严重磨损的装机盾构刀具，可尝试开展激光涂覆应用研究，以恢复表面硬度，提高盾构刀具利用率，减少因更换刀具带来的经济损失。

（5）激光表面处理技术在工程测量仪器领域的应用 采用激光表面处理技术扫描产品条形码，扫描精度高，扫描效率快，能够精准读取产品条形码信息，为后续检测提供强有力的信息支撑。可基于此构建基于激光表面处理技术的产品设计质量检测系统，通过该系统有效检测市场中产品的设计质量。通过激光表面处理器扫描产品表面条形码，对比扫描结果和实际条形码数据库中的数据信息，当扫描的条形码数据信息存在于数据库中时，说明该种产品是真品，反之该种产品是赝品。为保障检测系统的检测精准度，需采用高精度的激光表面处理器，通过高精度激光表面处理器高效精准读取产品条形码信息，提升系统整体检测效率。系统自动检测产品设计质量的检测正确率较高，且解码范围较广，可有效降低市场中假冒伪劣产品出现概率，提升市场信誉度。

（6）激光表面处理技术在复合材料胶接维修中的应用 高能量激光的可选择性使复合材料表面污染物、树脂发生瞬间蒸发、剥离或裂解等复杂反应，在不损伤纤维的情况下可实现表面粗糙处理，进而达到提升材料胶接性能的目的。随着科技的进步，激光器的精度和效率得到大幅提高，对激光表面处理机理的研究越来越深入，激光表面处理技术的可靠性大大提高，在树脂基复合材料表面改性和提升胶接维修效果方面具有良好的应用前景。

激光表面处理技术是利用激光的高能量脉冲，选择性地去除复合材料中基体表面材料的技术。该技术具有对环境无污染、表面处理稳定可控等优点，在复合材料表面改性和胶接维修方面具有广阔的应用前景。应用于复合材料胶接维修中的激光器，主要有特定波长的紫外、红外激光器，气体激光器，固体激光器三类。激光表面处理主要是基于胶接结合的物理机械嵌锁、界面润湿、静电吸附、化学结合理论，对复合材料母体表面及表层树脂进行激光熔蚀表面糙化处理，增加含氧官能团，从而提高复合材料的胶接维修性能。当基体材料与被处理材料表面之间性能差异较大时，采用特定波长激光可以达到清除的目的。用紫外光和近红外光等不同波长激光对碳纤维增强树脂基复合材料（CFRP）表面进行处理后，CFRP 的胶结强度均有明显提高，但近红外激光处理 CFRP 的加工窗口较窄，容易损伤基体材料。气体激光器特别是 CO_2 激光器具有寿命长、功率高等优点，在复合材料表面处理方面具有良好的应用前景。对比 CO_2 激光处理 CFRP 表面与传统砂纸处理的 CFRP 表面情况，研究显示，利用传统砂纸处理后的碳纤维存在折断损伤的情况，而经 CO_2 激光处理后，裸露的碳纤维表现完整，未产生损伤。经两种方法预处理的接头的抗剪强度大体一致，约为 35MPa，而未经表面处理的 CFRP 胶接接头的搭接强度只有 19MPa。激光预处理后基体表面接触角比未处理基体、传统打磨处理基体、酸洗处理基体的接触角小；同时，激光处理后黏合部位的抗剪强度显著增大。激光清洗方法较传统清洗方法有着更好的应用前景。固体激光器产生的光束可以通过光纤传送，相较于其他类型激光器，具有便携性高、便于远程控制和使用柔性系统的优点，因此将固体激光器用于复合材料表面处理也成了研究的重要方向。采用飞秒激光清洗复合材料表面，除了具有超短脉冲激光清洗的烧蚀效应外，还有对碳纤维表面进行微加工的作用，飞秒激光在复合材料胶接维修中拥有极大优势。

激光处理复合材料的热效应研究也引起了一些研究者的关注。他们采用有限差分法研究了半无限体表面边界烧蚀率，提出了热平衡积分法理论。随后人们进一步修正了该方法，其研究范围也从温度场和质量损失拓展到复合材料力学性能失效。

参考文献

[1] 陆群. 表面处理技术教程［M］. 北京：高等教育出版社，2011.
[2] 李慕勤，李俊刚，吕迎，等. 材料表面工程技术［M］. 北京：化学工业出版社，2010.
[3] 王兆华，张鹏，林修洲，等. 材料表面工程［M］. 北京：化学工业出版社，2011.
[4] 郦振声，杨明安. 现代表面工程技术［M］. 北京：机械工业出版社，2007.
[5] 杜安，李士杰，何生龙，等. 金属表面着色技术［M］. 北京：化学工业出版社，2012.
[6] 曹晓明，温鸣，杜安，等. 现代金属表面合金化技术［M］. 北京：化学工业出版社，2006.
[7] 陶锡麟. 表面处理技术禁忌［M］. 北京：机械工业出版社，2009.
[8] 宣天鹏. 表面工程技术的设计与选择［M］. 北京：机械工业出版社，2011.
[9] 朱祖芳. 铝合金阳极氧化与表面处理技术［M］. 北京：化学工业出版社，2004.
[10] 李东光. 金属表面处理剂配方与制备200例［M］. 北京：化学工业出版社，2012.
[11] 王学武. 金属表面处理技术［M］. 北京：机械工业出版社，2014.
[12] 徐滨士，朱绍华，刘世参. 材料表面工程技术［M］. 哈尔滨：哈尔滨工业大学出版社，2014.
[13] 钱苗根. 现代表面技术［M］. 2版. 北京：机械工业出版社，2016.
[14] 徐滨士，刘世参，朱绍华，等. 装备再制造工程的理论与技术［M］. 北京：国防工业出版社，2007.
[15] 李金桂，周师岳，胡业锋. 现代表面工程技术与应用［M］. 北京：化学工业出版社，2014.
[16] 曹立礼. 材料表面科学［M］. 北京：清华大学出版社，2007.
[17] 张玉军. 物理化学［M］. 北京：化学工业出版社，2008.
[18] 李松林. 材料化学［M］. 北京：化学工业出版社，2008.
[19] 许并社. 材料界面的物理与化学［M］. 北京：化学工业出版社，2006.
[20] 陈范才，肖鑫，周琦，等. 现代电镀技术［M］. 北京：中国纺织出版社，2009.
[21] 曾荣昌，韩恩厚. 材料的腐蚀与防护［M］. 北京：化学工业出版社，2006.
[22] 卢燕平. 金属表面防蚀处理［M］. 北京：冶金工业出版社，1995.
[23] 薛文彬，邓志威，来永春，等. 有色金属表面微弧氧化技术评述［J］. 金属热处理，2000（1）：1-3.
[24] 刘秀生，肖鑫. 涂装技术与应用［M］. 北京：机械工业出版社，2007.
[25] 张学敏，郑化，魏铭. 涂料与涂装技术［M］. 北京：化学工业出版社，2006.
[26] 陈作璋，童忠良. 涂料最新生产技术与配方［M］. 北京：化学工业出版社，2015.
[27] 王海军. 热喷涂材料及应用［M］. 北京：国防工业出版社，2008.
[28] 张以忱. 真空镀膜技术［M］. 北京：冶金工业出版社，2009.
[29] 王福贞，马文存. 气相沉积应用技术［M］. 北京：机械工业出版社，2007.
[30] 张通和，吴瑜光. 离子束表面工程技术与应用［M］. 北京：机械工业出版社，2005.
[31] 郑伟涛. 薄膜材料与薄膜技术［M］. 2版. 北京：化学工业出版社，2009.
[32] 鲁云，朱世杰，马鸣图，等. 先进复合材料［M］. 北京：机械工业出版社，2004.
[33] 杨慧芬，陈淑祥. 环境工程材料［M］. 北京：化学工业出版社，2008.
[34] 宣天鹏. 材料表面功能镀覆层及其应用［M］. 北京：机械工业出版社，2008.
[35] 姚建华. 激光表面改性技术及其应用［M］. 北京：国防工业出版社，2012.
[36] 张培磊，闫华，徐培全，等. 激光熔覆和重熔制备Fe-NiB-Si-Nb系非晶纳米晶复合涂层［J］. 中国有色金属学报，2011，21（11）：2846-2851.
[37] 唐天同，王北宏. 微纳米加工科学原理［M］. 北京：电子工业出版社，2010.
[38] 曹凤国. 特种加工手册［M］. 北京：机械工业出版社，2010.
[39] 黎兵. 现代材料分析技术［M］. 北京：国防工业出版社，2008.

[40] 张辽远. 现代加工技术［M］. 2版. 北京：机械工业出版社，2008.
[41] 贾贤. 材料表面现代分析方法［M］. 北京：化学工业出版社，2010.
[42] 张圣麟. 铝合金表面处理技术［M］. 北京：化学工业出版社，2008.
[43] 刘兆晶，左洪波，来术军，等. 铝合金表面陶瓷膜层形成机理［J］. 内蒙古工业大学学报，2000，10（6）：859－863.
[44] 王兆华，张鹏，林修洲，等. 材料表面工程［M］. 北京：化学工业出版社，2011.
[45] 吴汉华. 铝、钛合金微弧氧化陶瓷膜的制备表征及其特性研究［D］. 长春：吉林大学，2004.
[46] 张黔. 表面强化技术基础［M］. 武汉：华中理工大学出版社，1996.
[47] 庞留洋. 铝合金微弧氧化技术在军品零部件上的应用［J］. 新技术新工艺，2009（2）：29－31.
[48] 王虹斌. 微弧氧化技术及其在海洋环境中的应用［M］. 北京：国防工业出版社，2010.
[49] 钟路，杨甫. 典型表面处理技术的应用案例及其发展趋势［J］. 表面工程与再制造，2020，20（5）：28－32.
[50] 秦真波，吴忠，胡文彬. 表面工程技术的应用及其研究现状［J］. 中国有色金属学报，2019，29（9）：2192－2216.
[51] 张宇婷，朱国强，崔芙红. 表面处理技术的种类和发展［J］. 化工管理，2019（31）：4－5，21.
[52] 李霞，杨效田. 表面工程技术的应用及发展［J］. 机械研究与应用，2015，28（5）：202－204.
[53] 卢锦堂，许乔瑜，孔纲. 现代热浸镀技术［M］. 北京：机械工业出版社，2017.
[54] 黄红军，谭胜，胡建伟，等. 金属表面处理与防护技术［M］. 北京：冶金工业出版社，2011.
[55] 阎洪. 金属表面处理新技术［M］. 北京：冶金工业出版社，1996.
[56] 陈尔跃，梁敏，赵云鹏，等. 金属表面的电化学处理［M］. 哈尔滨：东北林业大学出版社，2008.
[57] 刘光明. 表面处理技术概论［M］. 北京：化学工业出版社，2011.
[58] 胡传炘. 表面处理技术手册［M］. 北京：北京工业大学出版社，2001.
[59] 潘继民，孙玉福，刘新红，等. 实用表面工程手册［M］. 北京：机械工业出版社，2018.
[60] 武建军，曹晓明，温鸣. 现代金属热喷涂技术［M］. 北京：化学工业出版社，2007.
[61] 唐景富. 堆焊技术及实例［M］. 北京：机械工业出版社，2010.
[62] 王娟. 表面堆焊与热喷涂技术［M］. 北京：化学工业出版社，2004.
[63] 赵波，李伯民，李清，等. 微细加工与微纳加工技术及应用［M］. 北京：化学工业出版社，2021.
[64] 唐元洪. 纳米材料导论［M］. 长沙：湖南大学出版社，2011.
[65] 顾长志. 微纳加工及在纳米材料与器件研究中的应用［M］. 北京：科学出版社，2013.
[66] 李雪松，吴化，杨友，等. 纳米金属材料的制备及性能［M］. 北京：北京理工大学出版社，2012.
[67] 程凯，霍德鸿. 微切削技术基础及应用［M］. 丁辉，译. 北京：机械工业出版社，2015.
[68] 应小东，李午申，冯灵之. 激光表面改性技术及国内外发展现状［J］. 焊接，2003（1）：5－8.
[69] 赵新，金杰，姚建铨. 激光表面改性技术的研究与发展［J］. 光电子·激光，2000，11（3）：324－328.
[70] 张光钧. 激光表面工程的发展趋势［J］. 机械制造，2005，43（1）：8－11.
[71] 周磊，李宇飞. 航空材料的两种激光表面处理技术［J］. 机床与液压，2007，35（9）：224－226，230.
[72] 许并杜. 激光表面处理现状与趋势［J］. 材料热处理，2012（2）：5－8.
[73] 华晋伟. 激光处理技术在机械工程中的应用［J］. 科技资讯，2011（24）：23－28.
[74] 王锦标，杨苹，李贵才，等. 不同注入剂量和能量对氧化钛薄膜结构的影响［J］. 西南交通大学学报，2010，45（6）：920－925.
[75] 李聪，宋俊，王金凤. WC-Co合金表面离子注入法制备钇涂层及其摩擦学性能［J］. 材料保护，2019，52（8）：83－87.